量子里程碑 I

Quantum Milestones I

〔德〕顾　樵　(Qiao GU)

科学出版社

北　京

内 容 简 介

以海森伯 1925 年创建矩阵力学为起点，量子力学已经走过了整整一个世纪。本书通过一系列专题来展示该学科百年来的里程碑式跨越。从量子力学核心知识出发，进入最大熵原理、辐射与物质相互作用、量子信息学、量子生物学、天体物理学与宇宙学等领域，特别讲述宇宙加速膨胀与暗能量、黑洞与霍金辐射、中微子理论及应用前景、地球气候的物理模型、量子纠缠及阿秒物理学等诺贝尔奖专题。从大学本科知识出发，以追根溯源、深入浅出、细致详尽的方式，逐渐推进到前沿热点。追求严谨的学术论述，生动的科普解说，真实的历史故事。

I 卷为 1～11 章。

本书可供相关专业本科生、研究生、教师及各类研究人员和工程技术人员学习与参考。

图书在版编目(CIP)数据

量子里程碑 I / (德) 顾樵编著. -- 北京 : 科学出版社，2025. 6. -- ISBN 978-7-03-082778-4

I. O413. 1-49

中国国家版本馆 CIP 数据核字第 2025LA9782 号

责任编辑：刘凤娟　杨　探 / 责任校对：彭珍珍
责任印制：赵　博 / 封面设计：楠竹文化

科学出版社 出版
北京东黄城根北街 16 号
邮政编码：100717
http://www.sciencep.com

天津市新科印刷有限公司印刷
科学出版社发行　各地新华书店经销
*
2025 年 6 月第　一　版　开本：720×1000　1/16
2025 年 6 月第一次印刷　印张：23　插页：2
字数：450 000

定价：99.00 元
(如有印装质量问题，我社负责调换)

物理学教授 顾樵博士

前　言

——流光溢彩的量子里程碑

1900 年普朗克提出了光量子概念，1905 年爱因斯坦发布了光电效应方程，1913 年玻尔构建了原子轨道模型，1924 年德布罗意创立了物质波理论。有了这几重坚如磐石的历史性铺垫，一个能够定量描述微观世界运动规律的“力学”呼之欲出。玻尔在 1925 年夏天预言“与迄今我们描绘自然所采用的方式作最后决裂的时刻即将到来”，他意识到的正是“量子力学”(quantum mechanics) 的问世。他却没有料到，他所预言的决裂正在加速到来。而撼动这个决裂的是一连串的科学霹雳：

1925 年 12 月，海森伯创建矩阵力学；

1926 年 4 月，薛定谔建立波动力学方程；

1926 年 12 月，玻恩给出波函数的统计解释；

1927 年 3 月，海森伯发表测不准原理；

1928 年 2 月，狄拉克提出相对论性量子力学方程；

……

以海森伯创世纪的开山之作为起点，量子力学已经走过了一百年。今天，在回顾这段波澜壮阔的科学历程之际，我们身临其境地感觉到，量子理论不但逐渐地趋于自身完善，而且开辟了极为广阔的科学天地：量子场论、量子电动力学、量子色动力学、量子电子学、量子光学、量子信息学、量子热力学、量子化学、量子生物学等应运而生 (甚至在经济学中也运用测不准原理的思想)。再看看周围的世界，就在我们这一代人成长的几十年间，各类高科技产业层出不穷：电子通信、电视、电子显微镜、半导体、电子计算机、核能发电、核磁共振成像、激光器、光纤通信、超导材料和各种新型材料、大数据平台甚至包括方兴未艾的人工智能等。它们的出现和应用已经极大地推进了人类的物质文明和精神文明。而所有这一切，无一不同量子力学相联系！

本书通过一系列专题来展示量子力学百年来的里程碑式跨越。首先介绍量子力学的核心知识 (光量子、测不准关系、量子隧穿、能带论等) 及其应用，比如黑体辐射理论在宇宙微波背景辐射中的应用，测不准关系在超导现象中的应用，量子隧穿在酶促反应中的应用，能带论在石墨烯研究中的应用……最大熵原理是一项跨界的科学通识和简单犀利的数学工具，在物理学、统计力学、信息论等领域具有广泛的应用。利用量子体系的最大熵原理，引出了混沌态、噪声相干态、噪声压缩态的统一描述。关于辐射与物质相互作用，讨论了具有奠基性意义的杰恩斯–卡明斯 (Jaynes-Cummings) 模型。关于量子信息学，阐述了薛定谔猫态的量子统计性质以及量子纠缠的概念、实验、理论及应用。关于量子生物学，重点讲述了生物光子辐射的量子理论与生命体系的非经典效应。而物理宇宙学与量子宇宙学的内容涉及宇宙膨胀、黑洞与霍金辐射、引力波探测、爱因斯坦宇宙常数与暗能量、发现系外新行星等。关于粒子物理标准模型，强调对它的挑战，比如中微子振荡和电子的电偶极矩。核裂变本来是一个众所周知的专题，但这些年揭露出许多鲜为人知的尘封事件 (有科学，有政治，也有人性)，还原了历史的真实面目，值得重新领悟。最后介绍近几年问鼎诺贝尔物理学奖的重大进展 (包括地球气候的物理模型、纠缠态的研究亮点、阿秒光脉冲与阿秒物理学)。这些宽泛的专题从题目上看是一个个独立的，但存在逻辑上或者内容上的关联。如果将它们从总体上编织起来，或许是一张翔实而有序的量子网络。

本人一向认为，任何前沿科学知识都可以在大学课本中找到它的源头。因为任何新知识总是在已有知识的基础上发展起来的，如果一层一层追根溯源，一定能在大学课本中找到它的根基，所以本书对每一个专题的讨论都刻意从大学本科知识出发 (本人有幸能够做到这一点，因为自 1982 年春天本科毕业以来，在 43 年的科学生涯中不但以研究为主业，还一直坚持给本科生授课)。接下来专题讨论的每一个环节，比如物理论述、数学推导、科普解说以及故事讲述等，都力求简明、直观、细致、详尽，而最终要感受它的前沿热点。所以只要具备大学本科知识，都可以是本书的读者和评论者。学习中如遇到量子力学的基本问题，可参阅国内外相关的量子力学书籍，也包括本人的专著《量子力学 I、II》(顾樵著，科学出版社，2014 年第一版，2024 年 1 月第十五次印刷)。

这里列出的 20 个专题不可能涵盖量子力学的所有领域和方向。就现有的专题论述而言也难免存在缺点或疏漏，敬请读者不吝批评指正。本书倾心竭力追求的效果是，既有严谨系统的学术论述，又有通俗易懂的科普解说，还有生动真实的历史故事 (书中彩图可扫描封底二维码查看)。享受读书，寓学于乐！

创建量子理论的诺贝尔物理学奖得主

获奖者	国家	主要工作	发表年份	获奖年份
普朗克	德国	辐射的量子理论	1900	1918
爱因斯坦	德国	光电效应理论	1905	1921
玻尔	丹麦	原子的轨道模型	1913	1922
施特恩	德国	电子自旋探测	1922	1943
康普顿	美国	X 射线被电子散射	1923	1927
德布罗意	法国	物质波理论	1924	1929

续表

获奖者	国家	主要工作	发表年份	获奖年份
海森伯	德国	创立量子力学	1925	1932
泡利	奥地利	不相容原理	1925	1945
薛定谔	奥地利	波动力学方程	1926	1933
玻恩	德国	波函数的统计解释	1926	1954
戴维孙 汤姆孙	美国 英国	电子被晶体衍射	1927	1937
狄拉克	英国	相对论性量子力学方程	1928	1933

作者感谢与 Fritz Popp 教授的深入讨论，与他在德国国际生物物理研究所多年的学术合作及友好相处使我受益良多，终生难忘。本人自 1977 年读大学以来，在近 50 年的科学生涯中一直受到妻子张爱华的全力支持和悉心照料，谨此表示由衷的感谢。

顾　樵
Prof. Dr. Qiao GU (Chief Scientist)
gu-qiao@gmx.de
International Institute of Quantum Biology
Kaiserslautern, Germany
25 January 2025

目　　录

量子里程碑 II

第 1 章 量子与黑体辐射

柏林大学教授普朗克用六年时间找到一个小不点“量子”。量子就像一粒大米，它是一碗米饭的最小单元。普朗克研究的热辐射系统就像一碗米饭，在他眼中则是一粒粒大米的组合。普朗克以其骨子里的执着硬是把一个个量子累加起来，结果加出了热辐射公式。这是一个从地球到宇宙都管用的普适法则。它不但在当时用于炼钢温度控制，后来用于测量太阳表面温度，竟然在百年之后还可以极其精准地描述宇宙微波背景辐射 (NASA (美国国家航空航天局) 的科学家还因此拿了诺贝尔大奖)。更重要的是，量子概念奠定了量子力学大厦的基石，而量子力学已经成为 21 世纪科学、技术和工程发展的前沿和主流。

1.1 从芝诺悖论说起

芝诺是一位古希腊哲学家，提出了一系列关于运动逻辑推理的哲学悖论。这些悖论由于被记录在亚里士多德的名著《物理学》一书中而为后人所知。其中最著名的就是希腊第一勇士阿基里斯追赶乌龟的逻辑推理，通常称为“芝诺悖论”(Zeno paradox)。我们之所以从芝诺悖论说起，是因为它的彻底解除要凭借诞生于 20 世纪初的一个宇宙法则，它就是贯穿于本书整个体系的灵魂——“量子”。

芝诺悖论如图 1.1.1 所示，其中第一行显示初始状态 (人与龟有一段间距，龟在 B 点，A 是二者之间一个任意点)，第二行表示阿基里斯跑到 A 点 (龟爬到 C 点)，然后阿基里斯跑到 B 点 (龟爬到 D 点)，阿基里斯跑到 C 点 (龟爬到 E 点)，……人和龟的间距越来越短，但总是不为零。逻辑上讲，人永远追不上龟！这显然是个悖论。

之后有人试图用无限逼近的方式来理解芝诺悖论，其思想基础是欧拉公式

$$0.\underbrace{9999999999\cdots}_{\text{无限多个 9}} = 1 \tag{1.1.1}$$

这个公式的证明很巧妙，令

$$S = 0.\underbrace{9999999999\cdots}_{\text{无限多个 9}} \tag{1.1.2}$$

则

$$10S - S = 9.\underbrace{9999999999\cdots}_{\text{无限多个 9}} - 0.\underbrace{9999999999\cdots}_{\text{无限多个 9}} = 9 \tag{1.1.3}$$

即 $9S = 9$，则 $S = 1$。

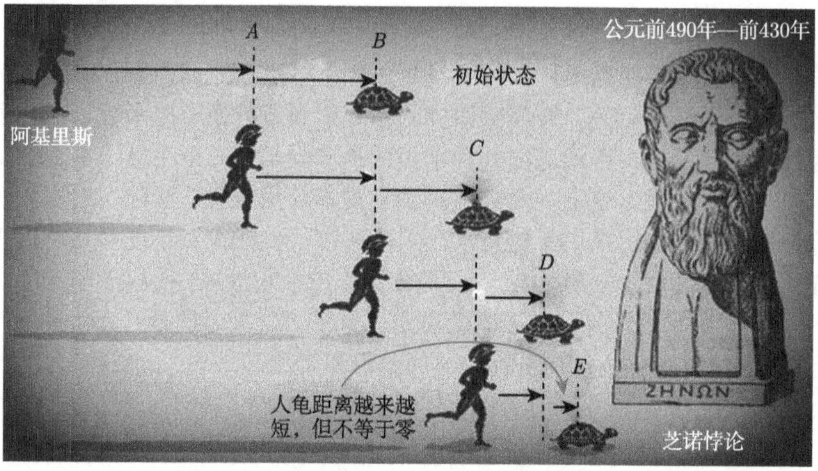

图 1.1.1　芝诺悖论：逻辑上人永远追不上龟

按照欧拉公式的思想，阿基里斯必须跑到无限远处才能追上乌龟，这是不可能操作的，不能彻底解决问题。实际上芝诺悖论困扰了人们 2000 多年，问题出在哪里？什么是解除芝诺悖论的根本法则？这需要从源头说起。

1.2　黑体辐射的概念

经典物理学在 200—300 年的发展中，隐含了一个公理：能量与物质的变化是连续的。的确，物体在辐射能量时，可以稍微多一点或稍微少一点。这个“稍微”可以随便多么小，它是连续的。同样，物质也是连续的，剪断一根绳子时，可以随便从哪里剪开；用杯子喝水时，可以随便喝多少。总而言之，能量与物质都具有连续性 (可以任意分割和无限分割)。这条公理般的自然信仰，仿佛根本不需要证明，也从未被任何人证明过。

“物质无限可分” 的思想，中国古代早已有之。其实这是一个哲学上的理念。2000 多年前，战国时期道家学派的代表人物庄子就说过：“一尺之棰，日取其半，万世不竭。” 然而，这种物质无限可分的哲理在微观世界的深处终结了，代替它的是一个最小单元 “量子”。

历史上第一次用物理学语言说出 “量子” (quantum) 这个词，是在 1900 年 12 月 14 日。那天，德国物理学会在柏林举行年会。而说出这个词的是德国物理学家、柏林大学教授马克斯·普朗克 (Max Planck)。普朗克是一个典型的严谨的德国人，是位循规蹈矩、一丝不苟的科学家 (图 1.2.1~ 图 1.2.3)。当普朗克对柏林的物理学家们说，他不得不引进“量子”这个概念时，他给人的感觉就像是正在演出“绝望的一幕”。这使人想起 3 年前在伦敦发生的一幕，当时剑桥大学教授汤姆孙也是“极不情愿地”报告说，电子的存在是一个无可置疑的事实。科学上的许多发现在最初问世的时候，不但别人难以置信，就连发现者自己往往也是“惴惴不安”的。

图 1.2.1 普朗克 (Max Planck，1858—1947)

德国物理学家，量子理论的创始人。以发现能量量子获得 1918 年的诺贝尔物理学奖。他提出的普朗克常数于 2019 年被用于重新定义基本单位。普朗克在热力学与统计物理领域也有重要的贡献。此外还有许多以“普朗克”命名的科学奖项、机构和学会

图 1.2.2 普朗克是一位循规蹈矩、一丝不苟的科学家

这幅漫画的背景是，普朗克曾经受电力公司委托研究如何制造出消耗最少能量，但能产生最多光能的灯泡

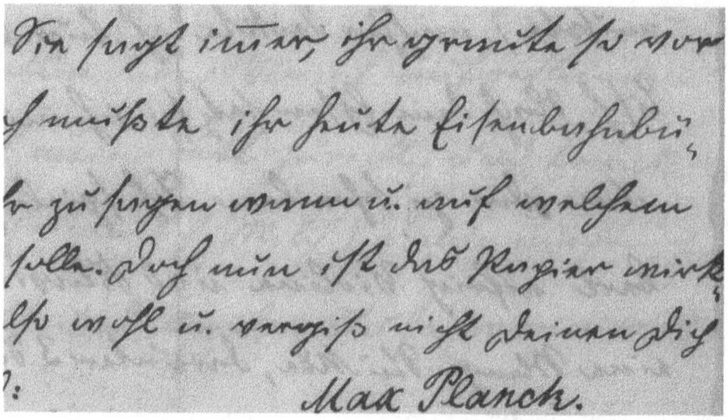

图 1.2.3　普朗克 10 岁时的手迹

普朗克研究的是关于黑体辐射的光谱分布。这个问题有深刻的社会背景。那么，什么是黑体辐射？为了建立关于黑体辐射的概念，让我们从自然界的辐射现象说起，一个最贴近人类活动的自然辐射就是太阳辐射。当太阳光以 30 万 km/s 的速度照射到地球上时，人们发现它原来是七彩缤纷的 (图 1.2.4)，而且太阳辐射呈现有峰值的光谱分布。

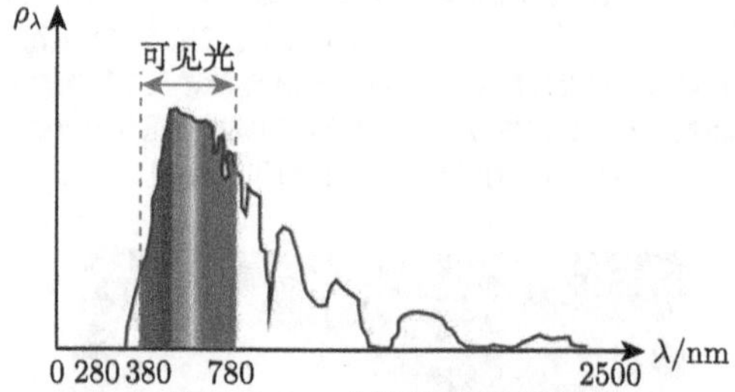

图 1.2.4　太阳光谱示意图

横坐标 λ 为波长，纵坐标 ρ_λ 表示单位波长间隔的能量，ρ_λ 在 $\lambda_{\max} \approx 475$nm (青光) 取极大值

太阳光谱为什么不是单调变化的？如何理解太阳辐射的物理实质？其实太阳辐射在物理上是一种“黑体辐射”。黑体辐射的概念是德国物理学家基尔霍夫在 1859 年提出的。要了解什么是黑体辐射，我们先要知道什么是黑体。黑体是一个“物理模型”，具有一些特别的电磁学和热力学特性：① 黑体能够完全吸收外来的电磁波；② 黑体不会反射电磁波；③ 黑体在任何高于绝对零度的情况下会辐射电磁波能量；④ 在相同温度下，黑体的辐射比其他任何物体都强。简言之，如图 1.2.5 中的物理模型所示，黑体以最强的能力吸收和辐射电磁波，并处于吸收和辐射的热平衡状态。

黑体辐射的物理机制是，由于物体中含有电子、质子等带电粒子，只要物体温度高于绝对零度，这些粒子就有热振动。而带电粒子的振动则形成电偶极子，电偶极子会辐射电磁波 (就像天线振子辐射电磁波一样)。而且带电粒子的温度越高，振动速度越快，辐射强度越高。可见黑体辐射与辐射体的温度有关，因此黑体辐射也称为热辐射。另外，带电粒子振动的幅度与取向是连续变化的 (图 1.2.6)，黑体辐射呈现连续谱分布 (与原子跃迁产生的分立谱不同)。

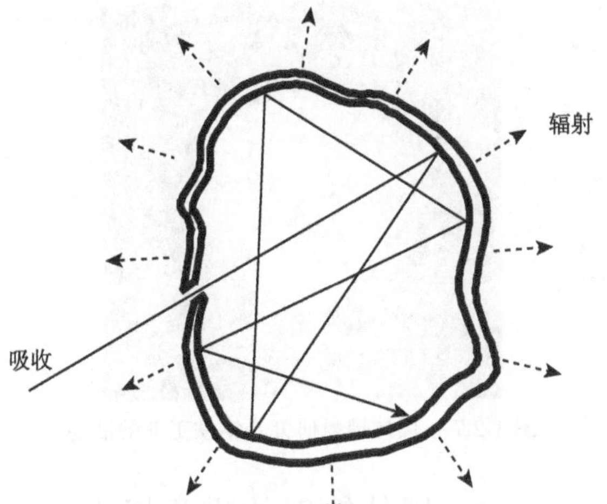

图 1.2.5 黑体的物理模型 (小口空腔)
处于热平衡的黑体以最强的能力吸收和辐射电磁波

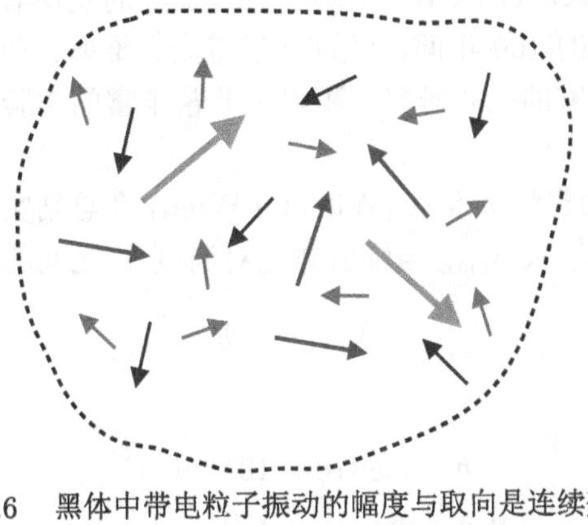

图 1.2.6 黑体中带电粒子振动的幅度与取向是连续变化的

为什么要研究黑体辐射？黑体辐射研究有怎样的社会背景？黑体辐射研究的驱动力是什么？其实，黑体辐射研究有着深刻的社会背景，它的直接驱动力是源于钢铁工业的需要。19 世纪，欧洲的钢铁工业迅速崛起和发展，冶炼过程需要用科学的方法进行严格的控制和细致的分析。铁块的辐射是一个典型的黑体辐射：当加热铁块时，起初看不出它有明显的发光。随着温度的不断升高，它逐渐变得暗红、赤红、橙色、黄色，甚至黄绿色……这说明铁块在不同温度下具有不同的辐射波长。确切地说，当铁块温度升高时，其辐射峰向短波方向移动。因此，铁块的热辐射信号可以反映冶炼过程的温度变化。可见黑体辐射研究是钢铁工业的需要，如图 1.2.7 所示 (它决定所有的制造业，特别是武器制造业)。

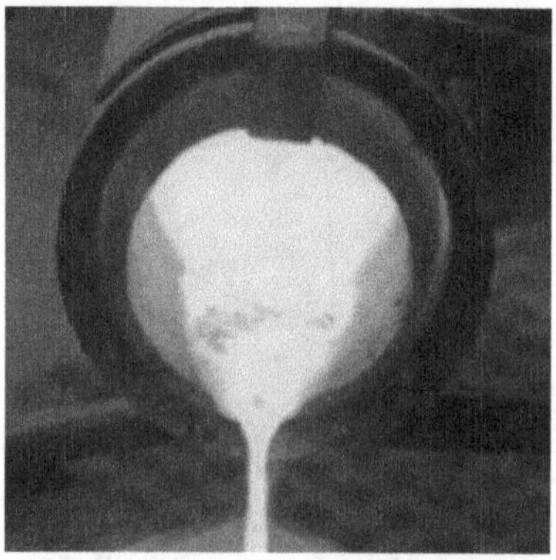

图 1.2.7　黑体辐射研究是钢铁工业的需要

1.3　黑体辐射的实验规律

从科学的角度看，黑体辐射的研究在历史上可以追溯到 1800 年，这一年英国天文学家赫歇尔 (Frederick Herschel——天王星的发现者) 首次观察到了太阳的红外辐射。在之后的 100 年间，经过基尔霍夫、维恩、斯特藩、玻尔兹曼、瑞利、金斯等众多科学家的悉心研究，积累了非常丰富的实验知识，并建立了不同形式的理论模型。

1893 年，德国物理学家维恩 (Wilhelm Wien) 在总结实验数据的基础上，发现了黑体辐射的峰值波长 $\lambda_{\max}$ 与辐射体绝对温度 T 之间的关系：

$$\lambda_{\max}T = b \tag{1.3.1}$$

其中

$$b = 2.8978 \times 10^{-3}\mathrm{m}\cdot\mathrm{K} \tag{1.3.2}$$

称为维恩常数。式 (1.3.1) 称为“维恩位移定律” (Wien's displacement law)。它表明，辐射体温度升高时，辐射的峰值波长变短，而二者的乘积维持为常数。式 (1.3.1) 是很有用的，例如我们利用太阳辐射的峰值波长 $\lambda_{\max} \approx 475\mathrm{nm}$ (图 1.2.4)，可以计算出太阳表面的温度

$$T = \frac{b}{\lambda_{\max}} = \frac{2.8978 \times 10^{-3}}{475 \times 10^{-9}} = 6101(\mathrm{K}) \tag{1.3.3}$$

类似地，利用人体表面温度 37°C，可以得出人体热辐射的峰值波长

$$\lambda_{\max} = \frac{b}{T} = \frac{2.8978 \times 10^{-3}}{273 + 37} = 9348(\mathrm{nm}) \tag{1.3.4}$$

可见人体热辐射的峰值波长在红外波段 (是不可见的)。

1879 年斯洛文尼亚物理学家约瑟夫 · 斯特藩 (Josef Stefan) 由实验数据归纳出一个结果：黑体的单位表面积在单位时间内的辐射能量 $J(T)$ 与黑体绝对温度 T 的四次方成正比。1884 年这一关系由奥地利物理学家路德维希 · 玻尔兹曼 (Boltzmann，斯特藩的学生) 利用电动力学和热力学理论加以证明，这就是著名的斯特藩–玻尔兹曼定律 (Stefan-Boltzmann law)：

$$J(T) = \sigma T^4 \tag{1.3.5}$$

其中，比例系数 σ 称为斯特藩–玻尔兹曼常数：

$$\sigma = 5.67 \times 10^{-8} \mathrm{J}/\left(\mathrm{s} \cdot \mathrm{m}^2 \cdot \mathrm{K}^4\right) \tag{1.3.6}$$

式 (1.3.5) 对于估算黑体辐射的能量是非常有用的。作为一个例子，图 1.3.1 显示了光电倍增管 (photomultiplier tube，PMT) 的热噪声随温度变化的示意图，它不但说明冷却光电倍增管对降低噪声的作用，而且说明对压缩噪声起伏的作用。

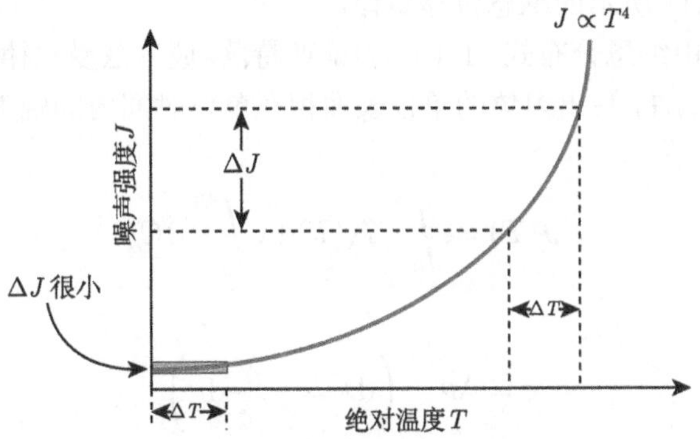

图 1.3.1 光电倍增管的热噪声随温度变化的示意图
当低温降低时，不但噪声强度 J 降低，而且噪声起伏 ΔJ 被压缩

1.4 黑体辐射的理论研究

在发现黑体辐射实验规律的基础上，科学家又进一步从不同的角度进行理论研究，并建立了描述黑体辐射光谱分布的表达式。其中最典型的是维恩分布 (Wien's distribution) 和瑞利–金斯公式 (Rayleigh-Jeans formula)。

1.4.1 维恩分布

维恩从热力学理论出发，用分子的行为来类比光辐射现象，认为辐射能量按频率的分布类似于分子按速率的分布，因此服从麦克斯韦速率分布律 (Maxwell velocity distribution law)。在分析实验数据的基础上，他于 1896 年给出了一个关于黑体辐射光谱分布的公式

$$I_\lambda(T) = \frac{C_1}{\lambda^5}\exp\left(-\frac{C_2}{\lambda T}\right) \tag{1.4.1}$$

这里，$I_\lambda(T)$ 是黑体的单位表面积在单位立体角、单位时间内、单位波长间隔的辐射能量，单位是 $\mathrm{J/(s\cdot m^3\cdot sr)}$；$C_1$ 和 C_2 是经验参数，通过与实验曲线的拟合来确定。式 (1.4.1) 称为维恩公式，这是一个半经验公式。为了考察维恩分布式 (1.4.1) 与维恩位移定律式 (1.3.1) 的关系，我们对 $I_\lambda(T)$ 关于 λ 求导数：

$$\frac{\mathrm{d}}{\mathrm{d}\lambda}I_\lambda(T) = \frac{C_1}{\lambda^7}\left(\frac{C_2}{T} - 5\lambda\right)\exp\left(-\frac{C_2}{\lambda T}\right) \tag{1.4.2}$$

从 $\dfrac{\mathrm{d}}{\mathrm{d}\lambda}I_\lambda(T) = 0$ 得到

$$\lambda_{\max}T = \frac{C_2}{5} = b \tag{1.4.3}$$

它正好是式 (1.3.1) 所示的维恩位移定律。

接下来需要由维恩分布式 (1.4.1) 验证斯特藩–玻尔兹曼定律式 (1.3.5)。为此我们首先由式 (1.4.1) 写出黑体的单位表面积在单位时间内的辐射总能量 (对波长和立体角积分)

$$J(T) = \int_0^\infty I_\lambda(T)\mathrm{d}\lambda\int_0^{4\pi}\mathrm{d}\Omega \tag{1.4.4}$$

并注意到

$$c = \lambda\nu \quad \left(\mathrm{d}\lambda = -\frac{\lambda^2}{c}\mathrm{d}\nu\right) \tag{1.4.5}$$

我们有

$$\begin{aligned} J(T) &= 4\pi\int_0^\infty \frac{C_1}{\lambda^5}\exp\left(-\frac{C_2}{\lambda T}\right)\mathrm{d}\lambda = -\frac{4\pi C_1}{c^4}\int_\infty^0 \nu^3\exp\left(-\frac{C_2}{cT}\nu\right)\mathrm{d}\nu \\ &= 4\pi\frac{C_1}{c^4}\int_0^\infty \nu^3\exp\left(-\frac{C_2}{cT}\nu\right)\mathrm{d}\nu = 24\frac{\pi C_1}{C_2^4}T^4 = \sigma T^4 \end{aligned} \tag{1.4.6}$$

这正好是斯特藩–玻尔兹曼定律式 (1.3.5)。

上述结果显示了维恩公式 (1.4.1) 的正确性。维恩因在热辐射研究中的卓越贡献荣获 1911 年诺贝尔物理学奖。维恩研究成果的意义在于，为经典物理学向量子物理学的过渡架起了一座桥梁。正像 1914 年诺贝尔物理学奖得主劳厄所说的，维恩 (图 1.4.1) 的不朽的荣耀是“他为我们打开了通往量子物理学的大门”。

图 1.4.1 维恩 (Wilhelm Wien，1864—1928)

德国物理学家，1893 年维恩基于热力学、光谱学、电磁学和光学等理论基础，发现了维恩位移定律，并将其应用于黑体辐射等学术理论的研究中，揭开了量子力学新领域。他于 1911 年获得诺贝尔物理学奖

1.4.2 辐射模密度

为了进一步讨论黑体辐射的光谱分布，我们需要求解长度为 L 的一维空腔中的辐射场 (设腔两端的辐射场为零)，进而计算边长为 L 的正方体空腔中本征模的密度。为此设一维空腔中的本征模为 $E(x,t)$ (它满足波动方程)，再利用给定的边界条件，可以得到

$$\begin{cases} \dfrac{\partial^2 E}{\partial t^2} = c^2 \dfrac{\partial^2 E}{\partial x^2} \quad (0 < x < L, t > 0) & (1.4.7\text{a}) \\ E|_{x=0} = 0, \quad E|_{x=L} = 0 \quad (t > 0) & (1.4.7\text{b}) \end{cases}$$

其中，c 是真空中光速。设方程 (1.4.7a) 有变量分离的形式解：

$$E(x,t) = X(x)T(t) \tag{1.4.8}$$

将它代入方程 (1.4.7a)，得到

$$\frac{X''(x)}{X(x)} = \frac{T''(t)}{c^2 T(t)} = -\lambda \tag{1.4.9}$$

其中，λ 为分离常数。式 (1.4.9) 给出

$$X''(x) + \lambda X(x) = 0 \tag{1.4.10a}$$

$$T''(t) + \lambda c^2 T(t) = 0 \tag{1.4.10b}$$

方程 (1.4.10a) 与边界条件

$$X(0) = 0, \quad X(L) = 0 \tag{1.4.11}$$

组合成本征值问题，其解为

$$\lambda = \left(\frac{n\pi}{L}\right)^2, \quad X(x) = \sin\frac{n\pi}{L}x \quad (n = 1, 2, 3, \cdots) \tag{1.4.12}$$

将 λ 代入方程 (1.4.10b)，解出

$$T(t) = A\cos\frac{cn\pi}{L}t + B\sin\frac{cn\pi}{L}t \tag{1.4.13}$$

其中，A 和 B 是任意常数。这样式 (1.4.8) 给出

$$E(x,t) = \left(A\cos\frac{cn\pi}{L}t + B\sin\frac{cn\pi}{L}t\right)\sin\frac{n\pi}{L}x \tag{1.4.14}$$

这就是长度为 L 的一维空腔中辐射场的本征模，它表示腔内的驻波模 (图 1.4.2)。

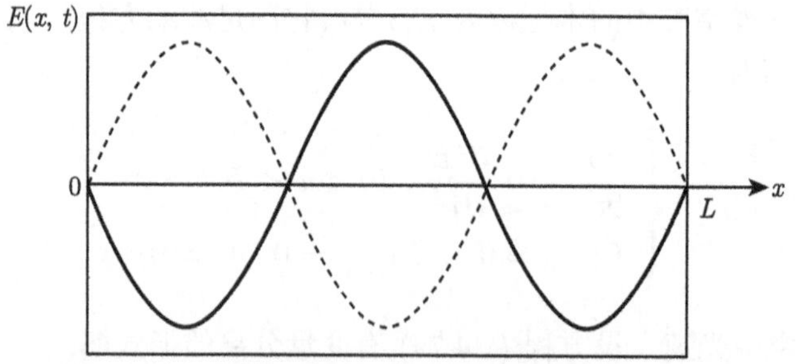

图 1.4.2　长度为 L 的一维空腔中辐射场的本征模

本征模满足驻波条件 $L = \dfrac{\lambda}{2}n$，图中 $n = 3$。实线和虚线相应于不同的时刻

腔内允许存在的驻波波长为

$$\lambda = \frac{2L}{n} = 2L, L, \frac{2}{3}L, \cdots \tag{1.4.15}$$

注意，式 (1.4.15) 所示的驻波条件是一个应用广泛的一般性结果，它的重要性在于将体系的宏观尺度 L 与微观波长 λ 联系起来。相应地，腔内允许存在的驻波波数为

$$k=\frac{2\pi}{\lambda}=\frac{\pi}{L},2\left(\frac{\pi}{L}\right),3\left(\frac{\pi}{L}\right),\cdots \tag{1.4.16}$$

可见波数的间隔为 π/L，则一维 k-空间中驻波模的密度为 L/π。注意到，相邻驻波模的波长 (相对) 间隔为

$$\frac{\Delta\lambda}{\lambda}=\frac{1}{\lambda}\left(\frac{1}{n}-\frac{1}{n+1}\right)2L=\frac{1}{n+1} \tag{1.4.17}$$

我们以 CO_2 激光器为例来估算这一间隔，设谐振腔长 $L=1\text{m}$，激光波长 $\lambda=10.6\mu\text{m}$ (红外波段)，由 $n=2L/\lambda$ 得到 $n\approx 2\times 10^5$，则波长相对间隔为 $\Delta\lambda/\lambda\approx 5\times 10^{-6}$ (对于光频模，波长 λ 更短，n 值更大，$\Delta\lambda/\lambda$ 更小)。这样腔内本征模的波长变化可以看成是连续的。相应地，波数的变化也可以看成是连续的。

现在考虑边长为 L 的正方体空腔，腔内允许存在的波数为

$$\{k_x,k_y,k_z\}=\frac{\pi}{L}\{l_1,l_2,l_3\} \tag{1.4.18}$$

其中，l_1,l_2,l_3 是一组正整数$\left(\text{表示任意波数：} k_x=\frac{\pi}{L}l_1,\ k_y=\frac{\pi}{L}l_2,\ k_z=\frac{\pi}{L}l_3\right)$。现在对 k_x,k_y,k_z 连续变化的情况，考察从直角坐标系 (k_x,k_y,k_z) 到球坐标系的变换。我们知道，一个半径为 k、厚度为 Δk 的球壳 (图 1.4.3) 的体积为 $4\pi k^2\Delta k$。由于 k_x,k_y,k_z 只限于取正值 (它们只构成 1/8 空间)，相应球壳的体积为 $\frac{1}{8}(4\pi k^2\Delta k)$，如图 1.4.4 所示。而全空间表示为

$$\begin{pmatrix}+\\+\\+\end{pmatrix}+\begin{pmatrix}+\\+\\-\end{pmatrix}+\begin{pmatrix}+\\-\\+\end{pmatrix}+\begin{pmatrix}+\\-\\-\end{pmatrix}+\begin{pmatrix}-\\+\\+\end{pmatrix}+\begin{pmatrix}-\\+\\-\end{pmatrix}+\begin{pmatrix}-\\-\\+\end{pmatrix}+\begin{pmatrix}-\\-\\-\end{pmatrix} \tag{1.4.19}$$

由于三维 k-空间中的模密度为 $(L/\pi)^3$，因此 1/8 球壳内的模数为

$$2\cdot\frac{1}{8}\left(4\pi k^2\Delta k\right)\left(\frac{L}{\pi}\right)^3 \tag{1.4.20a}$$

式中的因子 2 是由于一个腔模包含两个偏振态。利用 $k=2\pi/\lambda=2\pi\nu/c$，

式 (1.4.20a) 写为

$$L^3 \frac{8\pi\nu^2}{c^3}\Delta\nu \equiv L^3 g(\nu)\Delta\nu \tag{1.4.20b}$$

其中

$$g(\nu) = \frac{8\pi\nu^2}{c^3} \tag{1.4.21}$$

是三维空腔中单位体积、单位频率间隔的模数，即模密度 (mode density)。它与模的频率有关，高频模的密度较大。式 (1.4.21) 是一个很有用的一般性结果。它虽然是用经典理论推导出来的，但也适用于量子体系。事实上，我们将会看到，由量子统计力学 (见 7.9.2 节) 也可以得到这个结果。

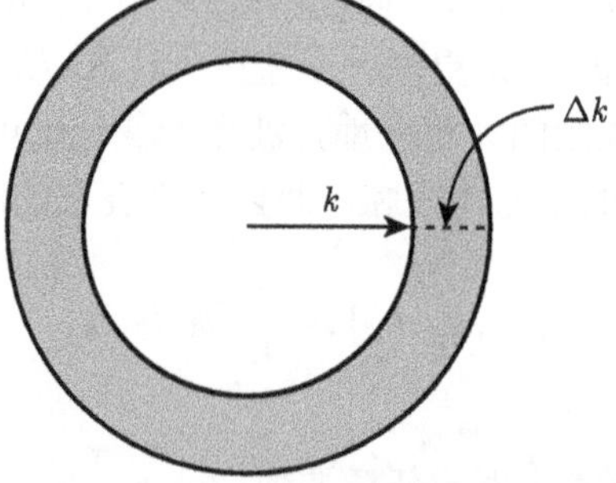

图 1.4.3 球壳 ($k \to k + \Delta k$) 的体积为 $4\pi k^2\Delta k$

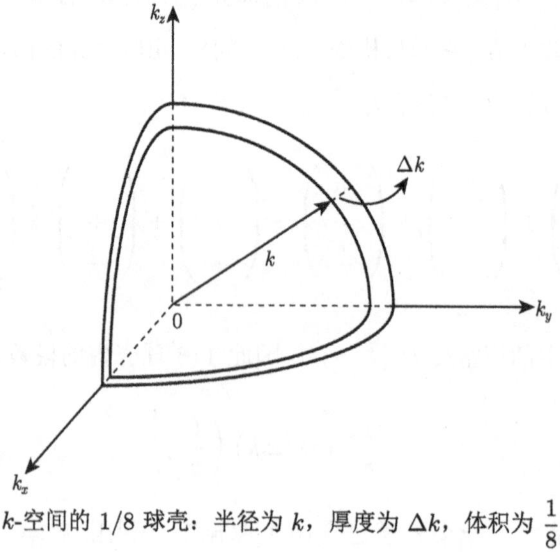

图 1.4.4 k-空间的 1/8 球壳：半径为 k，厚度为 Δk，体积为 $\frac{1}{8}(4\pi k^2\Delta k)$

1.4.3 瑞利–金斯公式

1900 年，英国物理学家瑞利和金斯发表论文，批评维恩在引入黑体辐射分布时的假设 (辐射能量按频率的分布类似于分子按速率的分布) 不可靠。他们认为黑体辐射是由带电粒子的振动引起的，当体系处于热平衡状态时，振子的能量遵从玻尔兹曼分布 (见 11.3.3 节)

$$f_\varepsilon = \frac{1}{Z}\exp\left(-\frac{\varepsilon}{k_\mathrm{B}T}\right) \tag{1.4.22}$$

其中，f_ε 表示能量为 ε 的振子出现的概率，T 是体系的绝对温度，Z 为归一化常数，k_B 是玻尔兹曼常数。由此得到单个振子的平均辐射能量

$$\langle\varepsilon\rangle = \frac{\displaystyle\int_0^\infty \varepsilon\exp\left(-\frac{\varepsilon}{k_\mathrm{B}T}\right)\mathrm{d}\varepsilon}{\displaystyle\int_0^\infty \exp\left(-\frac{\varepsilon}{k_\mathrm{B}T}\right)\mathrm{d}\varepsilon} = k_\mathrm{B}T \tag{1.4.23}$$

再利用振子密度表示式 (1.4.21)，立即得到能量密度

$$\rho_\nu(T) = \frac{8\pi\nu^2}{c^3}k_\mathrm{B}T \tag{1.4.24}$$

这就是瑞利–金斯公式，它表示黑体的单位体积在单位频率间隔辐射的能量。

维恩分布式 (1.4.1) 和瑞利–金斯公式 (1.4.24) 是关于黑体辐射光谱分布的两个理论结果，将它们与实验结果相比较时 (图 1.4.5)，可以看出，维恩线可以描述短波情况，但在长波部分与实验结果有明显偏离；而瑞利–金斯线在长波部分与实验结果符合得较好，但在短波部分与实验结果完全相反，它显示一种“紫外发散”(ultraviolet divergence)。因为模密度与 ν^2 成正比，波长越短，辐射能量越高。事实上容易估算，如果黑体辐射能量密度真的像瑞利–金斯公式所预言的那样，当人眼睛盯着壁炉里的火光时，火光的紫外线会刺瞎人的眼睛，这显然是荒谬的。“紫外发散”的谱分布预示着经典物理学面临一场“紫外灾难”。

维恩分布在理论上不够严格 (它是一个半经验公式)，与实验结果不完全符合是可以理解的。瑞利–金斯公式是严格按照经典统计物理学理论 (见式 (1.4.22)) 和经典电磁场理论 (见式 (1.4.7)) 推导出来的。然而它在短波部分与实验结果出现了极端尖锐的矛盾，这给物理学带来极大的困惑。事实上，瑞利–金斯公式作为一个“悖论”，颠覆了经典物理学的普适性，这正是它的意义所在。

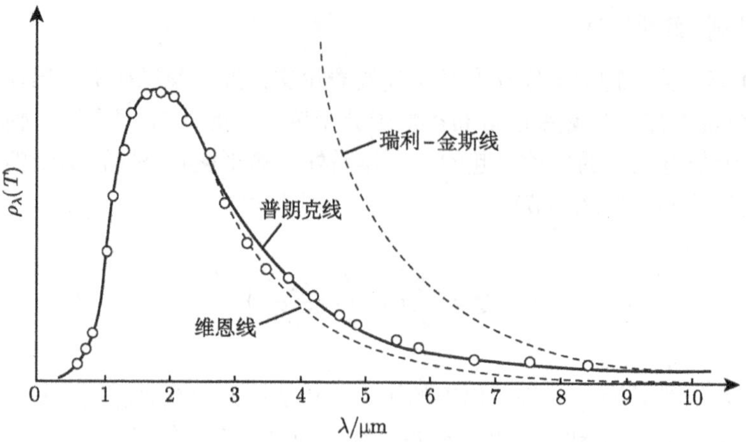

图 1.4.5　黑体辐射的实验数据与三个理论结果

维恩线式 (1.4.1)、瑞利–金斯线式 (1.4.24) 和普朗克线式 (1.5.10)。图中的小圆圈是实验数据，与普朗克线式 (1.5.10) 符合得很好。三条线的温度均为 $T = 1646\text{K}$

1.5　普朗克黑体辐射公式

普朗克用了六年时间试图寻求一个普遍适用的公式来刻画黑体辐射的光谱分布，但是一直未能找到。直到 1900 年他发现只有取一个非常奇怪的假设之后，才能获得成功。这个假设就是：黑体辐射的能量不是连续变化的，而是量子化的，是以 $h\nu$ 为单位一份一份进行的：

$$0, h\nu, 2h\nu, 3h\nu, \cdots, nh\nu, \cdots \tag{1.5.1}$$

其中

$$h = 6.626 \times 10^{-34}\text{J} \cdot \text{s} \tag{1.5.2}$$

是一个普适常量，它就是众所周知的普朗克常数 (Planck constant)，$h\nu$ 当时称为“作用量子” (quantum of action)。反映在普朗克的计算中，就是将瑞利–金斯公式推导中表征能量连续变化的积分 (见式 (1.4.23))，用分立变化的求和代替：

$$\langle\varepsilon\rangle = \frac{\sum\limits_{n=0}^{\infty} nh\nu \exp\left(-\dfrac{nh\nu}{k_{\text{B}}T}\right)}{\sum\limits_{n=0}^{\infty} \exp\left(-\dfrac{nh\nu}{k_{\text{B}}T}\right)} \tag{1.5.3}$$

为了计算单个振子的平均能量 $\langle\varepsilon\rangle$，我们需要求和公式

$$\sum_{n=0}^{\infty} x^n = \frac{1}{1-x} \quad (|x| < 1) \tag{1.5.4a}$$

另外对式 (1.5.4a) 两边关于 x 求微商，然后两边再同乘以 x，可得另一个求和公式

$$\sum_{n=0}^{\infty} n x^n = \frac{x}{(1-x)^2} \quad (|x|<1) \tag{1.5.4b}$$

令 $x \equiv \exp\left(-\dfrac{h\nu}{k_{\mathrm{B}}T}\right)$，利用式 (1.5.4) 的两个求和公式，分别计算式 (1.5.3) 的分母和分子，有

$$\langle \varepsilon \rangle = h\nu \frac{\dfrac{x}{(1-x)^2}}{\dfrac{1}{1-x}} = h\nu \frac{x}{1-x} = h\nu \frac{\exp\left(-\dfrac{h\nu}{k_{\mathrm{B}}T}\right)}{1-\exp\left(-\dfrac{h\nu}{k_{\mathrm{B}}T}\right)} = \frac{h\nu}{\exp\left(\dfrac{h\nu}{k_{\mathrm{B}}T}\right)-1} \tag{1.5.5}$$

式 (1.5.5) 的得出还有一个巧妙的方法。令 $\beta = \dfrac{1}{k_{\mathrm{B}}T}$，将式 (1.5.3) 写为

$$\langle \varepsilon \rangle = \frac{\displaystyle\sum_{n=0}^{\infty} nh\nu \exp(-nh\nu\beta)}{\displaystyle\sum_{n=0}^{\infty} \exp(-nh\nu\beta)} = -\frac{\partial}{\partial\beta} \ln\left[\sum_{n=0}^{\infty} \exp(-nh\nu\beta)\right] \tag{1.5.6a}$$

令 $x \equiv \exp(-h\nu\beta)$，利用求和公式 (1.5.4a)，使式 (1.5.6a) 变为

$$\langle \varepsilon \rangle = -\frac{\partial}{\partial\beta} \ln\left[\frac{1}{1-\exp(-h\nu\beta)}\right] = \frac{h\nu}{\exp(h\nu\beta)-1} = \frac{h\nu}{\exp\left(\dfrac{h\nu}{k_{\mathrm{B}}T}\right)-1} \tag{1.5.6b}$$

考虑到振子密度表示式 (1.4.21)，立即得到

$$\rho_\nu(T) = \frac{8\pi\nu^2}{c^3} \frac{h\nu}{\exp\left(\dfrac{h\nu}{k_{\mathrm{B}}T}\right)-1} \tag{1.5.7}$$

这就是普朗克黑体辐射公式 (Planck's blackbody radiation formula)，它表示黑体的单位体积在单位频率间隔辐射的能量。式 (1.5.7) 的得出似乎只是一个简单的由积分到求和的数学技巧，而本质上却包含着非常深刻的物理含义——能量量子化 (energy quantization)。这是一个里程碑，标志着一个新的物理学时代的开始。

下面我们首先对普朗克黑体辐射公式进行直观的分析。从式 (1.5.7) 可以看出 $\rho_\nu(T\to 0)=0$，这与热力学理论是自洽的，当体系趋于绝对零度时，其中振子的热运动速度为零，体系的热辐射为零。

另外我们需要能量密度的波长表示 $\rho_\lambda(T)$，为此我们首先写出单位体积的辐射总能量

$$E(T)=\int_0^\infty \rho_\lambda(T)\mathrm{d}\lambda=\int_0^\infty \rho_\nu(T)\mathrm{d}\nu \tag{1.5.8}$$

其中，$\rho_\nu(T)$ 表示黑体的单位体积在单位频率间隔辐射的能量 (能量密度的频率表示式)。式 (1.5.8) 的物理意义是：黑体单位体积的辐射总能量等于对波长的积分，也等于对频率的积分，这是 $\rho_\lambda(T)$ 与 $\rho_\nu(T)$ 之间的一般关系。利用式 (1.4.5)，我们有

$$\begin{aligned}\int_0^\infty \rho_\nu(T)\mathrm{d}\nu&=\int_{\nu=0}^\infty \frac{8\pi\nu^2}{c^3}\frac{h\nu}{\exp\left(\dfrac{h\nu}{k_\mathrm{B}T}\right)-1}\mathrm{d}\nu \quad \left(c=\lambda\nu\to \mathrm{d}\nu=-\frac{c}{\lambda^2}\mathrm{d}\lambda\right)\\&=-\int_{\lambda=\infty}^0 \frac{8\pi hc}{\lambda^5}\frac{1}{\exp\left(\dfrac{hc}{\lambda k_\mathrm{B}T}\right)-1}\mathrm{d}\lambda\\&=\int_0^\infty \frac{8\pi hc}{\lambda^5}\frac{1}{\exp\left(\dfrac{hc}{\lambda k_\mathrm{B}T}\right)-1}\mathrm{d}\lambda=\int_0^\infty \rho_\lambda(T)\mathrm{d}\lambda\end{aligned}$$

于是

$$\rho_\lambda(T)=\frac{8\pi hc}{\lambda^5}\frac{1}{\exp\left(\dfrac{hc}{\lambda k_\mathrm{B}T}\right)-1} \tag{1.5.9}$$

它表示黑体的单位体积在单位波长间隔辐射的能量。我们考察 $\rho_\lambda(T)$ 的极限行为，对于短波情况 $\lambda k_\mathrm{B}T\ll hc$，即 $\exp\left(\dfrac{hc}{\lambda k_\mathrm{B}T}\right)\gg 1$，式 (1.5.9) 变为

$$\rho_\lambda(T)=\frac{8\pi hc}{\lambda^5}\exp\left(-\frac{hc}{\lambda k_\mathrm{B}T}\right) \tag{1.5.10}$$

这正是维恩分布式 (1.4.1) 的形式。另一方面，对于长波 (低频) 情况 $h\nu\ll k_\mathrm{B}T$，即 $\exp\left(\dfrac{h\nu}{k_\mathrm{B}T}\right)\approx 1+\dfrac{h\nu}{k_\mathrm{B}T}$，代入式 (1.5.7) 即得瑞利–金斯公式 (1.4.24)。总之，普朗克黑体辐射公式在短波和长波情况下，分别约化为与实验相符合的维恩公式和瑞利–金斯公式。一个简洁、清晰、明朗的图像显示在图 1.5.1 中。

普朗克黑体辐射公式的定量正确性，在他发布研究结果的当天晚上就得到了证实。多年以后，当普朗克谈起他在 1900 年 12 月 14 日发布的那个历史性通告时，曾异常兴奋地回忆道："第二天一大早，我的同行鲁宾斯就找到了我，并告诉我说，会后他将我的公式与他测量的数据进行了比较，一直弄到深夜，到处都发

现二者令人愉快地相符合。”(“到处” 就指的是短波、长波及其他波段。) 还能有什么比这更令物理学家兴奋的呢!

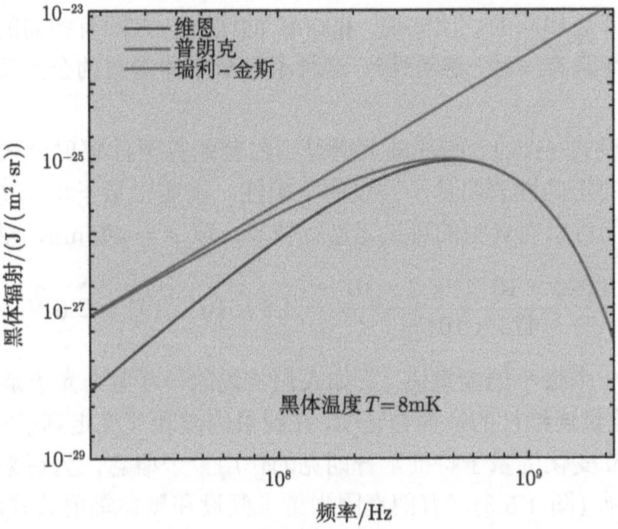

图 1.5.1 黑体热辐射谱分布

普朗克线在高频部分约化为维恩线，在低频部分约化为瑞利–金斯线

这里我们按照式 (1.5.10) 画出黑体辐射的能量密度随波长变化的曲线，如图 1.5.2

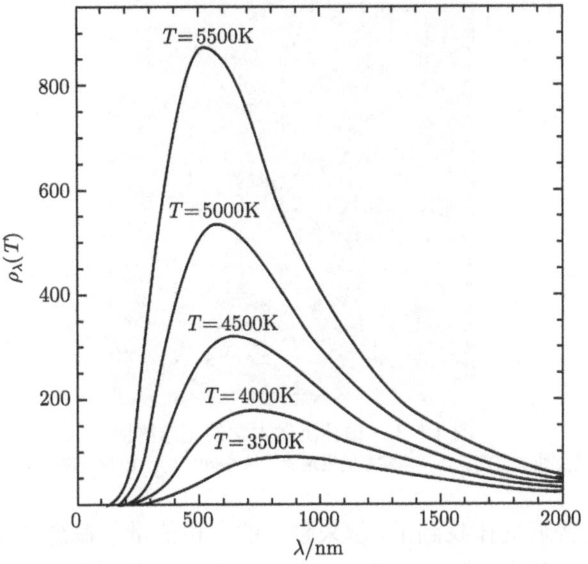

图 1.5.2 普朗克黑体辐射公式 (1.5.10)

不同温度下的曲线，温度升高时，辐射峰向短波方向移动

所示。至此可以清楚地看出：黑体辐射光谱只与辐射体的温度有关，与辐射体的性质 (材料、质量、尺度、形状等) 无关。因为普朗克公式中不包含关于辐射体个性的参数，只有三个物理学常数：c, k_{B}, h。这意味着：只要处于相同的温度，任何辐射体的光谱都是相同的。比如说，6000K 的铁水与太阳有相同的辐射光谱。可见黑体辐射规律具有一种“绝对性”。这种不显示个体参数的公式反映了自然界的普遍规律。

在量子假设式 (1.5.1) 的基础上所得到的普朗克黑体辐射公式是一个完美的理论结果。它的正确性表明量子假设的正确性。事实上量子单元 $h\nu$ 是一个很小的数。现在我们可以对典型的可见光进行估算：取 $\lambda = 475\text{nm}$，量子单元为

$$h\nu = \frac{6.626 \times 10^{-34} \times 3 \times 10^{8}}{475 \times 10^{-9}} = 4.2 \times 10^{-19}(\text{J}) = 2.6\text{eV} \tag{1.5.11}$$

这在宏观上是一个很小的能量值 (正如人们常说的“可见光光子是 2~3eV”)。这意味着：秉承能量连续性的经典物理学，在能量的微观尺度走到了它的尽头，代之而来是能量分立变化的量子特征。普朗克的作用量子概念，为后来光量子概念的建立奠定了基础 (图 1.5.3)。普朗克因为量子假设和黑体辐射公式而获得了 1918 年诺贝尔物理学奖。

图 1.5.3　柏林洪堡大学的纪念牌匾

德语翻译：“马克斯・普朗克，基本常数的发现者，从 1889 年至 1928 年在这座大楼里执教。”

黑体辐射的普遍规律找到了，越来越多的人相信量子概念的正确性，然而，普朗克却很不满意他那个“数学技巧”。就像他后来所说的那样：“量子化实在是一个走投无路的做法”。事实上，他一直想把他的理论纳入严格的经典物理学的轨道。

但是离开能量量子 $h\nu$ 假设，无论怎么做都无法得到完美的黑体辐射公式。普朗克为此深感“困惑”，正如普朗克后来所说“我的那些试图将普朗克常数归入经典理论的尝试是徒劳的，却花费了我多年的时间和精力”。普朗克甚至在提出光量子概念 10 年之后，还要求年轻的彼得堡人约飞，要非常谨慎地对待量子的思想。他说“不要走得太远”，“不要怀疑光的本性”。后一句话其实是想说：光就是“波动性”的光，不要以为光真的是量子流。

普朗克的这种立场始终都没有改变，在他走到人生暮年 (1945 年)，临近 90 岁高龄时，美国在日本的广岛和长崎投下的两颗原子弹，以一种极端的方式演示了辐射量子的物理现实性，而他仍然没有从自己所打造的桎梏中解脱出来。他去世 15 年后，另一位量子力学大师玻尔，也在自己行将就木的时候这样说过：“在某种意义上可以这样说，普朗克生命的后 40 年 (如果不是 50 年的话)，是致力于把他的发现从世界上勾销。”

普朗克是一个非常谦虚和诚恳的人。1918 年 4 月在德国物理学会举行的庆贺普朗克 60 寿辰的纪念会上，普朗克致答谢词时说道：“试想有一位矿工，他竭尽全力进行贵重矿石的勘探，终于有一天他找到了天然金矿，而且在进一步研究中发现它是无价之宝，比先前想象的还要贵重无数倍。假如不是他自己碰上这个宝藏，毫无疑问，他的同事也会很快地、很幸运地碰上它的。”尽管普朗克终生都没有摆脱经典理论的束缚，但他毕竟是最早引入光量子概念的人。普朗克不失为一位具有开创性成就的伟大科学家，加之他在其他学科例如热力学和统计物理等领域的重要贡献，特别是他一丝不苟的严谨风格和认真求实的科学态度，在德国人的心目中，普朗克是当代最为灿烂的科学明星 (图 1.5.4)。德国有一个非常庞大的

(a) (b)

图 1.5.4 柏林洪堡大学内的普朗克铜像

摄于 2008 年 8 月 26 日 (a) 和 2024 年 8 月 15 日 (b)

科学研究机构，其研究范围遍及当代自然科学的所有重要领域，其研究地点分布在德国几乎所有的大中城市。它在历史上被称为“威廉皇家研究所”。普朗克 1947 年去世后，德国政府将之更名为“马克斯·普朗克研究所”，这是一个举世闻名的研究机构。

1.6 黑体辐射公式的应用

本节介绍黑体辐射公式在历史上的几个重要应用，涉及普朗克黑体辐射公式向维恩位移定律的约化 (以及向斯特藩–玻尔兹曼定律的约化)；黑体辐射的波长分布与频率分布的对应关系；以及固体比热的量子理论。

1.6.1 普朗克公式的推论

我们首先讨论普朗克黑体辐射公式向维恩位移定律的约化，在波长表示式 (1.5.9)

$$\rho_\lambda(T)=\frac{8\pi hc}{\lambda^5}\frac{1}{\exp\left(\dfrac{hc}{\lambda k_{\mathrm{B}}T}\right)-1} \tag{1.6.1}$$

中，令 $y\equiv\dfrac{hc}{\lambda k_{\mathrm{B}}T}$，利用式 (1.6.1) 计算 $\rho_\lambda(T)$ 对 λ 的导数，由

$$\begin{aligned}\frac{\mathrm{d}}{\mathrm{d}\lambda}\rho_\lambda(T)&=\frac{\mathrm{d}}{\mathrm{d}\lambda}\left[\frac{8\pi hc}{\lambda^5}\left(\mathrm{e}^y-1\right)^{-1}\right]\\&=-\frac{8\pi hc}{\lambda^6}\left(\mathrm{e}^y-1\right)^{-1}\left[5-y\mathrm{e}^y\left(\mathrm{e}^y-1\right)^{-1}\right]=0\end{aligned} \tag{1.6.2}$$

得到

$$\mathrm{e}^{-y}=1-\frac{y}{5} \tag{1.6.3}$$

这是关于变量 y 的超越方程，它有非零解 $y=4.965$，于是

$$\lambda_{\max}T=\frac{1}{4.965}\frac{hc}{k_{\mathrm{B}}}=2.897\times10^{-3}\mathrm{m}\cdot\mathrm{K} \tag{1.6.4}$$

其中，$\lambda_{\max}$ 表示峰值波长 ($\rho_\lambda(T)$ 的最大值)。式 (1.6.4) 与维恩位移定律式 (1.4.3) 相一致，而式 (1.6.4) 中的 $\dfrac{1}{4.965}\dfrac{hc}{k_{\mathrm{B}}}$ 正是式 (1.4.3) 右边维恩常数 b 的理论值。

接下来我们由普朗克黑体辐射公式推导斯特藩–玻尔兹曼定律式 (1.3.5)。利用式 (1.5.7) 求 $\rho_\nu(T)$ 对 ν 的积分，我们有

$$J_{\mathrm{B}}(T)\equiv\int_0^\infty\rho_\nu(T)\mathrm{d}\nu=\frac{8\pi h}{c^3}\int_0^\infty\frac{\nu^3}{\exp\left(\dfrac{h\nu}{k_{\mathrm{B}}T}\right)-1}\mathrm{d}\nu \tag{1.6.5}$$

令 $x \equiv \dfrac{h\nu}{k_{\mathrm{B}}T}$，由式 (1.6.5) 得到

$$J_{\mathrm{B}}(T) = \left(\frac{k_{\mathrm{B}}T}{h}\right)^4 \frac{8\pi h}{c^3} \int_0^\infty \frac{x^3}{\mathrm{e}^x - 1}\mathrm{d}x \tag{1.6.6}$$

式 (1.6.6) 中的积分为

$$\begin{aligned}\int_0^\infty \frac{x^3}{\mathrm{e}^x - 1}\mathrm{d}x &= \int_0^\infty x^3\mathrm{e}^{-x}\frac{1}{1-\mathrm{e}^{-x}}\mathrm{d}x = \int_0^\infty x^3\mathrm{e}^{-x}\left[\sum_{n=0}^\infty \mathrm{e}^{-nx}\right]\mathrm{d}x \\ &= \sum_{n=0}^\infty \int_0^\infty x^3\mathrm{e}^{-(n+1)x}\mathrm{d}x = \sum_{n=0}^\infty \frac{1}{(n+1)^4}\int_0^\infty t^3\mathrm{e}^{-t}\mathrm{d}t \\ &= 6\sum_{n=0}^\infty \frac{1}{(n+1)^4} = \frac{\pi^4}{15}\end{aligned}$$

由此，式 (1.6.6) 变为

$$J_{\mathrm{B}}(T) = \sigma_{\mathrm{B}}T^4 \tag{1.6.7a}$$

其中

$$\sigma_{\mathrm{B}} = \frac{8\pi^5 k_{\mathrm{B}}^4}{15h^3c^3} = 7.566 \times 10^{-16}\mathrm{J/(m^3 \cdot K^4)} \tag{1.6.7b}$$

现在表达式 (1.6.7a) 并不是式 (1.3.5) 所示的斯特藩–玻尔兹曼定律，物理常数 σ_{B} 也不是式 (1.3.6) 所示的斯特藩–玻尔兹曼常数。因为 $J_{\mathrm{B}}(T)$ 是黑体单位体积的辐射能量，往下走只需要给式 (1.5.7) 乘一个因子 $c/4$ (c 是真空中光速)，变成

$$\frac{c}{4}\rho_\nu(T) \equiv J_\nu(T) = \frac{c}{4}\frac{8\pi\nu^2}{c^3}\frac{h\nu}{\exp\left(\dfrac{h\nu}{k_{\mathrm{B}}T}\right) - 1} \tag{1.6.8}$$

式 (1.6.8) 表示黑体的单位表面积在单位时间内、单位频率间隔的辐射能量 [George B R, Alan P L. Radiative processes in astrophysics. John Wiley & Sons, 1979: 19] 。现在对式 (1.6.8) 关于 ν 积分，依照得到式 (1.6.7a) 的过程，我们有

$$J(T) = \int_0^\infty J_\nu(T)\mathrm{d}\nu = \frac{c}{4}\frac{8\pi h}{c^3}\int_0^\infty \frac{\nu^3}{\exp\left(\dfrac{h\nu}{k_{\mathrm{B}}T}\right) - 1}\mathrm{d}\nu = \sigma T^4 \tag{1.6.9a}$$

其中

$$\sigma = \frac{c}{4}\sigma_{\mathrm{B}} = \frac{2\pi^5 k_{\mathrm{B}}^4}{15h^3c^2} = 5.67 \times 10^{-8}\mathrm{J/(s \cdot m^2 \cdot K^4)} \tag{1.6.9b}$$

这就是斯特藩–玻尔兹曼常数的理论表示式及数值 (见式 (1.3.6))。

最后我们需要强调，$J_{\mathrm{B}}(T)=\sigma_{\mathrm{B}}T^4$ 是黑体单位体积的辐射能量 (是普朗克黑体辐射公式 (1.5.7) 的推论)；而 $J(T)=\sigma T^4$ 是黑体的单位表面积在单位时间内的辐射能量 (是普朗克黑体辐射公式 (1.6.8) 的推论)。二者都正比于 T^4，但具有不同的物理意义。而后者便于同测量数据相联系，实际应用非常广泛，甚至可以用来计算黑洞的光子辐射 (见 15.12 节) 和地球物理中的量子辐射问题 (见 18.3 节)。

1.6.2　波长分布与频率分布

如果问，如何由黑体辐射的峰值波长 $\lambda_{\max}$ 确定峰值频率 $\nu_{\max}$？很多人会不假思索地回答：$\nu_{\max}\cdot\lambda_{\max}=c$！其实这是一个“想当然”式的错误 (不少量子力学教材也这样写)。我们现在计算 $\nu_{\max}\cdot\lambda_{\max}$，为此先求守恒量 $\dfrac{\nu_{\max}}{T}$($\nu_{\max}$ 是 $\rho_\nu(T)$ 的最大值)。

令 $x\equiv\dfrac{h\nu}{k_{\mathrm{B}}T}$，利用式 (1.5.7) 计算 $\rho_\nu(T)$ 对 ν 的导数，由

$$\begin{aligned}\frac{\mathrm{d}}{\mathrm{d}\nu}\rho_\nu(T)&=\frac{\mathrm{d}}{\mathrm{d}\nu}\left[\frac{8\pi h}{c^3}\nu^3\left(\mathrm{e}^x-1\right)^{-1}\right]\\&=\frac{8\pi h\nu^2}{c^3}\left(\mathrm{e}^x-1\right)^{-1}\left[3-x\mathrm{e}^x\left(\mathrm{e}^x-1\right)^{-1}\right]=0\end{aligned}\tag{1.6.10}$$

得到

$$\mathrm{e}^{-x}=1-\frac{x}{3}\tag{1.6.11}$$

这是关于变量 x 的超越方程，它有非零解 $x=2.821$，于是

$$\frac{\nu_{\max}}{T}=2.821\frac{k_{\mathrm{B}}}{h}=5.879\times10^{10}\mathrm{Hz/K}\tag{1.6.12}$$

这是守恒量 $\dfrac{\nu_{\max}}{T}$ 的值。

现在由式 (1.6.4) 和式 (1.6.12) 立即得到

$$\lambda_{\max}\cdot\nu_{\max}=\gamma\tag{1.6.13a}$$

其中

$$\gamma=\frac{2.821}{4.965}c=1.703\times10^8\mathrm{m/s}\tag{1.6.13b}$$

是一个常数速度，但不等于光速 c！这个结果的得出是因为以频率为单位的测量跟以波长为单位的测量不成正比 (见式 (1.4.5))。利用式 (1.6.13a) 和式 (1.6.13b) 可以在 $\lambda_{\max}$ 和 $\nu_{\max}$ 之间相互换算。例如，对于太阳光谱，我们知道其峰值波长为 $\lambda_{\max}=475\mathrm{nm}$ (青光)，而峰值频率为 $\nu_{\max}=\gamma/\lambda_{\max}=3.585\times10^{14}\mathrm{Hz}$，与之相应的波长为 $\lambda=c/\nu_{\max}=836\mathrm{nm}$ (近红外)。

1.6.3 固体比热的量子理论

本节我们由普朗克给出的单个振子的平均能量表达式 (1.5.5)，计算固体比热并将结果与实验相比较。假定固体处于绝对温度 T，其中所含原子都以同一频率 ν 振动，每个原子有三个自由度，则 N 个原子的平均能量由式 (1.5.5) 表示为

$$\langle E\rangle = 3N\langle\varepsilon\rangle = 3N\frac{h\nu}{\exp\left(\dfrac{h\nu}{k_{\mathrm{B}}T}\right)-1} \tag{1.6.14}$$

简单起见，考察 1mol 的固体，式 (1.6.14) 中的 N 表示阿伏伽德罗常数 (Avogadro's constant)。

固体比热 (solid specific heat) 定义为 $C=\dfrac{\partial\langle E\rangle}{\partial T}$，它表示固体温度升高 1K 所需要的能量。利用式 (1.6.14) 计算 $\langle E\rangle$ 对温度 T 的导数，得到

$$C = 3R\left(\frac{h\nu}{k_{\mathrm{B}}T}\right)^2\frac{\exp\left(\dfrac{h\nu}{k_{\mathrm{B}}T}\right)}{\left[\exp\left(\dfrac{h\nu}{k_{\mathrm{B}}T}\right)-1\right]^2} \tag{1.6.15}$$

式中，$R=k_{\mathrm{B}}N=1.987\mathrm{cal/(mol\cdot K)}$ 是普适气体常数 (universal gas constant)，式 (1.6.15) 就是固体比热的量子理论结果，由爱因斯坦于 1907 年得出 [Einstein A. Die Plancksche Theorie der Strahlung und die Theorie der spezifischen Wärme. Annalen der Physik, 1907, 22: 180-190]。

现在让我们对式 (1.6.15) 作进一步讨论，为此令 $x\equiv\dfrac{h\nu}{k_{\mathrm{B}}T}$，然后利用公式 $\sinh y=\dfrac{1}{2}\left(\mathrm{e}^{y}-\mathrm{e}^{-y}\right)$，将式 (1.6.15) 改写为

$$c(x)\equiv\frac{C}{3R}=\frac{x^2}{4\sinh^2(x/2)}=\frac{x^2}{2(\cosh x-1)} \tag{1.6.16}$$

这里 $c(x)$ 称为爱因斯坦比热函数 (Einstein specific heat function)。由式 (1.6.16) 可以看出，对于高温情况 $k_{\mathrm{B}}T\gg h\nu(x\to 0)$，有 $c\to 1$，即比热 $C\to 3R$ (常数)，这正是固体比热的经典理论结果。实际上，得到这一结果的简单方法是将单个自由度能量的经典表达式 (1.4.23)，即 $\langle\varepsilon\rangle=k_{\mathrm{B}}T$，直接扩展到 N 原子情况，有 $\langle E\rangle=3Nk_{\mathrm{B}}T$。由此立即得到 $C=\dfrac{\partial\langle E\rangle}{\partial T}=3k_{\mathrm{B}}N=3R$。

不过对于低温情况 $k_{\mathrm{B}}T \ll h\nu(x \to \infty)$，式 (1.6.16) 给出

$$c(x) = x^2 \exp(-x) = \left(\frac{h\nu}{k_{\mathrm{B}}T}\right)^2 \exp\left(-\frac{h\nu}{k_{\mathrm{B}}T}\right) \xrightarrow{T\to 0} 0 \tag{1.6.17}$$

这一结果的物理意义是，当固体的低温足够低时，其比热不再是常数，而是随着温度的降低而下降。特别是，当固体温度 $T \to 0$ 时，其比热趋近于零。经典物理学不能解释这样的结果，这是一个纯量子效应 (purely quantum effect)。

我们利用式 (1.6.16) 画出比热函数 $c(x)$ 随 x 变化的曲线，如图 1.6.1 所示。它表明，经典结果 $c = 1(C = 3R)$ 只适用于 $x \to 0$ 情况。随着 x 的增加，$c(x)$ 单调下降。而且 $c(x)$ 随 x 的下降还存在一个拐点。现在我们利用式 (1.6.16) 来计算这个拐点，它对 x 求导数，得到

$$\frac{\mathrm{d}c}{\mathrm{d}x} = \frac{x - c\sinh x}{\cosh x - 1} \tag{1.6.18}$$

再次对 x 求导数，由 $\dfrac{\mathrm{d}^2c}{\mathrm{d}x^2} = 0$ 得到

$$2\frac{\mathrm{d}c}{\mathrm{d}x}\sinh x + c\cosh x - 1 = 0 \tag{1.6.19}$$

将式 (1.6.16) 和式 (1.6.18) 代入式 (1.6.19)，计算出拐点 $x_{\mathrm{i}} = 2.35$。这意味着，随着参数 $x \equiv \dfrac{h\nu}{k_{\mathrm{B}}T}$ 的增加 (即温度 T 的降低)，固体比热 C 在 $\dfrac{h\nu}{k_{\mathrm{B}}T} = 2.35$ 下降最快。由图 1.6.1 还可以看出，当 $x \to 10$ 时，有 $c(x) \to 0$，即当 $\dfrac{h\nu}{k_{\mathrm{B}}T} \to 10$ 时，固体比热 $C \to 0$。

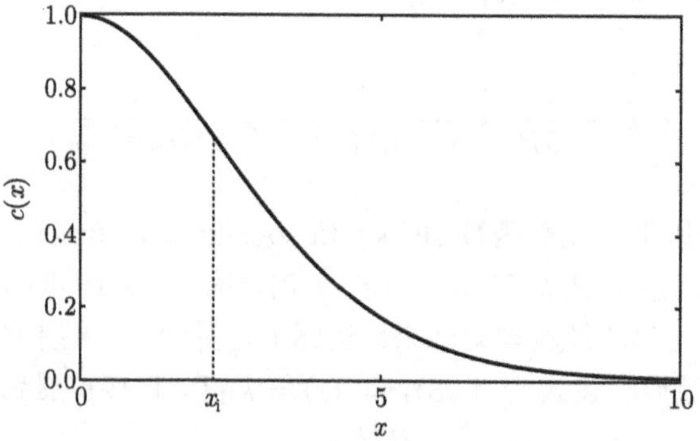

图 1.6.1　比热函数 $c(x)$ 随 x 的变化曲线，拐点 $x_{\mathrm{i}} = 2.35$

我们进一步利用式 (1.6.15) 画出固体比热 C 随温度参量

$$\frac{1}{x} \equiv \frac{T}{\beta\nu} \left(\beta = \frac{h}{k_{\mathrm{B}}} \right) \tag{1.6.20}$$

变化的曲线，并与实验结果相比较 (图 1.6.2)。可以看出，这个模型大致上能够描述测量值的变化趋势，但二者之间看上去存在系统性的误差 (理论预言值普遍低于对应的测量值)。一个更好的理论描述是德拜模型 (见 7.9.3 节)。

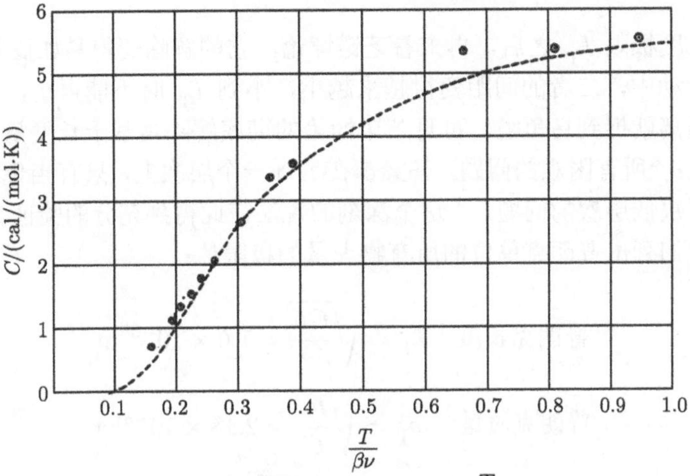

图 1.6.2 固体比热 C 随温度参量 $\dfrac{T}{\beta\nu}$ 的变化

虚线来自式 (1.6.15)，实验数据来自金刚石比热的测量值

1.7 芝诺悖论的解除

我们已经看到，由能量量子化可以导出黑体辐射公式，进而用来测量和控制炼钢过程，计算太阳表面温度，随后还可以看到它对宇宙微波背景辐射的精确描述 (见 14.5.3 节)。这个普适的宇宙法则将导致一个惊奇的长度量子，它将彻底解除本书开头所讨论的芝诺悖论。

普朗克在确定能量量子后不久，进而引入一个物理量

$$L_{\mathrm{p}} = \sqrt{\frac{G\hbar}{c^3}} = 1.6 \times 10^{-35}\mathrm{m} \tag{1.7.1}$$

它由三个物理学常数组成，其中 G 是万有引力常数，$\hbar \equiv h/(2\pi)$ 是约化普朗克常数，c 是真空中光速。L_{p} 具有长度的量纲，称为普朗克长度。普朗克长度的物理意义是，当长度测量进入这一标度时，经典的引力和时空概念变得不再适用，而

量子效应起支配作用。它是一个“长度量子” (L_p 本质上是弦论中的弦长度)，是经典意义上的最小长度测量。图 1.7.1 显示了普朗克长度的数量级，是质子直径的 $1/10^{20}$。

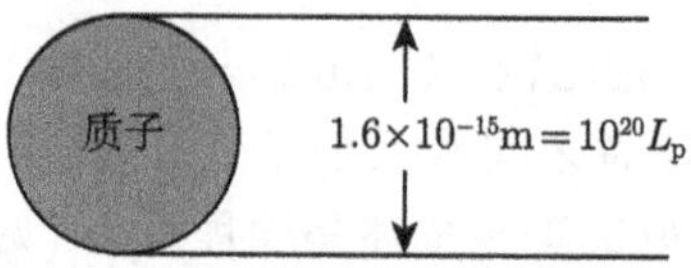

图 1.7.1　普朗克长度的数量级

有了长度极限 L_p 之后，再来看芝诺悖论，它的解除变得易如反掌。事实上，人和龟在运动中，二者的间距变得越来越小，小到 L_p 时不能再小，这时人只需移动这个距离就捉到乌龟啦！可见芝诺悖论的彻底解除是基于长度量子化。爱因斯坦曾说过：“所有困难的问题，答案都在另外一个层次上，只有当你的认知提升后，才能解决低层次的问题。” 这个深刻的说法在此得到充分的验证！

最后我们列出普朗克单位的所有物理量的极限值：

$$\text{普朗克长度}\quad L_p = \sqrt{\frac{G\hbar}{c^3}} = 1.6 \times 10^{-35}\text{m} \tag{1.7.2a}$$

$$\text{普朗克质量}\quad m_p = \sqrt{\frac{\hbar c}{G}} = 2.18 \times 10^{-8}\text{kg} \tag{1.7.2b}$$

$$\text{普朗克时间}\quad t_p = \frac{L_p}{c} = \sqrt{\frac{G\hbar}{c^5}} = 5.39 \times 10^{-44}\text{s} \tag{1.7.2c}$$

$$\text{普朗克能量}\quad E_p = \frac{\hbar}{t_p} = \sqrt{\frac{\hbar c^5}{G}} = 1.97 \times 10^{9}\text{J} = 1.22 \times 10^{19}\text{GeV} \tag{1.7.2d}$$

$$\text{普朗克温度}\quad T_p = \frac{m_p c^2}{k_B} = \sqrt{\frac{\hbar c^5}{G k_B^2}} = 1.42 \times 10^{32}\text{K} \tag{1.7.2e}$$

第 2 章　量子世界的不确定性——测不准原理

量子力学的开山鼻祖海森伯是个神一样的存在，他创建矩阵力学的地点是德国北海的一个小岛——赫耳果兰，时年只有 24 岁。两年后他又在哥本哈根推出了更厉害的测不准原理 (它后来被公认是量子力学的灵魂)。用一个不等式刻画微观世界的不确定性，颠覆了经典物理学的因果律，堪称量子理论画卷中的神来之笔。就连最挑剔的“上帝的鞭子”泡利都说：“这一天将进入量子力学的史册！”而历史学家说，海森伯以两件事著称于世：一是发现了“测不准原理”；二是主持过希特勒的原子弹计划。时过境迁，海森伯在研制原子弹期间与玻尔在哥本哈根的会晤，成了永远无法解开的“哥本哈根之谜”。

2.1　海森伯的故事

2.1.1　天之骄子

海森伯 (Werner Heisenberg)，1901 年出生于德国维尔茨堡，在慕尼黑长大，父亲是一名希腊语教师。海森伯爱好古典音乐，是个出色的钢琴手，也喜欢爬山，还是一位乒乓球高手 (但杨振宁说，他打不过更厉害的中国人周培源，哈哈)。1920 年，19 岁的海森伯进入慕尼黑大学学习理论物理，著名的物理学家索末菲是他的启蒙老师。3 年后他在这里获得博士学位，后去哥廷根大学深造，成为玻恩的助手，并聆听希尔伯特等大师的数理讲座。海森伯从 1925 年初开始研究量子力学理论，进而建立了矩阵力学的物理基础。1926 年，他去了哥本哈根大学，在玻尔的指导下进行研究，1927 年提出了著名的“测不准原理”。同年 10 月，年仅 26 岁的海森伯被任命为莱比锡大学的教授。1941 年，他成为柏林大学的物理学教授及物理研究所主任。

在量子理论的建立和发展历程中，上述的索末菲、玻恩和玻尔是三个关键人物。尽管他们对量子力学的贡献有所不同，但在某种意义上讲，都是领袖型的科学家，分别领导了量子理论研究的三个不同学派：索末菲的慕尼黑学派、玻恩的哥廷根学派和玻尔的哥本哈根学派。海森伯被称为天之骄子，有幸先后师从这三位大家，他博采众长，兼容并蓄。在索末菲那里他获得了理论研究的最基本的训练，1925 年开创矩阵力学得益于哥廷根学派严谨的数理逻辑，1927 年提出测不准原理则无疑受到玻尔的哲学思想的影响。

2.1.2　矩阵力学

海森伯到哥廷根后的研究方向集中在计算氢原子光谱的问题。1925 年春天海森伯得了花粉病，脸肿了，眼睛也发了炎。玻恩破例给他放了假，并建议他去德国北海的赫耳果兰岛休养 (图 2.1.1)。6 月 7 日，海森伯由哥廷根来到赫耳果兰岛 (324km)，这里碧波荡漾，微风吹拂，平日他一边爬山，一边背诵歌德《西东诗集》中的诗歌，并继续思考光谱问题。最终他产生了一种思维上的顿悟和飞跃——用非对易可观察量来解决氢光谱问题。他后来写道："It was about three o'clock at night when the final result of the calculation lay before me. At first I was deeply shaken. I was so excited that I could not think of sleep. So I left the house and awaited the sunrise on the top of a rock." (当最终的计算结果呈现在我面前时，大约是深夜三点。我深感震撼，心潮激荡，无法入睡。于是我离开房间，爬到一块岩石顶上，等候日出。) 难怪后来有人说："轰轰烈烈的量子力学革命真正起源于赫耳果兰岛上的奇岩异石。" 就在这次 14 天的度假期间，时年只有 24 岁的海森伯完成了关于量子力学的开创性工作。现在看来，它是百年量子力学万千气象的起点与奇点，尽管离开海岛时有点迷雾。

图 2.1.1　赫耳果兰岛——量子力学革命的发源地

三角形主岛 (hauptinsel) 面积为 $1km^2$ ($0.4mi^2$ (平方英里))，位于德国北海，离海岸线 46km

众所周知，玻尔 1913 年建立了氢原子的轨道理论，得出氢原子能级和光谱表达式，但必须施加一个量子化条件 (简单说，电子运动的角动量必须是约化普朗克常数 $\hbar$ 的整数倍——见式 (20.3.1))。很明显，玻尔的电子轨道虽然有直观的图像，但电子的轨迹 $X(t)$ 是不可观测的。海森伯悟出，他要建立的新理论必须包含可测量的光谱线参数 (特别是光谱线频率)。而光辐射涉及两个能态 E_m 和 E_n，故可以将光谱线频率写成 $\nu_{mn} = (E_m - E_n)/h$ 的形式。为了把双指标的频率 ν_{mn} 与电子的运动轨迹 $X(t)$ 联系起来，海森伯定义了一个"二维"坐标 X_{mn} 的时间演化：

$$X_{mn}(t) = X_{mn}\mathrm{e}^{2\pi \mathrm{i}\nu_{mn}t} = X_{mn}\mathrm{e}^{\mathrm{i}(E_m - E_n)t/\hbar} \tag{2.1.1}$$

这一表述，实质上是将电子的轨道运动转化成一种抽象的"二维"简谐振动 $X_{mn}\cos 2\pi\nu_{mn}t$。它在海森伯原著中的写法是

$$\mathrm{Re}\left\{\mathfrak{A}(n, n-\alpha)\mathrm{e}^{\mathrm{i}\omega(n,n-\alpha)t}\right\}$$

后来人们发现，这个定义堪称将玻尔轨道理论引向量子力学表述的神来之笔 (有人称之为"魔法")，海森伯自己则用了"疯狂" (crazy) 一词。它其实是玻尔量子化条件的另一种表达形式。

如果按相同的方式再定义一个"二维"动量 P_{mn}，则立即可以计算出：

$$\begin{aligned}\sum_{k=0}^{\infty} X_{mk}(t)P_{kn}(t) &= \sum_{k=0}^{\infty} X_{mk}\mathrm{e}^{2\pi \mathrm{i}\nu_{mk}t}P_{kn}\mathrm{e}^{2\pi \mathrm{i}\nu_{kn}t} \\ &= \mathrm{e}^{2\pi \mathrm{i}\nu_{mn}t}\sum_{k=0}^{\infty} X_{mk}P_{kn} = (XP)_{mn}\mathrm{e}^{2\pi \mathrm{i}\nu_{mn}t}\end{aligned} \tag{2.1.2}$$

其中利用了 $\nu_{mk} + \nu_{kn} = \nu_{mn}$。式 (2.1.2) 与式 (2.1.1) 有相同的形式，只不过是 $X_{mn} \to (XP)_{mn}$ 的改变，仍然维持相同的频率 ν_{mn}，它是元素 $X_{mk}P_{kn}$ $(k = 0, 1, 2, \cdots)$ 的"二维"组合：

$$(XP)_{mn} = \sum_{k=0}^{\infty} X_{mk}P_{kn} \tag{2.1.3}$$

式 (2.1.1) 和式 (2.1.3) 就是海森伯新理论的核心表述。对于定义式 (2.1.1)，海森伯的"疯狂"一词折射出他的自信；而如何理解式 (2.1.3) 的含义，确实处于迷雾之中。

海森伯返回哥廷根后，向泡利展示了他的计算结果，并在其中评论道："对我来说，一切仍然模糊不清，但似乎电子不再在轨道上运动了。" 7 月 9 日 (32 天前他离开这里)，海森伯将他的论文交给了马克斯 · 玻恩，并称 "He had written a crazy paper and did not dare to send it in for publication, and that Born should read it and advise him prior to publication" (他写了一篇疯狂的论文，不敢将其寄出发表，希望玻恩在发表前阅读并给予建议)。玻恩读到这篇论文时，起初也有些疑惑，但很快就看出来海森伯的表述正是一种矩阵的系统语言。在此之前，矩阵很少被物理学家使用；它被认为属于纯数学领域，而玻恩在 1921 年的晶体理论工作中使用过这种工具。玻恩指出，式 (2.1.3) 正是矩阵乘法规则。这样一来，坐标、动量、能量，以及理论中所有可观测量，都可以解释为矩阵。特别是，坐标矩阵 X 是对微观粒子运动的完整描述，而且与动量矩阵 P 遵循不对易关系：

$$XP \neq PX \tag{2.1.4}$$

比如

$$\begin{pmatrix} 1 & 2 \\ 3 & 4 \end{pmatrix}\begin{pmatrix} 5 & 6 \\ 7 & 8 \end{pmatrix} \neq \begin{pmatrix} 5 & 6 \\ 7 & 8 \end{pmatrix}\begin{pmatrix} 1 & 2 \\ 3 & 4 \end{pmatrix} \tag{2.1.5}$$

这在物理上意味着，一个量子现象的作用结果与操作的顺序是有关系的。我们可以打一个有趣的比方：设 X 是打麻醉药，而 P 为拔牙。那么正常顺序应该是先 X 后 P，如果作用顺序颠倒过来，变成先 P 后 X，则结果大不相同！

玻恩意识到海森伯的物理思想的重要性，又点破迷雾让海森伯认清了力学量的矩阵表示，于是海森伯放心地向著名的物理学期刊 *Zeitschrift für Physik*（《物理学杂志》）提交了他的 15 页原始论文 [Heisenberg W. Über quantentheoretische Umdeutung kinematischer und mechaniseher Beziehungen(关于运动学和力学关系的量子理论重新解释). Eingegangen 29, Juli 1925, Z. Physik, 1925, 33: 879-893]。这篇论文在经过长达 5 个月的审查后终于公开发表——对审稿人而言是完全陌生的内容。在这里，海森伯解释了含有光谱线参数的理论表述的内涵，给出了取代电子轨道的可观测描述，奠定了矩阵方法的物理基础，这是具有突破性和决定性的第一步。

紧接着，玻恩、海森伯和若尔当 (Ernst Jordan，德国数学家，当时正在哥廷根大学协助柯朗和希尔伯特撰写《数学物理方法》一书) 等异常迅速地完善了矩阵方法的数学形式 [① Born M, Jordan P. Zur Quantenmechanik (关于量子力学)。Eingegangen 27, September 1925, Z. Physik, 1925, 34: 858-888; ② Born M, Heisenberg W, Jordan P. Zur Quantenmechanik II (关于量子力学 II). Eingegangen 16, November 1925, Z. Physik, 1926, 35: 557-615。这两篇论文提交时海森伯的原创论文还没有公开发表]，使之升华成一套系统、完整、严格的理论表述，简称矩阵力学 (matrix mechanics)。后来物理学家公认"矩阵力学是量子力学中第一个概念上独立且逻辑上自洽的理论表述” (Matrix Mechanics was the first conceptually autonomous and logically consistent formulation of quantum mechanics)。

矩阵力学的正确性很快就得到了证实。就在海森伯发表原始论文一个月后，泡利向同一期刊提交了他的论文，用矩阵力学求解氢原子问题 [Pauli Jr W. Über das Wasserstoffspektrum vom Standpunkt der neuen Quantenmechanik(从新量子力学角度讨论氢原子光谱). Eingegangen 17, Januar 1926，Z. Physik,1926, 36: 336-363]。“泡利以雷霆万钧之力” (杨振宁语) 解出了氢原子能级 (早于波动力学的求解方法)。这就是海森伯一直竭力寻求的氢光谱表达式，也就是众所周知的玻尔轨道理论的结果 (见式 (20.3.4) 和图 20.3.1)，而该结果早在玻尔出生的 1885 年就被瑞士数学教师巴耳末 (J. J. Balmer) 由实验归纳出来。所以泡利这项工作的重要性在于，证明了海森伯那个 “疯狂” 定义的合理性以及矩阵力学对于描述微观体系行为的可靠性。

毋庸置疑，就建立矩阵力学体系而言，玻恩与若尔当的理论工作是不可或缺的，泡利的应用验证也具有强大的推动作用，而海森伯的第一篇 “疯狂” 论文被公认是创立量子力学的开山之作。事实上，海森伯于 1932 年获得诺贝尔物理学奖的第一条理由就是 “for the creation of quantum mechanics” (量子力学的创立)。

矩阵力学创立百年后的今天，当我们回顾它的历史性意义时深深感到，矩阵力学对一部量子力学，乃至对整个现代物理学所带来的影响，是何等重大而深远。它将深不可测的微观世界的奥秘用一种昭然若揭的方式展现在人们面前，着实是一种划时代的创举。再悉数矩阵力学后来的应用，它们充斥在每一本量子力学专著中。比如，利用矩阵元双指标 (例如式 (5.1.16)) 的优势可以描述微观体系的状态突变——量子跃迁 (quantum transition)，而量子跃迁作为一个可测量的瞬态行为关联到许多重要的量子现象——例如激光 (见第 5 章)。矩阵力学的另一个有普遍意义的应用是，用矩阵的时间演化来描述微观粒子的量子统计性质 [顾樵. 量子力学 Ⅱ，第 10 章表象与矩阵力学. 科学出版社，2014]，这与后来建立的薛定谔波动力学具有异曲同工之妙。

2.1.3 测不准关系

在海森伯的量子力学生涯中，创建矩阵力学其实只是 “初试锋芒”，他根本没有就此止步。短短两年之后，他登上了又一个科学顶峰。故事发生在 1927 年 2 月的哥本哈根。那时，玻尔和海森伯正在试图构建量子理论的总体框架，但找不到核心支点，两人发生了口角。结果玻尔独自去挪威滑雪，把海森伯一个人撇在哥本哈根。海森伯后来在他的回忆录里说道：“总的说来，我很高兴他把我一个人留在哥本哈根。现在我可以在这里平心静气地想一想那些极为复杂的问题了。”

为了聚精会神地思考问题,海森伯把自己关在玻尔研究所的一间阁楼里(见图 19.2.4)。有时为了激发自己的灵感又在深更半夜去公园散步。现在的问题是,在矩阵力学和波动力学的框架下,描述微观粒子运动规律的力学量是不确定的。那么,出路何在?执着的海森伯最终把思维转向考察力学量的不确定性。1927 年 2 月下旬的一个清晨,在多少个日日夜夜的苦心钻研之后,激动到极点的海森伯写下了一个关系式 $p_1q_1 \sim h$ (这就是后来的测不准关系 $\Delta x \Delta p \sim h$ 的雏形)。它的物理意义是,任意时刻粒子的位置 q 和动量 p 都是不确定的,这种不确定性不是测量工具或测量技术的限制,而是微观世界的自然规律和固有属性。这种偏差是 $h \sim 10^{-34}$J·s 的级别,在宏观世界是微不足道的,但在微观粒子运动中是绝对不能忽略的。海森伯的测不准关系就是量子理论框架的核心支点,它有四两拨千斤的神奇功能,能魔法般地引出许多简捷、明朗、惊艳的量子力学结果。

赫耳果兰岛两年后的又一个春天,26 岁的海森伯从哥本哈根郊外的一间小阁楼再次向 *Zeitschrift für Physik* 提交了长达 27 页的论文 [Heisenberg W. Über den anschaulichen Inhalt der quantentheoretischen Kinematik und Mechanik (论量子理论运动学和力学的直观内容). Eingegangen 23, März 1927, Z. Physik, 1927, 43: 172-198。罕见的是这次论文的收到和发表都是三月份,足见它带给审稿科学家的那种石破天惊的瞬间冲击力] (图 2.1.2)。这就是量子力学的巅峰之作——测不准原理,它揭示了微观世界的不确定性奥秘,颠覆了经典物理学的因果律。

图 2.1.2 量子力学的灵魂——海森伯的旷世之作

1927 年,26 岁的海森伯提出了测不准原理,它是量子理论框架的核心支点,是哥本哈根学派的科学支柱

测不准原理是微观世界不确定性的最精辟的哲学概括,是物质深处概率画面的最直白的数学表达。它用哲学的理念和数学的利器揭示了一条颠扑不破的物理学原理 (百年来有多少精密的实验检测试图挑战这一极限,但无一能够越雷池一步)。有人说过:“物理学 = 哲学 + 数学”,这句话在这里表现得恰如其分。对于海森伯发现测不准原理,量子力学的另一位大师泡利说道:“这一天将载入量子力

学的史册！”毋庸置疑，测不准原理的横空出世，奏出了量子革命史这部交响乐中最为精彩的篇章。

2.1.4 物理学之外

海森伯在 20 世纪 70 年代出版了他的自传 *Physics and Beyond* (《物理学与物理学之外》)。现在我们说说关于海森伯物理学之外的一件大事。他在 38 岁那年担任过德国核武器开发计划的主持人。历史学家说过，海森伯以两件事著称于世：一是发现了“测不准原理”，揭示了微观世界的不确定性本质；二是主持过希特勒的原子弹计划 (图 2.1.3)。不过纳粹德国自始至终都未能将核武器从理论变为现实。海森伯本人提供的一种说法称，他其实并不信任希特勒政权，因此在尽力拖延纳粹德国的研究计划，直到无疾而终。第二次世界大战即将结束之际，海森伯和其他 9 位德国核物理专家因为替纳粹效力被美军逮捕，并作为囚犯关押在英国霍尔农场 (Farm Hall)，直到第二次世界大战结束。

图 2.1.3 海森伯第二次世界大战期间研制原子弹的场所 (德国 Haigerloch)
与美国当时的拉斯·阿拉默斯 (Los Alamos) 基地相比实在是小巫见大巫 (见图 17.7.18)。现在它是一个历史博物馆

1946 年海森伯重返德国，并与他的同事们重建了哥廷根物理研究所 (1947 年更名为马克斯·普朗克物理学研究所)。1948—1955 年间，海森伯在世界多国讲学。1955 年作为马克斯·普朗克物理学研究所的主任，与研究所一起迁往慕尼黑。1958 年成为慕尼黑大学的物理学教授，他的研究所被改名为“马克斯·普朗克物理学和天体物理学研究所”(现为马克斯·普朗克天体物理学研究所)。海森伯是德国科学界无可替代的学术泰斗 (图 2.1.4)。

图 2.1.4　海森伯 (Werner Heisenberg，1901—1976)

2.2　算符的对易关系

矩阵力学的运算是直观的、规范的，也是优雅的，不过这样的数学思想和表达方式并不是唯一的。就在海森伯发表矩阵力学 4 个月后，另一位学者发现，应用于量子体系的矩阵，竟然有一个孪生兄弟，那就是奥地利物理学家薛定谔所用的“算符”，矩阵与算符的相通性是量子力学中一道美丽动人的风景线。算符描述微观粒子的波动性是直截了当的，所以薛定谔的理论称为波动力学。你看，量子理论有一种骨子里的对应关系：矩阵 $\leftrightarrow$ 算符，矩阵力学 $\leftrightarrow$ 波动力学。

有些学者在讲授量子力学时，往往一开始就提出许多假设 (比如，波函数、薛定谔方程、量子叠加态、力学量的算符表示、动量算符、能量算符等)。讨论问题从假设出发，别人就没法问“为什么？”。这是一种省事的办法。也有人主张，量子力学只需要一个假设，那就是“力学量的算符表示” (其他的“假设”可以用不同的方式推导出来，或者可以做出合理的诠释)，这就“麻烦”一些，但逻辑上是单一的。其实，只要承认海森伯最初那个“疯狂”定义的合理性，力学量的矩阵表示就是由它推导出来的，也就会自然接受“力学量的算符表示”。我们的做法是不做任何假设，直接从算符的数学理论出发，再联系到量子力学的物理问题，进而论述微观世界的不确定性原理。

与矩阵的表示式 (2.1.4) 一样，算符也有 $\hat{A}\hat{B} \neq \hat{B}\hat{A}$ 的情况，那就会问 $\hat{A}\hat{B} - \hat{B}\hat{A} =?$，它称为算符 $\hat{A}$ 和 $\hat{B}$ 之间的对易关系 (commutation relation)：

$$\left[\hat{A}, \hat{B}\right] \equiv \hat{A}\hat{B} - \hat{B}\hat{A} \tag{2.2.1}$$

$\left[\hat{A}, \hat{B}\right]$ 的运算结果称为对易子 (commutator)，它可以是零、常数，或算符。如果 $\left[\hat{A}, \hat{B}\right] = 0$，称 $\hat{A}$ 和 $\hat{B}$ 是对易的；如果 $\left[\hat{A}, \hat{B}\right] \neq 0$，则称 $\hat{A}$ 和 $\hat{B}$ 是不对易的。量子力学中最基本的对易关系是坐标 x 和动量 $\hat{p}_x$ 的对易关系

$$[x, \hat{p}_x] = \mathrm{i}\hbar \tag{2.2.2}$$

我们先来证明之。坐标算符 $\hat{x}$ 就是 x 本身，动量算符为 $\hat{p} = -\mathrm{i}\hbar\dfrac{\partial}{\partial x}$ (见式 (3.1.21))，取一个任意函数 $\psi(x)$，我们有

$$\begin{aligned}
[\hat{x}, \hat{p}]\,\psi(x) &= \hat{x}\left(-\mathrm{i}\hbar\frac{\partial \psi}{\partial x}\right) - \left[-\mathrm{i}\hbar\frac{\partial}{\partial x}(\hat{x}\psi)\right] \\
&= -\mathrm{i}\hbar x\frac{\partial \psi}{\partial x} + \mathrm{i}\hbar\left(\psi + x\frac{\partial \psi}{\partial x}\right) = \mathrm{i}\hbar\psi(x)
\end{aligned}$$

由于 $\psi(x)$ 是任意的，则式 (2.2.2) 成立。

现在我们利用式 (2.2.2) 来证明对易关系：

$$[x^n, \hat{p}_x] = \mathrm{i}n\hbar x^{n-1} \quad (n = 1, 2, 3, \cdots) \tag{2.2.3a}$$

和

$$[\hat{p}_x, \psi(x)] = -\mathrm{i}\hbar\frac{\partial \psi}{\partial x} \tag{2.2.3b}$$

其中，$\psi(x)$ 是任意函数。

证明 当 $n = 1$ 时，式 (2.2.3a) 为 $[x, \hat{p}_x] = \mathrm{i}\hbar$，它正是式 (2.2.2)。当 $n = 2$ 时，利用式 (2.2.2)，得

$$\begin{aligned}
\left[x^2, \hat{p}_x\right] &= xx\hat{p}_x - \hat{p}_x xx \\
&= x(\mathrm{i}\hbar + \hat{p}_x x) - \hat{p}_x xx \\
&= \mathrm{i}\hbar x + (x\hat{p}_x - \hat{p}_x x)\,x \\
&= \mathrm{i}2\hbar x
\end{aligned} \tag{2.2.4}$$

以此类推，便有结果式 (2.2.3a)。

将 $\psi(x)$ 展开成级数：

$$\psi(x)=\sum_n C_n x^n \Rightarrow \frac{\partial\psi}{\partial x}=\sum_n C_n n x^{n-1} \tag{2.2.5}$$

利用式 (2.2.5) 和式 (2.2.3a)，得到

$$\begin{aligned}[\hat{p}_x,\psi(x)]&=\hat{p}_x\psi(x)-\psi(x)\hat{p}_x=\sum_n C_n\left(\hat{p}_x x^n-x^n\hat{p}_x\right)\\&=-\sum_n C_n\left[x^n,\hat{p}_x\right]=-\mathrm{i}\hbar\sum_n C_n n x^{n-1}\\&=-\mathrm{i}\hbar\frac{\partial\psi}{\partial x}\end{aligned} \tag{2.2.6}$$

即式 (2.2.3b) 得证。

在经典力学中，力学量都是坐标和动量的函数。在量子力学中，表示力学量的算符 (比如能量算符、角动量算符等) 都是坐标算符和动量算符的函数。而且当两个算符不对易时，其对易子中一定含有普朗克常数 $\hbar$。可见算符的非对易性与普朗克常数一样，都是量子力学的标志。如果 $\hbar\to 0$，则坐标和动量，以及所有力学量之间都是对易的，这样量子力学就过渡到经典力学。

2.3　算符对易的物理意义

现在分析算符对易的物理意义。我们首先证明一个定理：如果两个算符 A 和 B 有一组共同的本征矢 $|n\rangle(n=1,2,3,\cdots)$，且它们构成完备集 $\{|n\rangle\}$，则算符 A 和 B 对易。

证明　设算符 A 和 B 有共同的本征矢 $|n\rangle$，则它们的本征方程可以写为

$$A|n\rangle=a_n|n\rangle,\quad B|n\rangle=b_n|n\rangle \tag{2.3.1}$$

其中，a_n 和 b_n 依次是算符 A 和 B 的本征值。我们将任意量子态 $|\varPsi\rangle$ 按照完备集 $\{|n\rangle\}$ 展开：

$$|\varPsi\rangle=\sum_n|n\rangle\langle n|\varPsi\rangle=\sum_n\langle n|\varPsi\rangle|n\rangle=\sum_n c_n|n\rangle\quad(c_n=\langle n|\varPsi\rangle) \tag{2.3.2}$$

然后分别用算符 AB 和 BA 作用于式 (2.3.2) 两边，并利用式 (2.3.1)，得到

$$AB|\varPsi\rangle=\sum_n c_n a_n b_n|n\rangle,\quad BA|\varPsi\rangle=\sum_n c_n b_n a_n|n\rangle \tag{2.3.3}$$

上两式右边相等，于是 $AB|\Psi\rangle = BA|\Psi\rangle$。由于 $|\Psi\rangle$ 是任意的，所以有

$$AB - BA = [A, B] = 0 \tag{2.3.4}$$

即算符 A 和 B 对易。

这个定理的逆定理也成立：如果两个算符 A 和 B 对易，则它们有共同的本征矢。

证明 设算符 A 有本征矢 $|n\rangle$，现在需要证明，当 A 和 B 对易 (即满足式 (2.3.4)) 时，$|n\rangle$ 也是算符 B 的本征矢。

设算符 A 的本征方程为

$$A|n\rangle = a_n|n\rangle \tag{2.3.5}$$

用算符 B 作用于式 (2.3.5) 两边，得到

$$BA|n\rangle = Ba_n|n\rangle = a_nB|n\rangle \tag{2.3.6}$$

由于 A 和 B 对易，故式 (2.3.6) 可以写为

$$AB|n\rangle = a_nB|n\rangle \tag{2.3.7}$$

式 (2.3.7) 表示，状态 $B|n\rangle$ 也是算符 A 的本征态，且本征值仍是 a_n 。故 $B|n\rangle$ 和 $|n\rangle$ 描述同一个量子态，这样它们之间只能相差一个常数，用 b_n 表示，即

$$B|n\rangle = b_n|n\rangle \tag{2.3.8}$$

这表示 $|n\rangle$ 也是算符 B 的本征矢。

上述定理及逆定理可以推广到两个算符以上的情况。即如果一组算符有共同的本征矢，而且这些本征矢构成完备集，则这组算符中的任意两个相互对易。这个定理的逆定理也成立。

我们进一步考察算符对易的物理意义。两个算符 $\hat{A}$ 和 $\hat{B}$ 对易时，它们有共同的本征函数集 $\{|n\rangle\}$，这样在本征态 $|n\rangle$ 中，力学量 A 和 B 同时有确定值 $\langle n|\hat{A}|n\rangle = a_n$ 和 $\langle n|\hat{B}|n\rangle = b_n$，即力学量 A 和 B 能被同时测定。例如，自由粒子的波函数

$$\Psi(\boldsymbol{r}, t) = A\mathrm{e}^{\frac{\mathrm{i}}{\hbar}(\boldsymbol{p}\cdot\boldsymbol{r} - Et)} \tag{2.3.9}$$

是能量算符

$$\hat{E} = \mathrm{i}\hbar\frac{\partial}{\partial t} \tag{2.3.10}$$

和动量算符

$$\hat{\boldsymbol{p}} = -\mathrm{i}\hbar\nabla \tag{2.3.11}$$

共同的本征函数。事实上有本征方程：

$$\mathrm{i}\hbar\frac{\partial}{\partial t}\Psi(\boldsymbol{r},t)=E\Psi(\boldsymbol{r},t),\quad -\mathrm{i}\hbar\nabla\Psi(\boldsymbol{r},t)=\boldsymbol{p}\Psi(\boldsymbol{r},t) \tag{2.3.12}$$

这样在状态式 (2.3.9) 中，能量和动量同时有确定值 E 和 $\boldsymbol{p}$，即自由粒子的能量和动量能被同时测定。

2.4 测不准关系

现在我们考察两个算符不对易的情况。由上述讨论得知，如果算符 $\hat{A}$ 和 $\hat{B}$ 是不对易的，则它们不具有共同的本征函数。这样在 $\hat{A}$ 的本征态中，力学量 B 不具有确定值；同样在 $\hat{B}$ 的本征态中，力学量 A 不具有确定值。那么在同一个量子态 $|\Psi\rangle$ 中，两个不对易算符所表示的力学量有怎样的不确定行为？本节的重点就是要对这种不确定性 (uncertainty) 进行公式化描述，建立一个描述 A、B 不确定行为的关系式，这就是所谓海森伯 “测不准关系” (uncertainty relation)。

2.4.1 一般性推导

在物理学发展中，揭示自然界运动规律的关系式都是确定性的，它们都是含有 “=” (等号) 的方程式。例如，牛顿第二定律方程，麦克斯韦电磁场和电磁波方程，爱因斯坦引力场方程 (Einstein’s gravitational field equation)，量子力学薛定谔方程等。而对于微观世界不确定性的描述，将创造出一个与众不同的含有 “ $\geqslant$” (不等号) 的关系式。下面我们详细推导之。

设厄米算符 A 和 B 的对易关系为

$$AB-BA=\mathrm{i}C \tag{2.4.1}$$

这里，C 是一个算符或常数。算符 A 和 B 在一个量子态 $|\Psi\rangle$ 中的期待值分别为

$$\langle A\rangle=\langle\Psi|A|\Psi\rangle,\quad \langle B\rangle=\langle\Psi|B|\Psi\rangle \tag{2.4.2}$$

我们定义 “偏差算符” (deviation operator)：

$$\delta A\equiv A-\langle A\rangle,\quad \delta B\equiv B-\langle B\rangle \tag{2.4.3}$$

这两个算符的对易关系与 $[A,B]$ 相同，事实上

$$\begin{aligned}[\delta A,\delta B]&=\delta A\delta B-\delta B\delta A\\&=(A-\langle A\rangle)(B-\langle B\rangle)-(B-\langle B\rangle)(A-\langle A\rangle)\end{aligned}$$

$$= \{AB - \langle A\rangle B - A\langle B\rangle + \langle A\rangle\langle B\rangle\} - \{BA - \langle B\rangle A - B\langle A\rangle + \langle B\rangle\langle A\rangle\}$$
$$= AB - BA = [A, B] = \mathrm{i}C$$

现在考虑一个积分

$$I(\beta) = \int |(\beta\delta A - \mathrm{i}\delta B)\Psi|^2 \mathrm{d}\tau \geqslant 0 \tag{2.4.4}$$

式中，β 是一个实参数，积分区域是变量 τ 变化的整个空间。因为被积函数是绝对值的平方，故积分 $I(\beta)$ 的结果为非负值。现在将被积函数展开，并进一步运算，我们有

$$\begin{aligned}
I(\beta) &= \int |(\beta\delta A - \mathrm{i}\delta B)\Psi|^2 \mathrm{d}\tau \\
&= \int \Psi^* \left[\beta(\delta A)^+ + \mathrm{i}(\delta B)^+\right](\beta\delta A - \mathrm{i}\delta B)\Psi \mathrm{d}\tau \\
&\quad \left[\delta A \text{ 和 } \delta B \text{ 是厄米的: } (\delta A) = (\delta A)^+, (\delta B) = (\delta B)^+\right] \\
&= \int \Psi^*(\beta\delta A + \mathrm{i}\delta B)(\beta\delta A - \mathrm{i}\delta B)\Psi \mathrm{d}\tau \\
&= \beta^2 \int \Psi^*(\delta A)^2\Psi \mathrm{d}\tau - \mathrm{i}\beta \int \Psi^*\{\delta A\delta B - \delta B\delta A\}\Psi \mathrm{d}\tau + \int \Psi^*(\delta B)^2\Psi \mathrm{d}\tau \\
&\quad [\delta A\delta B - \delta B\delta A = \mathrm{i}C] \\
&= \beta^2\langle\Psi|(\delta A)^2|\Psi\rangle + \beta\langle\Psi|C|\Psi\rangle + \langle\Psi|(\delta B)^2|\Psi\rangle \\
&= \beta^2\left\langle(\delta A)^2\right\rangle + \beta\langle C\rangle + \left\langle(\delta B)^2\right\rangle
\end{aligned}$$

这是一个关于 β 的二次三项式，其中

$$\langle C\rangle = \langle\Psi|C|\Psi\rangle \tag{2.4.5}$$

是 C 在任意量子态 $|\Psi\rangle$ 中的期待值。由式 (2.4.4) 我们有

$$\beta^2\left\langle(\delta A)^2\right\rangle + \beta\langle C\rangle + \left\langle(\delta B)^2\right\rangle \geqslant 0 \tag{2.4.6}$$

不等式 (2.4.6) 成立的条件是系数满足关系式 $\langle C\rangle^2 - 4\left\langle(\delta A)^2\right\rangle\left\langle(\delta B)^2\right\rangle \leqslant 0$，即

$$\left\langle(\delta A)^2\right\rangle\left\langle(\delta B)^2\right\rangle \geqslant \frac{\langle C\rangle^2}{4} \tag{2.4.7}$$

这就是基于偏差算符 δA 和 δB 所得到的测不准关系。式 (2.4.7) 还可以进一步被简化。考察算符 $(\delta A)^2$ 在量子态 $|\Psi\rangle$ 中的期待值：

$$\left\langle(\delta A)^2\right\rangle=\left\langle(A-\langle A\rangle)^2\right\rangle=\left\langle A^2-2A\langle A\rangle+\langle A\rangle^2\right\rangle=\left\langle A^2\right\rangle-\langle A\rangle^2 \tag{2.4.8}$$

因为 $\left\langle A^2\right\rangle-\langle A\rangle^2=\left\langle(\delta A)^2\right\rangle\geqslant 0$，我们可以引入

$$\Delta A\equiv\sqrt{\langle A^2\rangle-\langle A\rangle^2},\text{同理有 }\Delta B\equiv\sqrt{\langle B^2\rangle-\langle B\rangle^2} \tag{2.4.9}$$

则

$$(\Delta A)^2=\left\langle A^2\right\rangle-\langle A\rangle^2,\quad (\Delta B)^2=\left\langle B^2\right\rangle-\langle B\rangle^2 \tag{2.4.10}$$

注意，虽然有 $\left\langle(\delta A)^2\right\rangle=(\Delta A)^2$，但是前者是算符的期待值 (它的平方根是较复杂的 $\sqrt{\langle(\delta A)^2\rangle}$ 形式)，而后者是一个非负数 (它的平方根 ΔA 是简单的正数)。这样我们可以利用 ΔA 和 ΔB 将式 (2.4.7) 写为

$$\Delta A\Delta B\geqslant\frac{\langle C\rangle}{2} \tag{2.4.11}$$

这就是厄米算符 A 和 B 所满足的测不准关系 (与一般教材所用的式 (2.4.7) 相比，它是一种标准、简洁的形式)。测不准关系由德国科学家海森伯于 1927 年在哥本哈根提出。海森伯由于在量子力学领域的开创性成就获得 1932 年诺贝尔物理学奖。

式 (2.4.11) 表明，由于算符 A 和 B 不对易，它们所表示的力学量在同一个量子态 $|\Psi\rangle$ 中不能被同时测定。而它们的不确定行为表现为不确定度 ΔA 和 ΔB 的乘积不能小于 c-数 $\langle C\rangle/2$。式 (2.4.11) 中相应于等号的量子态具有最小不确定度乘积 $\Delta A\Delta B=\langle C\rangle/2$ (这是测不准关系的极限)，称为“最小测不准态” (minimum-uncertainty state)。这意味着，如果力学量 A 的不确定度 ΔA 越大，则力学量 B 的不确定度 ΔB 越小，反之亦然。我们知道，在经典物理学中力学量用函数表示，任意两个力学量之间都是对易的，即 $C=0$。因此，相对于 $\Delta A\Delta B>\langle C\rangle/2$ 所描述的众多量子态而言，满足 $\Delta A\Delta B=\langle C\rangle/2$ 条件的最小测不准态是最接近经典行为 $C=0$ 的量子态。

测不准关系式 (2.4.11) 应用于坐标和动量，即 $A=x$，$B=p$，由于 $[x,p]=\mathrm{i}\hbar$，我们有 $C=\hbar$，于是式 (2.4.11) 变成

$$\Delta x\Delta p\geqslant\frac{\hbar}{2} \tag{2.4.12}$$

这就是坐标与动量这一对共轭量所满足的测不准关系。Δx 与 Δp 不能同时为零，当一个为零时，另一个必须为无穷大。式 (2.4.12) 中取等号的最小测不准态 ($\Delta x\Delta p=\hbar/2$) 就是众所周知的“相干态” (见 8.5 节)。

2.4.2 傅里叶变换

本节将对于任意波函数 $f(x)$ 推导出坐标和动量的测不准关系。推导的基础是傅里叶变换理论、普朗歇尔 (Plancherel) 定理：

$$\int_{-\infty}^{\infty}|f(x)|^2\mathrm{d}x=\frac{1}{2\pi}\int_{-\infty}^{\infty}|F(\omega)|^2\mathrm{d}\omega \tag{2.4.13}$$

以及施瓦茨不等式

$$\left|\int_{-\infty}^{\infty}f(x)^*g(x)\mathrm{d}x\right|^2\leqslant\left[\int_{-\infty}^{\infty}|f(x)|^2\mathrm{d}x\right]\left[\int_{-\infty}^{\infty}|g(x)|^2\mathrm{d}x\right] \tag{2.4.14}$$

现在设波函数 $f(x)$ 满足

$$\text{当 } x\to\pm\infty \text{ 时,}\quad f(x)\to 0 \tag{2.4.15}$$

首先对 $\int_{-\infty}^{\infty}xf^*(x)f'(x)\mathrm{d}x$ 作分部积分，并利用式 (2.4.15)，得到

$$\begin{aligned}\int_{-\infty}^{\infty}xf^*(x)f'(x)\mathrm{d}x&=\int_{-\infty}^{\infty}xf^*(x)\mathrm{d}[f(x)]\\&=\left[x|f(x)|^2\right]_{-\infty}^{\infty}-\int_{-\infty}^{\infty}f(x)\mathrm{d}\left[xf^*(x)\right]\\&=-\int_{-\infty}^{\infty}\left[|f(x)|^2+xf(x)\frac{\mathrm{d}f^*(x)}{\mathrm{d}x}\right]\mathrm{d}x\end{aligned}$$

不失一般性地取 $f(x)$ 为归一化波函数，则

$$1=\int_{-\infty}^{\infty}|f(x)|^2\mathrm{d}x=-\int_{-\infty}^{\infty}\left[xf^*(x)\frac{\mathrm{d}f(x)}{\mathrm{d}x}+xf(x)\frac{\mathrm{d}f^*(x)}{\mathrm{d}x}\right]\mathrm{d}x \tag{2.4.16}$$

式 (2.4.16) 右边的被积函数具有 $z+z^*$ 的形式，这里 $z=xf^*(x)f'(x)$。利用 $z+z^*=2\mathrm{Re}(z)$，我们得到

$$1=-2\int_{-\infty}^{\infty}\mathrm{Re}\left[xf^*(x)f'(x)\right]\mathrm{d}x \tag{2.4.17}$$

式 (2.4.17) 两边取平方，注意到 $\mathrm{Re}(z)\leqslant|z|$，并利用式 (2.4.14)，得到

$$1=4\left\{\int_{-\infty}^{\infty}\mathrm{Re}\left[xf^*(x)f'(x)\right]\mathrm{d}x\right\}^2\leqslant4\left[\int_{-\infty}^{\infty}\left|xf^*(x)f'(x)\right|\mathrm{d}x\right]^2$$

$$
\begin{aligned}
&\leqslant 4\left[\int_{-\infty}^{\infty} x^2|f(x)|^2\mathrm{d}x\right]\left[\int_{-\infty}^{\infty} |f'(x)|^2\,\mathrm{d}x\right] \\
&= 4\left\langle x^2\right\rangle\left[\int_{-\infty}^{\infty} |f'(x)|^2\,\mathrm{d}x\right]
\end{aligned} \tag{2.4.18}
$$

下面计算式 (2.4.18) 中的积分 $\int_{-\infty}^{\infty}|f'(x)|^2\,\mathrm{d}x$，为此利用式 (2.4.13) 以及导数 $f'(x)$ 的傅里叶变换

$$
\int_{-\infty}^{\infty} f'(x)\exp(-\mathrm{i}\omega x)\mathrm{d}x = \mathrm{i}\omega F(\omega) \tag{2.4.19}
$$

这里 $F(\omega)$ 是 $f(x)$ 的傅里叶变换，我们有

$$
\int_{-\infty}^{\infty}|f'(x)|^2\,\mathrm{d}x = \frac{1}{2\pi}\int_{-\infty}^{\infty}\omega^2|F(\omega)|^2\mathrm{d}\omega = \frac{1}{\hbar^2}\int_{-\infty}^{\infty}p^2|c(p)|^2\mathrm{d}p = \frac{1}{\hbar^2}\left\langle p^2\right\rangle \tag{2.4.20}
$$

这里我们利用了动量波函数 $c(p)$ 与傅里叶变换 $F(\omega)$ 的关系

$$
c(p) = \frac{1}{\sqrt{2\pi\hbar}}\int_{-\infty}^{\infty}\exp\left(-\frac{\mathrm{i}}{\hbar}px\right)f(x)\mathrm{d}x = \frac{1}{\sqrt{2\pi\hbar}}F(\omega) \quad (\omega = p/\hbar) \tag{2.4.21}
$$

将式 (2.4.20) 代入式 (2.4.18) 立即得到

$$
\left\langle x^2\right\rangle\left\langle p^2\right\rangle \geqslant \frac{\hbar^2}{4} \tag{2.4.22}
$$

这就是我们的结果，它刻画了坐标和动量在任意波函数 $f(x)$ 中的不确定关系。上述推导是一个一般性的数学过程，没有涉及任何具体的物理问题，也没有对波函数 $f(x)$ 作任何限制。这说明了不确定性关系式 (2.4.22) 的普适性。如果所讨论的波函数 $f(x)$ 使得 $\langle x\rangle = 0$ 和 $\langle p\rangle = 0$，式 (2.4.22) 给出标准形式

$$
\Delta x\Delta p \geqslant \frac{\hbar}{2} \tag{2.4.23}
$$

2.4.3 电子单缝衍射

本节我们从一个熟知的物理现象推导出测不准关系。考虑图 2.4.1 所示的电子单缝衍射 (electronic single-slit diffraction)。设单缝的宽度是 Δx，它就是电子经过狭缝时坐标的不确定范围。电子从狭缝出射后发生衍射，衍射波主要落在中央一级衍射角。一级衍射角 θ 满足：

$$
\sin\theta = \frac{\lambda}{\Delta x} \tag{2.4.24}
$$

其中，λ 是电子的德布罗意波长，则电子的动量为

$$p = \frac{h}{\lambda} \tag{2.4.25}$$

电子由 Δx 间的任意点经过狭缝后，其动量在 x 方向的分量 p_x 限于 $0 \leqslant p_x \leqslant p\sin\theta$。因此电子动量在 x 方向的不确定范围是

$$\Delta p_x = p\sin\theta \tag{2.4.26}$$

将式 (2.4.24)、(2.4.25) 及 (2.4.26) 联立起来，便得到电子经过狭缝后其坐标和动量的测不准关系

$$\Delta x \Delta p_x = h \tag{2.4.27}$$

可见量子的测不准关系隐藏在经典的单缝衍射体系中，但必须有物质波理论的前提式 (2.4.25)。

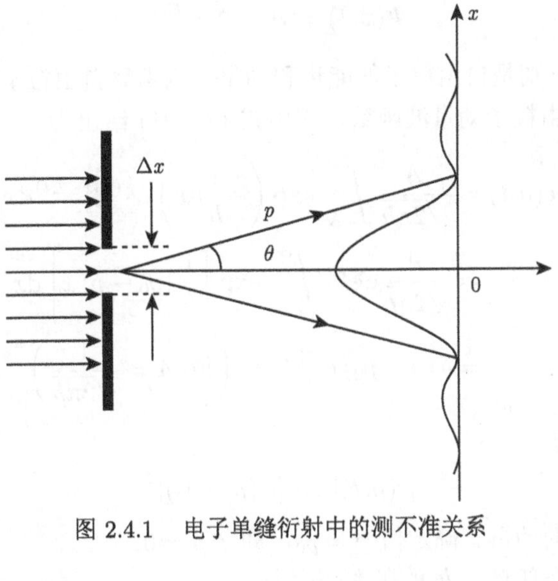

图 2.4.1 电子单缝衍射中的测不准关系

2.4.4 势阱中的小球

测不准原理可以用图 2.4.2 所示的简单的几何图像来说明。按照经典理论，一个小球停在势阱最低点时，它的位置是严格确定的 (其坐标是 $x=0$)。而量子理论不允许一个 “量子” 小球待在 $x=0$ 不动，它必须在最低点附近来回不停地运动，其坐标是不确定的 (变化范围是 Δx)，因此它的动量也是不确定的 (变化范围是 Δp)。而 Δx 和 Δp 的取值要受到测不准关系 $\Delta x\Delta p \sim h$ 的制约。

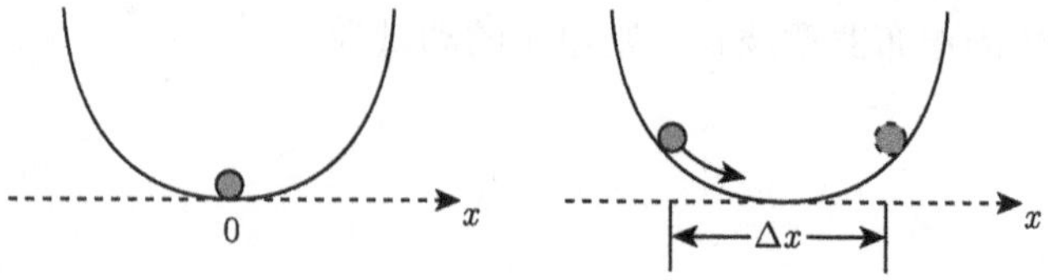

(a) 经典　　(b) 量子

图 2.4.2　测不准原理的几何图像

2.5　测不准关系的应用

微观粒子在任意时刻的位置和动量都有一个不确定范围：Δx 和 Δp，而测不准关系要求二者的乘积是以 $\hbar/2$ 为底限的。测不准关系的这样一种能动性 (activity) 遍及所有量子力学体系。本节介绍测不准关系在一些典型体系中的表现和应用。

2.5.1　自由粒子

一维自由粒子的波函数为

$$\Psi(x,t)=A\mathrm{e}^{\frac{\mathrm{i}}{\hbar}(p_0x-Et)} \tag{2.5.1}$$

其中，E 和 p_0 分别是自由粒子的能量和动量。为考察自由粒子中的测不准关系，我们首先计算自由粒子动量波函数，它由式 (2.4.21) 给出为

$$\begin{aligned}c(p,t)&=\frac{A}{\sqrt{2\pi\hbar}}\int_{-\infty}^{\infty}\exp\left(-\frac{\mathrm{i}}{\hbar}px\right)\mathrm{e}^{\frac{\mathrm{i}}{\hbar}(p_0x-Et)}\mathrm{d}x\\&=\frac{A}{\sqrt{2\pi\hbar}}\mathrm{e}^{\frac{\mathrm{i}}{\hbar}Et}\int_{-\infty}^{\infty}\exp\left[\frac{\mathrm{i}}{\hbar}(p_0-p)x\right]\mathrm{d}x\\&=\delta(p-p_0)\,\mathrm{e}^{-\frac{\mathrm{i}}{\hbar}Et}\qquad\left(\text{取 }A=\frac{1}{\sqrt{2\pi\hbar}}\right)\end{aligned}$$

则动量概率密度为

$$|c(p,t)|^2=[\delta(p-p_0)]^2 \tag{2.5.2}$$

可见，自由粒子的动量有确定值 $p=p_0$，即 $\Delta p=0$。

而自由粒子在任意 x 处的概率密度为

$$|\Psi(x,t)|^2=\left|A\mathrm{e}^{\frac{\mathrm{i}}{\hbar}(p_0x-Et)}\right|^2=|A|^2\ (\text{常数}) \tag{2.5.3}$$

这个结果意味着，一个自由粒子在空间所有位置均可以出现，而且以相同的概率密度出现 (与 x 无关)，它的坐标是完全不确定的：

$$\Delta x\to\infty \tag{2.5.4}$$

这样

$$\Delta x\Delta p \sim \text{常数} \tag{2.5.5}$$

这与坐标–动量测不准关系的一般性结果 (2.4.23) 相一致。

2.5.2 谐振子

我们首先利用测不准关系 (2.4.23) 计算谐振子的零点能。根据谐振子的能量表示式 $E(x,p)=\dfrac{p^2}{2m}+\dfrac{1}{2}m\omega^2x^2$，写出振子的平均能量

$$\langle E\rangle=\frac{1}{2m}\left\langle p^2\right\rangle+\frac{1}{2}m\omega^2\left\langle x^2\right\rangle \tag{2.5.6}$$

现在我们需要计算 $\langle x^2\rangle$ 和 $\langle p^2\rangle$，为此利用谐振子的本征函数

$$\psi_n(x)=A_nH_n(\alpha x)\exp\left(-\frac{1}{2}\alpha^2x^2\right) \tag{2.5.7}$$

写出振子坐标的平均值

$$\langle x\rangle=A_n^2\int_{-\infty}^{\infty}xH_n^2(\alpha x)\exp\left(-\alpha^2x^2\right)\mathrm{d}x \tag{2.5.8}$$

由于 $H_n^2(\alpha x)\exp\left(-\alpha^2x^2\right)$ 是 x 的偶函数，因此式 (2.5.8) 中的被积函数是奇函数，故

$$\langle x\rangle=0 \tag{2.5.9}$$

振子动量的平均值为

$$\langle p\rangle=-\mathrm{i}\hbar A_n^2\int_{-\infty}^{\infty}\exp\left(-\frac{\alpha^2x^2}{2}\right)H_n(\alpha x)\frac{\mathrm{d}}{\mathrm{d}x}\left[\exp\left(-\frac{\alpha^2x^2}{2}\right)H_n(\alpha x)\right]\mathrm{d}x \tag{2.5.10a}$$

分部积分后有

$$\begin{aligned}\langle p\rangle=&-\mathrm{i}\hbar A_n^2\left[\exp\left(-\alpha^2x^2\right)H_n^2(\alpha x)\right]_{-\infty}^{\infty}\\&+\mathrm{i}\hbar A_n^2\int_{-\infty}^{\infty}\exp\left(-\frac{\alpha^2x^2}{2}\right)H_n(\alpha x)\mathrm{d}\left[\exp\left(-\frac{\alpha^2x^2}{2}\right)H_n(\alpha x)\right]\\=&\,\mathrm{i}\hbar A_n^2\int_{-\infty}^{\infty}\exp\left(-\frac{\alpha^2x^2}{2}\right)H_n(\alpha x)\frac{\mathrm{d}}{\mathrm{d}x}\left[\exp\left(-\frac{\alpha^2x^2}{2}\right)H_n(\alpha x)\right]\mathrm{d}x\\=&-\langle p\rangle\end{aligned}$$

所以

$$\langle p \rangle = 0 \tag{2.5.10b}$$

这样一来

$$(\Delta x)^2 = \langle x^2 \rangle, \quad (\Delta p)^2 = \langle p^2 \rangle \tag{2.5.11}$$

从而式 (2.5.6) 变为

$$\langle E \rangle = \frac{1}{2m}(\Delta p)^2 + \frac{1}{2}m\omega^2(\Delta x)^2 \tag{2.5.12}$$

测不准关系式 (2.4.23) 要求 Δx 和 Δp 不能同时为零，因此 $\langle E \rangle$ 的最小值也不能为零，而必须是有限正值。利用

$$\Delta x \Delta p = \frac{\hbar}{2} \tag{2.5.13}$$

估算式 (2.5.12)，我们有

$$\langle E \rangle = \frac{\hbar^2}{8m}\frac{1}{(\Delta x)^2} + \frac{1}{2}m\omega^2(\Delta x)^2 \tag{2.5.14}$$

现在利用式 (2.5.14) 求 $\langle E \rangle$ 的最小值，由 $\mathrm{d}\langle E \rangle/\mathrm{d}\left[(\Delta x)^2\right] = 0$ 得知，$\langle E \rangle$ 在 $(\Delta x)^2 = \dfrac{\hbar}{2m\omega}$ 时有最小值 $\langle E \rangle = \dfrac{1}{2}\hbar\omega$。我们所求的谐振子能量的极小值正是量子谐振子的零点能。由此可见，量子谐振子的零点能是经典能量式 (2.5.6) 在测不准关系 (见式 (2.5.13)) 条件下的最低能量。

下面特别考察基态谐振子所满足的测不准关系。首先进行定性考察，为此由任意波函数式 (2.5.7) 写出基态波函数

$$f(x) = \frac{1}{(2\pi\sigma^2)^{1/4}}\exp\left(-\frac{x^2}{4\sigma^2}\right) \quad \left(\sigma = \frac{1}{\sqrt{2}\alpha}\right) \tag{2.5.15}$$

这是高斯函数的标准形式。将式 (2.5.15) 代入式 (2.4.21)，得到振子的动量波函数

$$\begin{aligned} c(p) &= \frac{1}{(2\pi\sigma^2)^{1/4}\sqrt{2\pi\hbar}}\int_{-\infty}^{\infty}\exp\left(-\frac{\mathrm{i}}{\hbar}px\right)\exp\left(-\frac{x^2}{4\sigma^2}\right)\mathrm{d}x \\ &= \frac{1}{(2\pi)^{1/4}}\sqrt{\frac{2\sigma}{\hbar}}\exp\left(-\frac{\sigma^2}{\hbar^2}p^2\right) \end{aligned} \tag{2.5.16}$$

它也是一个高斯函数。

利用式 (2.5.15) 和式 (2.5.16)，对于不同的 σ 值画出 $f(x)$ 和 $c(p)$ 的曲线，如图 2.5.1 所示。可以看出，随着 σ 的减小，$f(x)$ 的不确定性减小，而 $c(p)$ 的不确定性增大；反之随着 σ 的增大，$f(x)$ 的不确定性增大，而 $c(p)$ 的不确定性减小。

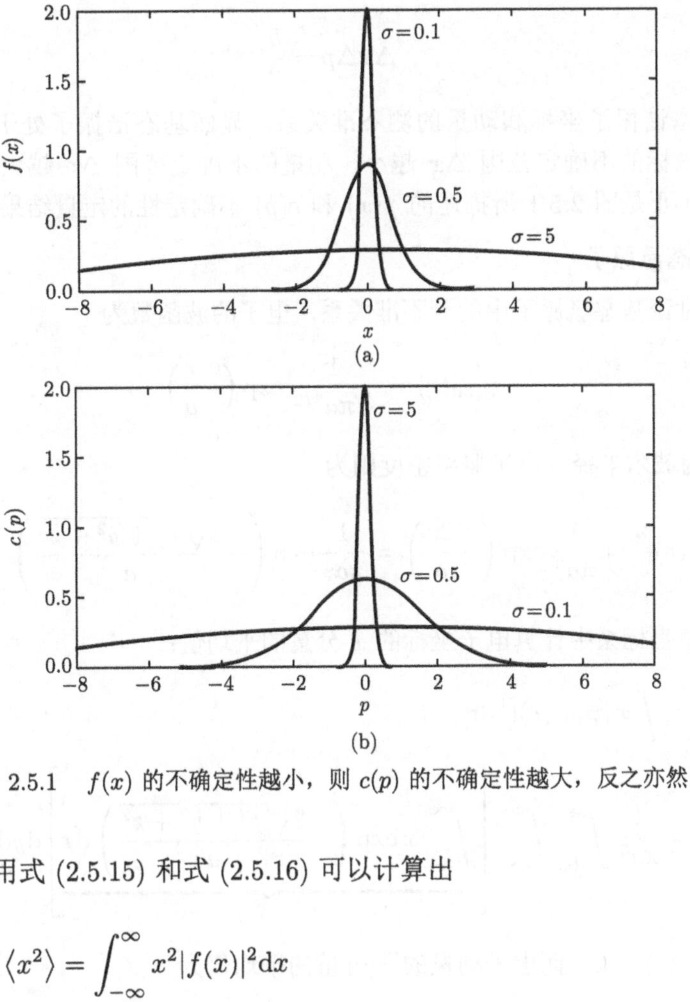

图 2.5.1　$f(x)$ 的不确定性越小，则 $c(p)$ 的不确定性越大，反之亦然

进而利用式 (2.5.15) 和式 (2.5.16) 可以计算出

$$
\begin{aligned}
\langle x^2\rangle &= \int_{-\infty}^{\infty} x^2|f(x)|^2\mathrm{d}x \\
&= \frac{1}{(2\pi\sigma^2)^{1/2}}\int_{-\infty}^{\infty} x^2\exp\left(-\frac{x^2}{2\sigma^2}\right)\mathrm{d}x = \sigma^2
\end{aligned}
\tag{2.5.17a}
$$

$$
\begin{aligned}
\langle p^2\rangle &= \int_{-\infty}^{\infty} p^2|c(p)|^2\mathrm{d}p \quad \left(\omega = \frac{p}{\hbar}\right) \\
&= \frac{2\sigma\hbar^2}{\sqrt{2\pi}}\int_{-\infty}^{\infty} \omega^2\exp\left(-2\omega^2\sigma^2\right)\mathrm{d}\omega = \frac{\hbar^2}{4\sigma^2}
\end{aligned}
\tag{2.5.17b}
$$

另外，由于 $|f(x)|^2$ 和 $|c(p)|^2$ 均为偶函数，$\langle x\rangle = 0$，$\langle p\rangle = 0$，于是

$$(\Delta x)^2 = \sigma^2, \quad (\Delta p)^2 = \frac{\hbar^2}{4\sigma^2} \tag{2.5.18}$$

从而

$$\Delta x \Delta p = \frac{\hbar}{2} \tag{2.5.19}$$

这就是基态谐振子坐标和动量的测不准关系。显然基态谐振子处于一个最小测不准态。坐标的不确定范围 Δx 越小，动量的不确定范围 Δp 越大，反之亦然。式 (2.5.19) 正是图 2.5.1 所描述的 $f(x)$ 和 $c(p)$ 不确定性的定量结果。

2.5.3 基态氢原子

本节讨论基态氢原子中的测不准关系，电子的波函数为

$$\psi_{100}(r) = \frac{1}{\sqrt{\pi}a^{3/2}} \exp\left(-\frac{r}{a}\right) \tag{2.5.20}$$

其中，a 为玻尔半径。电子概率密度则为

$$|\psi_{100}(r)|^2 = \frac{1}{\pi a^3} \exp\left(-\frac{2r}{a}\right) = \frac{1}{\pi a^3} \exp\left(-\frac{2\sqrt{x^2+y^2+z^2}}{a}\right) \tag{2.5.21}$$

我们在直角坐标系中计算电子坐标的 x 分量的平均值：

$$\begin{aligned}\langle x\rangle &= \int x\,|\psi_{100}(r)|^2\,\mathrm{d}\boldsymbol{r} \\ &= \frac{1}{\pi a^3}\int_{-\infty}^{\infty}\int_{-\infty}^{\infty}\Bigg[\underbrace{\int_{-\infty}^{\infty} x\exp\left(-\frac{2\sqrt{x^2+y^2+z^2}}{a}\right)\mathrm{d}x}_{=0}\Bigg]\mathrm{d}y\mathrm{d}z = 0\end{aligned}$$

同理 $\langle y\rangle = \langle z\rangle = 0$。而电子动量的 x 分量的平均值为

$$\begin{aligned}\langle p_x\rangle &= -\mathrm{i}\hbar\int \psi_{100}(r)\frac{\partial}{\partial x}\psi_{100}(r)\mathrm{d}\boldsymbol{r} \\ &= -\mathrm{i}\hbar\int_{-\infty}^{\infty}\int_{-\infty}^{\infty}\int_{-\infty}^{\infty}\exp\left(-\frac{\sqrt{x^2+y^2+z^2}}{a}\right) \\ &\quad\times\frac{\partial}{\partial x}\left[\exp\left(-\frac{\sqrt{x^2+y^2+z^2}}{a}\right)\right]\mathrm{d}x\mathrm{d}y\mathrm{d}z\end{aligned}$$

$$= \mathrm{i}\frac{2\hbar}{a}\int_{-\infty}^{\infty}\int_{-\infty}^{\infty}\left[\underbrace{\int_{-\infty}^{\infty}\frac{x}{\sqrt{x^2+y^2+z^2}}\exp\left(-\frac{2\sqrt{x^2+y^2+z^2}}{a}\right)\mathrm{d}x}_{=0}\right]\mathrm{d}y\mathrm{d}z$$

$$= 0$$

同理 $\langle p_y\rangle = \langle p_z\rangle = 0$。进而在球坐标系中计算 $\langle r^2\rangle$，我们有

$$\begin{aligned}\langle r^2\rangle &= \int r^2\left|\psi_{100}(r,\theta,\phi)\right|^2\mathrm{d}\boldsymbol{r} = \int r^2\left|\psi_{100}(r,\theta,\phi)\right|^2 r^2\mathrm{d}r\sin\theta\mathrm{d}\theta\mathrm{d}\phi \\ &= \frac{1}{\pi a^3}\int_0^{\infty} r^4\exp\left(-\frac{2r}{a}\right)\mathrm{d}r\int_0^{\pi}\sin\theta\mathrm{d}\theta\int_0^{2\pi}\mathrm{d}\phi \\ &= \frac{4}{a^3}\int_0^{\infty} r^4\exp\left(-\frac{2r}{a}\right)\mathrm{d}r = 3a^2 \end{aligned} \tag{2.5.22}$$

下一步我们利用动量波函数计算 $\langle p^2\rangle$。为此首先将基态氢原子的波函数式 (2.5.20) 按动量算符的本征函数

$$\psi_{\boldsymbol{p}}(\boldsymbol{r}) = \frac{1}{(2\pi\hbar)^{3/2}}\exp\left(\frac{\mathrm{i}}{\hbar}\boldsymbol{p}\cdot\boldsymbol{r}\right) \tag{2.5.23}$$

展开为

$$\psi_{100}(r) = \int c(\boldsymbol{p})\psi_{\boldsymbol{p}}(\boldsymbol{r})\mathrm{d}\boldsymbol{p} \tag{2.5.24}$$

电子动量波函数为

$$c(\boldsymbol{p}) = \int \psi_{\boldsymbol{p}}^*(\boldsymbol{r})\psi_{100}(r)\mathrm{d}\boldsymbol{r} \tag{2.5.25}$$

将式 (2.5.20) 和式 (2.5.23) 代入式 (2.5.25)，得到

$$c(\boldsymbol{p}) = \frac{1}{\pi^2(2a\hbar)^{3/2}}\int\exp\left(-\frac{\mathrm{i}}{\hbar}\boldsymbol{p}\cdot\boldsymbol{r}\right)\exp\left(-\frac{r}{a}\right)\mathrm{d}\boldsymbol{r} \tag{2.5.26}$$

下面在球坐标系 (r,θ,ϕ) 中计算这个积分。注意，这个积分的变量是 $\boldsymbol{r}$，矢量 $\boldsymbol{p}$ 是固定的，我们可以将极轴 z 取为 $\boldsymbol{p}$ 的方向 (图 2.5.2)，这样 $\boldsymbol{p}\cdot\boldsymbol{r} = pr\cos\theta$，式 (2.5.26) 的积分可以写为

$$c(p) = \frac{1}{\pi^2(2a\hbar)^{3/2}}\int_{r=0}^{\infty}\int_{\theta=0}^{\pi}\int_{\phi=0}^{2\pi}\exp\left(-\frac{\mathrm{i}}{\hbar}pr\cos\theta\right)\exp\left(-\frac{r}{a}\right)r^2\mathrm{d}r\sin\theta\mathrm{d}\theta\mathrm{d}\phi$$

$$=\frac{1}{\pi^2(2a\hbar)^{3/2}}\int_{r=0}^{\infty}\int_{\tau=-1}^{1}\int_{\phi=0}^{2\pi}\exp\left(-\frac{\mathrm{i}}{\hbar}pr\tau\right)\exp\left(-\frac{r}{a}\right)r^2\mathrm{d}r\mathrm{d}\tau\mathrm{d}\phi\ (\tau=\cos\theta)$$

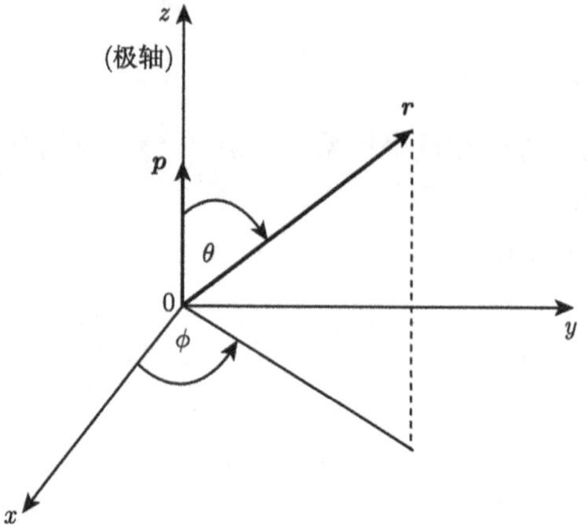

图 2.5.2 球坐标系 (r,θ,ϕ)：将极轴 z 取为固定矢量 $\boldsymbol{p}$ 的方向

先对 ϕ 积分，再对 τ 积分，最后对 r 积分，我们有

$$\begin{aligned}c(p)&=\frac{2}{\pi(2a\hbar)^{3/2}}\int_{r=0}^{\infty}\int_{\tau=-1}^{1}\exp\left(-\frac{\mathrm{i}}{\hbar}pr\tau\right)\exp\left(-\frac{r}{a}\right)r^2\mathrm{d}r\mathrm{d}\tau\\&=\frac{4\hbar}{\pi(2a\hbar)^{3/2}p}\int_{r=0}^{\infty}\left(\frac{1}{-2\mathrm{i}}\right)\left[\exp\left(-\frac{\mathrm{i}}{\hbar}pr\right)-\exp\left(\frac{\mathrm{i}}{\hbar}pr\right)\right]\exp\left(-\frac{r}{a}\right)r\mathrm{d}r\\&=\frac{4\hbar}{\pi(2a\hbar)^{3/2}p}\int_{r=0}^{\infty}\sin\left(\frac{pr}{\hbar}\right)\exp\left(-\frac{r}{a}\right)r\mathrm{d}r\\&=\frac{(2a\hbar)^{3/2}\hbar}{\pi\left(a^2p^2+\hbar^2\right)^2}\end{aligned}\tag{2.5.27}$$

这就是电子动量波函数，它只与 p 的绝对值有关，与它的方向无关。式 (2.5.27) 相应于电子坐标波函数式 (2.5.20)。由此得到电子动量概率密度

$$|c(p)|^2=\frac{8a^3\hbar^5}{\pi^2\left(a^2p^2+\hbar^2\right)^4}\tag{2.5.28}$$

进而得到平均值

$$\langle p^2\rangle=\int p^2|c(p)|^2\mathrm{d}\boldsymbol{p}$$

$$
\begin{aligned}
&= \frac{8a^3\hbar^5}{\pi^2}\int_0^{\infty}\frac{p^2}{\left(a^2p^2+\hbar^2\right)^4}p^2\mathrm{d}p\int_0^{\pi}\sin\theta\mathrm{d}\theta\int_0^{2\pi}\mathrm{d}\phi \\
&= \frac{32a^3\hbar^5}{\pi}\int_0^{\infty}\frac{p^4}{\left(\hbar^2+a^2p^2\right)^4}\mathrm{d}p \\
&= \frac{32\hbar^2}{\pi a^2}\int_0^{\infty}\frac{P^4}{\left(1+P^2\right)^4}\mathrm{d}P \quad \left(P=\frac{a}{\hbar}p\right)
\end{aligned} \tag{2.5.29}
$$

其中的积分为

$$
\begin{aligned}
\int_0^{\infty}\frac{x^4}{\left(1+x^2\right)^4}\mathrm{d}x &= \int_0^{\pi/2}\sin^4\theta\cos^2\theta\mathrm{d}\theta \quad (x=\tan\theta) \\
&= \frac{1}{16}\int_0^{\pi/2}\left(1-\frac{1}{2}\cos 2\theta-\cos 4\theta+\frac{1}{2}\cos 6\theta\right)\mathrm{d}\theta \\
&= \frac{\pi}{32}
\end{aligned} \tag{2.5.30}
$$

这样式 (2.5.29) 给出

$$
\left\langle p^2\right\rangle = \hbar^2/a^2 \tag{2.5.31}
$$

由于 $\psi_{100}(r)$ 的球对称性，电子的坐标、动量的概率分布对于 x, y, z 也是球对称的，即

$$
\left\langle x^2\right\rangle = \left\langle y^2\right\rangle = \left\langle z^2\right\rangle = \frac{1}{3}\left\langle r^2\right\rangle = a^2 \tag{2.5.32a}
$$

$$
\left\langle p_x^2\right\rangle = \left\langle p_y^2\right\rangle = \left\langle p_z^2\right\rangle = \frac{1}{3}\left\langle p^2\right\rangle = \frac{\hbar^2}{3a^2} \tag{2.5.32b}
$$

考虑到 $\langle x\rangle = 0$ 和 $\langle p_x\rangle = 0$，我们有 $(\Delta x)^2 = a^2$，$(\Delta p_x)^2 = \dfrac{\hbar^2}{3a^2}$，故

$$
\Delta x\Delta p_x = \frac{\hbar}{\sqrt{3}} > \frac{\hbar}{2} \tag{2.5.33a}
$$

同理有

$$
\Delta y\Delta p_y = \Delta z\Delta p_z = \frac{\hbar}{\sqrt{3}} \tag{2.5.33b}
$$

式 (2.5.33) 就是基态氢原子测不准关系的结果，与一般性表达式 (2.4.23) 相符合。

2.5.4　含时情况：自由粒子波包

作为一个含时情况，现在我们讨论自由粒子波包中的测不准关系。设自由粒子的初始波函数为

$$\Psi(x,0)=\left(\frac{a}{\pi}\right)^{1/4}\exp\left(-\frac{1}{2}ax^2\right) \tag{2.5.34}$$

任意 t 时刻的自由粒子波包强度是

$$|\Psi(x,t)|^2=\sqrt{\frac{a}{\pi}}\frac{1}{\sqrt{1+\left(\frac{a\hbar t}{m}\right)^2}}\exp\left[-\frac{ax^2}{1+\left(\frac{a\hbar t}{m}\right)^2}\right] \tag{2.5.35}$$

利用式 (2.5.17a) 所示的方法，得到

$$\langle x^2\rangle=\int_{-\infty}^{\infty}x^2|\Psi(x,t)|^2\mathrm{d}x=\frac{1}{2a}\left[1+\left(\frac{a\hbar t}{m}\right)^2\right] \tag{2.5.36}$$

而 $\langle x\rangle=0$，所以坐标的不确定范围是

$$\Delta x=\frac{1}{\sqrt{2a}}\sqrt{1+\left(\frac{a\hbar t}{m}\right)^2} \tag{2.5.37}$$

由于自由粒子波包在时间演化中保持动量守恒，我们可以在初始波函数式 (2.5.34) 中计算动量的不确定范围，为此利用式 (2.5.17b) 所示的方法求出 $\langle p^2\rangle$，再利用 $\langle p\rangle=0$，最后得到

$$\Delta p=\sqrt{\frac{a}{2}}\hbar \tag{2.5.38}$$

于是

$$\Delta x\Delta p=\frac{\hbar}{2}\sqrt{1+\left(\frac{a\hbar t}{m}\right)^2} \tag{2.5.39}$$

这就是该自由粒子波包的不确定度乘积，它随着时间的推移而增大。在初始 $t=0$ 时刻约化为 $\Delta x\Delta p=\hbar/2$，这正是基态谐振子的结果 (见式 (2.5.19))。

2.5.5 估算能量

测不准关系的一个实际应用，是利用 $\Delta x\Delta p = h$ 来简捷估算体系的能量。我们介绍几个例子。先考虑被禁闭在原子中的一个电子，设原子的尺度为 0.4nm，它就是其中电子坐标的不确定范围。即 $\Delta x = 0.4\text{nm}$，则电子动量的不确定范围是

$$\Delta p = \frac{h}{\Delta x} = \frac{6.626\times10^{-34}\text{J}\cdot\text{s}}{0.4\times10^{-9}\text{m}} = 1.66\times10^{-24}\text{kg}\cdot\text{m/s} \tag{2.5.40}$$

这是电子动量值的起伏。一个合理的近似是假定动量起伏等于动量本身，即 $\Delta p = p$。另外可以认为电子在原子内是自由的，则它的能量 E 等于动能，即

$$E = \frac{p^2}{2m} = \frac{(\Delta p)^2}{2m} = \frac{(1.66\times10^{-24}\text{kg}\cdot\text{m/s})^2}{2\times(9.11\times10^{-31}\text{kg})\times1.6\times10^{-19}\text{J/eV}} = 9.5\text{eV} \tag{2.5.41}$$

用式 (2.5.41) 可以估算电子在原子中的能量。

现在考虑被禁闭在原子核中的一个电子，原子核的典型尺度为 $\dfrac{0.4\text{nm}}{20000} = \Delta x$，利用式 (2.5.40) 得到

$$\Delta p = 20000\times1.66\times10^{-24}\text{kg}\cdot\text{m/s} = 3.32\times10^{-20}\text{kg}\cdot\text{m/s} \tag{2.5.42}$$

同样假定电子动量 $p = \Delta p$，且认为电子在原子核内是自由的，则它的能量为

$$E = \frac{(3.32\times10^{-20}\text{kg}\cdot\text{m/s})^2}{2\times(9.11\times10^{-31}\text{kg})\times1.6\times10^{-19}\text{J/eV}} = 3.78\times10^9\text{eV} = 3.78\text{GeV} \tag{2.5.43}$$

进一步考察被禁闭在原子核中的一个质子，它的质量是 $m_\text{p} = 1836m_\text{e}$，其能量为

$$E = \frac{3.78\times10^9\text{eV}}{1836} = 2.06\times10^6\text{eV} = 2.06\text{MeV} \tag{2.5.44}$$

我们看到，电子处于原子内时，Δx 很大 $\to$ Δp 很小，导致能量较小，根源在于测不准关系。而电子和质子分别处于原子核内时，Δx 相等 $\to$ Δp 相等 $\to$ p 相等，质子能量小于电子是由于其质量大于电子。而电子处于原子核内时，既有小的 Δx (因而大的动量)，又有小的质量，故能量最大。至此我们可以写出关于被禁闭自由粒子能量的一个关系式

$$E = \frac{h^2}{2m(\Delta x)^2} \tag{2.5.45}$$

其中，Δx 是粒子被禁闭的范围，m 是它的质量。它成立的条件是动量起伏等于动量。

例　一个细胞的典型线度为 $a = 10\mu\text{m}$，其中一个自由蛋白质分子的质量为 $m = 10^{-14}\text{g}$。按式 (2.5.45) 估算该蛋白质分子的能量。

解　蛋白质分子坐标的不确定范围 Δx 就是它的限度：

$$\Delta x = 10\mu\text{m} = 10^{-5}\text{m} \tag{2.5.46}$$

式 (2.5.45) 给出它的能量

$$E = \frac{(6.626 \times 10^{-34}\text{J} \cdot \text{s})^2}{2 \times 10^{-17}\text{kg} \times (10^{-5}\text{m})^2} = 2.2 \times 10^{-40}\text{J} = 1.4 \times 10^{-21}\text{eV} \tag{2.5.47}$$

这是一个很小的数值 (源于量子力学计算)，它远小于熟知的蛋白质分子的平均热运动动能 25meV。

2.5.6　超导中的测不准关系

作为一个有趣的实例，本节介绍测不准关系在超导现象中的应用。

1911 年，荷兰莱顿大学物理学家昂内斯发现，当液氦中的金属 Hg 被冷却到 4.2K 附近时，其电阻突然下降 (甚至降到检测不出来的程度)，如图 2.5.3 所示。这就是最早观察到的超导现象 [Heike Kamerlingh Onnes. Further experiments with Liquid Helium. D. On the change of Electrical Resistance of Pure Metals at

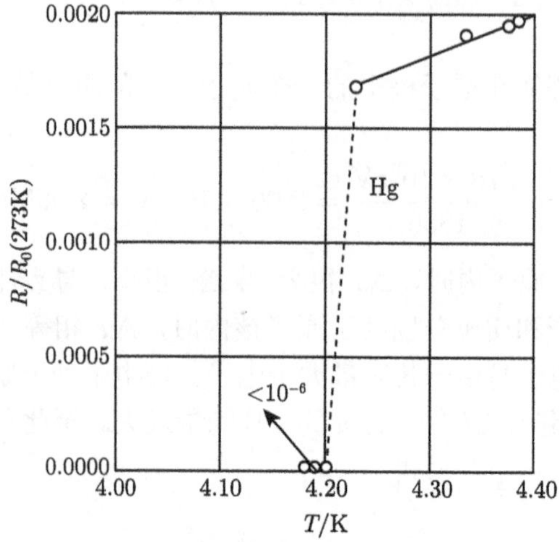

图 2.5.3　液氦中的金属 Hg 被冷却到 4.2K 时电阻突然下降

very low Temperatures, etc. V. The Disappearance of the resistance of mercury. Koninklijke Nederlandsche Akademie van Wetenschappen Proceedings, 1911, 14: 13-115]。昂内斯由此获得 1913 年诺贝尔物理学奖，也为本学科的发展奠定了坚实的基础，使莱顿大学低温和超导研究至今仍处于世界领先地位。

按照经典电子论 (classical electron theory)，金属的电阻是由于晶格点阵上的离子对定向运动的电子有阻碍作用而造成的。当金属的温度升高时，晶格的无规则热运动加剧，增加了电子定向运动的阻力，从而使电阻值升高。另一方面，当金属冷却到绝对零度时，点阵离子将停止其热运动，电子在离子间穿越就不会受到任何障碍，电阻便会消失。但是经典电子论不能解释在绝对零度以上某个温度时，金属的电阻会突然消失的现象。

如何理解图 2.5.3 所示的金属超导性呢？1956 年，美国科学家库珀 (Cooper) 提出了一个奇特的思路。他认为，虽然两个电子在通常情况下会因为都带负电而相互排斥，但在金属中，它们之间也有间接的引力作用，这种作用是由晶格点阵上的正离子引起的。事实上，金属中的电子处在正离子的网格之中，一个电子会吸引邻近的正离子向它靠拢，在该电子周围形成一个较高的正电势。而这样的正电势又会对附近另一个电子产生吸引作用，使得两个电子相互靠近，从而形成一个束缚在一起的电子对，这就是所谓“库珀对” (Cooper pair)，如图 2.5.4 所示。库珀对的结合很紧密，就像重核中的 α 粒子一样。用量子力学的术语说，库珀对的形成是“电子–声子相互作用” (electron-phonon interaction) 的结果 (图 2.5.5)。

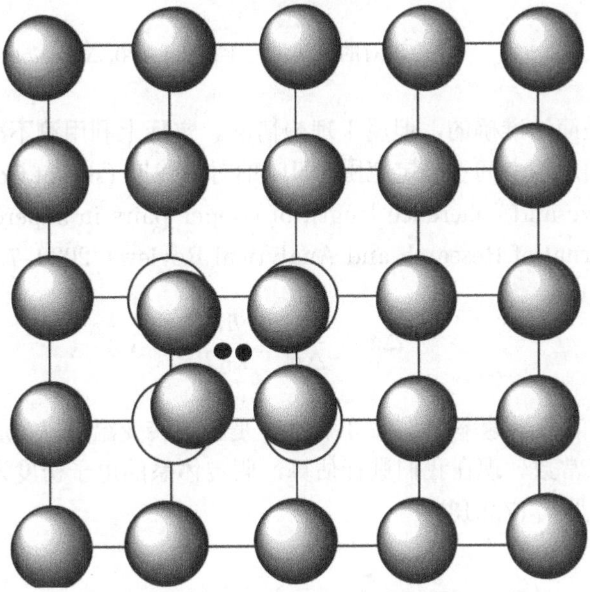

图 2.5.4 库珀对形成的物理机制

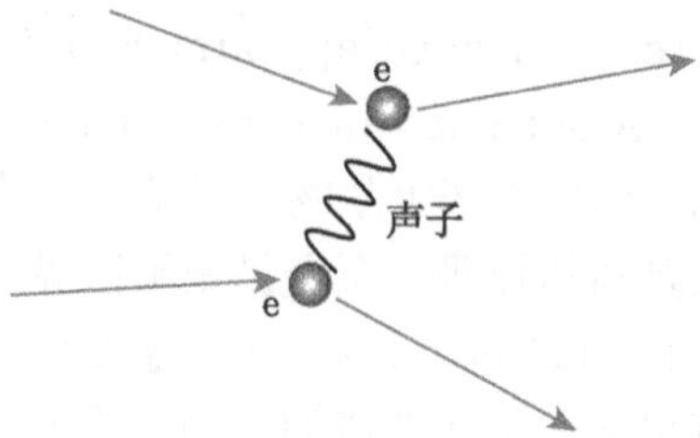

图 2.5.5　两个电子借助于声子结合起来，形成库珀对

库珀对有一个重要特点：由于两个电子都带负电而相互排斥，所以两个电子的动量相等而方向相反，于是一个库珀对表现出来的总动量为零 (图 2.5.6)，即一个库珀对的动量是完全确定的 ($\Delta p = 0$)。那么根据测不准关系，它的位置则是完全不确定的 ($\Delta x \to \infty$)。也就是说，一个库珀对 (就像自由粒子一样) 可以占据体系所在的整个空间，在其中自由运动，这就是零电阻的成因。

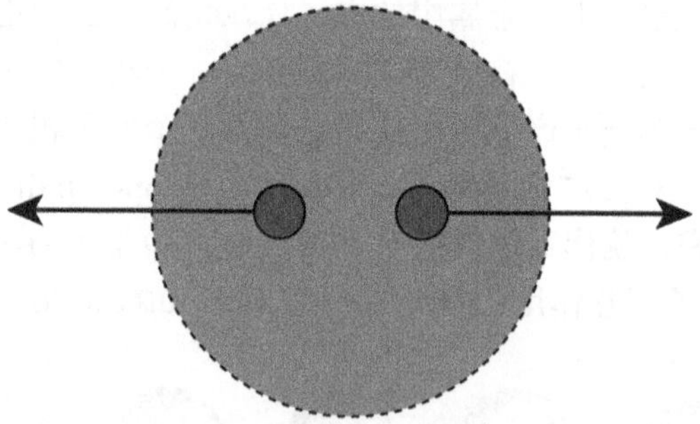

图 2.5.6　一个库珀对的总动量为零：$\Delta p \to 0, \Delta x \to \infty$

上述分析是简洁准确的，但属于理想情况。实际上利用测不准关系可以推导出超导体中库珀对的空间不确定范围，即库珀对的线度 (size of Cooper pair) [Rapando B W. Size and coherence length of cooper pairs in superconductors. International Journal of Research and Analytical Reviews, 2020, 7: 518-522]:

$$\Delta x \sim \frac{\hbar}{\Delta p} = \frac{\hbar v_{\mathrm{F}}}{k_{\mathrm{B}} T_{\mathrm{c}}} \tag{2.5.48}$$

其中，v_{F} 是体系的费米速率 (见 7.2.3 节)，T_{c} 是超导转变温度，k_{B} 是玻尔兹曼常数，$\hbar$ 是约化普朗克常数。现在我们进行估算，假定体系的电子密度为 $\rho = 10^{29}\mathrm{m}^{-3}$，则费米能量为 (见式 (7.2.13))

$$E_{\mathrm{F}} = \frac{\hbar^2}{2m}\left(3\rho\pi^2\right)^{2/3} = 7\mathrm{eV} \tag{2.5.49}$$

其中，m 是电子质量，体系的费米速率由 $E_F = \frac{1}{2}mv_F^2$ 给出为

$$v_F = \sqrt{\frac{2E_F}{m}} = 1.57 \times 10^6 \text{m/s} \tag{2.5.50}$$

对于图 2.5.3 所示的超导现象，将 $T_c = 4.2\text{K}$ 和式 (2.5.50) 代入式 (2.5.48)，便得到库珀对的线度

$$\Delta x = \frac{\hbar v_F}{k_B T_c} = \frac{1.05 \times 10^{-34} \times 1.57 \times 10^6}{1.38 \times 10^{-23} \times 4.2} = 2.8 \times 10^{-6} \text{m} \tag{2.5.51a}$$

相应地

$$\Delta p \sim \frac{\hbar}{\Delta x} = \frac{1.05 \times 10^{-34}}{2.8 \times 10^{-6}} = 3.8 \times 10^{-29} \text{kg} \cdot \text{m/s} \to 0 \tag{2.5.51b}$$

可见动量几乎是完全确定的，如图 2.5.6 所示的那样。

将库珀对线度式 (2.5.51a) 与晶格中电子的平均间距 ($a \approx 3 \times 10^{-10}$m) 进行比较，立即得出令人震惊的结果。这个线度可以覆盖 $\Delta x/a = 10^4$ 个电子。库珀对在三维材料中还有

$$\Delta y = 2.8 \times 10^{-6} \text{m}, \quad \Delta z = 2.8 \times 10^{-6} \text{m} \tag{2.5.52}$$

这样在 $\Delta x \Delta y \Delta z$ 空间内会聚集 $(10^4)^3 = 10^{12}$ 个电子！因此，每个库珀对都与“数十亿”个其他库珀对发生重叠。也就是说，同一空间被无数个库珀对同时占据着。而且，体系中的所有库珀对作为玻色子，都凝聚在能量最低的量子态上。它们整体地关联起来，相互合作，集体行动，充满整个体系空间。用经典电子论的语言就是：电子在体系中运动完全没有阻力，好像处在绝对零度一样，从而导致体系的零电阻现象。

基于库珀对的自由性与合作性，1957 年美国科学家巴丁 (Bardeen)、库珀和施里弗 (Schrieffer) 提出了关于金属超导性的量子理论，称为 BCS 理论。这一理论能够解释和描述金属在足够低温下的所有超导现象，他们因此获得 1972 年诺贝尔物理学奖。而巴丁也因此成为在同一学科中两次获得诺贝尔奖的唯一物理学家 (另一次是 1956 年，由于发明了晶体管)。库珀本人作为超导理论的先驱不久前以 94 岁高龄在美国去世 (图 2.5.7)。期待举世瞩目的室温超导研究获得实质性突破和进展。

图 2.5.7 利昂 · 库珀 (Leon Cooper，1930 年 2 月 28 日—2024 年 10 月 23 日)

2.6 能量–时间测不准关系

我们已经知道，坐标 x 和动量 p 作为一对共轭量，满足测不准关系

$$\Delta x\Delta p \geqslant \frac{\hbar}{2} \tag{2.6.1}$$

那么在量子力学中是否存在其他的共轭量呢？关于这一点，我们可以最简单地从一维自由粒子波函数

$$\Psi(x,t) = A\mathrm{e}^{\frac{\mathrm{i}}{\hbar}(px-Et)} \tag{2.6.2}$$

看出来。在这里，与 $x \sim p$ 的关系一样，$E \sim t$ 也是一对共轭量。事实上也存在一个能量–时间测不准关系

$$\Delta E\Delta t \geqslant \frac{\hbar}{2} \tag{2.6.3}$$

它表示量子体系在演化中所经历的一段特征时间 Δt 与这段时间内体系能量的变化量 ΔE 也满足测不准关系。下面我们首先由自由粒子波包的传播特性推导出这一关系。

2.6.1 一个简单的推导方法

设一个质量为 m 的自由粒子波包以速度 v 沿 x 方向传播 (图 2.6.1)。它通过一个空间点 A 持续的时间为

$$\Delta t = \frac{\Delta x}{v} = \frac{m}{p}\Delta x \tag{2.6.4}$$

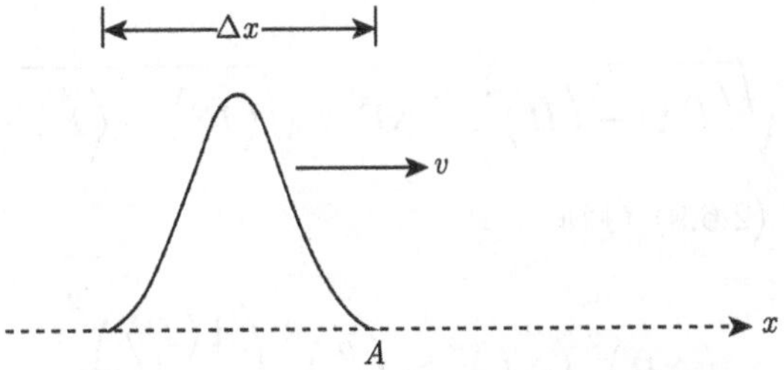

图 2.6.1 一个沿 x 方向传播的自由粒子波包

其中，Δx 是自由粒子波包的宽度。另一方面，自由粒子能量–动量关系为

$$E=\frac{p^2}{2m} \tag{2.6.5}$$

对式 (2.6.5) 两边计算变化量 (即不确定度)，得到

$$\Delta E=\frac{1}{2m}\cdot 2p\Delta p=\frac{p}{m}\Delta p \tag{2.6.6}$$

这是一个简单但特别有用的结果，甚至可以用来计算中微子的动量不确定范围 (见图 16.6.22)。式 (2.6.6) 与式 (2.6.4) 相乘后得到

$$\Delta E\Delta t=\Delta x\Delta p \tag{2.6.7}$$

再利用式 (2.6.1) 即得式 (2.6.3)。

上述推导过程说明，能量–时间测不准关系 (energy-time uncertainty relation) 是坐标–动量测不准关系的推论。

2.6.2 作为一般性测不准关系的推论

本节我们将利用测不准关系的一般性表示式 (2.4.11) 推导出能量–时间测不准关系，为此将它写为

$$(\Delta A)^2(\Delta B)^2\geqslant\left\{\frac{1}{2\mathrm{i}}\langle[A,B]\rangle\right\}^2 \tag{2.6.8}$$

我们还需要众所周知的海森伯运动方程

$$\frac{\mathrm{d}\left\langle\hat{F}\right\rangle}{\mathrm{d}t}=\frac{\mathrm{i}}{\hbar}\left\langle\left[\hat{H},\hat{F}\right]\right\rangle \tag{2.6.9}$$

这里算符 $\hat{F}$ 不显含时间。将式 (2.6.8) 中的任意算符 A 和 B 分别取为方程 (2.6.9) 中的两个算符，即 $A=\hat{H}$，$B=\hat{F}$，则有

$$\left(\Delta\hat{H}\right)^2\left(\Delta\hat{F}\right)^2\geqslant\left\{\frac{1}{2\mathrm{i}}\left\langle\left[\hat{H},\hat{F}\right]\right\rangle\right\}^2 \tag{2.6.10}$$

这里

$$\Delta\hat{H} = \sqrt{\left\langle \hat{H}^2 \right\rangle - \left\langle \hat{H} \right\rangle^2}, \quad \Delta\hat{F} = \sqrt{\left\langle \hat{F}^2 \right\rangle - \left\langle \hat{F} \right\rangle^2} \tag{2.6.11}$$

由式 (2.6.10) 和式 (2.6.9) 得到

$$\left(\Delta\hat{H}\right)^2 \left(\Delta\hat{F}\right)^2 \geqslant \left(\frac{\hbar}{2}\right)^2 \left(\frac{\mathrm{d}\left\langle \hat{F} \right\rangle}{\mathrm{d}t}\right)^2 \tag{2.6.12}$$

这样

$$\Delta\hat{H}\Delta\hat{F} \geqslant \frac{\hbar}{2}\left|\frac{\mathrm{d}\left\langle \hat{F} \right\rangle}{\mathrm{d}t}\right| \tag{2.6.13}$$

$\Delta\hat{H}$ 表示体系能量的不确定范围，可写为 $\Delta\hat{H} = \Delta E$，另一方面

$$\frac{\Delta\hat{F}}{\left|\mathrm{d}\left\langle \hat{F} \right\rangle/\mathrm{d}t\right|} = \frac{\sqrt{\left\langle \hat{F}^2 \right\rangle - \left\langle \hat{F} \right\rangle^2}}{\left|\mathrm{d}\left\langle \hat{F} \right\rangle/\mathrm{d}t\right|} \approx \frac{\Delta\hat{F}}{\left|\Delta\left\langle \hat{F} \right\rangle\right|}\Delta t \sim \Delta t \tag{2.6.14}$$

这样式 (2.6.13) 变为

$$\Delta E \Delta t \geqslant \frac{\hbar}{2} \tag{2.6.15}$$

这就是能量–时间测不准关系。可以看出，它是一般测不准关系式 (2.6.8) 的推论。

2.6.3 从相对论推导测不准关系

按相对论考察一个运动中的粒子，它的能量与动量的关系为

$$E^2 = c^2p^2 + m_0^2c^4 \tag{2.6.16}$$

式 (2.6.16) 两边计算变化量 (即不确定度)，由于粒子的静止质量 m_0 和光速 c 均为常数，我们有

$$\Delta E = \frac{c^2p}{E}\Delta p \tag{2.6.17}$$

粒子在 Δt 时间内的坐标变化量为

$$\Delta x = v\Delta t = \frac{p}{m}\Delta t \tag{2.6.18}$$

即

$$\Delta t = \frac{m}{p}\Delta x \tag{2.6.19}$$

式 (2.6.17) 与式 (2.6.19) 相乘，并利用相对论能量–质量关系 $E = mc^2$，得到

$$\Delta E\Delta t = \frac{c^2 p}{E}\frac{m}{p}\Delta x\Delta p = \Delta x\Delta p \geqslant \frac{\hbar}{2} \tag{2.6.20}$$

我们再次看到，能量–时间测不准关系是坐标–动量测不准关系的推论。

能量–时间测不准关系对于判断量子体系的相干性特征是很有用的，利用 $E = h\nu$，可以将能量–时间测不准关系写为

$$\Delta\nu\Delta t \geqslant \frac{1}{4\pi} \tag{2.6.21}$$

在实际问题中，常用近似式

$$\Delta\nu\Delta t \approx 1 \tag{2.6.22}$$

在量子体系的频谱宽度 $\Delta\nu$ 和时间间隔 Δt 之间相互估算。下面介绍一个典型的例子。

例 He-Ne 激光器的 Ne 原子发出中心频率为 $\nu_0 = 4.74\times10^{14}$Hz (相应的中心波长为 632.8nm) 的红光，其荧光线宽 (line width) 为 $\Delta\nu = 1.5\times10^9$Hz。

(1) 估算多纵模输出时激光的相干长度 (coherence length)；

(2) 设激光谐振腔的腔长为 $l = 30$cm，计算纵模数目和输出激光的相干长度；

(3) 设一个单纵模激光器的线宽为 $\Delta\nu_0 = 10^6$Hz，求输出激光的相干长度。

解 (1) 多纵模输出时，可以用荧光线宽 $\Delta\nu = 1.5\times10^9$Hz 表示实际激光线宽，进而用式 (2.6.22) 估算输出激光的相干时间 $T_{\rm c}$：

$$T_{\rm c} \sim \Delta t \approx \frac{1}{\Delta\nu} = \frac{1}{1.5\times10^9} = 0.67\times10^{-9}({\rm s}) \tag{2.6.23}$$

由此得到输出激光的相干长度

$$L_{\rm c} = cT_{\rm c} = 3\times10^{10}\times0.67\times10^{-9} \approx 20({\rm cm}) \tag{2.6.24}$$

(2) 若激光谐振腔的腔长为 $l = 30$cm，设激光介质折射率 $n = 1$，则纵模间距为

$$\delta\nu = \frac{c}{2nl} = \frac{3\times10^8}{2\times0.3} = 5\times10^8({\rm Hz}) \tag{2.6.25}$$

因此谐振腔内的纵模数 (图 2.6.2) 为

$$\frac{\Delta\nu}{\delta\nu} = \frac{1.5\times10^9}{5\times10^8} = 3 \tag{2.6.26}$$

由此得到输出激光的线宽 $2\delta\nu = 10^9\text{Hz}$，则输出激光的相干长度为

$$L_c = 3 \times 10^{10} \times 10^{-9} = 30(\text{cm}) \tag{2.6.27}$$

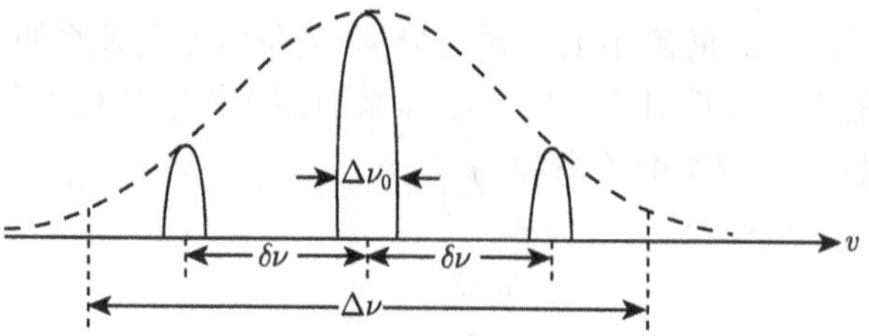

图 2.6.2　He-Ne 激光

$\Delta\nu$ 为荧光线宽；$\delta\nu$ 为纵模间距；$\Delta\nu_0$ 为单纵模线宽

(3) 如果一个单纵模激光器的线宽为 $\Delta\nu_0 = 10^6\text{Hz}$，则输出激光的相干时间为 $T_c \approx 10^{-6}\text{s}$，从而相干长度为

$$L_c = 3 \times 10^8 \times 10^{-6} = 300(\text{m}) \tag{2.6.28}$$

上述计算表明，激光器的相干时间 $1/\Delta\nu$ 和相干长度 $c/\Delta\nu$ 敏感地依赖于介质的线宽。

2.6.4　关于测不准关系的争论

下面我们讲述玻尔与爱因斯坦关于能量–时间测不准关系争论的一段历史趣事。那是 1930 年 10 月，第六次索尔维会议在布鲁塞尔召开。它原本的主题是“物质的磁性”，郎之万 (Paul Langevin) 担任大会主席，玻尔和爱因斯坦作为自然科学委员会成员被邀请参会，此外还有狄拉克、海森伯、克拉默斯、泡利和索末菲等 34 名成员应邀出席，其中有 10 位诺贝尔奖获得者。爱因斯坦是有备而来，他带着自己的绝活——“光子盒” 的思想实验，旨在挑战 “测不准原理”。他认为利用这个 “光子盒”，可以同时精确测量出一个光子活动的 “时间” 和 “能量”。这场争论的细节没有被正式记录和公布，是由一些目击者的回忆片段集合而来 (依然完整而精彩)。

图 2.6.3 是爱因斯坦与玻尔争论时画的原始图。爱因斯坦首先介绍说，盒子中装有放射性物质，可以释放光子。下面放一只钟，它作为计时控制器能在某一时刻将盒子右侧的小洞打开放出一个光子，然后再将快门关闭，这样快门开启的时间间隔 Δt 是可以准确测定的。另一方面，少了一个光子，光子盒的能量减少，能量的变化正比于其质量的变化

$$\Delta E = c^2 \Delta m \quad (E = mc^2) \tag{2.6.29}$$

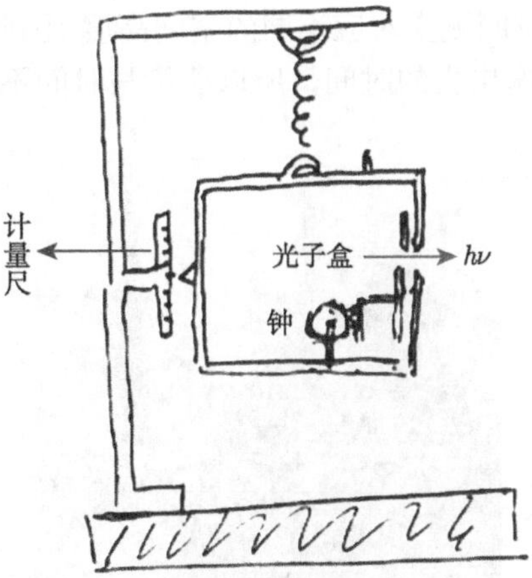

图 2.6.3 光子盒
爱因斯坦与玻尔争论时画的原始图 (1930 年 10 月 20 日)

光子盒质量的变化能够由盒子上升的位移准确反映出来，而小盒的位置变化由左方的计量尺测量。结论很明确：快门开启的时间间隔 Δt 与光子盒能量的变化 ΔE 都能准确测量出来，不遵循测不准原理！爱因斯坦说完，玻尔惊呆了。据在场的比利时物理学家罗森菲尔德回忆，玻尔面色苍白，呆若木鸡，感到十分震惊，无言以对。他着实慌了手脚，在会场上一边踱步一边喃喃自语："如果爱因斯坦是正确的，那么量子物理学就走入了死胡同，就完了。"

罗森菲尔德是玻尔的助手，他不是大会的代表，是顺道来看望玻尔的。事后他回忆说，这些代表开完会回酒店的路上，爱因斯坦趾高气扬、大步流星地走着，脸上露出狡黠的笑容，而玻尔则紧靠在他的旁边快步走着，非常激动，并试图说明爱因斯坦的实验装置是不可能的。但玻尔的解说完全是徒劳的 (图 2.6.4)。

随后玻尔找了一个又一个人，希望人们说爱因斯坦的思想实验是 "不真实" 的，但是没有人能找到反驳爱因斯坦的理由。这一晚上，罗森菲尔德说，玻尔看上去就像 "一只刚被暴打的狗"。玻尔心烦意乱，通宵未眠，翻来覆去地审查爱因斯坦 "光子盒" 实验的每一个细节。后来，他把思考集中到了称量盒子重量的过程。突然，脑中灵光一闪，他笑了，终于抓住了爱因斯坦的小辫子。这位相对论创始人犯了一个不可饶恕的相对论错误。玻尔激动而兴奋地咀嚼着明日早餐桌上品尝胜利的滋味。

次日清晨的玻尔是如此踌躇满志、信心十足，他让大家回忆爱因斯坦的广义相对论。广义相对论的一个重要的推论是引力的 "时钟延迟效应"，也就是在引力场越强的地方，时钟越慢。如果一只钟挂在天花板上，另一只钟放在地板上，地板上的钟要比天花板上的钟慢 3×10^{-16}s。玻尔抓住了这个细节。当 "光子盒" 失去一个光子时，因为失去一份能量，质量也随之减轻，盒子必然上升。但问题是盒子上升前、后的两次时间测量对应不同的空间高度 (因此时间基准是不相同的)，不可能精确判断光子逃逸出去的时间，所以能量与时间不可能同时测准。

图 2.6.4 玻尔与爱因斯坦：1930 年 10 月，第六次索尔维会议
从会场到酒店的路上，爱因斯坦穿着外套 (自信而淡定)；玻尔则显得激动，他的外套没有穿在身上，而是搭在胳膊上 (大概有点燥热)

玻尔随之运用广义相对论原理给出了严格的数学推导。设测量盒子质量的时间间隔为 T，质量变化 Δm 所引起的动量变化为 Δp，则

$$\frac{\Delta p}{T} \approx g\Delta m \quad \left(\frac{\mathrm{d}p}{\mathrm{d}t} = mg\right) \tag{2.6.30}$$

按照广义相对论，若将盒子在引力方向移动 Δx, 则测量时间间隔的不确定性 ΔT 为

$$\frac{\Delta T}{T} = \frac{g}{c^2}\Delta x \approx \frac{g}{c^2}\frac{h}{\Delta p} \tag{2.6.31}$$

则

$$\Delta E\Delta T \approx c^2\Delta m\frac{g}{c^2}\frac{h}{\Delta p}T = g\Delta m\frac{T}{\Delta p}h = h \tag{2.6.32}$$

这正是能量–时间测不准关系，没有问题！

爱因斯坦不得不承认，玻尔的论证和计算都是无懈可击的。他自己居然在设计这个理想实验时，没有考虑广义相对论，出了一个大疏忽。玻尔巧妙地利用爱因斯坦设计的思想实验和他创立的相对论，驳倒了爱因斯坦，取得了论战的胜利。爱因斯坦最终接受了玻尔的观点。

玻尔于 1949 年发表了他的关于互补原理的权威论文 [Bohr N. Discussion with Einstein on Epistemological Problems in Atomic Physics. in Paul Arthur Schilpp (ed.), The Library of Living Philosophers, Volume 7. Albert Einstein: Philosopher-Scientist. Open Court, 1949: 199-241]，文中叙述了他与爱因斯坦关于光子盒的争论。不过人们后来发现，玻尔与爱因斯坦的争论有一个误解，爱因斯坦说的 Δt 是快门开启的时间间隔，而玻尔的 ΔT 是测量盒子质量的时间不确定范围，两者不是同一个变量，因此，尽管玻尔的推导是严谨的，结论是正确的，但并没有精准击中爱因斯坦质疑的要害。

事实上，关于能量–时间测不准关系的讨论一直都未曾了断，围绕其标准形式、有效性和准确的含义等方面一直存在争议。不同类型的能量–时间测不准关系确实可以在特定的背景下推导出来，但没有一个像位置–动量测不准关系那样具有高度的普遍性和确定性 [Busch P. The Time-Energy Uncertainty Relation. Time in Quantum Mechanics. Muga J G, Sala Mayato R, Egusquiza I L, Springer-Verlag, Berlin, 2002: 69-98]。我们相信，随着探测技术的不断提升，能量–时间测不准关系一定会有一个明确的结论。

第 3 章　量子体系的统计方法——薛定谔方程

1801 年托马斯·杨推出了著名的杨氏双缝实验，证明光以波动的形式存在。与之对应的是 160 年后琼森完成的电子双缝衍射 (2002 年被英国评选为“物理学中最美妙的实验”)。它以无比精美的图样展示了微观粒子的波动性，证明了薛定谔波动力学的可靠性。薛定谔方程无法回避微观世界的不确定性，但必须给出可以同测量结果相对照的确定性论断。幸运的是量子力学有一个区别于前辈确定性物理学 (牛顿力学、麦克斯韦电动力学、爱因斯坦相对论力学等) 的特异功能。它通过求解薛定谔方程，得出了一个分布函数，进而计算力学量的平均值，这就联系到了测量数据。实在妙不可言！薛定谔方程问世 100 年后的今天，仍然是解决量子力学问题的首选途径。

3.1　波　函　数

3.1.1　从“轨道”到“概率”

牛顿力学的物理图像是质点的轨道，只要知道了质点的初始位置 $\boldsymbol{r}(0)$ 和初始动量 $m\dot{\boldsymbol{r}}(0)$，通过求解微分形式的牛顿第二定律方程 $\boldsymbol{F} = m\ddot{\boldsymbol{r}}$，就可以得到质点在任意时刻的位置 $\boldsymbol{r}(t)$，并进而得到任意时刻的动量 $m\dot{\boldsymbol{r}}(t)$。在这里，质点在每一时刻的位置都是完全确定的，质点位置随时间的变化形成一条清晰的轨道 (orbit)。

由于微观粒子显示波动的性质，测不准原理指出它的位置是不确定的，因此轨道的概念不能用来描述微观粒子的运动状态。为了刻画微观粒子的波动性，需要建立在逻辑上与牛顿力学相对应的“波动力学”。具体而言，需要建立与质点动力学方程 $\boldsymbol{F} = m\ddot{\boldsymbol{r}}$ 相对应的“波动方程” (wave equation)，需要寻找与位置函数 $\boldsymbol{r}(t)$ 相对应的“波函数” (wave function)。而薛定谔 (图 3.1.1) 1926 年提出的方程 [Schrödinger E. Quantisierung als Eigenwertproblem II. Annalen der Physik, 1926, 79: 489-527]

$$\mathrm{i}\hbar\frac{\partial\Psi}{\partial t} = -\frac{\hbar^2}{2m}\nabla^2\Psi + V(\boldsymbol{r})\Psi \tag{3.1.1}$$

就是描述微观粒子波动性的方程 (图 3.1.2)，其中 $\Psi(\boldsymbol{r}, t)$ 就是波函数，式 (3.1.1) 中的 $\hbar$ 是约化普朗克常数，m 是粒子的质量，而 $V(\boldsymbol{r})$ 是粒子的势能函数。

图 3.1.1 薛定谔 (Erwin Schrödinger，1887—1961)

奥地利理论物理学家。1926 年在《物理学年鉴》发表了 4 篇论文，题目都是《量化作为特征值问题》(“Quantisierung als Eigenwert Problem”)，系统论述了描述微观粒子运动规律的波动方程 (即 “薛定谔方程”)，创建了波动力学。1927 年接替普朗克到柏林大学担任理论物理学教授，并成为普鲁士科学院院士。1933 年，因纳粹迫害，薛定谔移居英国牛津，同年与狄拉克共同获得诺贝尔物理学奖。1935 年发表了著名的《生命是什么?》并提出 “薛定谔猫” 思想实验

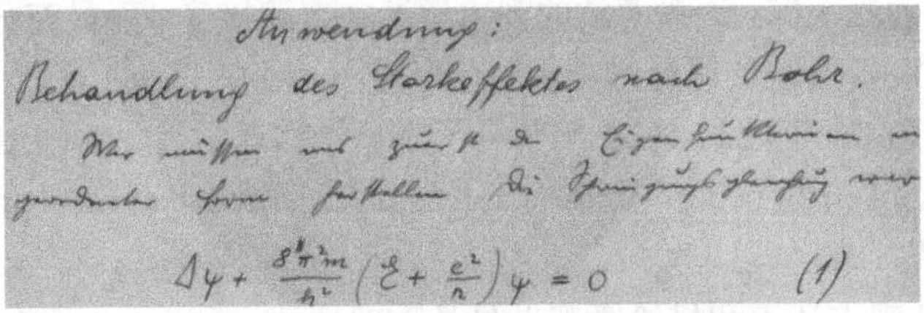

图 3.1.2 薛定谔手迹 (波动方程)

那么波函数 $\Psi(\boldsymbol{r},t)$ 的物理意义是什么？围绕这个问题，历史上曾有两种不同的观点相对立。方程 (3.1.1) 是薛定谔建立的，他认为“波函数”就是通常意义上的经典波。以玻尔为首的哥本哈根学派则有完全不同的解释，他们认为“波函数”表征“概率波” (probability wave)。确切地说，波函数的绝对值平方 $|\Psi(\boldsymbol{r},t)|^2$ 表示任意 t 时刻粒子在空间 $\boldsymbol{r}$ 处的单位体积中出现的概率，即所谓概率密度 (probability density)，如图 3.1.3 所示。这就是波函数的统计解释 (statistical interpretation of the wave function)。这样一来，$|\Psi(\boldsymbol{r},t)|^2\,\mathrm{d}\boldsymbol{r}$ 表示粒子在体积元 $\mathrm{d}\boldsymbol{r}$ 内出现的概率。由于粒子在运动的整个空间出现的总概率是 1，所以

$$\int_V |\Psi(\boldsymbol{r},t)|^2\,\mathrm{d}\boldsymbol{r} = 1 \tag{3.1.2}$$

这就是波函数的归一化条件 (normalization condition)，式中 V 是粒子可能存在的整个空间。

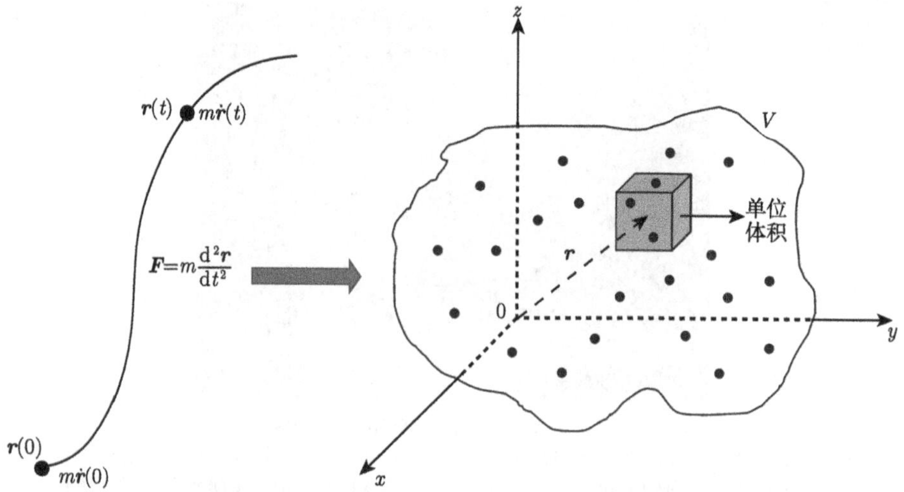

图 3.1.3　牛顿力学到量子力学的逻辑对应

牛顿第二定律方程 → 薛定谔方程，质点位置函数 $\boldsymbol{r}(t)$ → 微观粒子波函数 $\Psi(\boldsymbol{r},t)$，质点的轨道 → 微观粒子的概率密度 $|\Psi(\boldsymbol{r},t)|^2$

经过多年的深入探讨，概率波的观点逐渐被普遍接受。而最充分、最细致、最客观地论述了波函数统计解释的德国科学家玻恩 (Max Born) (图 3.1.4)，终于在提出概率波概念 28 年后的 1954 年获得了诺贝尔物理学奖 (“for his fundamental research in quantum mechanics, especially for his statistical interpretation of the wavefunction”)。

用“概率”观点认识和描绘微观世界是物理学的一种进步，是物理思想的一个升华。对微观粒子运动状态的刻画，必须放弃确定性的轨道图像，采用概率的方法 (即统计的方法)。这样的描述与经典物理学的严格因果律是不相容的。不过玻恩在 1926 年发布过一句名言：“The motion of particles follows probability rules, but the probability itself propagates in conformity with the law of causality (粒子的运动遵守概率定律，但概率演化还是受因果律支配的)。” 这一论述将概率与因果律从形式上统一起来，把波函数的时间演化纳入经典物理学的思路中 (图 3.1.5)。其实，玻恩的论述可以按一种简单的方式理解如下。

引入算符

$$\hat{H} = -\frac{\hbar^2}{2m}\nabla^2 + V(\boldsymbol{r}) \tag{3.1.3}$$

它称为体系的哈密顿算符，则薛定谔方程 (3.1.1) 写为

$$\frac{\partial \Psi}{\partial t} = -\frac{\mathrm{i}}{\hbar}\hat{H}\Psi \tag{3.1.4}$$

设 $t=0$ 时刻体系的波函数为 $\Psi(\boldsymbol{r},0)$。由于哈密顿算符 $\hat{H}$ 不含时间 t，则体系演化一段时间 t 之后，式 (3.1.4) 给出 (见式 (3.3.9b))

$$\Psi(\boldsymbol{r},t)=\exp\left(-\frac{\mathrm{i}}{\hbar}\hat{H}t\right)\Psi(\boldsymbol{r},0) \tag{3.1.5}$$

显然，式 (3.1.5) 描述了波函数由 $\Psi(\boldsymbol{r},0)$ 到 $\Psi(\boldsymbol{r},t)$ 的时间演化，而这个演化确实是一种因果关系，它是由算符 $\exp\left(-\frac{\mathrm{i}}{\hbar}\hat{H}t\right)$ 支配的，这就是量子力学的时间演化算符 (time evolution operator)。

图 3.1.4 玻恩 (Max Born，1882—1970)

德国理论物理学家与数学家，对量子力学的建立和发展做出了重要贡献，在固体物理学及光学方面也有所建树。他在 20 世纪 20 年代至 30 年代间培养了大量知名物理学家 (包括后来被称为“原子弹之父”的奥本海默)。1954 年玻恩因“在量子力学领域的基础研究，特别是对波函数的统计诠释”而获得诺贝尔物理学奖

图 3.1.5 玻恩与爱因斯坦

两位德国裔犹太物理学大师，尽管对于自然基本法则的信仰有着根本性冲突，但在 40 多年里保持书信来往，跨越了大西洋和两次世界大战，维系着两个家庭之间珍贵的友谊，毫无保留地阐述彼此对于战争、艺术、金钱等有关于社会方方面面的理解，以及生活中的种种琐碎。两人在通信中谈论最多也最为深刻的则是对于物理学的探索

3.1.2 波函数的性质

现在我们进一步讨论波函数的性质，简单起见考虑一维情况。按照波函数的统计解释，我们可以概念性地画出一个波函数 $\Psi(x,t)$ 和它的绝对值平方 $|\Psi(x,t)|^2$ 的曲线 (图 3.1.6)。波函数的归一化条件式 (3.1.2) 现在写为

$$\int_{-\infty}^{\infty} |\Psi(x,t)|^2 \, \mathrm{d}x = 1 \tag{3.1.6}$$

这里，$\Psi(x,t)$ 是归一化的波函数。波函数必须被归一化，这是波函数统计解释的需要。

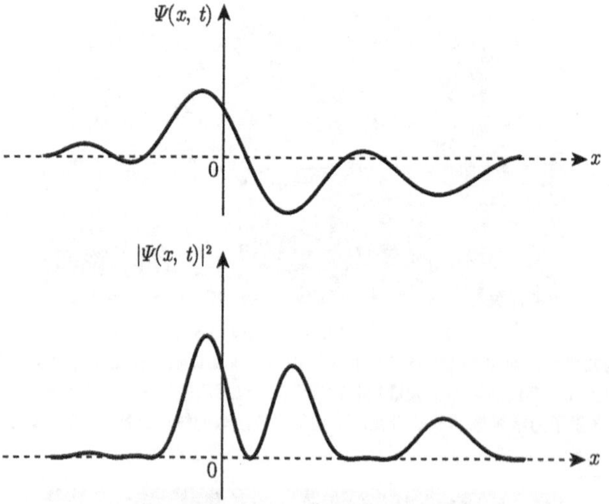

图 3.1.6 一个波函数 $\Psi(x,t)$ 和相应的概率密度 $|\Psi(x,t)|^2$

归一化条件式 (3.1.6) 表明波函数 $\Psi(x,t)$ 是平方可积的函数 (square-integrable function)，即 $\int_{-\infty}^{\infty} |\Psi(x,t)|^2 \, \mathrm{d}x$ 是有限的，这要求波函数满足条件

$$\text{当 } x \to \pm\infty \text{ 时}, \Psi(x,t) \to 0 \tag{3.1.7}$$

正如图 3.1.6 所示。利用式 (3.1.7)，我们可以进一步分析量子理论内部的自洽性 (具体而言，是指波函数的统计解释与薛定谔方程之间的自洽性)。

首先，由式 (3.1.6) 可以看出，波函数 $\Psi(x,t)$ 在时间演化中始终保持是归一化的。也就是说，如果波函数在 $t=0$ 时刻是归一化的，则它在时间演化中的每一个时刻 t 都是归一化的。现在的问题是，由薛定谔方程

$$\frac{\partial \Psi}{\partial t} = \frac{\mathrm{i}\hbar}{2m}\frac{\partial^2 \Psi}{\partial x^2} - \frac{\mathrm{i}}{\hbar}V(x)\Psi \tag{3.1.8}$$

解出的 $\Psi(x,t)$ 是否也如此呢？事实上，薛定谔方程具有不同寻常的特性，它会自动地保持波函数的归一化 (如果没有这个关键的性质，薛定谔方程将会同波函数的统计解释发生矛盾，整个理论体系将会崩溃！)。下面我们给出详细的证明，首先写出积分号下求偏导的表示式：

$$\frac{\mathrm{d}}{\mathrm{d}t}\int_{-\infty}^{\infty}|\Psi(x,t)|^2\,\mathrm{d}x=\int_{-\infty}^{\infty}\frac{\partial}{\partial t}|\Psi(x,t)|^2\,\mathrm{d}x \tag{3.1.9}$$

另外我们有

$$\frac{\partial}{\partial t}|\Psi|^2=\frac{\partial}{\partial t}(\Psi^*\Psi)=\Psi^*\frac{\partial\Psi}{\partial t}+\frac{\partial\Psi^*}{\partial t}\Psi \tag{3.1.10}$$

写出方程 (3.1.8) 的共轭式

$$\frac{\partial\Psi^*}{\partial t}=-\frac{\mathrm{i}\hbar}{2m}\frac{\partial^2\Psi^*}{\partial x^2}+\frac{\mathrm{i}}{\hbar}V(x)\Psi^* \tag{3.1.11}$$

这里已经假定势函数 $V(x)$ 是实函数。将式 (3.1.8) 和式 (3.1.11) 代入式 (3.1.10)，得到

$$\frac{\partial}{\partial t}|\Psi|^2=\frac{\mathrm{i}\hbar}{2m}\left(\Psi^*\frac{\partial^2\Psi}{\partial x^2}-\frac{\partial^2\Psi^*}{\partial x^2}\Psi\right)=\frac{\partial}{\partial x}\left[\frac{\mathrm{i}\hbar}{2m}\left(\Psi^*\frac{\partial\Psi}{\partial x}-\frac{\partial\Psi^*}{\partial x}\Psi\right)\right] \tag{3.1.12}$$

用式 (3.1.12) 替换式 (3.1.9) 右边积分的被积函数，完成积分后，得到

$$\frac{\mathrm{d}}{\mathrm{d}t}\int_{-\infty}^{\infty}|\Psi(x,t)|^2\,\mathrm{d}x=\frac{\mathrm{i}\hbar}{2m}\left[\Psi^*\frac{\partial\Psi}{\partial x}-\frac{\partial\Psi^*}{\partial x}\Psi\right]_{-\infty}^{\infty}=0 \tag{3.1.13}$$

式 (3.1.13) 中后一个等号的成立是基于条件式 (3.1.7)，于是

$$\frac{\mathrm{d}}{\mathrm{d}t}\int_{-\infty}^{\infty}|\Psi(x,t)|^2\,\mathrm{d}x=0 \tag{3.1.14}$$

这一结果显示积分 $\int_{-\infty}^{\infty}|\Psi(x,t)|^2\,\mathrm{d}x$ 是一个常数 (不依赖于时间 t)。这意味着，如果初始 $t=0$ 时刻的 $\Psi(\boldsymbol{r},0)$ 是归一化的，则任意时刻的 $\Psi(\boldsymbol{r},t)$ 也是归一化的，即

$$\int_{-\infty}^{\infty}|\Psi(x,0)|^2\,\mathrm{d}x=1\Rightarrow\int_{-\infty}^{\infty}|\Psi(x,t)|^2\,\mathrm{d}x=1 \tag{3.1.15}$$

至此我们证明了在式 (3.1.7) 的条件下，薛定谔方程具有保持波函数归一化的特性。其实式 (3.1.15) 的结论在概率波的意义上是容易理解的。例如考虑氢原子中的电子，假定初始时刻电子处在基态，演化到任意 t 时刻，它可能仍处在基态或跃迁到某个激发态。但不管是处在什么状态，在电子运动的整个空间总能找到这个电子，它出现的总概率为 1。

3.1.3　力学量的平均值和期待值

既然 $|\Psi(x,t)|^2$ 是粒子在空间出现的概率密度，它就是一个通常所谓的“分布函数”(distribution function)，我们可以用它来求力学量 $F(x)$ 在空间的平均值。譬如，对于最简单的情况 $F(x)=x$，粒子坐标 x 的平均值为

$$\langle x\rangle=\int_{-\infty}^{\infty}x\,|\Psi(x,t)|^2\,\mathrm{d}x \tag{3.1.16}$$

这个表达式就是普通概率论中的平均值 (mean value) 公式。我们看到，测不准原理强调微观粒子的位置是不确定的，但可以利用由薛定谔方程解出的 $|\Psi(x,t)|^2$ 来确定粒子位置的平均值。这就是处理量子体系的统计方法。

现在我们进而考虑粒子动量的平均值。受测不准原理的支配，量子力学也无法确定微观粒子的速度，不过我们可以期待粒子速度的平均值等于粒子位置平均值的时间微商，即 $\left\langle\dfrac{\mathrm{d}x}{\mathrm{d}t}\right\rangle=\dfrac{\mathrm{d}\langle x\rangle}{\mathrm{d}t}$，这样我们有

$$\langle p\rangle=m\frac{\mathrm{d}\langle x\rangle}{\mathrm{d}t} \tag{3.1.17}$$

式 (3.1.17) 称为粒子动量的期待值 (expectation value)。下面我们求它的具体表示式。

由式 (3.1.16) 可以看出，当体系随时间演化时，$\langle x\rangle$ 将跟着发生变化 (因为 $\Psi(x,t)$ 包含时间 t)，对式 (3.1.16) 两边求导数，并利用式 (3.1.12)，得到

$$\begin{aligned}\frac{\mathrm{d}\langle x\rangle}{\mathrm{d}t}&=\frac{\mathrm{d}}{\mathrm{d}t}\int_{-\infty}^{\infty}x\,|\Psi(x,t)|^2\,\mathrm{d}x=\int_{-\infty}^{\infty}x\frac{\partial}{\partial t}\,|\Psi(x,t)|^2\,\mathrm{d}x\\&=\frac{\mathrm{i}\hbar}{2m}\int_{-\infty}^{\infty}x\frac{\partial}{\partial x}\left(\Psi^*\frac{\partial\Psi}{\partial x}-\frac{\partial\Psi^*}{\partial x}\Psi\right)\mathrm{d}x=\frac{\mathrm{i}\hbar}{2m}\int_{-\infty}^{\infty}x\mathrm{d}\left(\Psi^*\frac{\partial\Psi}{\partial x}-\frac{\partial\Psi^*}{\partial x}\Psi\right)\\&=\frac{\mathrm{i}\hbar}{2m}\left[x\left(\Psi^*\frac{\partial\Psi}{\partial x}-\frac{\partial\Psi^*}{\partial x}\Psi\right)\right]_{-\infty}^{\infty}-\frac{\mathrm{i}\hbar}{2m}\int_{-\infty}^{\infty}\left(\Psi^*\frac{\partial\Psi}{\partial x}-\frac{\partial\Psi^*}{\partial x}\Psi\right)\mathrm{d}x\end{aligned}$$

再次利用式 (3.1.7)，我们得到

$$\frac{\mathrm{d}\langle x\rangle}{\mathrm{d}t}=-\frac{\mathrm{i}\hbar}{2m}\int_{-\infty}^{\infty}\left(\Psi^*\frac{\partial\Psi}{\partial x}-\frac{\partial\Psi^*}{\partial x}\Psi\right)\mathrm{d}x \tag{3.1.18}$$

对右边第二个积分使用分部积分法，式 (3.1.18) 变为

$$\frac{\mathrm{d}\langle x\rangle}{\mathrm{d}t}=-\frac{\mathrm{i}\hbar}{m}\int_{-\infty}^{\infty}\Psi^*\frac{\partial\Psi}{\partial x}\mathrm{d}x \tag{3.1.19}$$

利用式 (3.1.17)，我们得到动量的期待值

$$\langle p\rangle=\int_{-\infty}^{\infty}\Psi^*\left(-\mathrm{i}\hbar\frac{\partial}{\partial x}\right)\Psi\mathrm{d}x \tag{3.1.20}$$

其中 $-\mathrm{i}\hbar\dfrac{\partial}{\partial x}$ 称为动量算符 (momentum operator)，用符号 $\hat{p}$ 表示为

$$\hat{p}=-\mathrm{i}\hbar\frac{\partial}{\partial x} \tag{3.1.21}$$

上述过程表明，式 (3.1.21) 所示的动量算符表示式，是基于坐标 x 的平均值表达式 (3.1.16) 和薛定谔方程 (3.1.8)，对动量期待值定义式 (3.1.17) 进行推演的自然结果 (注意，我们这里并没有像一般教科书那样，把动量算符的表示式 (3.1.21) 简单说成量子力学的假设，而是严格地推导出来)。从式 (3.1.17) 还可以得出一个重要的结论：如果一个微观粒子的坐标平均值 $\langle x\rangle$ 为常数 (不依赖于时间)，则该粒子的动量期待值为零。

至于其他力学量，因为都可以表示为坐标和动量的函数，因此任意力学量 $F(x,p)$ 的算符表示为 $\hat{F}(x,\hat{p})$，它在 $\Psi(x,t)$ 中的期待值也具有式 (3.1.20) 的形式 (详细证明见 3.4 节)

3.2 薛定谔方程

3.2.1 电子双缝衍射

我们从平面波说起。众所周知，振动的传播形成波动，设原点 $x=0$ 处的简谐振动为 $y(0,t)=A\cos\omega t$，其中 A 和 ω 是振幅和圆频率。设该振动以速度 V 沿 x 轴正向传播，则传到任意 x 点时引起的振动比原点延迟一段时间 x/V，故 x 点的振动为 (图 3.2.1)

$$y(x,t)=A\cos\omega\left(t-\frac{x}{V}\right)=A\cos\left(kx-\omega t\right) \tag{3.2.1}$$

其中 $k=\dfrac{2\pi}{\lambda}=\dfrac{\omega}{V}$ 是波数。式 (3.2.1) 表示沿 x 方向传播的平面波 (plane wave)，它具有确定的频率和波长。在式 (3.2.1) 的基础上，我们可以写出沿任意方向传播的平面波

$$E(\boldsymbol{r},t)=E_0\mathrm{e}^{\mathrm{i}(\boldsymbol{k}\cdot\boldsymbol{r}-\omega t)} \tag{3.2.2}$$

其中，$\boldsymbol{k}$ 是波矢量。式 (3.2.2) 是经典物理学中平面波的一般表达式。正是利用这一表达式，可以讨论光波双缝实验。

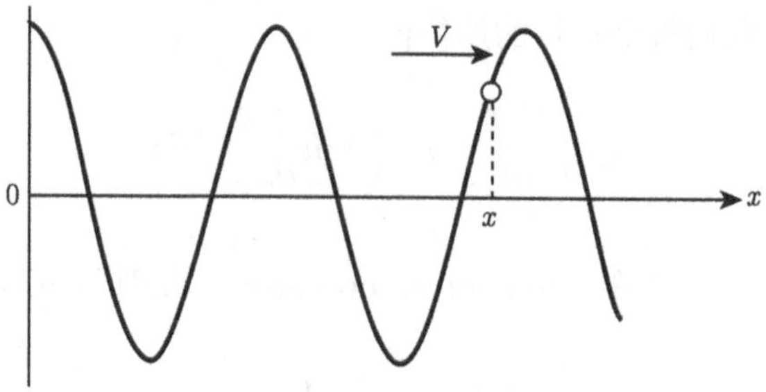

图 3.2.1　振动的传播形成波动

光波双缝实验是一个著名的经典物理学实验 (它证明光以波动的形式存在)，该实验的量子对应是电子双缝衍射。这一现象最早是 1961 年由德国蒂宾根大学的物理学家琼森观测到的 [Claus Jönsson. Elektroneninterferenzen an mehreren künstlich hergestellten Feinspalten. Z. Physik, 1961, 161: 454-474]。他用铜箔片制成微米级宽度的双缝，电子束通过双缝后在接收屏上相遇，形成明暗相间的条纹。衍射图样与光波的双缝实验结果很相似 (实验照片如图 3.2.2 所示)。

图 3.2.2　琼森实验拍出的电子双缝衍射图样

琼森实验的参数显示在图 3.2.3 中。我们用光波的处理方法，由图 3.2.2 中的空间标尺确定二级亮纹的位置 $x = 3.2\mu\text{m}$，进而利用二级亮纹的条件 $\frac{d}{D}x = 2\lambda$ 给出衍射波长

$$\lambda = \frac{d}{2D}x = \frac{2\mu\text{m}}{2\times 350\text{mm}} \times 3.2\mu\text{m} = 9.1\times 10^{-12}\text{m} \tag{3.2.3}$$

这就是电子双缝衍射的结果，电子波的波长短到皮米量级 (比原子还小)！这是前所未闻的。难怪事先讨论实验方案时有权威专家质疑实验的可行性。这是琼森的

博士论文，他在导师的指导下得到了开创性的新奇结果。许多人认为这个实验很有意思：① 电子波的波长如此之短是物质波理论的结果，不能用电磁波谱去想象它属于什么波段 (换言之，这样的情况没有经典的电磁波对应)；② 60 多年前就能提供如此高能量的电子束，有点加速器的感觉；③ 图 3.2.2 显示的明暗相间的衍射条纹很清晰明锐，拍摄分辨率之高令人咋舌；④ 2μm 的狭缝宽度和 1.6μm 的亮纹宽度标志着该实验是纳米技术的前身。应该说，电子双缝衍射与两百年前的杨氏光波双缝实验具有同等重要的历史意义。琼森博士 (图 3.2.4) 大概没有想到，40 年后英国物理学会机关报《物理世界》将它评选为“物理学中最美妙的实验”。(“The most beautiful experiment in physics”, Physics World, Sep 1, 2002)。琼森的母校蒂宾根大学说它是 “Schönstes Experiment aller Zeiten” (有史以来最美妙的实验)。

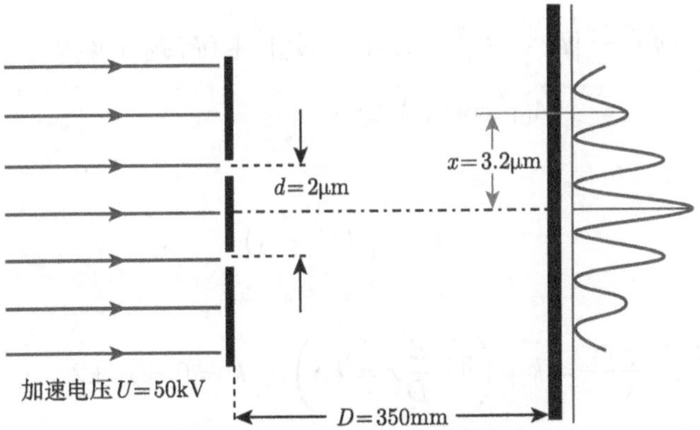

图 3.2.3 琼森的电子双缝衍射实验

使用高压 $U = 50kV$ 加速电子，缝宽 $d = 2\mu m$，接收屏位于狭缝后 350mm，二级亮纹位置 $x = 3.2\mu m$。整个系统处于真空中

图 3.2.4 琼森出生信息：1930 年 5 月 26 日 (现年 95 岁)

3.2.2 自由粒子的波函数

电子双缝衍射与光波双缝实验的相似性表明，电子的波动性也可以由式 (3.2.2) 来描述。事实上利用微观粒子波粒二象性表达式 $E=\hbar\omega$ 和 $\boldsymbol{p}=\hbar\boldsymbol{k}$，可以将式 (3.2.2) 改写成

$$\Psi(\boldsymbol{r},t)=A\mathrm{e}^{\frac{\mathrm{i}}{\hbar}(\boldsymbol{p}\cdot\boldsymbol{r}-Et)} \tag{3.2.4}$$

这里，能量 E 和动量 $\boldsymbol{p}$ 都是确定的，因此式 (3.2.4) 即为自由电子的波函数。我们利用这一表达式和图 3.2.5 的示意图作进一步讨论。来自狭缝 S_1 和 S_2 的电子束在接收屏上任意点 P (坐标为 x) 的波函数为

$$\Psi_1=A_0\mathrm{e}^{\frac{\mathrm{i}}{\hbar}(\boldsymbol{p}\cdot\boldsymbol{r}_1-Et)},\quad \Psi_2=A_0\mathrm{e}^{\frac{\mathrm{i}}{\hbar}(\boldsymbol{p}\cdot\boldsymbol{r}_2-Et)} \tag{3.2.5}$$

则接收屏上的电子波强度为

$$\begin{aligned}|\Psi|^2&=|\Psi_1+\Psi_2|^2=|\Psi_1|^2+|\Psi_2|^2+(\Psi_1^*\Psi_2+\Psi_2^*\Psi_1)\\&=4|A_0|^2\cos^2(\varDelta/2)\end{aligned}$$

其中

$$\varDelta=\frac{2\pi}{\lambda}(r_2-r_1) \tag{3.2.6}$$

显然在

$$\frac{r_2-r_1}{\lambda}=k\quad\left(\text{即 }\frac{d}{D}x=k\lambda\right),\quad k=0,\pm1,\pm2,\cdots \tag{3.2.7}$$

处，电子波强度呈现极大值 $|\Psi|^2=4|A_0|^2$。

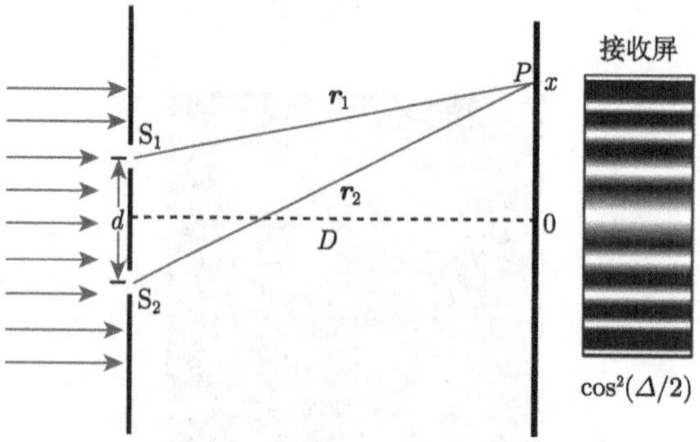

图 3.2.5 电子双缝衍射示意图

可以看出，上述电子双缝衍射与光波的双缝实验有相似的实验结果和相同的描述方式。现在我们提出一个问题：琼森实验测出的波长是什么。这其实是问：琼

森实验测出的电子波波长与德布罗意的物质波波长是不是一码事？这是一个极有意义的问题，我们可以按照实验参数来计算电子的德布罗意波长。入射电子在高压 $U=50\text{kV}$ 下获得的能量转变为电子的相对论动能：

$$Ue=m_0c^2\left[\frac{1}{\sqrt{1-(v/c)^2}}-1\right] \tag{3.2.8}$$

其中，e 是电子电荷量的数值，m_0 是电子的静止质量，v 是电子的速度，c 是真空中的光速。将 $U=50\text{kV}$，$e=1.6\times10^{-19}\text{C}$，$m_0=9.1\times10^{-31}\text{kg}$ 代入上式，得到比值 $v/c=0.41$，$v=1.24\times10^{8}\text{m/s}$ (接近光速) 。而相应的德布罗意波长 (考虑到电子的运动质量) 为

$$\lambda=\frac{h}{m_0v}\sqrt{1-(v/c)^2}=\frac{6.6\times10^{-34}}{9\times10^{-31}\times1.24\times10^{8}}\sqrt{1-0.41^2}=5.4\times10^{-12}(\text{m}) \tag{3.2.9}$$

我们惊奇地发现，这个结果与实验测出的电子波波长式 (3.2.3) 有相同的量级 (有一定的误差。如此复杂而精细的问题，涉及的因素很多，各个环节都可能有测量误差，这样的总误差是可以理解的)。这样的结果证实了电子的波动性，用光波的方法处理电子波是顺理成章的，实验测出的波长就是电子的德布罗意波长 (或者说，式 (3.2.3) 与式 (3.2.9) 的吻合证明了德布罗意公式 $p=h/\lambda$ 的正确性)。另外也说明，自由电子波函数用式 (3.2.4) 表示的正确性。

最后需要指出，式 (3.2.4) 的得出虽然是基于电子的双缝衍射，但实际上针对一般微观粒子的波动性。所以它不仅表示自由电子的波函数，也是一般自由粒子的波函数。

3.2.3 薛定谔方程的建立

以上我们由经典的平面波表达式 (3.2.2) 引导出量子体系的自由粒子波函数式 (3.2.4)。下面我们将要建立自由粒子波函数所满足的波动方程。这意味着，式 (3.2.4) 将是所要建立的波动方程的解。我们现在从式 (3.2.4) 出发，反推它所满足的方程。为此，对式 (3.2.4) 两边关于 t 求偏导数，得到

$$\frac{\partial}{\partial t}\varPsi=-\frac{\mathrm{i}}{\hbar}E\varPsi \tag{3.2.10}$$

这还不是我们所需要的方程，因为它的系数中还包含未知能量 E。我们进而对式 (3.2.4) 两边关于 x 求偏导数

$$\frac{\partial\varPsi}{\partial x}=\frac{\partial}{\partial x}\left[A\mathrm{e}^{\frac{\mathrm{i}}{\hbar}(p_xx+p_yy+p_zz-Et)}\right]=A\frac{\mathrm{i}}{\hbar}p_x\mathrm{e}^{\frac{\mathrm{i}}{\hbar}(p_xx+p_yy+p_zz-Et)}=\frac{\mathrm{i}}{\hbar}p_x\varPsi \tag{3.2.11}$$

式 (3.2.11) 再次对 x 求偏导数，得到

$$\frac{\partial^2\Psi}{\partial x^2}=\frac{\partial}{\partial x}\left[A\frac{\mathrm{i}}{\hbar}p_x\mathrm{e}^{\frac{\mathrm{i}}{\hbar}(p_xx+p_yy+p_zz-Et)}\right]=-\frac{p_x^2}{\hbar^2}\Psi \tag{3.2.12}$$

同理有

$$\frac{\partial^2\Psi}{\partial y^2}=-\frac{p_y^2}{\hbar^2}\Psi,\quad \frac{\partial^2\Psi}{\partial z^2}=-\frac{p_z^2}{\hbar^2}\Psi \tag{3.2.13}$$

以上三式相加，得到

$$\frac{\partial^2\Psi}{\partial x^2}+\frac{\partial^2\Psi}{\partial y^2}+\frac{\partial^2\Psi}{\partial z^2}=-\frac{1}{\hbar^2}\left(p_x^2+p_y^2+p_z^2\right)\Psi=-\frac{p^2}{\hbar^2}\Psi \tag{3.2.14}$$

即

$$\nabla^2\Psi=-\frac{p^2}{\hbar^2}\Psi \tag{3.2.15}$$

式 (3.2.15) 也不是我们所需要的方程，因为它的系数中还包含未知动量 p。现在，对式 (3.2.10) 两边同乘以 $\mathrm{i}\hbar$，对式 (3.2.15) 两边同乘以 $\hbar^2/(2m)$，然后二式相加，并注意到自由粒子的能量–动量关系式 $E=\dfrac{p^2}{2m}$，我们有

$$\mathrm{i}\hbar\frac{\partial\Psi}{\partial t}=-\frac{\hbar^2}{2m}\nabla^2\Psi \tag{3.2.16}$$

这就是自由粒子波函数所满足的微分方程。它看上去像一个输运方程 (函数对时间的一阶偏导数正比于它对空间的二阶偏导数)，但由于虚数单位 i 的存在，我们将会看出，它实际上具有波动方程的“功效”。

方程 (3.2.16) 的建立还有一种简捷的途径。事实上，式 (3.2.10) 和式 (3.2.15) 可以分别改写为如下形式：

$$E\Psi=\mathrm{i}\hbar\frac{\partial}{\partial t}\Psi \tag{3.2.17a}$$

$$(\boldsymbol{p}\cdot\boldsymbol{p})\Psi=(-\mathrm{i}\hbar\nabla)\cdot(-\mathrm{i}\hbar\nabla)\Psi \tag{3.2.17b}$$

式中

$$\nabla=\frac{\partial}{\partial x}\boldsymbol{i}+\frac{\partial}{\partial y}\boldsymbol{j}+\frac{\partial}{\partial z}\boldsymbol{k} \tag{3.2.18}$$

是矢量微分算符。从式 (3.2.17) 可以看出能量 E 和动量 $\boldsymbol{p}$ 分别有下列相应性表示式：

$$E\to\mathrm{i}\hbar\frac{\partial}{\partial t} \tag{3.2.19}$$

$$\boldsymbol{p} \to -\mathrm{i}\hbar\nabla \tag{3.2.20}$$

其中，$\mathrm{i}\hbar\dfrac{\partial}{\partial t}$ 和 $-\mathrm{i}\hbar\nabla$ 分别称为能量算符 (energy operator) 和动量算符，而后者正是式 (3.1.21) 的三维形式。这里我们由自由粒子波函数式 (3.2.4) 自然引出了量子力学的能量算符和动量算符，而不是通常所用的人为假设。

对于动能 $T=\dfrac{p^2}{2m}$，则相应地表示式为

$$\frac{p^2}{2m}=\frac{1}{2m}\boldsymbol{p}\cdot\boldsymbol{p}\to\frac{1}{2m}(-\mathrm{i}\hbar\nabla)\cdot(-\mathrm{i}\hbar\nabla)=-\frac{\hbar^2}{2m}\nabla^2 \tag{3.2.21}$$

而 $-\dfrac{\hbar^2}{2m}\nabla^2$ 称为动能算符。现在将 $E=\dfrac{p^2}{2m}$ 的两端分别用算符 (3.2.19) 和算符 (3.2.21) 代替，并作用于波函数 $\varPsi(\boldsymbol{r},t)$，便立即得方程 (3.2.16)。这种方法的正确性说明能量和动量用算符表示 (式 (3.2.19) 和式 (3.2.20)) 的合理性。

上述讨论只涉及自由粒子 (只有动能)。在一般情况下，粒子会处于一个势场之中，能量与动量的关系式变为

$$E=\frac{p^2}{2m}+V(\boldsymbol{r}) \tag{3.2.22}$$

其中，$V(\boldsymbol{r})$ 是粒子的势能，它一般情况下是坐标变量 $\boldsymbol{r}$ 的实函数。将式 (3.2.22) 的两端分别用算符 (3.2.19) 和算符 (3.2.21) 代替 (注意，势函数 $V(\boldsymbol{r})$ 的算符形式就是它本身)，并作用于波函数 $\varPsi(\boldsymbol{r},t)$，便得到

$$\mathrm{i}\hbar\frac{\partial\varPsi}{\partial t}=-\frac{\hbar^2}{2m}\nabla^2\varPsi+V(\boldsymbol{r})\varPsi \tag{3.2.23}$$

这个方程就是微观粒子的波动方程,称为薛定谔波动方程 (Schrödinger wave equation)，简称薛定谔方程 (Schrödinger equation)。它描述质量为 m 的粒子在给定势场 $V(\boldsymbol{r})$ 中，其量子状态随空间–时间的变化。

从能量算符的观点出发，薛定谔方程 (3.2.23) 的得出有更加简单的方式。我们知道，一个粒子的总能量 (3.2.22) 在经典力学中称为哈密顿量 (Hamiltonian)，与之相应的哈密顿算符 (Hamiltonian operator) 是

$$\hat{H}=-\frac{\hbar^2}{2m}\nabla^2+V(\boldsymbol{r}) \tag{3.2.24}$$

这样用式 (3.2.22) 两边的算符形式，即 $\mathrm{i}\hbar\dfrac{\partial}{\partial t}$ 和 $\hat{H}$，作用于波函数 $\varPsi(\boldsymbol{r},t)$，立即得到薛定谔方程

$$\mathrm{i}\hbar\frac{\partial}{\partial t}\varPsi=\hat{H}\varPsi \tag{3.2.25}$$

由此可见，能量算符与哈密顿算符是完全相当的：

$$\mathrm{i}\hbar\frac{\partial}{\partial t}\leftrightarrow\hat{H} \tag{3.2.26}$$

必须注意，薛定谔方程 (3.2.23) 或 (3.2.25) 是利用自由粒子波函数构造出来的，并直接推广到有势场的情况，而不是从现有的经典物理学理论推导出来的。事实上，薛定谔方程作为量子理论的核心表述，不可能从经典理论推导出来。那么薛定谔方程的来源究竟是什么？我们知道，薛定谔关于量子力学波动理论的第一篇研究论文是 1926 年 1 月 27 日送到德国杂志《物理学年鉴》编辑部的 [Schrödinger E. Quantisierung als Eigenwertproblem. Eingegangen 27, Januar 1926, Annalen der Physik, 1926, 79: 361-376]。他在文中说道："我要特别感谢路易斯 • 德布罗意先生的精辟论文，它激起了我对物质波在空间分布的思考。" 可见薛定谔方程是从物质波理论升华而来，它的正确性是由它所预言的结论与实验相符合来验证的。

还需要强调，薛定谔方程是一个线性偏微分方程 (方程中波函数 $\Psi(\boldsymbol{r},t)$ 以及它的时间导数、空间导数都是一次方)，因此满足叠加原理 (superposition principle)。这意味着，如果 Ψ_1 和 Ψ_2 是体系的可能状态，则它们的线性组合

$$\Psi=c_1\Psi_1+c_2\Psi_2\quad(c_1\text{、}c_2\ \text{是复数}) \tag{3.2.27}$$

也是体系的一个可能状态，这就是量子力学的态叠加原理。式 (3.2.27) 所示的态叠加原理表明，具有波函数 Ψ 的粒子可以同时处于两个不同的状态 Ψ_1 和 Ψ_2，而处于这两个态的概率分别是 $|c_1|^2$ 和 $|c_2|^2$。量子力学的前沿研究表明，一个叠加态的性质是由分量态 Ψ_1 和 Ψ_2 之间的相干性决定的。这种相干性可以引出许多奇异的结果，一个典型的例子是相干态的叠加 (见第 9 章薛定谔猫态)。

3.2.4 薛定谔方程的本征解

现在我们求解薛定谔方程 (3.2.25)。假设哈密顿算符 $\hat{H}$ 不含时间，则方程 (3.2.25) 可以通过分离变量法 (method of separation of variables) 来求解 (注意：分离变量法是物理学中求解偏微分方程的首选)。设方程 (3.2.25) 有变量分离的形式解

$$\Psi(\boldsymbol{r},t)=\psi(\boldsymbol{r})T(t) \tag{3.2.28}$$

其中，$\psi(\boldsymbol{r})$ 是一个只与空间变量 $\boldsymbol{r}$ 有关的函数 (波函数的空间部分)，而 $T(t)$ 是一个只与时间 t 有关的函数 (波函数的时间部分)。将式 (3.2.28) 代入方程 (3.2.25)，得到

$$\mathrm{i}\hbar\psi(\boldsymbol{r})T'(t)=\hat{H}[\psi(\boldsymbol{r})T(t)]=T(t)\hat{H}\psi(\boldsymbol{r}) \tag{3.2.29}$$

两边同除以 $\psi(\boldsymbol{r})T(t)$，得

$$\mathrm{i}\hbar\frac{1}{T(t)}\frac{\mathrm{d}T}{\mathrm{d}t}=\frac{\hat{H}\psi(\boldsymbol{r})}{\psi(\boldsymbol{r})} \tag{3.2.30}$$

对式 (3.2.30) 两边关于 t 求导数，注意到右边不含 t，故

$$\frac{\mathrm{d}}{\mathrm{d}t}\left[\mathrm{i}\hbar\frac{1}{T(t)}\frac{\mathrm{d}T}{\mathrm{d}t}\right]=\frac{\mathrm{d}}{\mathrm{d}t}\left[\frac{\hat{H}\psi(\boldsymbol{r})}{\psi(\boldsymbol{r})}\right]=0 \tag{3.2.31}$$

于是 $\dfrac{\hat{H}\psi(\boldsymbol{r})}{\psi(\boldsymbol{r})}$ 是一个常数，而式 (3.2.30) 表明 $\mathrm{i}\hbar\dfrac{1}{T(t)}\dfrac{\mathrm{d}T}{\mathrm{d}t}$ 必须等于同一个常数，即

$$\mathrm{i}\hbar\frac{1}{T(t)}\frac{\mathrm{d}T}{\mathrm{d}t}=\frac{\hat{H}\psi(\boldsymbol{r})}{\psi(\boldsymbol{r})}=E(\text{常数}) \tag{3.2.32}$$

其中，E 称为分离常数。由式 (3.2.32) 得到波函数的时间部分和空间部分的方程：

$$\frac{\mathrm{d}T}{T}=-\frac{\mathrm{i}}{\hbar}E\mathrm{d}t \tag{3.2.33a}$$

和

$$\hat{H}\psi(\boldsymbol{r})=E\psi(\boldsymbol{r}) \tag{3.2.33b}$$

对方程 (3.2.33a) 积分得到通解 $c\exp\left(-\dfrac{\mathrm{i}}{\hbar}Et\right)$，但是我们可以把常数 c 合并到因子 $\psi(\boldsymbol{r})$ 之中去 (因为我们需要的是乘积 $\psi(\boldsymbol{r})T(t)$)，这样方程 (3.2.33a) 的解 (波函数的时间部分) 可写为

$$T(t)=\exp\left(-\frac{\mathrm{i}}{\hbar}Et\right) \tag{3.2.34}$$

方程 (3.2.33b) 是哈密顿算符 $\hat{H}$ 的本征方程 (eigenequation)，波函数的空间部分 $\psi(\boldsymbol{r})$ 是本征函数 (eigenfunctions)，而分离常数 E 就是能量本征值 (eigenvalues)。对于式 (3.2.24) 所示的哈密顿算符，方程 (3.2.33b) 写为

$$\left[-\frac{\hbar^2}{2m}\nabla^2+V(\boldsymbol{r})\right]\psi(\boldsymbol{r})=E\psi(\boldsymbol{r}) \tag{3.2.35}$$

它不含时间，称为定态薛定谔方程 (time-independent Schrödinger equation)；相应地，方程 (3.2.23) 则称为含时薛定谔方程 (time-dependent Schrödinger equation)。进而将式 (3.2.24) 代入式 (3.2.28) 得到

$$\varPsi(\boldsymbol{r},t)=\psi(\boldsymbol{r})\exp\left(-\frac{\mathrm{i}}{\hbar}Et\right) \tag{3.2.36}$$

鉴于该波函数的空间部分 $\psi(\boldsymbol{r})$ 是哈密顿算符 $\hat{H}$ 的本征函数，我们将式 (3.2.36) 称为薛定谔方程 (3.2.23) 的本征解。而这个本征解的时间部分对于任何不含时的哈密顿量都呈现这个确定的形式，它本质上刻画了微观粒子的波动性。

3.3 薛定谔方程的一般解

在经典力学中，如果一个能量为 E 的粒子处于如图 3.3.1 所示的势阱 $V(x)$ 中，$V(x)$ 的两边都比粒子的能量高，则粒子的运动被限制在势阱内 (它在势能最高的两个拐点之间运动，不能越过它们)。我们称这种情况为束缚态 (bound states)。在量子力学体系中，也存在类似的情况，但是我们将会看到，粒子处在经典拐点 (classical turning point) 之外的概率不为零。本节我们利用本征态的叠加来构造束缚态情况下薛定谔方程的一般解 (general solution of Schrödinger equation)。

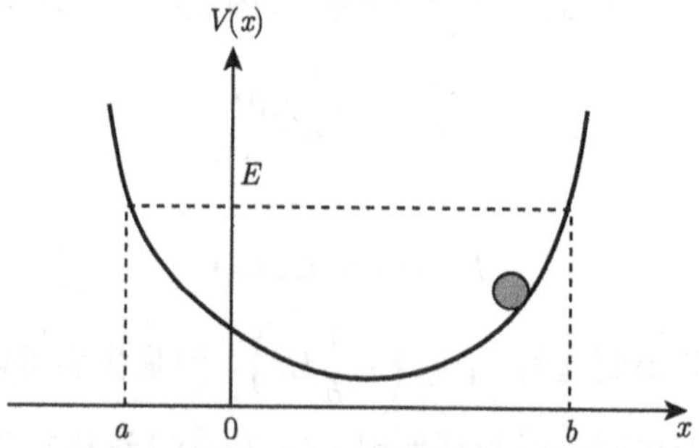

图 3.3.1 一个经典束缚态：a 和 b 为经典拐点 (粒子的势能最高点)

考虑一个一般的量子力学体系，现在我们求解体系的薛定谔方程与任意初始条件构成的初值问题

$$
\begin{cases}
\mathrm{i}\hbar\dfrac{\partial}{\partial t}\Psi(\boldsymbol{r},t)=\hat{H}\Psi(\boldsymbol{r},t) & \text{(3.3.1a)}\\
\Psi(\boldsymbol{r},0)=f(\boldsymbol{r}) & \text{(3.3.1b)}
\end{cases}
$$

其中，$\hat{H}$ 是体系的哈密顿算符 (假定 $\hat{H}$ 不含时间)，$f(\boldsymbol{r})$ 表示初始 $t=0$ 时刻体系的波函数。

在量子力学体系中，哈密顿算符 $\hat{H}$ 的本征函数要满足归一化条件和有限性、连续性、单值性的标准条件，这导致哈密顿算符 $\hat{H}$ 的本征值是一系列分立的值，而相应的本征函数是一系列分立的函数，即

$$\hat{H}\psi_n(\boldsymbol{r})=E_n\psi_n(\boldsymbol{r})\quad(n=1,2,3,\cdots) \tag{3.3.2}$$

式 (3.3.2) 所描述的本征态就是量子体系的束缚态 (本征值的变化构成分立谱 (discrete spectrum))。这样，本征解式 (3.2.36) 可以写为

$$\varPsi_n(\boldsymbol{r},t)=\psi_n(\boldsymbol{r})\exp\left(-\frac{\mathrm{i}}{\hbar}E_nt\right) \tag{3.3.3}$$

这就是含时束缚态。薛定谔方程 (3.3.1a) 是线性的，服从叠加原理。为了满足任意初始条件式 (3.3.1b)，我们将本征解式 (3.3.3) 按 n 的变化叠加起来构成一般解 (general solution)：

$$\varPsi(\boldsymbol{r},t)=\sum_n c_n\psi_n(\boldsymbol{r})\exp\left(-\frac{\mathrm{i}}{\hbar}E_nt\right) \tag{3.3.4}$$

式中展开系数 c_n 是复常数。在 $t=0$ 时，式 (3.3.4) 应给出初始波函数式 (3.3.1b)：

$$f(\boldsymbol{r})=\sum_n c_n\psi_n(\boldsymbol{r}) \tag{3.3.5}$$

下面我们计算展开系数 c_n。哈密顿算符是体系的能量算符，它的本征值是体系的能量 (实数)，因此哈密顿算符是一个厄米算符 (Hermitian operator)，其本征函数满足正交性关系式

$$\int\psi_m^*(\boldsymbol{r})\psi_n(\boldsymbol{r})\mathrm{d}\boldsymbol{r}=\delta_{mn} \tag{3.3.6}$$

其中，δ_{mn} 是克罗内克符号 (Kronecker symbol)，定义为

$$\delta_{mn}=\begin{cases}1 & (m=n)\\ 0 & (m\neq n)\end{cases} \tag{3.3.7}$$

现在我们利用式 (3.3.6) 求式 (3.3.5) 中的展开系数 c_n，为此以 $\psi_m^*(\boldsymbol{r})$ 乘式 (3.3.5) 两端，然后对 $\boldsymbol{r}$ 变化的整个区域积分，得到

$$\begin{aligned}\int\psi_m^*(\boldsymbol{r})f(\boldsymbol{r})\mathrm{d}\boldsymbol{r}&=\int\psi_m^*(\boldsymbol{r})\left[\sum_n c_n\psi_n(\boldsymbol{r})\right]\mathrm{d}\boldsymbol{r}\\&=\sum_n c_n\int\psi_m^*(\boldsymbol{r})\psi_n(\boldsymbol{r})\mathrm{d}\boldsymbol{r}\\&=\sum_n c_n\delta_{mn}=c_m\end{aligned}$$

这里已假定可以交换求和与积分的顺序。现在

$$c_n = \int \psi_n^*(\boldsymbol{r}) f(\boldsymbol{r}) \mathrm{d}\boldsymbol{r} \tag{3.3.8}$$

这就是式 (3.3.4) 中的展开系数，它由哈密顿算符的本征函数 $\psi_n(\boldsymbol{r})$ 与初始波函数 $f(\boldsymbol{r})$ 确定。式 (3.3.8) 所给出的 c_n，既确定了一般解式 (3.3.4) 中的展开系数，又满足了初始条件式 (3.3.1b)。一旦求出 c_n，就可以写出薛定谔方程的一般解式 (3.3.4)。可见，薛定谔方程初值问题式 (3.3.1) 的求解归结为哈密顿算符的本征值问题式 (3.3.2)。对于实际的问题，首先求解本征方程 (3.3.2)，得到本征值 E_n 和本征函数 $\psi_n(\boldsymbol{r})$，再利用 $\psi_n^*(\boldsymbol{r})$ 和初始波函数 $f(\boldsymbol{r})$ 求出展开系数 c_n，最后将 c_n、E_n 和 $\psi_n(\boldsymbol{r})$ 代入式 (3.3.4)，即得一般解。

现在我们将式 (3.3.4) 用另一种方式来表示。为此由式 (3.3.2) 写出

$$\exp\left(-\frac{\mathrm{i}}{\hbar}\hat{H}t\right)\psi_n(\boldsymbol{r}) = \exp\left(-\frac{\mathrm{i}}{\hbar}E_n t\right)\psi_n(\boldsymbol{r}) \tag{3.3.9a}$$

我们有

$$\begin{aligned}\Psi(\boldsymbol{r},t) &= \sum_n c_n \exp\left(-\frac{\mathrm{i}}{\hbar}E_n t\right)\psi_n(\boldsymbol{r}) = \sum_n c_n \exp\left(-\frac{\mathrm{i}}{\hbar}\hat{H}t\right)\psi_n(\boldsymbol{r}) \\ &= \exp\left(-\frac{\mathrm{i}}{\hbar}\hat{H}t\right)\sum_n c_n\psi_n(\boldsymbol{r}) = \exp\left(-\frac{\mathrm{i}}{\hbar}\hat{H}t\right)\Psi(\boldsymbol{r},0)\end{aligned} \tag{3.3.9b}$$

这正是式 (3.1.5) 所示的波函数的时间演化。它意味着，如果薛定谔方程 (3.3.1a) 中的哈密顿算符 $\hat{H}$ 不含时间，则该方程的一般解可写成时间演化算符 $\exp\left(-\frac{\mathrm{i}}{\hbar}\hat{H}t\right)$ 对初始波函数 $\Psi(\boldsymbol{r},0)$ 的作用，这是一种薛定谔方程的形式解 (form solution of Schrödinger equation)。对于具体问题，只要将初始波函数 $\Psi(\boldsymbol{r},0)$ 按 $\hat{H}$ 的本征函数展开便得到一般解式 (3.3.4)。由于初始波函数的任意性和时间演化算符的简单性，这个形式解具有非常广泛的应用 (例如式 (10.3.5) 所示的应用)。

3.4 求解量子体系的一般方法

量子力学中表示力学量的算符都是厄米算符，它的本征函数具有正交性和完备性。具体而言，若 $\psi_1(x), \psi_2(x), \cdots, \psi_n(x), \cdots$ 是厄密算符 $\hat{F}$ 的归一化本征函数，相应的本征值为 $\lambda_1, \lambda_2, \cdots, \lambda_n, \cdots$，它们满足本征方程 $\hat{F}\psi_n(x) = \lambda_n\psi_n(x)$，则本征函数服从正交性关系式

$$\int \psi_m^*(x)\psi_n(x)\mathrm{d}x = \delta_{mn} \tag{3.4.1}$$

则任一连续函数 $f(x)$ 可以按本征函数集 $\{\psi_n(x)\}$ 展开为

$$f(x)=\sum_n c_n\psi_n(x) \tag{3.4.2}$$

其中展开系数

$$c_n=\int\psi_n^*(x)f(x)\mathrm{d}x \tag{3.4.3}$$

是复常数。

现在我们考察展开系数 c_n 的物理意义。设 $f(x)$ 已经归一化，利用 $\psi_n(x)$ 的正交性关系式 (3.4.1)，我们有

$$\begin{aligned}1&=\int f^*(x)f(x)\mathrm{d}x=\int\sum_m c_m^*\psi_m^*(x)\sum_n c_n\psi_n(x)\mathrm{d}x\\&=\sum_m\sum_n c_m^*c_n\int\psi_m^*(x)\psi_n(x)\mathrm{d}x\\&=\sum_m\sum_n c_m^*c_n\delta_{mn}\\&=\sum_n|c_n|^2\end{aligned} \tag{3.4.4}$$

由这个结果可以看出，$|c_n|^2$ 具有概率的意义。先考虑一个特殊情况，如果 $f(x)$ 是算符 $\hat{F}$ 的某一个本征态，例如 $f(x)=\psi_N(x)$，式 (3.4.4) 右边的求和中除 $|c_N|^2=1$ 外，其余都等于零。在这种情况下测量力学量 F，必定得到确定的结果 λ_N。一般情况下，由式 (3.4.2) 可以看出，$|c_n|^2$ 表示在任意态 $f(x)$ 中发现本征态 $\psi_n(x)$ 的概率 (体系处于本征态 $\psi_1(x),\psi_2(x),\cdots,\psi_n(x),\cdots$ 的概率之和为 1，正如式 (3.4.4) 所示)。换言之，$|c_n|^2$ 表示在 $f(x)$ 态中测量力学量 F 得到本征值 λ_n 的概率。由此，c_n 通常被称为“概率幅” (probability amplitude)，这是量子力学中一个非常重要而有趣的概念。

基于上述讨论我们可以总结出一个完整的推理过程：量子力学中表示力学量的算符 $\hat{F}$ 是厄米算符，它们的本征函数构成完备集，当体系处于任意波函数 $f(x)$ 所描述的状态时，力学量 F 没有确定的数值，但是可以将 $f(x)$ 按照算符 $\hat{F}$ 的本征态展开 (如式 (3.4.2) 所示)，每个本征态有相应的本征值 $\lambda_1,\lambda_2,\cdots,\lambda_n,\cdots$，而测量力学量 F 得到本征值 λ_n 的概率是 $|c_n|^2$，则力学量 F 在 $f(x)$ 中的平均值即为

$$\langle F\rangle=\sum_n\lambda_n|c_n|^2 \tag{3.4.5}$$

它具有统计平均的形式。现在我们已经看出，求解量子体系所使用的是一种统计方法。式 (3.4.5) 提供了在一个量子体系中得到任意力学量平均值的方法。而这样的平均值结果便可以与测量数据相联系。

不过按式 (3.4.5) 计算力学量在任意态中的平均值并不简单，首先要求解算符 $\hat{F}$ 的本征方程 $\hat{F}\psi_n(x)=\lambda_n\psi_n(x)$ 获取本征值 λ_n，然后将任意态的表示式 $f(x)$ 和本征态的复共轭 $\psi_n^*(x)$ 代入式 (3.4.3) 求出展开系数 c_n，最后再做式 (3.4.5) 的求和才能给出结果。不过量子力学是“幸运”的，除了波函数统计解释与薛定谔方程的自洽性之外，还有一个极大的优越性——式 (3.4.5) 所示的统计平均值可以简化为一个直截了当的积分：

$$\left\langle \hat{F}\right\rangle=\int f^*(x)\hat{F}f(x)\mathrm{d}x \tag{3.4.6}$$

事实上，我们有

$$\begin{aligned}\int f^*(x)\hat{F}f(x)\mathrm{d}x&=\int\sum_m c_m^*\psi_m^*(x)\hat{F}\sum_n c_n\psi_n(x)\mathrm{d}x\\&=\sum_m\sum_n c_m^*c_n\lambda_n\int\psi_m^*(x)\psi_n(x)\mathrm{d}x\\&=\sum_m\sum_n c_m^*c_n\lambda_n\delta_{mn}\\&=\sum_n\lambda_n\left|c_n\right|^2\end{aligned} \tag{3.4.7}$$

现在我们可以看出，力学量 F 在任意态 $f(x)$ 中的统计平均值就是算符 $\hat{F}$ 在这个态中的期待值。式 (3.4.6) 所示的计算方法极为简捷，只需利用算符 $\hat{F}$ 表示式及 $f(x)$ 表示式，直接计算其中的积分即可。与式 (3.4.5) 所示的统计平均相比较，式 (3.4.6) 称为量子力学平均。作为一个例子，我们首先考察哈密顿算符 $\hat{H}$ (具有本征方程 (3.3.2)) 在相应的一般态式 (3.3.4) 中的平均值，我们有

$$\begin{aligned}\left\langle \hat{H}\right\rangle&=\int\varPsi^*(\boldsymbol{r},t)\hat{H}\varPsi(\boldsymbol{r},t)\mathrm{d}\boldsymbol{r}\\&=\int\left[\sum_m c_m^*\psi_m^*(\boldsymbol{r})\exp\left(\frac{\mathrm{i}}{\hbar}E_mt\right)\right]\hat{H}\left[\sum_n c_n\psi_n(\boldsymbol{r})\exp\left(-\frac{\mathrm{i}}{\hbar}E_nt\right)\right]\mathrm{d}\boldsymbol{r}\\&=\sum_m\sum_n c_m^*c_nE_n\exp\left[\frac{\mathrm{i}}{\hbar}\left(E_m-E_n\right)t\right]\int\psi_m^*(\boldsymbol{r})\psi_n(\boldsymbol{r})\mathrm{d}\boldsymbol{r}\\&=\sum_m\sum_n c_m^*c_nE_n\exp\left[\frac{\mathrm{i}}{\hbar}\left(E_m-E_n\right)t\right]\delta_{mn}\end{aligned}$$

$$=\sum_n E_n\left|c_n\right|^2 \tag{3.4.8a}$$

这正是式 (3.4.5) 的结果。求能量平均值的另一个思路是利用式 (3.2.26)，我们有

$$\begin{aligned}
\langle E\rangle &= \int \Psi^*\left(\mathrm{i}\hbar\frac{\partial}{\partial t}\right)\Psi\mathrm{d}\boldsymbol{r}\\
&= \int\left[\sum_m c_m^*\psi_m^*(\boldsymbol{r})\exp\left(\frac{\mathrm{i}}{\hbar}E_m t\right)\right]\left(\mathrm{i}\hbar\frac{\partial}{\partial t}\right)\left[\sum_n c_n\psi_n(\boldsymbol{r})\exp\left(-\frac{\mathrm{i}}{\hbar}E_n t\right)\right]\mathrm{d}\boldsymbol{r}\\
&= \int\left[\sum_m c_m^*\psi_m^*(\boldsymbol{r})\exp\left(\frac{\mathrm{i}}{\hbar}E_m t\right)\right]\left[\sum_n c_n E_n\psi_n(\boldsymbol{r})\exp\left(-\frac{\mathrm{i}}{\hbar}E_n t\right)\right]\mathrm{d}\boldsymbol{r}\\
&= \sum_n\left|c_n\right|^2 E_n
\end{aligned} \tag{3.4.8b}$$

式 (3.4.8) 的结果与时间无关，它表明体系的一般态式 (3.3.4) 在时间演化中保持能量守恒。这是能量守恒定律在量子力学中的体现。这样一来，在一个含时态中求任意时刻的能量平均值时，可用初始态的平均值代替。

如果式 (3.4.6) 中的波函数 f 是式 (3.3.3) 所示的单态，而算符 $\hat{F}$ 不显含时间 t，则有

$$\begin{aligned}
\left\langle\hat{F}\right\rangle &= \int\psi^*(\boldsymbol{r})\exp\left(\frac{\mathrm{i}}{\hbar}Et\right)\hat{F}\psi(\boldsymbol{r})\exp\left(-\frac{\mathrm{i}}{\hbar}Et\right)\mathrm{d}\boldsymbol{r}\\
&= \int\psi^*(\boldsymbol{r})\hat{F}\psi(\boldsymbol{r})\mathrm{d}\boldsymbol{r}
\end{aligned} \tag{3.4.9}$$

它显示期待值 $\left\langle\hat{F}\right\rangle$ 在时间演化中维持不变。

另外如果体系的状态 $f(x)$ 就是算符 $\hat{F}$ 的一个本征态 $\psi_N(x)$，式 (3.4.6) 给出

$$\left\langle\hat{F}\right\rangle = \int\psi_N^*(x)\hat{F}\psi_N(x)\mathrm{d}x = \lambda_N \tag{3.4.10}$$

这时力学量 F 的平均值就是确定的本征值 λ_N。在这种情况下，统计处理约化为单一的确定性结果。

例 基态氢原子的含时波函数为

$$\Psi(r,t)=\psi_{100}(r)\exp\left(-\frac{\mathrm{i}}{\hbar}E_1 t\right) \tag{3.4.11a}$$

其中，E_1 是基态氢原子的能量，而

$$\psi_{100}(r) = \frac{1}{\sqrt{\pi a^3}} \exp\left(-\frac{r}{a}\right) \tag{3.4.11b}$$

是基态本征函数，式中 a 为玻尔半径。试求基态式 (3.4.11a) 中动能 $T = \frac{p^2}{2m}$ 的期待值和势能 $V = -\frac{e^2}{r}$ 的平均值以及总能量，其中 $-e$ 是电子的电量。

解　现在的情况可以用式 (3.4.9) 计算动能算符 (见式 (3.2.21))

$$\hat{T} = -\frac{\hbar^2}{2m}\nabla^2 \tag{3.4.12}$$

的期待值，它在时间演化中维持不变，因此在含时态 $\Psi(r,t)$ 中的期待值等于在初态 $\psi_{100}(r)$ 中的期待值：

$$\left\langle \hat{T} \right\rangle = \int \Psi^*(r,t)\left(-\frac{\hbar^2}{2m}\nabla^2\right)\Psi(r,t)\mathrm{d}\boldsymbol{r} = \int \psi_{100}^*(r)\left(-\frac{\hbar^2}{2m}\nabla^2\right)\psi_{100}(r)\mathrm{d}\boldsymbol{r} \tag{3.4.13}$$

由于基态本征函数 $\psi_{100}(r)$ 是球对称的，因此我们需要用球坐标系中的拉普拉斯算符 (Laplace operator)

$$\nabla^2 = \frac{1}{r^2}\frac{\partial}{\partial r}\left(r^2\frac{\partial}{\partial r}\right) + \frac{1}{r^2\sin\theta}\frac{\partial}{\partial\theta}\left(\sin\theta\frac{\partial}{\partial\theta}\right) + \frac{1}{r^2\sin^2\theta}\frac{\partial^2}{\partial\phi^2} \tag{3.4.14}$$

它在球对称体系中 (与角向变量 θ, ϕ 无关) 表示为

$$\nabla^2 = \frac{1}{r^2}\frac{\partial}{\partial r}\left(r^2\frac{\partial}{\partial r}\right) \tag{3.4.15}$$

故动能的期待值式 (3.4.13) 简化为

$$\left\langle \hat{T} \right\rangle = \int \psi_{100}^*(r)\left[-\frac{\hbar^2}{2m}\frac{1}{r^2}\frac{\mathrm{d}}{\mathrm{d}r}\left(r^2\frac{\partial}{\partial r}\right)\right]\psi_{100}(r)\mathrm{d}\boldsymbol{r} \tag{3.4.16}$$

这里 $\mathrm{d}\boldsymbol{r} = r^2\sin\theta\mathrm{d}r\mathrm{d}\theta\mathrm{d}\phi$，角向积分为

$$\int_{\theta=0}^{\pi}\int_{\phi=0}^{2\pi}\sin\theta\mathrm{d}\theta\mathrm{d}\phi = 4\pi \tag{3.4.17}$$

故式 (3.4.16) 给出

$$\begin{aligned}\left\langle\hat{T}\right\rangle &= \frac{4}{a^3}\int_0^{\infty} r^2\exp\left(-\frac{r}{a}\right)\left[-\frac{\hbar^2}{2m}\frac{1}{r^2}\frac{\mathrm{d}}{\mathrm{d}r}\left(r^2\frac{\partial}{\partial r}\right)\right]\exp\left(-\frac{r}{a}\right)\mathrm{d}r\\ &= -\frac{2\hbar^2}{ma^3}\int_0^{\infty}\exp\left(-\frac{r}{a}\right)\left[-\frac{1}{a}\left(2r-\frac{r^2}{a}\right)\right]\exp\left(-\frac{r}{a}\right)\mathrm{d}r\\ &= \frac{2\hbar^2}{ma^4}\int_0^{\infty}\left(2r-\frac{r^2}{a}\right)\exp\left(-\frac{2r}{a}\right)\mathrm{d}r\\ &= \frac{e^2}{2a}=\frac{me^4}{2\hbar^2}\end{aligned}$$

势能的平均值可以直接利用分布函数 $|\Psi(r,t)|^2=|\psi(r)|^2$ 计算，得到

$$\begin{aligned}\langle V\rangle &= \int_0^{\infty}\left(-\frac{e^2}{r}\right)|\psi(r)|^2\,\mathrm{d}r=\int_0^{\infty}\left(-\frac{e^2}{r}\right)\frac{4}{a^3}r^2\exp\left(-\frac{2r}{a}\right)\mathrm{d}r\\ &= -4\frac{e^2}{a^3}\int_0^{\infty} r\exp\left(-\frac{2r}{a}\right)\mathrm{d}r=-\frac{e^2}{a}=-\frac{me^4}{\hbar^2}\end{aligned}$$

故总能量为

$$E_1=\left\langle\hat{T}\right\rangle+\langle V\rangle=-\frac{me^4}{2\hbar^2} \tag{3.4.18}$$

这与玻尔理论的结果相同 (见式 (20.3.5))。

至此我们可以对求解束缚态量子体系的统计方法做总结如下 (扩展到三维的时空依赖体系)：

(1) 对于所考察的量子体系写出哈密顿算符 $\hat{H}$。

(2) 求解哈密顿算符的本征方程 $\hat{H}\psi_n(\boldsymbol{r})=E_n\psi_n(\boldsymbol{r})(n=1,2,3,\cdots)$，得到本征值 E_n 和本征函数 $\psi_n(\boldsymbol{r})$。

(3) 写出体系的一般态 $\Psi(\boldsymbol{r},t)=\sum\limits_n c_n\psi_n(\boldsymbol{r})\exp\left(-\frac{\mathrm{i}}{\hbar}E_nt\right)$，其中展开系数由 $c_n=\int\psi_n^*(\boldsymbol{r})f(\boldsymbol{r})\mathrm{d}\boldsymbol{r}$ 给出，而 $f(\boldsymbol{r})$ 是给定的体系初态。

(4) 对于空间依赖的力学量 $F(\boldsymbol{r})$,直接用分布函数 $|\Psi(\boldsymbol{r},t)|^2$ 计算平均值 $\langle F(t)\rangle=\int_{-\infty}^{\infty}F(\boldsymbol{r})\,|\Psi(\boldsymbol{r},t)|^2\,\mathrm{d}\boldsymbol{r}$，它联系到测量数据。

(5) 对于一般力学量 F,用 $\langle F\rangle=\sum\limits_n\lambda_n\,|c_n|^2$ 或 $\langle F(t)\rangle=\int f^*(\boldsymbol{r},t)\hat{F}f(\boldsymbol{r},t)\mathrm{d}\boldsymbol{r}$ 计算期待值，它联系到测量数据。

3.5　一个实例：双原子分子的能级

现在我们通过一个实例来说明，求解量子体系的统计方法如何联系到测量数据，这个例子涉及双原子分子的能级。双原子分子中两个原子之间的相互作用可以直观地想象为：一个弹簧两端连着两个振子 (图 3.5.1)。设任意时刻两个原子的间距为 r，它们之间存在一个平衡间距 r_0 (即所谓“平衡核间距”)，当 $r > r_0$ 时，两原子相互吸引；当 $r < r_0$ 时，相互排斥。原子间距 r 在 r_0 附近周期性变化 (类似于一个谐振子)。现在我们借助这样的物理图像讨论双原子分子的量子性质及能级结构。

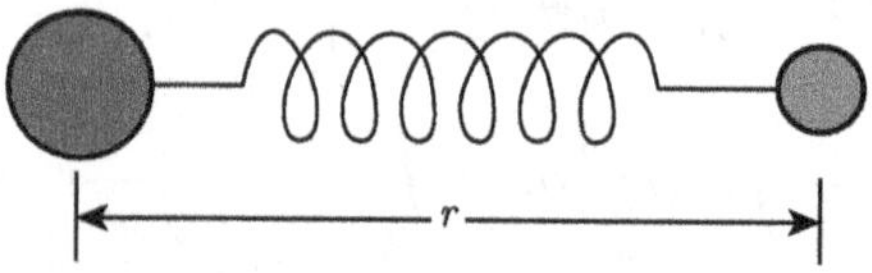

图 3.5.1　双原子分子中两个原子相互作用示意图

3.5.1　莫尔斯势

莫尔斯势 (Morse potential) 是一个非常有用的势函数 [① Morse P M. Diatomic molecules according to the wave mechanics. Ⅱ. Vibrational levels. Phys. Rev., 1929, 34: 57-64; ② Kaplan I G. Handbook of Molecular Physicas and Quantum Chemistry. Wiley, 2003: 207]，可以用来很好地描述一般双原子分子体系中二原子之间的相互作用。最新的研究表明在 DNA 分子中也存在莫尔斯势作用机制。该势函数表示为

$$V(r) = D\left[\exp(-2\alpha x) - 2\exp(-\alpha x)\right] \quad \left(x \equiv \frac{r - r_0}{r_0}\right) \tag{3.5.1}$$

其中，r 是二原子的间距，参数 D 和 α 均为正数 (D 具有能量量纲而 α 是无量纲参数)。势函数式 (3.5.1) 在平衡核间距 $r = r_0$ (即 $x = 0$) 取极小值 $-D$，在 $r = 0$ (即 $x = -1$) 取有限值 $V(0) = D\left(e^{2\alpha} - 2e^{\alpha}\right)$，而在 $r \to \infty$ 处为 $V(\infty) \to 0$。几个典型双原子分子的相关数据列于表 3.5.1。其中 M 是二原子体系的约化质量，以 cm^{-1} 形式表示的能量可按下列关系换算成 eV：

$$E(\mathrm{eV}) = E(\mathrm{cm}^{-1}) \times 1.2398 \times 10^{-4} \tag{3.5.2}$$

作为一个例子，H_2 分子的莫尔斯势曲线如图 3.5.2 所示。

表 3.5.1 几个典型双原子分子的莫尔斯势参数

分子	$\dfrac{\hbar^2}{2Mr_0^2}\Big/\mathrm{cm}^{-1}$	D/cm^{-1}	α (无量纲)
H_2	60.8296	38292	1.440
HCl	10.5930	37244	2.380
I_2	0.0374	12550	4.954

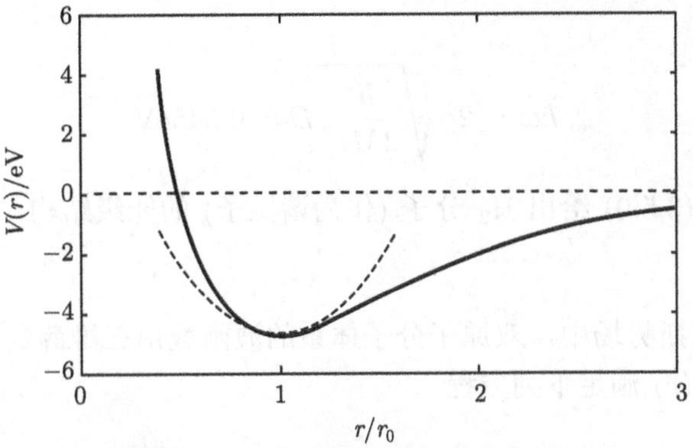

图 3.5.2 H_2 分子中二原子之间的相互作用

莫尔斯势曲线 (实线) 和相应的抛物线近似 (虚线)，前者在 $r = 0$ 取有限值 $V(0) = 44.5\mathrm{eV}$

3.5.2 谐振子近似

我们首先将莫尔斯势约化为谐振子的抛物线形式

$$V(r) = \varepsilon + \frac{1}{2}k(r - r_0)^2 \tag{3.5.3}$$

按照式 (3.5.3) 的需要，我们有

$$\varepsilon = V|_{r=r_0} = -D \tag{3.5.4}$$

$$k = \left.\frac{\mathrm{d}^2V(r)}{\mathrm{d}r^2}\right|_{r=r_0} = \frac{2\alpha^2 D}{r_0^2} = M\omega^2 \tag{3.5.5}$$

由式 (3.5.5) 得到

$$\omega^2 = \frac{k}{M} = \frac{2\alpha^2 D}{Mr_0^2} \tag{3.5.6}$$

这样一个谐振子体系的振动能级为

$$E_v = \hbar\omega\left(v + \frac{1}{2}\right) - D \quad (v = 0, 1, 2, \cdots) \tag{3.5.7}$$

将表 3.5.1 所列出的 $\dfrac{\hbar^2}{2Mr_0^2}$、α、D 数据代入式 (3.5.7)，即得相应双原子分子作为谐振子的振动能级。例如对于 H_2 分子，我们有

$$\frac{\hbar^2}{2Mr_0^2}=0.007542\text{eV},\quad D=4.7474\text{eV},\quad \alpha=1.440 \tag{3.5.8}$$

则能级间隔为

$$\hbar\omega=2\alpha\sqrt{\frac{\hbar^2}{2Mr_0^2}D}=0.545\text{eV} \tag{3.5.9}$$

式 (3.5.7) 和式 (3.5.9) 给出 H_2 分子 (作为谐振子) 的能级结构。

3.5.3 精确解

在一般莫尔斯势场中，双原子分子体系的波函数由三维薛定谔方程描述，其中径向波函数 $u(r)$ 满足下列方程

$$-\frac{\hbar^2}{2M}\frac{\mathrm{d}^2u}{\mathrm{d}r^2}+V(r)u=Eu \tag{3.5.10}$$

其中，势函数 $V(r)$ 由式 (3.5.1) 表示，E 是体系的能量，M 是约化质量。下面对于束缚态情况 ($E<0$)，考察 u 随无量纲变量 x 的变化，方程 (3.5.10) 变为

$$\frac{\mathrm{d}^2u}{\mathrm{d}x^2}+\left[-\kappa^2+2\gamma^2\exp(-\alpha x)-\gamma^2\exp(-2\alpha x)\right]u=0 \tag{3.5.11}$$

其中

$$\kappa^2=-\frac{2Mr_0^2}{\hbar^2}E,\quad \gamma^2=\frac{2Mr_0^2}{\hbar^2}D \tag{3.5.12}$$

这里 κ 和 γ 均为无量纲参数 ($\kappa>0$，$\gamma>0$)。引入无量纲变量

$$\xi=\eta\exp(-\alpha x) \tag{3.5.13}$$

式中无量纲参数 η 定义为

$$\eta=\frac{2\gamma}{\alpha}=\frac{2}{\alpha}\sqrt{\frac{2Mr_0^2}{\hbar^2}D} \tag{3.5.14}$$

方程 (3.5.11) 变为

$$\xi^2\frac{\mathrm{d}^2u}{\mathrm{d}\xi^2}+\xi\frac{\mathrm{d}u}{\mathrm{d}\xi}+\left(-\lambda^2+\frac{\eta}{2}\xi-\frac{1}{4}\xi^2\right)u=0 \tag{3.5.15}$$

其中，$\lambda=\kappa/\alpha$。

求解方程 (3.5.15)，得到量子化的本征能量

$$E_v=-D+\hbar\omega\left[\left(v+\frac{1}{2}\right)-\frac{1}{\eta}\left(v+\frac{1}{2}\right)^2\right]\quad(v=1,2,3,\cdots)\tag{3.5.16}$$

这就是由莫尔斯势所描述的双原子分子的振动能级 (v 是振动量子数)。很明显，它的前两项就是谐振子的能量，而第三项刻画非谐振子修正。由于这一项为负值，该非谐振子的能量低于相应的谐振子。式 (3.5.16) 给出能级间隔为

$$E_v-E_{v-1}=\hbar\omega\left(1-\frac{2}{\eta}v\right)\quad(v=1,2,3,\cdots)\tag{3.5.17}$$

可见能级间隔随着振动量子数 v 的增加而变窄。我们按照式 (3.5.1) 和式 (3.5.16) 画出势能曲线及相应的振动能级，如图 3.5.3 所示。

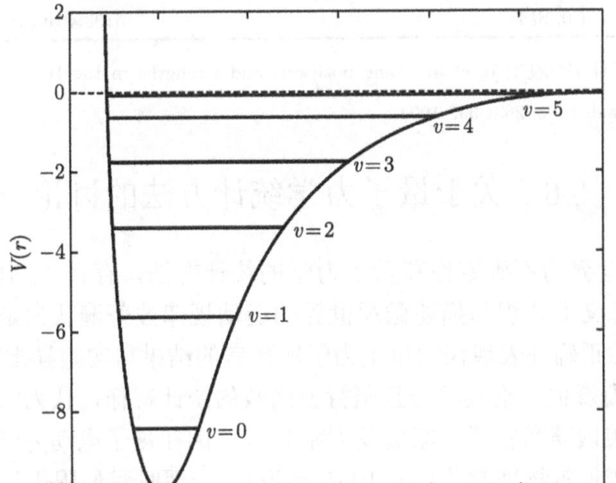

图 3.5.3 莫尔斯势式 (3.5.1) 和振动能级式 (3.5.16)

图中取 $\alpha=1.2$，$D=10$，$\eta=12$

3.5.4 与测量结果相比较

作为上述结果的应用，现在我们计算 H_2 分子由第一激发态 ($v=1$) 跃迁到基态 ($v=0$) 所发射的能量，并与相应的测量结果相比较。为此在式 (3.5.17) 中取 $v=1$，并利用 $\hbar\omega=0.545\text{eV}$ (见式 (3.5.9)) 和 $\eta=34.848$ (来自式 (3.5.14))，

得到 H_2 分子由第一激发态跃迁到基态时所发射的能量

$$E_1 - E_0 = \hbar\omega\left(1 - \frac{2}{\eta}\right) = 0.545\left(1 - \frac{2}{34.848}\right)$$
$$= 0.5137(\text{eV}) = 4144\text{cm}^{-1} \tag{3.5.18}$$

很明显，式 (3.5.18) 与表 3.5.2 所示的测量结果相符合。上述过程显示了求解薛定谔方程的结果可以联系到测量数据。

表 3.5.2　H_2 分子的振转跃迁能量测量值　（单位：cm^{-1}）

1-0, Q(4)	4102.582(4)
1-0, Q(3)	4125.8739(4)
1-0, Q(2)	4143.4660(3)
1-0, Q(1)	4155.25469(8)
1-0, S(0)	4497.8391(2)
1-0, S(1)	4712.9054(2)
1-0, S(2)	4917.0069(3)
1-0, S(3)	5108.4040(6)

注：表 3.5.2 源自 Bragg S L, et al. Line positions and strengths in the H_2 quadrupole spectrum. Astrophysical Journal, 1982, 263: 999-1004。

3.6　关于量子力学统计方法的讨论

关于微观世界的不确定性和量子力学的统计方法，存在不同的观点和看法。在“概率”的意义上认识和描述微观世界的运动规律被普遍认为是人类科学观的一大飞跃。它的正确性表现在由量子力学所预言的结果与实验异常精确地相符合。玻恩、玻尔、海森伯、泡利等一直坚持波函数的统计解释，认为它表明了自然界的终极法则。美国著名物理学家费曼 (图 3.6.1) (因在量子电动力学方面的成就而获得 1965 年诺贝尔物理学奖) 在 1965 年说过：“现时我们限于计算概率。我们说‘现时’，但是我们强烈地期望将永远是这样，期望自然界就是按这样的方式行事的。”

对于量子力学的概率诠释，另一些人有不同的观点，薛定谔本人明确说：“我不喜欢它，对于它的引入我感到抱歉” (“I don’t like it, and I’m sorry I ever had anything to do with it”)，爱因斯坦则说：“上帝不会掷骰子。”此外，还有一个强烈反对者，他就是量子力学奠基人之一的德布罗意 (图 3.6.2)。德布罗意在他 65 岁那年 (1957 年) 有一段话是发人深省的：“主张不确定性是物理实质，这不是完全站得住的。将来，对物理实在的认识达到一个更深的层次时，我们可能会对概率定律和量子力学做出新的解释：即目前我们所得到的不确定的数值，是一个还在演变中的数值，并没有达到可精确测量的最终结果。阻止对量子力学目前的观点作进一步探索的尝试，对科学发展来说是非常危险的，而且它背离了我们从科学史中得到的教训。事实上，科学史告诉我们，已获得的知识常常是暂时的，在这些知识之外，肯定有更广阔的有待探索的新领域。”

图 3.6.1 费曼 (Richard Feynman，1918—1988，1965 年诺贝尔物理学奖得主)

图 3.6.2 德布罗意 (Louis de Broglie，1892—1987，1929 年诺贝尔物理学奖得主)

另一位大师狄拉克 (图 3.6.3) 在 1972 年说过："在我看来，我们还没有得到量子力学的定律，目前使用的定律需要作重要的修改。在修改过程中，我们用统计计算对理论做出物理解释的观念可能会被彻底地改变。"

图 3.6.3　狄拉克 (Paul Dirac，1902—1984，1933 年诺贝尔物理学奖得主)

科学认识上存在不同的声音是很自然的，甚至是有益的。问题是，现在的统计方法究竟管用不管用？百年来的事实证明，它不但是管用的，而且是极其有用的！让我们在下面的专题中细细阐述之。

第 4 章　量 子 隧 穿

崂山道士穿墙而过的传说出自蒲松龄在《聊斋志异》的生花妙笔。量子力学说，这个可能性不为零。在微观世界，一个粒子能够轻而易举穿过高能量势垒，产生一种透射现象，这在宏观经典力学中是不可思议的。但是只要按部就班求解量子力学的散射态问题，就无一漏洞地得到量子隧穿的结果。量子力学早年被接受的主要原因之一，就是加莫夫利用量子隧穿理论成功破解了神秘的 α 粒子从重原子核高墙中穿出的谜团。量子隧穿开辟了许多应用：场致发射，原子钟，扫描隧道显微镜，甚至解释热核聚变和生物体的酶促反应。最近还用其来研究超薄芯片的漏电问题。

4.1　什么是量子隧穿

量子力学早年被接受的理由之一，就是利用它所预言的量子隧穿 (或称势垒贯穿) 效应成功解释了神秘的 α 粒子衰变。量子隧穿的概念如图 4.1.1 所示，这是一个典型的量子效应。

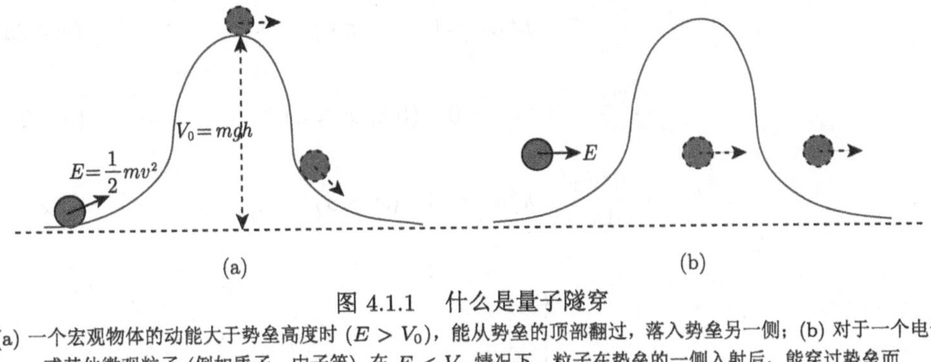

图 4.1.1　什么是量子隧穿

(a) 一个宏观物体的动能大于势垒高度时 ($E > V_0$)，能从势垒的顶部翻过，落入势垒另一侧；(b) 对于一个电子或其他微观粒子 (例如质子、中子等)，在 $E < V_0$ 情况下，粒子在势垒的一侧入射后，能穿过势垒而出现在它的另一侧

现在我们考虑图 4.1.2 所示的散射态问题。一个能量为 E 的粒子从无限远处而来，沿 x 轴正向入射高度为 V_0 的势垒。按照经典力学理论，若 $E < V_0$，则粒子不能进入势垒，将被弹回去；另一方面，若 $E > V_0$，粒子将越过势垒而不被反弹。但是按照粒子的波动性特征，无论 $E < V_0$ 或是 $E > V_0$，对于入射波而言都

存在反射波和透射波。因此两种情况下，入射粒子都有一定的概率穿透势垒，也都有一定的概率被反弹回去。其中的透射波就表示量子隧穿效应。

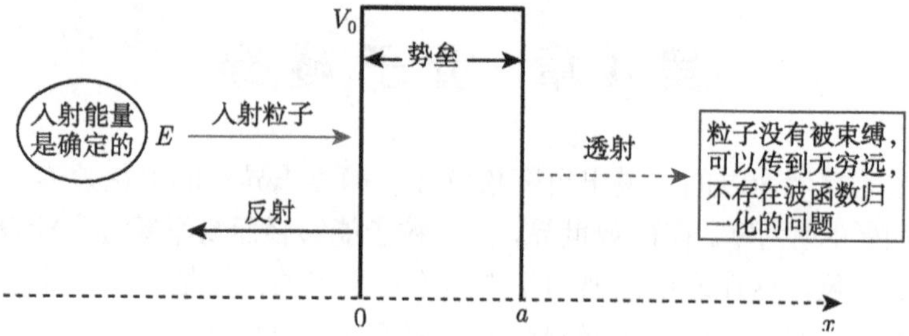

图 4.1.2　描述量子隧穿的模型

4.2 方形势垒

方形势垒 (图 4.2.1) 表示为

$$V(x) = \begin{cases} 0 & (x < 0) \\ V_0 & (0 \leqslant x \leqslant a) \\ 0 & (x > a) \end{cases} \tag{4.2.1}$$

我们首先讨论 $E < V_0$ 的情况 (称为 “低能散射”)，写出粒子在三个区域的薛定谔方程：

$$\frac{\mathrm{d}^2\psi_1}{\mathrm{d}x^2} + k^2\psi_1 = 0 \quad (x < 0) \tag{4.2.2a}$$

$$\frac{\mathrm{d}^2\psi_2}{\mathrm{d}x^2} - K^2\psi_2 = 0 \quad (0 \leqslant x \leqslant a) \tag{4.2.2b}$$

$$\frac{\mathrm{d}^2\psi_3}{\mathrm{d}x^2} + k^2\psi_3 = 0 \quad (x > a) \tag{4.2.2c}$$

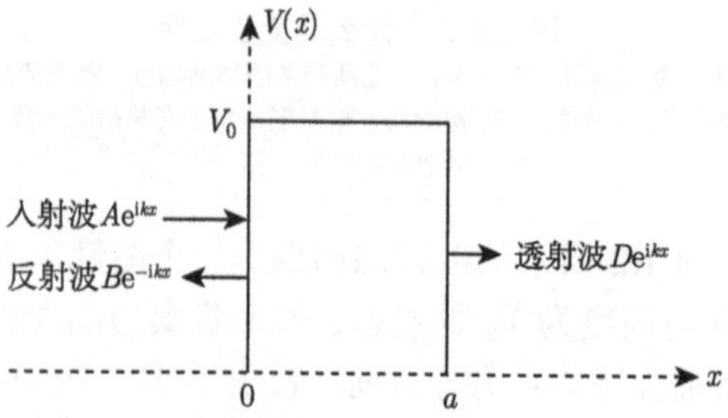

图 4.2.1　方形势垒

其中

$$k^2 = \frac{2mE}{\hbar^2}, \quad K^2 = \frac{2m(V_0 - E)}{\hbar^2} \tag{4.2.3}$$

式 (4.2.3) 中的 m、E 分别是粒子的质量和能量。方程 (4.2.2a) 和方程 (4.2.2c) 的解可表示为

$$\psi_1(x) = A\mathrm{e}^{\mathrm{i}kx} + B\mathrm{e}^{-\mathrm{i}kx} \tag{4.2.4a}$$

$$\psi_3(x) = D\mathrm{e}^{\mathrm{i}kx} \tag{4.2.4b}$$

其中，$A\mathrm{e}^{\mathrm{i}kx}$ 是入射波，$B\mathrm{e}^{-\mathrm{i}kx}$ 是反射波，而 $D\mathrm{e}^{\mathrm{i}kx}$ 是透射波，如图 4.2.1 所示。在 $x > a$ 区域，行波 $D\mathrm{e}^{\mathrm{i}kx}$ 可以传输到无限远，不存在反射波。在 $0 \leqslant x \leqslant a$ 区域，方程 (4.2.2b) 的通解为

$$\psi_2(x) = C_1 \cosh(Kx) + C_2 \sinh(Kx) \tag{4.2.4c}$$

式中，C_1 和 C_2 是任意复常数。

由 ψ 及 ψ' 在 $x = 0$ 处的连续性条件，得到

$$A + B = C_1 \tag{4.2.5a}$$

$$\mathrm{i}\eta(A - B) = C_2 \tag{4.2.5b}$$

其中，$\eta = k/K$。进而利用 ψ 及 ψ' 在 $x = a$ 处的连续性条件，有

$$C_1 \cosh(Ka) + C_2 \sinh(Ka) = D\mathrm{e}^{\mathrm{i}ka} \tag{4.2.6a}$$

$$C_1 \sinh(Ka) + C_2 \cosh(Ka) = \mathrm{i}\eta D\mathrm{e}^{\mathrm{i}ka} \tag{4.2.6b}$$

由式 (4.2.5) 解出 C_1、C_2，代入式 (4.2.6), 得到

$$\left(1 + \frac{B}{A}\right) \cosh(Ka) + \mathrm{i}\eta \left(1 - \frac{B}{A}\right) \sinh(Ka) = \frac{D}{A}\mathrm{e}^{\mathrm{i}ka} \tag{4.2.7a}$$

$$\left(1 + \frac{B}{A}\right) \sinh(Ka) + \mathrm{i}\eta \left(1 - \frac{B}{A}\right) \cosh(Ka) = \mathrm{i}\eta\frac{D}{A}\mathrm{e}^{\mathrm{i}ka} \tag{4.2.7b}$$

由式 (4.2.7) 解出

$$\frac{B}{A} = \frac{-(1 + \eta^2)\sinh(Ka)}{(1 - \eta^2)\sinh(Ka) - 2\mathrm{i}\eta\cosh(Ka)} \tag{4.2.8a}$$

$$\frac{D}{A}\mathrm{e}^{\mathrm{i}ka} = \frac{-2\mathrm{i}\eta}{(1 - \eta^2)\sinh(Ka) - 2\mathrm{i}\eta\cosh(Ka)} \tag{4.2.8b}$$

现在，入射波和透射波的概率流密度有相同的形式：$\dfrac{\hbar k}{m}|A|^2$ 和 $\dfrac{\hbar k}{m}|D|^2$，因此反射系数 (reflection coefficient)R 和透射系数 (transmission coefficient)T 分别为

$$R=\frac{|B|^2}{|A|^2}=\frac{\left(k^2+K^2\right)^2\sinh^2(Ka)}{\left(k^2+K^2\right)^2\sinh^2(Ka)+4k^2K^2} \tag{4.2.9a}$$

$$T=\frac{|D|^2}{|A|^2}=\frac{4k^2K^2}{\left(k^2+K^2\right)^2\sinh^2(Ka)+4k^2K^2} \tag{4.2.9b}$$

可以看出 $R+T=1$，它表示概率守恒。

下面我们进一步讨论透射系数，为此利用式 (4.2.3)，将式 (4.2.9b) 用原始参数 E 和 V_0 表示为

$$T=\frac{1}{1+\dfrac{1}{4\dfrac{E}{V_0}\left(1-\dfrac{E}{V_0}\right)}\sinh^2\left(\beta\sqrt{1-\dfrac{E}{V_0}}\right)} \tag{4.2.10}$$

其中

$$\beta=\frac{a}{\hbar}\sqrt{2mV_0} \tag{4.2.11}$$

表示势垒强度。由式 (4.2.10) 画出 T 随比值 E/V_0 变化的曲线，如图 4.2.2 所示。可以看出，透射系数随比值 E/V_0 的增大而升高，随势垒强度 β 的增大而下降。当 $\beta\to 0$ 时，$T\to 1$，这是完全透射 (complete transmission) 情况；当 $\beta\to\infty$ 时，$T\to 0$，这是无透射情况。所有这些都与我们的想象相符合。

现在波函数 $\psi_1(x)$、$\psi_2(x)$ 和 $\psi_3(x)$ 均是复变函数，不能直接画图。下面我们画出相应的概率密度的图像。由式 (4.2.4) 得到

$$|\psi_1(x)|^2=|A|^2+|B|^2+AB^*\mathrm{e}^{2ikx}+A^*B\mathrm{e}^{-2ikx} \tag{4.2.12a}$$

$$|\psi_2(x)|^2=|C_1|^2\cosh^2(Kx)+\frac{1}{2}\left(C_1C_2^*+C_1^*C_2\right)\sinh(2Kx)+|C_2|^2\sinh^2(Kx) \tag{4.2.12b}$$

$$|\psi_3(x)|^2=|D|^2 \tag{4.2.12c}$$

我们由式 (4.2.12)(并利用式 (4.2.5) 和式 (4.2.7)) 画出概率密度的图像，如图 4.2.3 所示。图中 $|\psi_1(x)|^2$ 波形来自入射波 $A\mathrm{e}^{ikx}$ 和反射波 $B\mathrm{e}^{-ikx}$ 的叠加 (接近于驻波形式)。粒子在势垒中传播时概率密度 $|\psi_2(x)|^2$ 下降，并在势垒后端 ($x/a=1$) 与透射波 $|\psi_3(x)|^2=|D|^2$ 光滑连接 (粒子在该区域自由传播，概率密度维持不变)。

注意，现在的散射态行为没有边界条件约束，三个区域的概率密度没有归一化的问题。另外，图 4.2.3(a) 与 (b) 相比较可以看出，当势垒强度 β 增大时，透射波强度 $|D|^2$ 下降，这与图 4.2.2 的结果相符合。

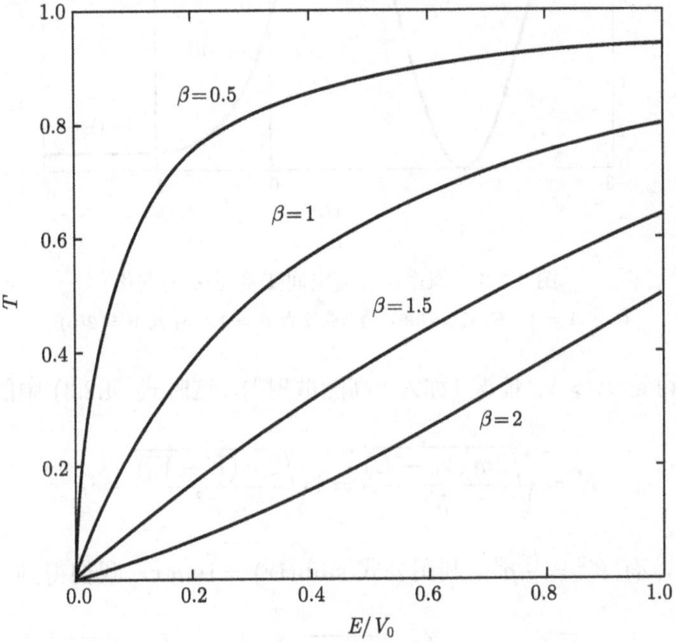

图 4.2.2 方形势垒散射

透射系数 T 随比值 E/V_0 的变化 $(E/V_0 < 1)$

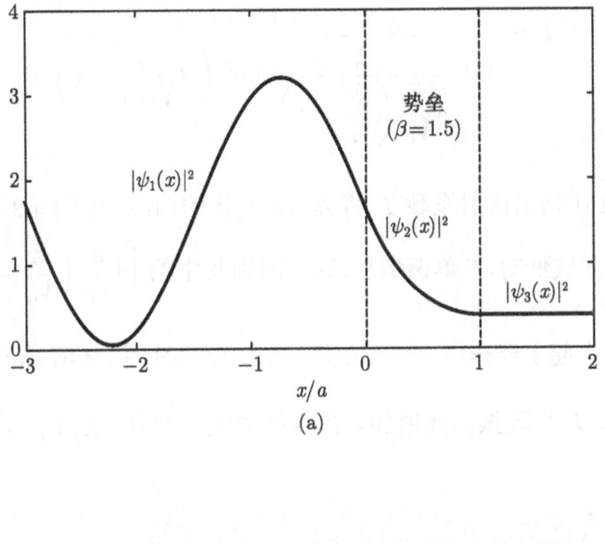

(a)

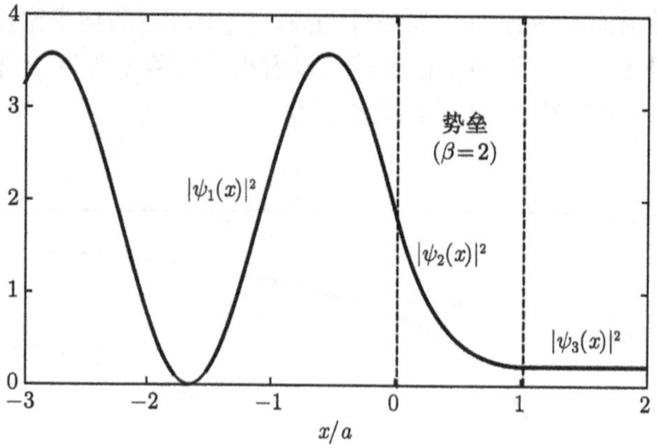

(b)

图 4.2.3　概率密度随空间变量 x/a 的变化

图中 $A=1$，$E/V_0=0.5$，势垒强度为 $\beta=1.5$(a) 及 $\beta=2$(b)

接下来讨论 $E>V_0$ 情况 (称为“高能散射”)，这时式 (4.2.3) 中的 K 为虚数：

$$K=\sqrt{\frac{2m\left(V_0-E\right)}{\hbar^2}}=\mathrm{i}\sqrt{\frac{2m\left(E-V_0\right)}{\hbar^2}}\equiv\mathrm{i}\rho \tag{4.2.13}$$

而 ρ 为实数，有 $K^2=-\rho^2$。利用公式 $\sinh(\mathrm{i}x)=\mathrm{i}\sin x$，我们得到

$$\sinh\left(\beta\sqrt{1-\frac{E}{V_0}}\right)=\sinh\left(\mathrm{i}\beta\sqrt{\frac{E}{V_0}-1}\right)=\mathrm{i}\sin\left(\beta\sqrt{\frac{E}{V_0}-1}\right) \tag{4.2.14}$$

现在式 (4.2.10) 变为

$$T=\frac{1}{1+\dfrac{1}{4\dfrac{E}{V_0}\left(\dfrac{E}{V_0}-1\right)}\sin^2\left(\beta\sqrt{\dfrac{E}{V_0}-1}\right)} \tag{4.2.15}$$

由式 (4.2.15) 画出透射系数 T 随 E/V_0 变化的曲线，如图 4.2.4 所示。可以看出，当势垒强度 β 较低时，T 单调增加，这是因为其中的 $\left[4\dfrac{E}{V_0}\left(\dfrac{E}{V_0}-1\right)\right]^{-1}$ 因子在 E/V_0 增长过程中起主要作用。另一方面，当 β 较高时，振荡项 $\sin^2\left(\beta\sqrt{\dfrac{E}{V_0}-1}\right)$ 起主要作用，故 T 呈现振荡式增加。在两种情况下都有：$E/V_0\to\infty$ 时，$T\to1$，

这是完全透射情况。在式 (4.2.15) 中，当

$$\beta\sqrt{\frac{E}{V_0}-1}=n\pi \quad (n=1,2,3,\cdots) \tag{4.2.16}$$

时，正弦函数为零，$T=1$(势垒成为“透明”的)。进而由式 (4.2.16) 和式 (4.2.11) 得到完全透射时的能量

$$E-V_0=\frac{n^2\pi^2\hbar^2}{2ma^2} \tag{4.2.17}$$

这正好是一维无限深势阱中粒子的能量。

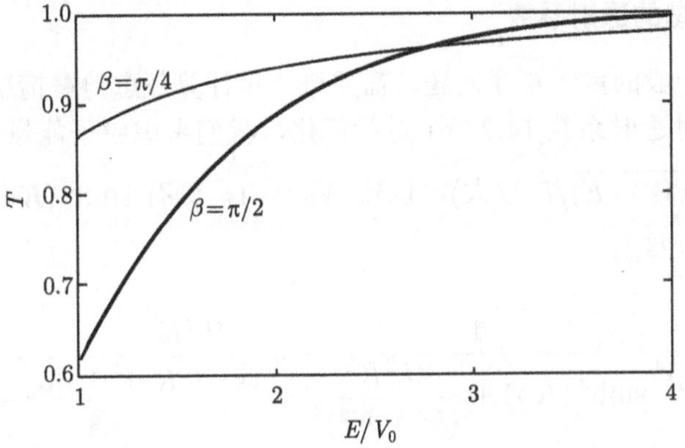

(a)

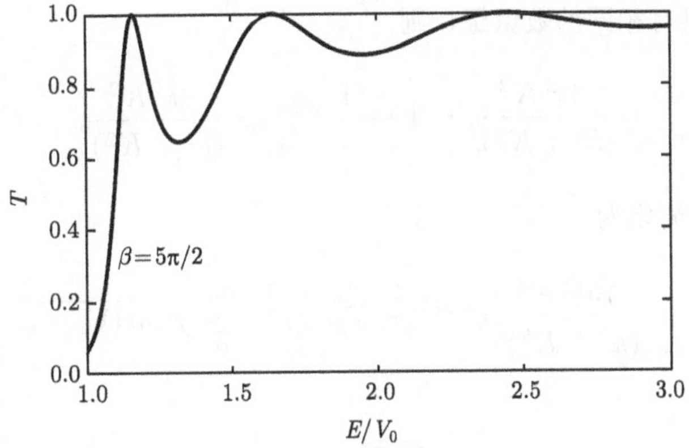

(b)

图 4.2.4　方形势垒散射

透射系数 T 随相对能量 E/V_0 的变化 $(E/V_0>1)$，势垒强度 β 较低 (a) 及较高 (b)

最后我们讨论 $E=V_0$ 情况，这时在式 (4.2.10) 中以 $\sqrt{1-(E/V_0)}$ 为变量 (或在式 (4.2.15) 中以 $\sqrt{(E/V_0)-1}$ 为变量)，运用洛必达法则 (L'Hospital rule)，

得到

$$T=\frac{1}{1+\dfrac{\beta^2}{4}}=\frac{1}{1+\dfrac{mV_0}{2\hbar^2}a^2} \tag{4.2.18}$$

在这种情况下，透射系数 T 的大小主要取决于势垒宽度 a。显然，当 $a\to 0$ 时，$T\to 1$；而 $a\to\infty$ 时，$T\to 0$。这些都与我们的预期相符合。事实上，在图 4.2.2 和图 4.2.4 中的 $E/V_0=1$ 处，每个 β 值及对应的 T 值都满足式 (4.2.18)。

4.3　任意势垒

4.3.1　任意势垒的透射系数

为了讨论一般的量子隧穿问题，需要进一步计算任意势垒情况下低能散射的透过率。为此对透射系数 (4.2.9b) 进行简化，我们考虑粒子能量 E 较低的情况 (即 $K=\sqrt{2m(V_0-E)}/\hbar$ 较大)，以致 $Ka\gg 1$，则有 $\sinh^2(Ka)\approx\dfrac{1}{4}\mathrm{e}^{2Ka}$，故式 (4.2.9b) 可以写为

$$T=\frac{4k^2K^2}{(k^2+K^2)^2}\frac{1}{\sinh^2(Ka)+\dfrac{4k^2K^2}{(k^2+K^2)^2}}\approx\frac{4k^2K^2}{(k^2+K^2)^2}\frac{1}{\dfrac{1}{4}\mathrm{e}^{2Ka}+\dfrac{4k^2K^2}{(k^2+K^2)^2}} \tag{4.3.1}$$

注意 k 和 K 具有相同的数量级，则

$$\frac{4k^2K^2}{(k^2+K^2)^2}\sim 1\to\frac{1}{4}\mathrm{e}^{2Ka}\gg\frac{4k^2K^2}{(k^2+K^2)^2}$$

于是式 (4.3.1) 简化为

$$T\approx\frac{16k^2K^2}{(k^2+K^2)^2}\mathrm{e}^{-2Ka}=T_0\exp\left[-\frac{2a}{\hbar}\sqrt{2m(V_0-E)}\right] \tag{4.3.2}$$

其中

$$T_0=\frac{16k^2K^2}{(k^2+K^2)^2}=\frac{16E(V_0-E)}{V_0^2} \tag{4.3.3}$$

很明显，T_0 的变化只能导致 T 的缓慢变化，它与式 (4.3.2) 中敏感的指数因子相比可以看成一个常数 (数量级接近于 1)。由式 (4.3.2) 可以看出，当指数因子中的粒子质量 m、势垒宽度 a 以及 (V_0-E) 增加时，透射系数 T 迅速下降。

如果势垒不是方形，而是任意形状 $V(x)$，如图 4.3.1 所示，我们可以把它看作由许多方形势垒微元连接而成，任意微元的宽度为 $\mathrm{d}x$、高度为 $V(x)$。能量为 E 的粒子在 $x=a$ 处射入势垒，在 $x=b$ 处射出，即 $V(a)=V(b)=E$。现在将式 (4.3.2) 中的势垒宽度 a 换成 $\mathrm{d}x$，即得粒子贯穿这个方形势垒微元的透射系数

$$T(x)=T_0\exp\left\{-\frac{2}{\hbar}\sqrt{2m\left[V(x)-E\right]}\mathrm{d}x\right\} \tag{4.3.4}$$

那么粒子贯穿整个势垒的透射系数应等于贯穿所有这些方形势垒微元的透射系数相乘 (而不是相加)

$$T=\prod_{\mathrm{d}x}T_0\exp\left\{-\frac{2}{\hbar}\sqrt{2m\left[V(x)-E\right]}\mathrm{d}x\right\}\quad (T_0\approx 1) \tag{4.3.5a}$$

根据同底幂相乘指数相加的规则，式 (4.3.5a) 写为

$$\begin{aligned}T&=T_0\exp\left\{-\frac{2}{\hbar}\sum_{\mathrm{d}x}\sqrt{2m\left[V(x)-E\right]}\mathrm{d}x\right\}\\&=T_0\exp\left\{-\frac{2}{\hbar}\int_a^b\sqrt{2m\left[V(x)-E\right]}\mathrm{d}x\right\}\end{aligned} \tag{4.3.5b}$$

这就是粒子贯穿任意形状势垒的透射系数。它将用于计算 α 粒子贯穿库仑势垒的透射系数 (见 4.4 节)。

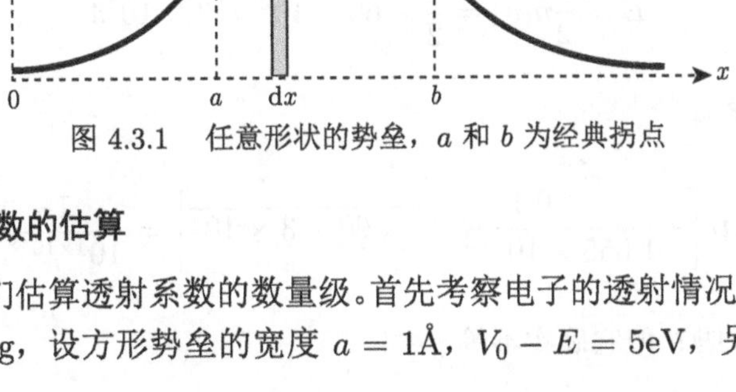

图 4.3.1　任意形状的势垒，a 和 b 为经典拐点

4.3.2 透射系数的估算

接下来我们估算透射系数的数量级。首先考察电子的透射情况，其质量为 $m=9.109\times10^{-31}\mathrm{kg}$，设方形势垒的宽度 $a=1\text{Å}$，$V_0-E=5\mathrm{eV}$，另外我们有 $\hbar=$

$1.055\times10^{-34}\text{J}\cdot\text{s}$，$1\text{eV}=1.602\times10^{-19}\text{J}$，利用式 (4.3.2)，得到

$$\begin{aligned}T&\approx\exp\left[-\frac{2a}{\hbar}\sqrt{2m\left(V_0-E\right)}\right]\\&=\exp\left[-\frac{2\times10^{-10}}{1.055\times10^{-34}}\sqrt{2\times9.109\times10^{-31}\times5\times1.602\times10^{-19}}\right]\\&=10^{-0.434\times2.29}\quad\left(\text{e}^{-1}=10^{-0.434}\right)\\&=0.1\end{aligned}\tag{4.3.6}$$

而不同势垒宽度情况下的电子透射系数，如表 4.3.1 所示。

表 4.3.1　不同势垒宽度情况下的电子透射系数

a/Å	1	2	5	10
T	0.1	10^{-2}	10^{-5}	10^{-10}

可见透射系数随势垒宽度的增加而锐减。为了显示粒子质量对透射系数的影响，我们估算质子的透射系数，其质量为 $m_\text{p}=1.673\times10^{-27}\text{kg}$，设势垒宽度 $a=2\text{Å}$，$V_0-E=1\text{eV}$，我们有

$$T\approx\exp\left[-\frac{2\times2\times10^{-10}}{1.055\times10^{-34}}\sqrt{2\times1.673\times10^{-27}\times1.602\times10^{-19}}\right]=10^{-38}\tag{4.3.7}$$

而相同条件下，电子的透射系数为 0.5。可见透射系数随粒子质量的增加而锐减。很明显，隧穿效应是一个纯粹的量子效应，只存在于微观粒子 (m 很小) 和微观体系 (a 很小) 中。一个宏观物体发生隧穿效应的概率极低。

现在你可以算一算图 4.3.2 这个人穿墙而过的概率，设人的质量为 $m=60\text{kg}$，人的速度为 $v=10\text{m/s}$，墙的厚度为 $a=0.1\text{m}$，取 $E/V_0=1/2$。人的动能为

$$E=\frac{1}{2}mv^2=\frac{1}{2}\times60\times10^2=3\times10^3\text{J}\tag{4.3.8}$$

穿墙而过的概率为

$$T\approx\exp\left[-\frac{2\times0.1}{1.055\times10^{-34}}\sqrt{2\times60\times3\times10^3}\right]=\frac{1}{10^{4\times10^{35}}}\tag{4.3.9}$$

见过这么小的数吗？但它确实不等于零!

图 4.3.2 一个人穿墙而过的概率为 $1/10^{4\times10^{35}}$

4.3.3 隧穿效应发生的条件

图 4.3.2 所示的情况是绝对发生不了的。下面我们考察发生隧穿效应的物理条件。事实上，可以对式 (4.3.2) 作如下合理简化

$$T \sim \exp\left(-\frac{2a}{\hbar}\sqrt{2mE}\right) = \exp\left(-\frac{2ap}{\hbar}\right) \sim \exp\left(-\frac{a}{\lambda}\right) \tag{4.3.10}$$

可见，当粒子以一定动量 p 入射到势垒上，只有粒子的德布罗意波长 λ 与势垒宽度 a 相比拟时，才可以观测到显著的隧穿效应。这个结论可以一般性地推演为，如果一个体系的特征长度 a 小于体系中粒子的德布罗意波长 λ，体系中就会出现明显的量子效应。这实际上提供了一个用何种方式处理实际体系的判据 (必须用量子力学，还是可以用经典方法)。具体说，当体系处于温度为 T 的热平衡态时，有三维自由度粒子的平均动能为 $\dfrac{p^2}{2m} = \dfrac{3}{2}k_{\mathrm{B}}T$，其中 k_{B} 是玻尔兹曼常量。对应的德布罗意波长为

$$\lambda = \frac{h}{p} = \frac{h}{\sqrt{3mk_{\mathrm{B}}T}} \tag{4.3.11}$$

那么 $a < \lambda$ 便对应 $T < T_{\mathrm{q}} \equiv \dfrac{h^2}{3mk_{\mathrm{B}}a^2}$，这就是上面所说的判据。举例来说，典型的固体晶格常数为 $a \approx 0.3\mathrm{nm}$，对于其中的电子，有 $T_{\mathrm{q}} \approx 10^5\mathrm{K}$。这表明当固体低于这个温度时就显示量子力学的特性。而一般固体确实远低于这个温度，所以固体中的电子必须用量子力学处理。

4.4　原子核的 α 衰变

早在量子力学建立之初的 1928 年，生于俄罗斯的美国科学家伽莫夫 (George Gamow)(图 4.4.1) 就按照量子隧穿理论成功解释了 α 粒子从放射性核中逸出的现象 [Gamow G. Zur Quantentheorie des Atomkernes. Z. Physik, 1928, 51: 204-212]。原子核的 α 衰变是一个普通的核物理现象，一个典型的例子是重核 ^{238}U 的 α 衰变

$$^{238}\mathrm{U} \longrightarrow {}^{234}\mathrm{Th} + \alpha \tag{4.4.1}$$

式中，α 粒子就是氦原子核 $^4_2$He，它由两个中子和两个质子组成 (质量为 $m = 6.68 \times 10^{-27}$kg，带正电 $2e$)。α 粒子具有很强的结合能，在重核内可以形成独立状态的粒子，并以这种结构状态从重核中逸出。从 ^{238}U 中逸出的 α 粒子处于 ^{234}Th 的势场中 (图 4.4.2)。在原子核半径 r_1 以内，α 粒子受到核力的束缚，可以视为处于深度为 $-U_0$ 的方形势阱中。在原子核半径 r_1 以外，α 粒子受到正电荷 $Ze(Z = 90)$ 的库仑排斥力。这一库仑作用引起一个势垒

$$V(r) = \frac{1}{4\pi\varepsilon_0}\frac{2Ze^2}{r} \quad (\text{SI单位制}) \tag{4.4.2}$$

图 4.4.1　伽莫夫 (George Gamow，1904—1968)

1928 年获得列宁格勒国立大学 (现圣彼得堡国立大学) 博士学位。1928 年到 1932 年间先后在德国哥廷根大学、丹麦哥本哈根尼尔斯 · 玻尔研究所和英国剑桥大学卡文迪许实验室师从著名物理学家玻恩、玻尔和卢瑟福从事研究工作。在哥廷根大学期间，成功地将量子理论应用到原子核的研究，解释了 α 衰变。1946 年发表了 “Expanding Universe and The Origin of Elements” 一文，发展了大爆炸模型，并且研究了宇宙初始阶段化学元素起源的问题。1956 年起将研究重心转向分子生物学，提出了 DNA 分子的 “遗传密码”。伽莫夫还是一位优秀的科普作家，在他一生正式出版的 25 部著作中，有 18 部是科普作品，其中最著名的中译本是《从一到无穷大》

我们首先计算 ^{238}U 的核半径 r_1。球状核的半径表示为 $r_1 = r_0 A^{1/3}$(A 是核子

数，对于 ^{238}U 核，$A=238$)，取 $r_0=1.4$fm(与式 (17.4.9) 接近)，得到 $r_1=8.7$fm。进而得到势垒的峰值

$$V(r_1)=\frac{1}{4\pi\varepsilon_0}\frac{2Ze^2}{r_1}=\frac{9\times10^9\times2\times90\times(1.6\times10^{-19})^2}{8.7\times10^{-15}}\text{J}$$
$$=4.8\times10^{-12}\text{J}=30\text{MeV} \tag{4.4.3}$$

它远高于衰变过程中释放的 α 粒子的能量 ($E=4.27$MeV)。那么 α 粒子是怎么出来的呢？理论研究表明，是通过隧穿效应出来的。下面我们根据 r_1 和 E 的值计算 α 粒子的透射系数。

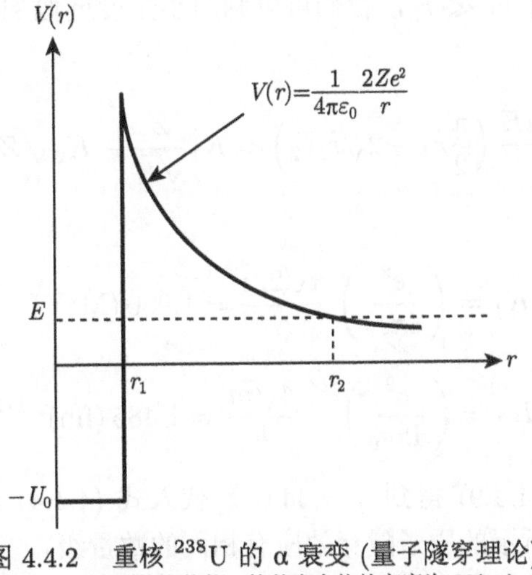

图 4.4.2 重核 ^{238}U 的 α 衰变 (量子隧穿理论)
r_1(核的半径) 和 r_2 为经典拐点，$-U_0$ 为核力势能，核外库仑势的高度为 $V(r_1)=30$MeV，α 粒子的能量为 $E=4.27$MeV(α 衰变的能谱是位于 4.27MeV 的尖峰)

利用式 (4.3.5b)，我们将透射系数写为

$$T=\exp(-2\gamma) \tag{4.4.4}$$

其中

$$\gamma=\frac{1}{\hbar}\int_{r_1}^{r_2}\sqrt{2m\left[V(r)-E\right]}\mathrm{d}r \tag{4.4.5}$$

是一个无量纲因子，而 r_1 和 r_2 是经典拐点，较大的 r_2 由

$$\frac{1}{4\pi\varepsilon_0}\frac{2Ze^2}{r_2}=E \tag{4.4.6}$$

确定为 $r_2 = 61.1\text{fm}$。这样式 (4.4.5) 给出

$$\gamma = \frac{\sqrt{2mE}}{\hbar}\int_{r_1}^{r_2}\sqrt{\frac{V(r)}{E}-1}\mathrm{d}r = \frac{\sqrt{2mE}}{\hbar}\int_{r_1}^{r_2}\sqrt{\frac{r_2}{r}-1}\mathrm{d}r \tag{4.4.7}$$

将 r_1 和 r_2 的数值代入式 (4.4.7) 即可计算出 γ 因子。不过，我们还有一个更好的方法。事实上，利用变换 $r = r_2\sin^2 u$，将式 (4.4.7) 变成关于 u 的积分，完成后得到

$$\gamma = \frac{\sqrt{2mE}}{\hbar}\left[r_2\left(\frac{\pi}{2} - \arcsin\sqrt{\frac{r_1}{r_2}}\right) - \sqrt{r_1\left(r_2 - r_1\right)}\right] \tag{4.4.8a}$$

考虑到一般情况下有 $r_1 \ll r_2$，我们可以利用小角度近似 $\sin\theta \approx \theta$ 将式 (4.4.8a) 简化为

$$\gamma \approx \frac{\sqrt{2mE}}{\hbar}\left(\frac{\pi}{2}r_2 - 2\sqrt{r_1 r_2}\right) = K_1\frac{Z}{\sqrt{E}} - K_2\sqrt{Zr_1} \tag{4.4.8b}$$

其中

$$K_1 = \left(\frac{e^2}{4\pi\varepsilon_0}\right)\frac{\pi\sqrt{2m}}{\hbar} = 1.980\,(\text{MeV})^{1/2} \tag{4.4.9a}$$

$$K_2 = \left(\frac{e^2}{4\pi\varepsilon_0}\right)^{1/2}\frac{4\sqrt{m}}{\hbar} = 1.485\,(\text{fm})^{-1/2} \tag{4.4.9b}$$

由式 (4.4.8b) 和式 (4.4.9) 得到 $\gamma = 44.68$。代入式 (4.4.4) 得到透射系数为 $T \approx 10^{-38}$(与式 (4.3.7) 所示的质子隧穿效应有相同的数量级)。

接下来我们计算 ^{238}U 的半衰期。设 α 粒子在 ^{238}U 核势阱中做周期性运动，在一个周期中传播 $2r_1$ 距离并与 r_1 处的势阱壁碰撞一次 (以一定概率逸出)。假定 α 粒子的传播速度为 v，传播一个周期的时间为 $2r_1/v$。这样 α 粒子在周期运动中与势阱壁碰撞的频率 (即单位时间的碰撞次数) 为 $v/(2r_1)$。而每次碰撞逸出核的概率为 $\mathrm{e}^{-2\gamma}$，因此单位时间逸出核的概率为 $(v/(2r_1))\mathrm{e}^{-2\gamma}$。而它的倒数就是 α 粒子在核内存在的寿命 (lifetime)，即 ^{238}U 的半衰期：

$$\tau = \frac{2r_1}{v}\mathrm{e}^{2\gamma} \tag{4.4.10}$$

由 α 粒子的能量 $E = \dfrac{1}{2}mv^2$ 得到它的速度

$$v = \sqrt{\frac{2E}{m}} = \sqrt{\frac{2\times 4.27\times 1.6\times 10^{-13}}{6.68\times 10^{-27}}} = 1.43\times 10^7\text{m/s} \tag{4.4.11}$$

代入式 (4.4.10) 得到

$$\tau = \frac{2 \times 8.7 \times 10^{-15}}{1.43 \times 10^{7}} \times 10^{38}\text{s} = 3.86 \times 10^{9}\text{a} \tag{4.4.12}$$

这就是按照量子隧穿理论得出的 ^{238}U 的半衰期，它与相应的实验测量值 4.47×10^{9}a 是相当接近的。用量子隧穿机制成功解释并计算 α 粒子衰变，是量子力学早年被接受的主要原因之一。

4.5　隧穿效应的应用

在量子体系中，微观粒子 (特别是电子) 的隧道贯穿是一个普遍存在的现象。隧穿效应的研究不仅具有重要的学术意义，而且具有广泛的应用价值。当微电子器件、光电子器件和各种半导体器件被微型化时必须考虑这个效应。特别是当它们的尺寸缩小到电子的德布罗意波长的数量级时，隧穿效应就会明显出现在体系中。如果不了解这一点，不施加相应的措施，原本作为绝缘层的部件就会出现隧道电流，使体系无法正常工作。另一方面，在某些应用中又需要放大隧道电流，形成某种电子发射源。这种情况下往往需要通过施加外场等方式改变势垒的形状和强度。而如何施加外场，如何按照实际需要改变势垒的形状和强度，也需要根据量子隧穿理论进行严格的计算。本节介绍隧穿效应在不同技术领域的应用，涉及冷电子发射 (cold electron emission)、热核聚变 (thermonuclear fusion)、隧道二极管 (tunnel diode)、扫描隧道显微镜 (scanning tunneling microscope，STM)、原子钟 (atomic clocks) 等，最后我们介绍化学反应和生命过程中的隧穿效应。

4.5.1　冷电子发射

众所周知，当金属被加热时，金属中电子的热运动加快，动能增加。当电子的动能超过逸出功时，便会从金属中逸出，这就是所谓热电子发射 (如图 4.5.1 所示)。而冷电子发射不需要加热金属，而是通过施加一个外电场，使金属中的电子易于穿过它表面的势垒而逸出。事实上，金属表面的势垒原本为方形，外电场能使势垒发生改变：高度降低，宽度变窄，甚至使它的形状发生变化，从而发射更多的电子，提供一个由 “隧道” 出来的电子发射源。

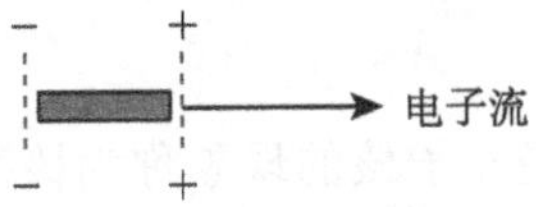

图 4.5.1　热电子发射

1928 年，Fowler 和 Nordheim 提出一个势垒畸变 (barrier distortion) 模型

(图 4.5.2)，可以很好地描述冷电子发射。冷电子发射是量子隧穿效应的加强。如果将矩形势垒改造一番，使之变矮变窄，便增强了隧道电流。它足够强时就成了电子发射源，这不需要加热，是一种“冷电子发射”。冷电子发射通常是施加一个外电场，电子的势能附加了 $-eFx$ 项，则矩形势垒被外电场“削”成三角形。这使得隧道电流增大，产生冷电子发射 (也称为“场电子发射”或“场致发射”)。式 (4.3.2) 变成

$$T_0 \exp\left[-\frac{2a}{\hbar}\sqrt{2m\left(V_0 - eFx - E\right)}\right] \tag{4.5.1}$$

电子的透射系数明显提高。

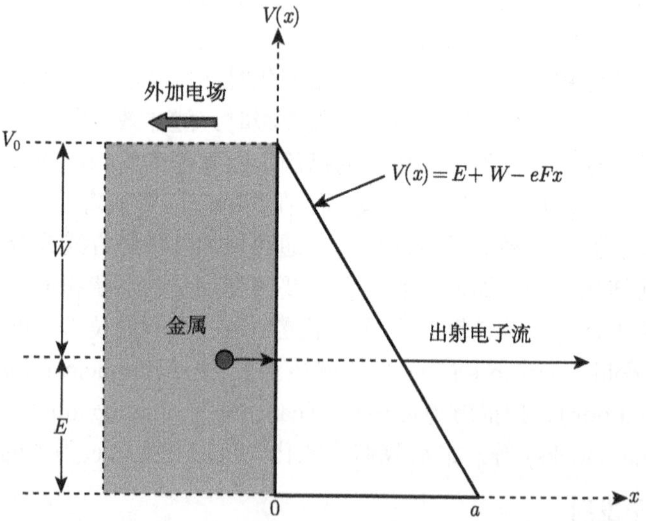

图 4.5.2　冷电子发射

金属表面的方形势垒被外电场“削”成三角形 (相当于 V_0 变成了 $V_0 - eFx$)，使出射电子流增强，形成一个有效的冷电子发射源

近年来集成电路 (IC) 持续向更小的尺寸发展，目前已经出现 2nm 芯片。但是如此级别的 IC 设备存在原则性问题，主要是泄漏电流 (小尺寸器件情况下量子隧穿效应更加显著)。从原理来说，增加势垒高度是一个根本性的办法，如图 4.5.3 所示。

4.5.2　热核聚变

重原子核分裂成几个较轻原子核的现象称为核裂变 (fission)。这个过程会释放能量 (见 17.4.3 节)，例如用中子轰击铀核 ^{235}U 发生的核裂变为

$$\mathrm{n} + {}^{235}\mathrm{U} \longrightarrow \mathrm{Y} + \mathrm{Z} + (2\sim 3)\mathrm{n} + Q \tag{4.5.2}$$

其中，n 为中子，Y、Z 为裂变碎片 (重核裂变后产生的较轻原子核)，Q 为裂变能 (约 200MeV)。

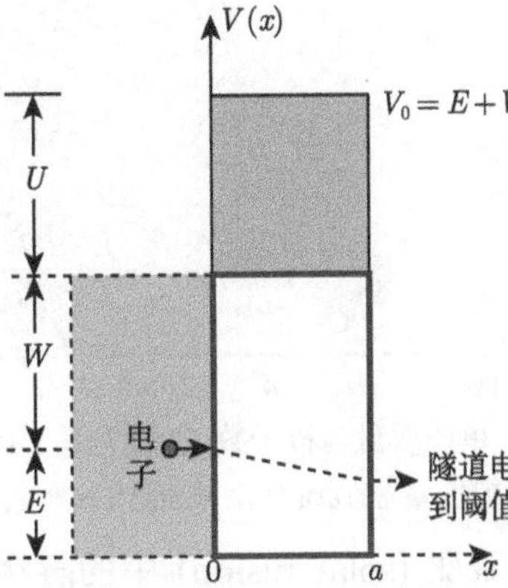

图 4.5.3 增加势垒高度，使隧道电流降到阈值以下，克服芯片漏电问题

较轻原子核聚合成较重原子核的反应过程称为核聚变 (fusion)。核物理理论指出：在各种原子核中，随着核子数 Z(质子 + 中子) 的增加，对应的单核质量 (mass per nucleon) 减小 (核子结合能升高，见图 17.5.1)，直到最稳定的铁核 (单核质量最小，核子结合能最高)。然后，核子数 Z 继续增加，由于质子间库仑排斥力的作用，原子核变得不稳定，核子结合能降低，单核质量再次增加。在铁核的两侧，不稳定的原子核可以发生核裂变或核聚变。核裂变是释放能量的，核聚变也是释放能量的，如图 4.5.4 所示。但是，由于原子核均带正电，相互之间存在库仑斥力，故一般条件下发生核聚变的概率很小。以氘–氘核聚变 (deuterium-deuteron fusion) 为例，库仑势垒的高度为 $V_0 = 144\text{keV}$。按照经典理论，一个氘核必须具有这样的能量才能越过势垒与另一侧能量为零的氘核相聚。这等效为每个氘核具有能量 $E = 72\text{keV}$。这意味着，一个三维自由度氘核的平均平动动能必须为

$$\frac{3}{2}k_{\text{B}}T = 72\text{keV} \quad (k_{\text{B}}T = 48\text{keV}) \tag{4.5.3}$$

即温度

$$T = 5.6 \times 10^8\text{K} \tag{4.5.4}$$

然而量子力学的计算得出：氘–氘核聚变所需要的能量仅为 $k_{\text{B}}T = 10\text{keV}$，即温度

$$T = \frac{56}{48} \times 10^8\text{K} \approx 1.2 \times 10^8\text{K} \tag{4.5.5}$$

为什么所需的温度会降低呢 (降低到经典值的 1/5)？一个合理的解释是氘核在穿过库仑势垒时有隧穿效应发生。

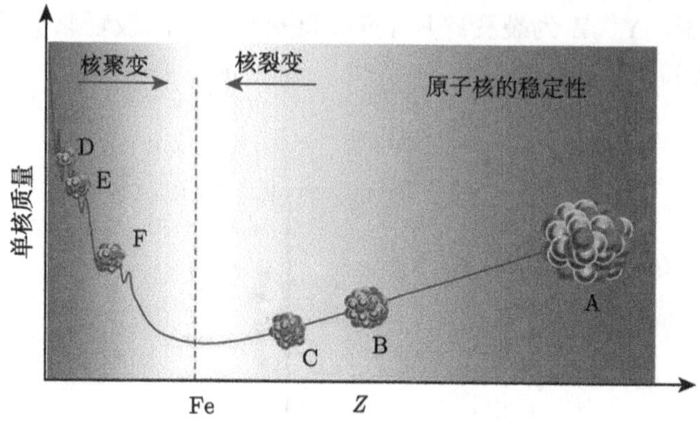

图 4.5.4 单核质量与核子数 Z 的关系 (示意图)

铁核具有最小的单核质量 (最高的稳定性)，核裂变与核聚变发生在铁核两侧

最后我们说一说太阳核聚变 (solar fusion) 中的隧穿效应。1920 年，英国天文家爱丁顿首次确认恒星的能量来源于核聚变。研究表明，太阳由中心点至 1/5 半径的范围，是温度最高的区域，可达 2×10^7K。核聚变就发生在这个区域 (一个氢原子核隧穿自身的库仑势垒，与另一个氢原子核发生聚变并释放能量)。核聚变产生的能量向外传输，加热了太阳其余的部分，到太阳表面温度降为 6000K。太阳核聚变发出的温度完全不能烧毁太阳系中的星球，更不像氢弹爆炸那样剧烈和迅猛。其原因是，太阳核聚变的机制源于量子隧穿效应。实际上参与聚变的氢核份额很低，这限制了太阳燃烧的速率，是太阳聚变循环的一种瓶颈。太阳发生的这种缓慢消耗燃料的聚变过程也使太阳能够上百亿年地发出光和热，长时间地照耀着太阳系的所有星球。这为我们地球上有机生命体的产生、繁衍和进化提供了绝佳的环境条件。从这个意义上说，如果没有太阳内部由隧穿效应引发的氢核聚变，太阳就不会发光，就没有地球上的生命。

4.5.3 隧道二极管

江崎玲於奈于 1957 年在索尼公司供职时发现，当增加 PN 结两端的电压时电流反而减少，江崎玲於奈将这种反常的负电阻 (negative resistance) 现象归结为隧道效应。此后，江崎玲於奈利用这一效应制成了隧道二极管。众所周知，对于普通的 PN 结，只有外加偏压超过势垒时，电子才能通过耗尽层形成电流。硅材料 (silicon materials) 的势垒约为 0.7V，锗材料 (germanium materials) 的势垒约 0.15~0.3V。但是，如果 PN 结非常薄 (厚度 3~100Å)，并且半导体材料的掺杂浓度又特别高，在这样的情况下，并不需要施加与势垒等高的偏压，电子会穿透势垒而形成隧道电流。

隧道二极管的伏安特性曲线如图 4.5.5 所示。由于隧道二极管具有负电阻区，并且隧道效应发生的速度很快，可用于高频振荡、放大以及开关等电路元件，尤其可以用来提高电子计算机的运算速度。另外它功耗小，适用于卫星微波设备。

4.5.4 扫描隧道显微镜

扫描隧道显微镜是一种非常先进的表面分析仪器，它可以在真空、大气或液体中工作。扫描隧道显微镜的工作原理如图 4.5.6 所示，它使用一根探针，在探针和样品之间加上电压。如果探针离样品很近 (大约在纳米数量级)，隧道效应就会起作用。探针上的电子会穿过空隙 (势垒) 进入样品，形成一股极微弱的隧道电流。隧道电流随势垒高度的增加而锐减 (即使样品表面原子尺度的起伏，也会引起隧道电流 10 倍以上的变化)。这样，当探针在样品表面扫描时，通过测量隧道电流就能了解样品表面的精细结构，分辨率可达单个原子的精度。

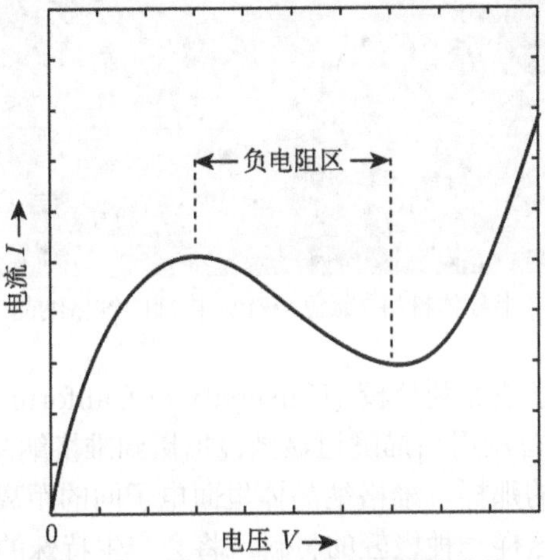

图 4.5.5 隧道二极管的伏安特性曲线

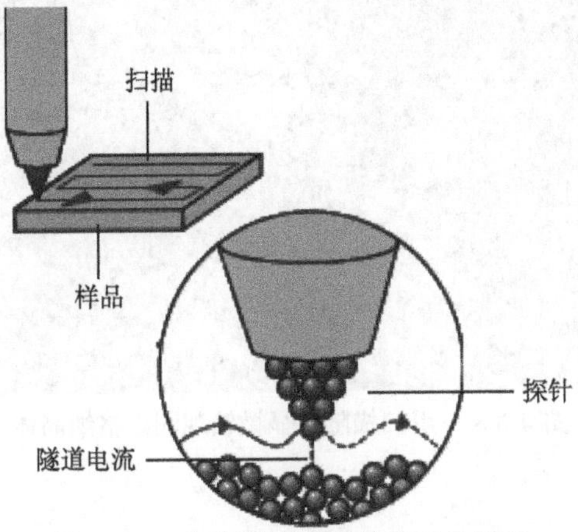

图 4.5.6 扫描隧道显微镜的工作原理

扫描隧道显微镜的问世开创了原子显微技术的新纪元，在表面科学、材料科学、生命科学等领域的研究中具有重大的意义和广泛的应用。一个最新的应用是用扫描隧道显微镜观测维格纳晶体。维格纳晶体 (Wigner crystal) 是一种完全由电子构成的奇异物质，尤金 · 维格纳 (Eugene Wigner) 在 20 世纪 30 年代就预言它的存在。在普通材料内，电子移动的速度太快，体系的性质受电子间排斥力的影响不大。维格纳曾经预言，如果电子移动的速度放慢到一定程度，电子之间的排斥力将主导电子体系的行为，电子将自动找到一种使它们总体能量保持最低的排列方式稳定下来，比如排成蜂窝状 (如图 4.5.7 所示), 这就是维格纳晶体。

图 4.5.7　半导体材料 (蓝色/灰色) 内部的维格纳晶体 (红色)

加利福尼亚州大学伯克利分校 (University of California, Berkeley) 的物理学家王峰 (Feng Wang) 首次用扫描隧道显微镜拍摄到维格纳晶体的照片 (图 4.5.8)。研究发现，正如预料的那样，维格纳晶体里面电子间的距离是半导体材料内原子之间距离的近百倍。这样一种极轻的材料，将会产生特殊的应用。

图 4.5.8　用扫描隧道显微镜观测维格纳晶体

4.5.5　原子钟

原子钟是当代最精确、最稳定的时间和频率标准。传统的原子钟利用氨分子 (NH_3)，如图 4.5.9(a) 所示：N 原子在上顶点，三个 H 原子在基底，构成一个三棱锥。由于隧道效应，上顶点的 N 原子可以贯穿三个 H 原子形成的势垒，到达下顶点。对体系注入微波能量后 (氨分子本身就是一个微波谐振腔)，N 原子在上、下顶点之间振荡。这相当于体系的能量在两个稳定态之间交替变化 (图 4.5.9(b))。其振荡频率决定了氨分子钟 (ammonia molecular clock) 的频率标准。这种振荡的频率很高 (2.4×10^{10}Hz)。这样，"一秒" 就可以定义为氨分子振荡 2.4×10^{10} 次所需要的时间。精确度更高的原子钟是铯原子钟，它是目前时间测量的标准。铯钟运转在微波波段。

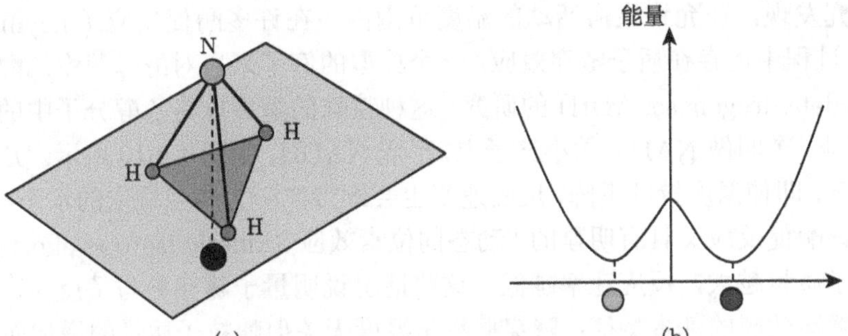

图 4.5.9 氨分子钟工作原理

2012 年诺贝尔物理学奖得主戴维·维因兰德 (David Wineland) 和他的团队运用势阱中的离子研制成一种 "离子钟"(ion clocks)。它的运转相应于可见光，故称之为 "光钟"(optical clocks)。光钟的运行精确度高达 10^{17}，是铯钟的 100 倍。这意味着如果从 138 亿年前的宇宙大爆炸开始计时，到现今的误差仅为 5s。

4.5.6 化学与生物方面的应用

利用量子隧穿理论可以解释许多化学现象的微观机制，例如：氨分子结构的伞形转化 (图 4.5.9(a))；电子在氰铁酸盐、氰亚铁酸盐中的输运过程；有机晶体分子之间的导电性等。这些化学作用中都存在与温度无关的粒子迁移 (particle migration) 过程，可以理解为不同粒子在不同势垒中的隧穿效应。而在通常的化学反应中，不存在隧穿效应，分子越过势垒需要足够的能量，因此反应速率强烈依赖于温度。

在生物学方面，近年来生命过程涉及电子隧穿效应的观点，受到普遍的肯定和重视。特别是，隧穿过程与温度没有关系，由此出发可以解释许多生命现象，例如低温生物体系 (cryobiology system) 中的电流现象是一种冷电子隧穿效应。另外，生物体系中的一个重要过程是电子从一个分子向另一个分子的转移，例如光合作用、呼吸过程、细胞癌变等都涉及电子在复杂有机物分子链上的转移。譬如，在呼吸链中，电子转移发生在如下的氧化–还原反应 (oxidation -reduction reaction) 中：

$$Fe^{3+} + e^- \rightleftharpoons Fe^{2+} \tag{4.5.6}$$

正是诸如式 (4.5.6) 所示的电子转移支配着生物体系内的能量摄取和能量转移。而这样的电子转移不依赖于温度，具有冷电子发射的特点。另外一个重要的实验发现是：色素菌属 (chromatium) 中细胞色素的氧化反应 (电子转移过程) 的反应速率完全与温度无关。总而言之，隧穿过程中的冷电子发射被认为在生命过程中扮演着一个非常重要的角色。

研究发现，在允许生命活动的温度范围内，在许多酶促反应 (enzymatic reaction) 过程中还存在质子隧穿效应。一个典型的例子来自对酵母菌中乙醇脱氧酶 (acohol dehydrogenase, ADH) 的研究。这种特殊的酶可以将乙醇分子中的一个质子转移到一个叫做 NAD+ 的小分子上，形成 NADH，如图 4.5.10 所示。实验显示，在低温下，即使温度持续下降，反应速率也会维持在一个相当稳定的水平；而另一方面，该酶促反应又具有明显的 “动态同位素效应”(kinetic isotope effect)——同位素粒子质量越大，反应速率越低。这些情况说明量子隧穿参与了反应，因为它体现了隧穿效应的基本特征：隧穿概率与温度无关但随粒子质量的增加而锐减。

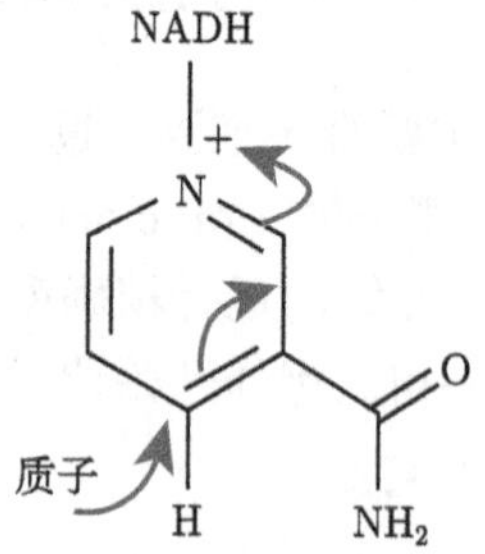

图 4.5.10　酶促反应中的质子隧穿效应

第 5 章 量子跃迁

当年海森伯对玻尔理论中电子轨道、位置、速度的“不可观察”是不满意的。他于 1925 年创建矩阵力学就强调以观察为基础，而他所青睐的“可观察”过程就是量子跃迁。用微扰论处理量子跃迁问题是直截了当的，因为有一个巧妙的切入点——含时微扰论方程。它所给出的不仅是量子跃迁概率，而且涉及爱因斯坦方程中的受激辐射、吸收和自发辐射等可观察过程，这就自然进入了激光领域 (它的产生机制及量子特性被介绍)。由自发辐射顺势前进一步，便引出了集体自发辐射 (超辐射与超荧光)。作为合作辐射现象，二者的辐射强度都正比于体系原子数平方 N^2，具有深刻的理论意义和重要的应用价值。

5.1 含时微扰论方程

我们首先建立含时微扰论方程，它与薛定谔方程是等价的，虽然表达形式复杂一些，但有许多特殊的应用。

设一个体系的哈密顿算符 H_0 能够精确求解：

$$H_0 |\phi_n\rangle = E_n |\phi_n\rangle \tag{5.1.1}$$

这里本征态 $|\phi_n\rangle$ 满足正交性和完备性：

$$\langle\phi_m|\phi_n\rangle = \delta_{mn}, \quad \sum_n |\phi_n\rangle\langle\phi_n| = 1 \tag{5.1.2}$$

假定体系在初始 $t = 0$ 时刻处于某个本征态。如果在 $t > 0$ 有一个随时间变化的微扰 $H'(t)$ 加到体系上，则体系的哈密顿算符变为

$$H = H_0 + H'(t) \tag{5.1.3}$$

那么体系在任意 t 时刻的状态如何？是否会跃迁到别的本征态上？跃迁的概率有多大？这是量子力学的一个基本问题，称为“量子跃迁”(quantum transition)。这个问题的解决依赖于含时微扰论。

为了建立含时微扰论，我们首先考虑无微扰情况，体系的薛定谔方程为

$$\frac{\mathrm{d}}{\mathrm{d}t}|\varPhi_n\rangle = -\frac{\mathrm{i}}{\hbar}H_0|\varPhi_n\rangle \tag{5.1.4}$$

它的本征解为

$$|\varPhi_n\rangle = |\phi_n\rangle \exp\left(-\frac{\mathrm{i}}{\hbar}E_n t\right) \tag{5.1.5}$$

这里 E_n 和 $|\phi_n\rangle$ 满足本征方程 (5.1.1)。由式 (5.1.2) 可以推知，含时本征态 $|\varPhi_n\rangle$ 也满足正交性

$$\langle\varPhi_m|\varPhi_n\rangle = \langle\phi_m|\phi_n\rangle \exp\left[\frac{\mathrm{i}}{\hbar}(E_m - E_n)t\right] = \delta_{mn} \tag{5.1.6a}$$

和完备性

$$\sum_n |\varPhi_n\rangle\langle\varPhi_n| = \sum_n |\phi_n\rangle\langle\phi_n| \exp\left[\frac{\mathrm{i}}{\hbar}(E_n - E_n)t\right] = 1 \tag{5.1.6b}$$

现在我们考虑哈密顿算符式 (5.1.3) 所确定的薛定谔方程

$$\frac{\mathrm{d}}{\mathrm{d}t}|\varPsi\rangle = -\frac{\mathrm{i}}{\hbar}H|\varPsi\rangle \tag{5.1.7}$$

将它的解 $|\varPsi\rangle$ 按无微扰本征态 $\{|\varPhi_n\rangle\}$ 展开：

$$|\varPsi\rangle = \sum_n |\varPhi_n\rangle\langle\varPhi_n|\varPsi\rangle = \sum_n a_n(t)|\varPhi_n\rangle \quad (\text{设}n = 1,2,3,\cdots) \tag{5.1.8}$$

其中展开系数 (概率幅) 为

$$a_n(t) = \langle\varPhi_n|\varPsi\rangle \tag{5.1.9}$$

而 $|a_n(t)|^2$ 表示任意 t 时刻体系处于 $|\varPhi_n\rangle$ 态的概率。将式 (5.1.8) 代入薛定谔方程 (5.1.7)，有

$$\frac{\mathrm{d}}{\mathrm{d}t}\left(\sum_n a_n(t)|\varPhi_n\rangle\right) = -\frac{\mathrm{i}}{\hbar}[H_0 + H'(t)]\left(\sum_n a_n(t)|\varPhi_n\rangle\right) \tag{5.1.10}$$

展开后得

$$\begin{aligned}&\sum_n |\varPhi_n\rangle\frac{\mathrm{d}a_n(t)}{\mathrm{d}t} + \sum_n a_n(t)\frac{\mathrm{d}}{\mathrm{d}t}|\varPhi_n\rangle \\ &= -\frac{\mathrm{i}}{\hbar}\sum_n a_n(t)H_0|\varPhi_n\rangle - \frac{\mathrm{i}}{\hbar}\sum_n a_n(t)H'(t)|\varPhi_n\rangle\end{aligned} \tag{5.1.11}$$

利用式 (5.1.4) 消去式 (5.1.11) 左边第二项和右边第一项，得到

$$\mathrm{i}\hbar\sum_n |\varPhi_n\rangle \frac{\mathrm{d}a_n(t)}{\mathrm{d}t} = \sum_n a_n(t)H'(t)|\varPhi_n\rangle \tag{5.1.12}$$

式 (5.1.12) 向 $\langle\varPhi_m|$ 投影，得

$$\mathrm{i}\hbar\langle\varPhi_m|\sum_n |\varPhi_n\rangle \frac{\mathrm{d}a_n(t)}{\mathrm{d}t} = \langle\varPhi_m|\sum_n a_n(t)H'(t)|\varPhi_n\rangle \tag{5.1.13}$$

利用正交性关系式 (5.1.6a)，得

$$\mathrm{i}\hbar\frac{\mathrm{d}a_m(t)}{\mathrm{d}t} = \sum_n a_n(t)\langle\varPhi_m|H'(t)|\varPhi_n\rangle \tag{5.1.14}$$

其中

$$\begin{aligned}\langle\varPhi_m|H'(t)|\varPhi_n\rangle &= \langle\phi_m|H'(t)|\phi_n\rangle\exp\left[\frac{\mathrm{i}}{\hbar}(E_m-E_n)t\right]\\ &= H'_{mn}(t)\exp(\mathrm{i}\omega_{mn}t)\end{aligned} \tag{5.1.15}$$

这里

$$H'_{mn}(t) = \langle\phi_m|H'(t)|\phi_n\rangle \tag{5.1.16}$$

是跃迁矩阵元，而

$$\omega_{mn} = \frac{E_m-E_n}{\hbar} \tag{5.1.17}$$

是两个能级 E_m、E_n 之间的跃迁频率。如果 E_m 是高能态，E_n 是低能态，则 $\omega_{mn}>0$；反之，如果 E_n 是高能态，E_m 是低能态，则有 $\omega_{mn}<0$。利用式 (5.1.15)，将方程 (5.1.14) 写为

$$\mathrm{i}\hbar\frac{\mathrm{d}a_m(t)}{\mathrm{d}t} = \sum_n a_n(t)H'_{mn}(t)\exp(\mathrm{i}\omega_{mn}t) \tag{5.1.18}$$

这就是式 (5.1.8) 中的展开系数 $a_m(t)$ 所满足的方程，它称为含时微扰论方程 (time-dependent perturbation theory equation)，是薛定谔方程的另一种表示形式。

5.2 跃迁概率与典型的跃迁过程

5.2.1 跃迁概率

上述推导的每一步都是严格的：方程 (5.1.18) 的建立没有做任何近似，对微扰 $H'(t)$ 的大小和形式也没有限制。不过对它精确求解一般比较困难。如果微扰

$H'(t)$ 很小，我们可以用下述的迭代法求解。设体系在初始 $t=0$ 时刻处于确定的本征态 $|\Phi_k\rangle$, 则由式 (5.1.8) 可以写出

$$a_n(0)=\delta_{nk} \tag{5.2.1}$$

如果没有微扰，体系将永远处于这种状态。现在用初始条件式 (5.2.1) 作为零级近似解，代入含时微扰论方程 (5.1.18) 右边，得到关于 $a_m^{(1)}(t)$ 的方程：

$$\mathrm{i}\hbar\frac{\mathrm{d}a_m^{(1)}(t)}{\mathrm{d}t}=H'_{mk}(t)\exp(\mathrm{i}\omega_{mk}t) \tag{5.2.2}$$

由方程 (5.2.2) 得到一级近似解 $a_m^{(1)}(t)$，然后代入含时微扰论方程 (5.1.18) 右边得到关于二级近似解 $a_m^{(2)}(t)$ 的方程

$$\mathrm{i}\hbar\frac{\mathrm{d}a_m^{(2)}(t)}{\mathrm{d}t}=\sum_n a_n^{(1)}(t)H'_{mn}(t)\exp(\mathrm{i}\omega_{mn}t) \tag{5.2.3}$$

逐次这样做下去，直到给出足够精确的结果。

如果只考虑一级近似，对式 (5.2.2) 积分后，立即得到结果 (略去 $a_m^{(1)}(t)$ 右上角的标记)

$$a_m(t)=\frac{1}{\mathrm{i}\hbar}\int_0^t H'_{mk}(\tau)\exp(\mathrm{i}\omega_{mk}\tau)\mathrm{d}\tau \tag{5.2.4}$$

我们将利用这个积分解作进一步的讨论。关于体系的初态，可以从两个方面加以描述：式 (5.2.1) 显示体系在 $t=0$ 时刻处于本征态 $|\Phi_k\rangle$，而式 (5.2.4) 给出 $a_m(0)=\dfrac{1}{\mathrm{i}\hbar}\displaystyle\int_0^0 H'_{mk}(\tau)\exp(\mathrm{i}\omega_{mk}\tau)\mathrm{d}\tau=0$，即体系处于 $|\Phi_m\rangle$ 态的概率为 $|a_m(0)|^2=0$。显然，这两种描述是等价的。演化一段时间 t 之后，体系处于 $|\Phi_m\rangle$ 态的概率增加到 $|a_m(t)|^2$，这起因于微扰 $H'(t)$(当 $H'_{mk}\neq 0$ 时，$|a_m(t)|^2\neq 0$)。因此可以说，体系在微扰作用下，由初态 $|\Phi_k\rangle$ 跃迁到末态 $|\Phi_m\rangle$ 的概率为

$$P_{k\to m}=|a_m(t)|^2 \tag{5.2.5}$$

式 (5.2.5) 就是讨论量子跃迁问题的基本表达式 (顺便说，海森伯在 1925 年的开创性文章中正是为了避免不可观测的电子轨道，而采用了两个下标表示电子在两个状态之间的跃迁 (见式 (2.1.1))，正是式 (5.2.5) 所表达的含义)。

5.2.2 常微扰

假定一个量子体系受到常微扰 (constant perturbation) 的作用 (图 5.2.1)，即微扰 $H'(t)$ 只作用在 $0<t<T$ 时间内，且维持为常数 $H'(t)=V$。现在我们计算式 (5.2.5) 所示的跃迁概率。

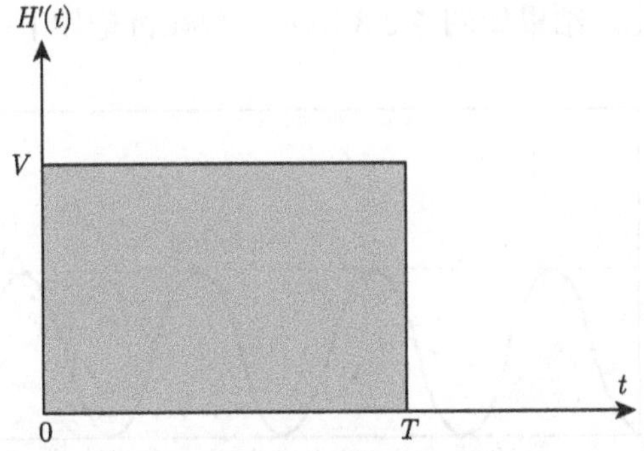

图 5.2.1 常微扰：$H'(t) = V(0 < t < T)$

设体系在 $t = 0$ 时刻处于初态 $|\varPhi_k\rangle$，演化一段时间 $t(0 < t < T)$ 之后，体系处于末态 $|\varPhi_m\rangle$ 的概率为

$$\begin{aligned} P_{k\to m} &= |a_m(t)|^2 = \frac{1}{\hbar^2}\left|\int_0^t V_{mk}\exp(\mathrm{i}\omega_{mk}\tau)\mathrm{d}\tau\right|^2 \quad (V_{mk} = \langle\phi_m|V|\phi_n\rangle) \\ &= \frac{|V_{mk}|^2}{\hbar^2}\frac{|\exp(\mathrm{i}\omega_{mk}t)-1|^2}{\omega_{mk}^2} = \frac{4|V_{mk}|^2}{\hbar^2}\frac{\sin^2\left(\dfrac{1}{2}\omega_{mk}t\right)}{\omega_{mk}^2} \\ &= \frac{2|V_{mk}|^2}{\hbar^2}\frac{1-\cos(\omega t)}{\omega^2} \end{aligned} \tag{5.2.6}$$

其中

$$\omega = \omega_{mk} = \frac{E_m - E_k}{\hbar} \tag{5.2.7}$$

这里 $\omega > 0$ 表示从初态 $|\varPhi_k\rangle$ 跃迁到较高能态；$\omega < 0$ 表示从初态 $|\varPhi_k\rangle$ 跃迁到较低能态。而式 (5.2.6) 显示，两种情况给出相等的跃迁概率。

式 (5.2.6) 表示，在常微扰作用下，跃迁概率的时间变化竟是周期性的 (振荡频率正是原子跃迁频率 $|\omega|/(2\pi)$)，如图 5.2.2 所示。常微扰引出一个周期性变化的跃迁概率，这是一个“奇异”的现象。还必须注意，物理上跃迁概率的最大值 $4|V_{mk}|^2/(\hbar^2\omega^2)$ 必须小于 1。但是这个情况不是自动保证的，因为我们计算跃迁概率是基于一级近似式 (5.2.4)。实际上，只有在微扰 $H'(t)$ 很小，因而一级近似的精确度很高的情况下，才能确保 $4|V_{mk}|^2/(\hbar^2\omega^2) < 1$。另外，从图 5.2.2 还可以看出，体系振荡回到初态 $|\varPhi_k\rangle$ 的时间点为 $t_n = 2n\pi/|\omega|$ $(n = 1, 2, 3, \cdots)$。

利用式 (5.2.6)，我们进而考察 (相对) 跃迁概率

$$P(\omega) = \frac{1-\cos(\omega t)}{\omega^2} \tag{5.2.8}$$

随跃迁频率 ω 的变化，结果如图 5.2.3 所示。现在讨论如下：

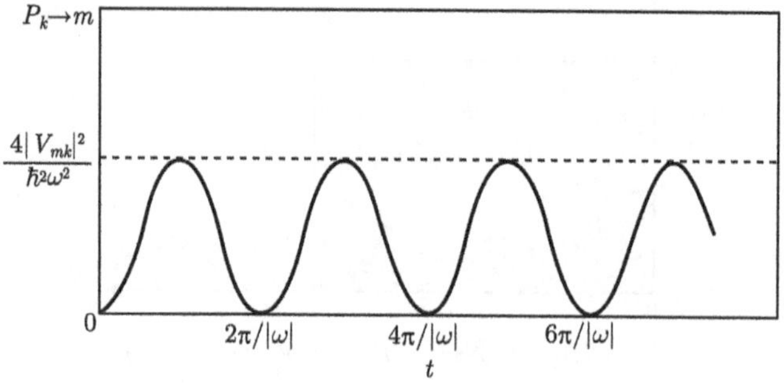

图 5.2.2 在常微扰作用下，跃迁概率的周期性变化

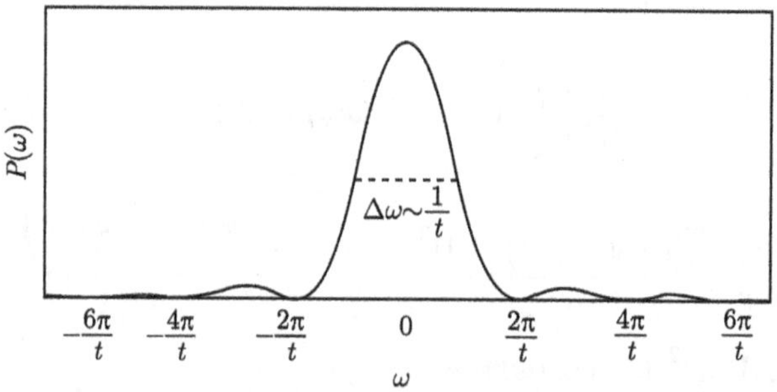

图 5.2.3 跃迁概率 $P(\omega)$ 随跃迁频率 ω 的变化

$\omega > 0$ 表示从初态 $|\Phi_k\rangle$ 跃迁到较高能态；$\omega < 0$ 表示从初态 $|\Phi_k\rangle$ 跃迁到较低能态；而 $\omega = 0$ 表示体系处于初态 $|\Phi_k\rangle$

(1) 体系虽然在微扰作用下发生跃迁，但仍以最大概率处于初态 $|\Phi_k\rangle$ $(\omega = 0)$。离初态越近的量子态 $(|\omega| \to 0)$，实现跃迁的概率越大。跃迁主要发生在主峰范围内 $(-2\pi/t < \omega < 2\pi/t)$，即 $t < 2\pi/|\omega|$ 时间段。

(2) 当 t 较小时，主峰宽度 $\Delta\omega = 4\pi/t$ 较大 (发生跃迁的 ω 范围较大)，则跃迁 $|\Phi_k\rangle \to |\Phi_m\rangle$ 波及的末态 $|\Phi_m\rangle$ 较多。随着 t 的增大，主峰变窄 (跃迁波及的末态变少)，如图 5.2.4 所示。

(3) 跃迁过程中存在能量与时间的测不准关系 $\Delta\omega \cdot t = 4\pi$(即 $\Delta E \cdot t = 2h$)，t 是微扰作用的时间范围。

(4) 在主峰两侧的区域 $(|\omega| > 2\pi/t)$，即在时间 $t > 2\pi/|\omega|$ 之后，发生跃迁的概率很小。

(5) 在时刻 $t_n = 2n\pi/|\omega|\,(n = \pm1, \pm2, \pm3, \cdots)$，体系处于初态 $|\Phi_k\rangle$。

必须指出，上述所有结果适用于 $0 < t < T$；当 $t > T$ 时，微扰消失，体系维持在它的初态 $|\Phi_k\rangle$。

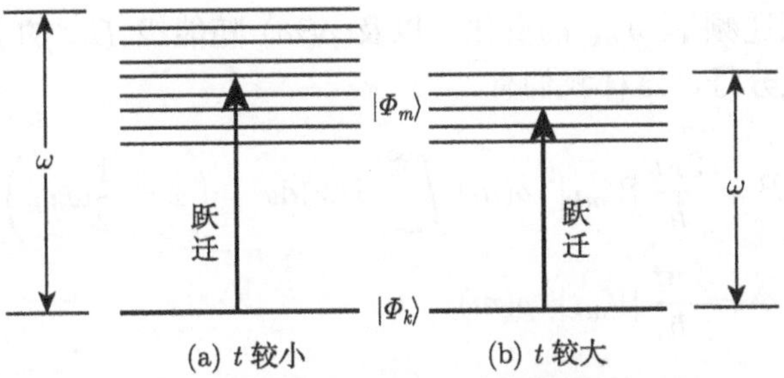

图 5.2.4 体系从初态 $|\Phi_k\rangle$ 跃迁到末态 $|\Phi_m\rangle$

t 较小时，跃迁波及的末态较多，t 较大时，跃迁波及的末态较少。图中所示的跃迁相应于 $\omega > 0$

5.2.3 费米黄金规则

由图 5.2.4 可以看出，如果跃迁 $|\Phi_k\rangle \to |\Phi_m\rangle$ 波及多个末态 $|\Phi_m\rangle$(具有不同的能级 E_m)，各个跃迁有不同的概率 $|a_m(t)|^2$，那么从初态跃迁到所有末态的总概率为

$$P = \sum_m |a_m(t)|^2 \tag{5.2.9}$$

如果末态构成一种连续能级，则式 (5.2.9) 应改写为

$$P = \int_{-\infty}^{\infty} |a_m(t)|^2 \rho(m) \mathrm{d}E_m \tag{5.2.10}$$

其中，$\rho(m)$ 为末态的态密度 (一个典型的态密度表示式见式 (1.4.21))。考虑常微扰情况，将式 (5.2.6) 代入式 (5.2.10)，并注意到 $\mathrm{d}E_m = \hbar \mathrm{d}\omega_{mk}$，有

$$P = \frac{1}{\hbar}\int_{-\infty}^{\infty} |V_{mk}|^2 \frac{\sin^2\left(\dfrac{1}{2}\omega_{mk}t\right)}{\left(\dfrac{1}{2}\omega_{mk}\right)^2} \rho(m)\mathrm{d}\omega_{mk} \tag{5.2.11}$$

这就是末态为连续能级情况下的跃迁概率。现在我们考虑长时间后的情况，即 t 很大 (但仍然满足 $t < T$, 式 (5.2.6) 成立)。利用 δ 函数的极限表示 [顾樵. 数学物理方法. 科学出版社，2012: 49]

$$\delta(x) = \lim_{t\to\infty} \frac{1}{\pi t} \frac{\sin^2(xt)}{x^2} \tag{5.2.12}$$

式 (5.2.11) 变为

$$P = \frac{\pi t}{\hbar}\int_{-\infty}^{\infty} |V_{mk}|^2 \delta\left(\frac{1}{2}\omega_{mk}\right) \rho(m)\mathrm{d}\omega_{mk} \tag{5.2.13}$$

假定 $|V_{mk}|$ 随跃迁频率 ω_{mk} 的变化，以及 $\rho(m)$ 随能级 E_m 的变化都是平坦的，因此可以移出积分号，这样我们有

$$\begin{aligned}P &= \frac{2\pi t}{\hbar}\left|V_{mk}\right|^2\rho(m)\int_{-\infty}^{\infty}\delta(x)\mathrm{d}x \quad \left(x=\frac{1}{2}\omega_{mk}\right)\\ &= \frac{2\pi t}{\hbar}\left|V_{mk}\right|^2\rho(m)\end{aligned} \tag{5.2.14}$$

可见跃迁概率与时间 t 成正比 (积累的时间越长，跃迁概率越大，这是容易理解的)。现在的结果显示，如果末态 $|\Phi_m\rangle$ 是一种连续能级，单个末态情况下的“奇异”振荡现象 (图 5.2.2) 消失了，跃迁概率变得很简单。而单位时间的跃迁概率，即跃迁速率为

$$R=\frac{\mathrm{d}P}{\mathrm{d}t}=\frac{2\pi}{\hbar}\left|V_{mk}\right|^2\rho(m) \tag{5.2.15}$$

它是一个常数，依赖于跃迁矩阵元 $|V_{mk}|$ 及末态的态密度 $\rho(m)$。这个公式就是著名的费米黄金规则。

费米黄金规则描述一个量子系统在微扰作用下从某个能量本征态跃迁到连续末态的跃迁速率。它在半导体物理、扫描隧道显微镜、量子光学，以及 Drexhage 实验中均有应用。

5.2.4 周期性微扰

现在考虑体系受到周期性微扰的情况，即

$$H'(t)=V\cos\varOmega t \tag{5.2.16}$$

其中，$\varOmega$ 称为驱动频率 (driving frequency)，$V>0$。现在我们计算相应的跃迁概率。我们仍然设定体系的初态为 $|\Phi_k\rangle$ 而末态为 $|\Phi_m\rangle$。跃迁矩阵元为

$$H'_{mk}(t)=V_{mk}\cos\varOmega t \quad (V_{mk}=\langle\phi_m|V|\phi_k\rangle) \tag{5.2.17}$$

由式 (5.2.4) 得到

$$\begin{aligned}a_m(t) &= \frac{1}{\mathrm{i}\hbar}\int_0^t V_{mk}\cos\varOmega\tau\exp(\mathrm{i}\omega\tau)\mathrm{d}\tau \quad (\omega=\omega_{mk})\\ &= -\frac{\mathrm{i}V_{mk}}{2\hbar}\int_0^t\left[\mathrm{e}^{\mathrm{i}(\omega+\varOmega)\tau}+\mathrm{e}^{\mathrm{i}(\omega-\varOmega)\tau}\right]\mathrm{d}\tau\\ &= -\frac{V_{mk}}{2\hbar}\left[\frac{\mathrm{e}^{\mathrm{i}(\omega+\varOmega)t}-1}{\omega+\varOmega}+\frac{\mathrm{e}^{\mathrm{i}(\omega-\varOmega)t}-1}{\omega-\varOmega}\right]\end{aligned} \tag{5.2.18}$$

这个结果是严格的，不过利用它计算跃迁概率有些复杂，下面我们设法化简它。为此考虑以下两种情况。

(1) 体系的跃迁相应于 $\omega > 0$，即初态 $|\varPhi_k\rangle$ 为低能态而末态 $|\varPhi_m\rangle$ 为高能态。假定驱动频率非常接近跃迁频率的绝对值：

$$\varOmega \sim |\omega| = \frac{|E_m - E_k|}{\hbar} \equiv \omega_0 \tag{5.2.19}$$

即

$$\omega_0 + \varOmega \gg |\omega_0 - \varOmega| \tag{5.2.20}$$

则可以忽略式 (5.2.18) 右端的第一项，得到

$$\begin{aligned} a_m(t) &\approx -\frac{V_{mk}}{2\hbar}\frac{\mathrm{e}^{\mathrm{i}(\omega_0-\varOmega)t}-1}{\omega_0-\varOmega} = -\frac{V_{mk}}{2\hbar}\left[\frac{\mathrm{e}^{\mathrm{i}\frac{\omega_0-\varOmega}{2}t}-\mathrm{e}^{-\mathrm{i}\frac{\omega_0-\varOmega}{2}t}}{\omega_0-\varOmega}\right]\mathrm{e}^{\mathrm{i}\frac{\omega_0-\varOmega}{2}t} \\ &= -\frac{\mathrm{i}V_{mk}}{\hbar}\frac{\sin\dfrac{\omega_0-\varOmega}{2}t}{\omega_0-\varOmega}\mathrm{e}^{\mathrm{i}\frac{\omega_0-\varOmega}{2}t} \end{aligned} \tag{5.2.21}$$

由此得到跃迁概率

$$P_{k\to m} = |a_m(t)|^2 = \frac{|V_{mk}|^2}{\hbar^2}\frac{\sin^2\left(\dfrac{\omega_0-\varOmega}{2}t\right)}{(\omega_0-\varOmega)^2} = \frac{|V_{mk}|^2}{2\hbar^2}\frac{1-\cos(\omega_0-\varOmega)t}{(\omega_0-\varOmega)^2} \tag{5.2.22}$$

(2) 体系的跃迁相应于 $\omega < 0$，即初态 $|\varPhi_k\rangle$ 为高能态而末态 $|\varPhi_m\rangle$ 为低能态，这时式 (5.2.18) 中的 ω 取负值 (即 $\omega = -\omega_0$)，便写为

$$a_m(t) = -\frac{V_{mk}}{2\hbar}\left[\frac{\mathrm{e}^{\mathrm{i}(\varOmega-\omega_0)t}-1}{\varOmega-\omega_0} - \frac{\mathrm{e}^{-\mathrm{i}(\varOmega+\omega_0)t}-1}{\varOmega+\omega_0}\right] \tag{5.2.23}$$

同样取式 (5.2.20) 的假定，则只需保留式 (5.2.23) 中的第一项，得到

$$\begin{aligned} a_m(t) &\approx -\frac{V_{mk}}{2\hbar}\left[\frac{\mathrm{e}^{\mathrm{i}(\varOmega-\omega_0)t}-1}{\varOmega-\omega_0}\right] = -\frac{V_{mk}}{2\hbar}\left[\frac{\mathrm{e}^{\mathrm{i}\frac{\varOmega-\omega_0}{2}t}-\mathrm{e}^{-\mathrm{i}\frac{\varOmega-\omega_0}{2}t}}{\varOmega-\omega_0}\right]\mathrm{e}^{\mathrm{i}\frac{\varOmega-\omega_0}{2}t} \\ &= -\frac{\mathrm{i}V_{mk}}{\hbar}\frac{\sin\dfrac{\varOmega-\omega_0}{2}t}{\varOmega-\omega_0}\mathrm{e}^{\mathrm{i}\frac{\varOmega-\omega_0}{2}t} \end{aligned} \tag{5.2.24}$$

由此得到跃迁概率

$$P_{k\to m}=|a_m(t)|^2=\frac{|V_{mk}|^2}{\hbar^2}\frac{\sin^2\left(\dfrac{\Omega-\omega_0}{2}t\right)}{(\Omega-\omega_0)^2}=\frac{|V_{mk}|^2}{2\hbar^2}\frac{1-\cos(\Omega-\omega_0)t}{(\Omega-\omega_0)^2}\tag{5.2.25}$$

显然，上述两种情况 (跃迁到高能级或跃迁到低能级) 的跃迁概率相等 (式 (5.2.22) 和式 (5.2.25))。这是一个有趣的结果 (将被用来讨论光的吸收和受激发射)。

式 (5.2.22)(或式 (5.2.25)) 显示，周期微扰情况下的跃迁概率与常微扰有相同的函数形式，唯一的区别是 $\omega_0-\Omega$ 代替了 ω。这意味着，现在体系的跃迁行为是相对于驱动频率 Ω 而言的：跃迁概率的振荡频率为 $|\omega_0-\Omega|/(2\pi)$；跃迁概率最大值 $|V_{mk}|^2/(\hbar^2(\omega_0-\Omega)^2)$ 必须小于 1；在时刻 $t_n=2n\pi/|\omega_0-\Omega|$，体系回到初态 $|\Phi_k\rangle$。特别是，对于给定的初态 $|\Phi_k\rangle$，体系以最大的概率出现在跃迁频率 ω_0 等于驱动频率 Ω 的状态，这是一种“共振跃迁”($\omega_0=\Omega$)。

5.3 偶极近似

我们考察原子——光场相互作用的物理机制。这里所谓的“光”泛指电磁波 (X 射线、紫外光、可见光、红外光、微波等)，也包括频率在 0.1 ~ 10THz 范围的太赫兹辐射 (terahertz radiation)，它介于微波与红外光之间。我们知道，原子是电中性的 (正负电荷中心重合)，其电偶极矩为零。不过当光波射到原子上时，光波中的电场 $\boldsymbol{E}(t)$ 使原子体系的正负电荷中心分开，产生电极化 (图 5.3.1)，出现的电偶极矩 (electric dipole moment) 为

$$\boldsymbol{p}=-q\boldsymbol{r}\tag{5.3.1}$$

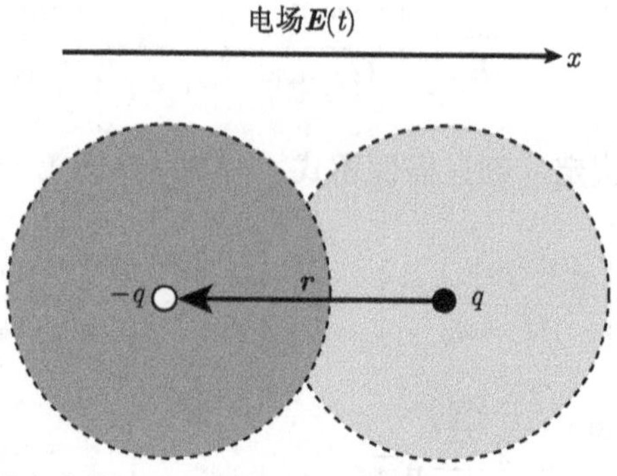

图 5.3.1 原子在电场 $\boldsymbol{E}(t)$ 作用下，正负电荷中心分开，出现电偶极矩

其中，q 为电荷，$\boldsymbol{r}$ 是正电荷到负电荷的位移矢量。一旦出现电偶极矩 $\boldsymbol{p}$，它在电场 $\boldsymbol{E}(t)$ 中便具有一定的能量，其值等于电场力将正、负电荷推到无穷远所做的总功 (图 5.3.2)，即

$$\begin{aligned} H'(t) &= \int_{x_1}^{\infty} F^{+}\mathrm{d}x + \int_{x_2}^{\infty} F^{-}\mathrm{d}x = \int_{x_1}^{\infty} q^{+}E\mathrm{d}x + \int_{x_2}^{\infty} q^{-}E\mathrm{d}x \\ &= \int_{x_1}^{\infty} qE\mathrm{d}x - \int_{x_2}^{\infty} qE\mathrm{d}x = \int_{x_1}^{x_2} qE\mathrm{d}x \\ &= qE(x_2 - x_1) \quad (x_2 - x_1 = -d\cos\theta) \\ &= -qdE\cos\theta = -\boldsymbol{p}\cdot\boldsymbol{E} \end{aligned} \tag{5.3.2a}$$

当电偶极矩 $\boldsymbol{p}$ 指向 x 轴正向 ($\boldsymbol{p} = p_x\boldsymbol{i}$) 时，式 (5.3.2a) 给出

$$H'(t) = -p_x E \tag{5.3.2b}$$

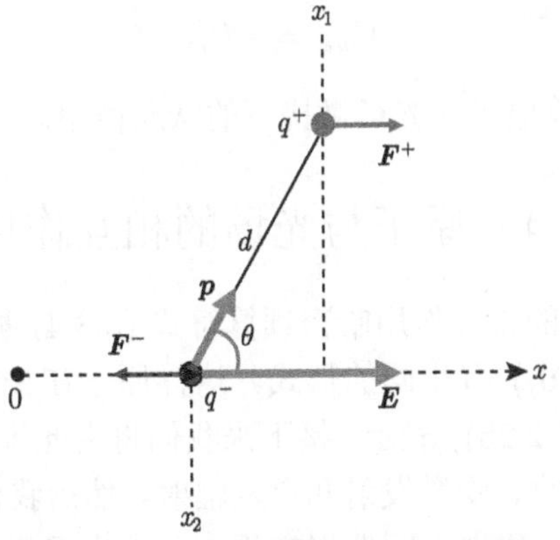

图 5.3.2 电偶极矩在电场中的能量

另一方面，光波中的磁场 $\boldsymbol{H}(t)$ 与原子体系的磁偶极矩 $\boldsymbol{M}$ 相互作用，所产生的能量由 $-\boldsymbol{M}\cdot\boldsymbol{H}(t)$ 表示。研究表明，$-\boldsymbol{M}\cdot\boldsymbol{H}(t)$ 与 $-\boldsymbol{p}\cdot\boldsymbol{E}(t)$ 的比值为 $\alpha = 1/137$(α 称为精细结构常数，见式 (6.3.4))。这样在考虑原子与光场相互作用时，可以略去 $-\boldsymbol{M}\cdot\boldsymbol{H}(t)$ 部分，而将体系的哈密顿算符近似写为 $-\boldsymbol{p}\cdot\boldsymbol{E}(t)$，这称为偶极近似 (dipole approximation)。在这个哈密顿算符作用下的原子跃迁称为偶极跃迁 (dipole transition)。

考虑单色光波，其电场为

$$\boldsymbol{E}(t) = \boldsymbol{E}_0\cos\Omega t \tag{5.3.3}$$

$\boldsymbol{E}(t)$ 的方向为 x 轴 (见图 5.3.2), 哈密顿算符式 (5.3.2b) 写为

$$H'(t) = -p_x \mathcal{E} \cos \Omega t \quad (\mathcal{E} = |\boldsymbol{E}_0|) \tag{5.3.4}$$

下面我们要将式 (5.3.4) 作为微扰来考察原子与光场的相互作用。首先注意到一个事实，在观察氢原子能级分裂的实验中，所施加的外电场通常为 $\mathcal{E} = 10^4 \sim 10^5$V/cm，它远低于氢原子内部 (由原子核引起) 的电场 $\mathcal{E}_{\text{nucl}} = e/a^2 \approx 5 \times 10^9$V/cm($a$ 为玻尔半径)。因此，氢原子在外电场中的附加势能可以作为微扰处理。这样式 (5.3.4) 便可以看作外电场对原子体系的微扰。

考虑到上述量子跃迁讨论中所用的原子初态 $|\Phi_k\rangle$ 和末态 $|\Phi_m\rangle$，我们将微扰算符式 (5.3.4) 产生的跃迁矩阵元写为 (从式 (5.2.17) 开始)：

$$H'_{mk}(t) = V_{mk} \cos \Omega t = \langle \phi_m | -p_x \mathcal{E} \cos \Omega t \, |\phi_k\rangle = -\mathcal{P}_x \mathcal{E} \cos \Omega t \tag{5.3.5}$$

其中

$$\mathcal{P}_x = \langle \phi_m | \, p_x \, |\phi_k\rangle \tag{5.3.6}$$

称为偶极矩阵元 (dipole matrix elements)，利用它可将原始矩阵元 V_{mk} 表示为

$$V_{mk} = -\mathcal{P}_x \mathcal{E} \tag{5.3.7}$$

式 (5.3.5) 将被用来计算原子在光场微扰下的跃迁概率。

5.4 原子与光场的相互作用

体系在偶极近似下的相互作用哈密顿算符式 (5.3.4) 被显示与周期微扰 $H'(t) = V \cos \Omega t$(见式 (5.2.16)) 有相同的形式。这样原子在光场作用下的跃迁概率可以用式 (5.2.22)(或式 (5.2.25)) 表示。接下来我们将由此推导出原子与光场相互作用的几个基本过程：吸收、受激发射和自发辐射。然后我们基于非相干微扰作用，将这三种过程联系起来, 建立爱因斯坦方程，并求出受激发射系数和自发发射速率的表示式。我们随即利用受激发射的概念讨论激光产生的物理机制和它的量子特性。最后我们介绍由自发发射和合作自发发射所诱导的光辐射现象：荧光、超荧光和超辐射。

5.4.1 吸收

设原子在初始 $t=0$ 时刻处于低能态 $|\Phi_k\rangle$，在单色光式 (5.3.3) 作用下跃迁到高能态 $|\Phi_m\rangle$，跃迁概率由式 (5.2.22) 给出为 (利用式 (5.3.7))

$$P_{k\to m} = \left(\frac{|\mathcal{P}_x|\,\mathcal{E}}{\hbar}\right)^2 \frac{\sin^2\left(\dfrac{\omega_0 - \Omega}{2} t\right)}{(\omega_0 - \Omega)^2} \tag{5.4.1}$$

其中，ω_0 是跃迁频率 (见式 (5.2.19))。在这个跃迁过程中，原子从光场吸收能量 $E_m - E_k = h\nu$(光子)，即低能态的原子从光场吸收一个光子而跃迁到高能态，这个过程称为吸收 (absorption)，如图 5.4.1 (a) 所示。

5.4.2 受激发射

设原子在初始 $t = 0$ 时刻处于高能态 $|\varPhi_k\rangle$，在单色光式 (5.3.3) 作用下跃迁到低能态 $|\varPhi_m\rangle$，跃迁概率由式 (5.2.25) 给出为 (利用式 (5.3.7))

$$P_{k\to m} = \left(\frac{|\mathcal{P}_x|\,\mathcal{E}}{\hbar}\right)^2 \frac{\sin^2\left(\dfrac{\varOmega-\omega_0}{2}t\right)}{(\varOmega-\omega_0)^2} \tag{5.4.2}$$

这是一个非常奇特的过程：当原子处于高能态时，用单色光照射它，它可以向低能态跃迁，而且跃迁概率与光吸收过程 (低能态 → 高能态) 的跃迁概率相同。这个过程是爱因斯坦在 1917 年预言的，称为受激发射 (stimulated emission)。在受激发射情况下，一个入射光子导致两个光子发射——一个是引发原子跃迁的那一个，而原子跃迁本身又产生另一个 (图 5.4.1 (b))。两个光子的能量均为 $h\nu = E_k - E_m$。

5.4.3 自发发射

原子与光场相互作用的另一个过程是自发发射 (spontaneous emission)。处于高能态 E_k 的原子会自动地向低能态 E_m 跃迁，并发射一个能量为 $h\nu = E_k - E_m$ 的光子 (图 5.4.1 (c))。自发发射过程不需要微扰 (这是难以理解的)，它的微观机制涉及量子电动力学 (quantum electrodynamics) 理论。按照这种理论，自发发射是由真空量子起伏引起的。所以，并不存在真正意义上的自发发射；所有量子跃迁 (高能态 → 低能态) 产生的光辐射都是由某种激发机制引起的。

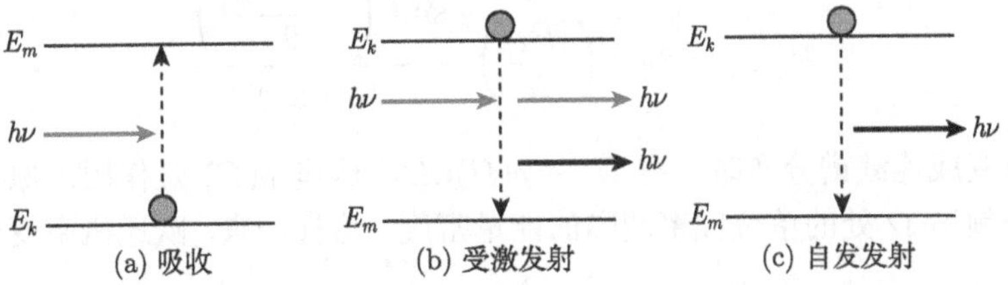

图 5.4.1 原子与光场相互作用的三种方式

接下来我们将介绍爱因斯坦方程。它将原子与光场相互作用的三种过程 (吸收、受激发射、自发发射) 联系起来，并可以计算出受激发射速率和自发发射速率。不过，在讨论这些问题之前，我们需要首先了解非相干微扰作用。

5.5　爱因斯坦方程

5.5.1　非相干微扰光场

上述的微扰光场 (见式 (5.3.3)) 是频率为 Ω 的单色相干光。在许多情况下，原子处于一个具有连续频谱分布的光场中，例如处于热辐射中的原子。本节将要讨论非相干微扰 (incoherent perturbation) 作用下的跃迁概率，其结果将被用来建立爱因斯坦方程。

我们首先计算光场的能量密度。我们知道，一般情况下光场的能量密度表示为

$$U(t)=\frac{1}{8\pi}\left(|\boldsymbol{E}(t)|^2+|\boldsymbol{H}(t)|^2\right)\quad \text{(CGS制)} \tag{5.5.1}$$

由于电场和磁场的贡献相等，式 (5.5.1) 对于单色波式 (5.3.3) 可写为

$$U(t)=\frac{1}{4\pi}|\boldsymbol{E}(t)|^2=\frac{1}{4\pi}\mathcal{E}^2\cos^2\Omega t \tag{5.5.2}$$

其中，$\mathcal{E}$ 是场振幅 (式 (5.3.4))。对式 (5.5.2) 所示的能量密度在一个周期内求平均，利用平均值 $\langle\cos^2\Omega t\rangle=\dfrac{1}{2}$，得到

$$U=\frac{1}{8\pi}\mathcal{E}^2 \tag{5.5.3}$$

因此跃迁概率式 (5.4.1)(及式 (5.4.2)) 与光场的能量密度 U 成正比 (这是容易理解的)：

$$P_{k\to m}=8\pi U\left(\frac{|\mathcal{P}_x|}{\hbar}\right)^2\frac{\sin^2\left(\dfrac{\Omega-\omega_0}{2}t\right)}{(\Omega-\omega_0)^2} \tag{5.5.4}$$

当单色光变成连续谱分布时，有 $U\to\rho(\Omega)\mathrm{d}\Omega$，这里 $\rho(\Omega)$ 是作用于原子的连续谱光场在频率 Ω 处的单位频率间隔的能量密度。这样一来，跃迁概率变成对光场频率的积分：

$$P=8\pi\left(\frac{|\mathcal{P}_x|}{\hbar}\right)^2\int_0^\infty\rho(\Omega)\frac{\sin^2\left(\dfrac{\Omega-\omega_0}{2}t\right)}{(\Omega-\omega_0)^2}\mathrm{d}\Omega \tag{5.5.5}$$

这个结果适用于吸收 (来自于式 (5.4.1)) 和受激发射 (来自于式 (5.4.2)) 两种情况。现在我们假定光场能量密度 $\rho(\Omega)$ 随 Ω 的变化是平坦的，可以用原子跃迁频

率 ω_0 处的值 $\rho(\omega_0)$ 代替 (故可移出积分号)。而剩下的被积函数 $\sin^2\left(\dfrac{\Omega-\omega_0}{2}t\right)/(\Omega-\omega_0)^2$ 是一个处于 ω_0 的尖峰，其积分在 $(-\infty,0)$ 范围基本为零，因此积分式 (5.5.5) 的区间可以扩展为 $(-\infty,\infty)$。然后利用积分公式

$$\int_{-\infty}^{\infty}\frac{\sin^2 x}{x^2}\mathrm{d}x=\pi \tag{5.5.6}$$

最终得到

$$P=\frac{4\pi^2\left|\mathcal{P}_x\right|^2 t}{\hbar^2}\rho(\omega_0) \tag{5.5.7}$$

可见跃迁概率与时间 t 成正比 (这个结果与式 (5.2.14) 类似)。这表示，当用宽频的非相干微扰光作用到体系上时，单色光微扰情况下的“奇异”振荡现象 (见式 (5.2.22) 或式 (5.2.25)) 消失了，跃迁概率变得很简单。特别是，跃迁速率现在变成常数 (与式 (5.2.15) 类似)

$$R=\frac{4\pi^2\left|\mathcal{P}_x\right|^2}{\hbar^2}\rho(\omega_0) \tag{5.5.8}$$

以上讨论只涉及原子极化发生在 x 方向的情况，结果中只出现一维偶极矩阵元 $\mathcal{P}_x=\langle\phi_m|\,p_x\,|\phi_k\rangle$(见式 (5.3.6))。如果考虑原子的三维极化，而且极化是各向同性的，则原子体系的跃迁速率应是式 (5.5.8) 对 x-y-z 三个极化方向求平均：

$$\begin{aligned}
R&=\frac{4\pi^2}{3\hbar^2}\rho(\omega_0)\left[\left(\left|\langle\phi_m|\,p_x\,|\phi_k\rangle\right|^2+\left|\langle\phi_m|\,p_y\,|\phi_k\rangle\right|^2+\left|\langle\phi_m|\,p_z\,|\phi_k\rangle\right|^2\right)\right]\\
&=\frac{4\pi^2}{3\hbar^2}\rho(\omega_0)\left[\left(\left|\mathcal{P}_x\right|^2+\left|\mathcal{P}_y\right|^2+\left|\mathcal{P}_z\right|^2\right)\right]\\
&=\frac{4\pi^2\left|\boldsymbol{\mathcal{P}}\right|^2}{3\hbar^2}\rho(\omega_0)
\end{aligned} \tag{5.5.9}$$

其中，$\boldsymbol{\mathcal{P}}=\langle\phi_m|\,\boldsymbol{p}\,|\phi_k\rangle$ 是三维偶极矩阵元。式 (5.5.9) 所示的跃迁速率来自式 (5.5.5) 的一般性结果，因此适用于吸收和受激发射两种情况。换言之，吸收速率和受激发射速率是相等的，均由式 (5.5.9) 表示。

5.5.2 爱因斯坦方程中的跃迁速率

为了将原子与光场相互作用的三个过程联系起来，爱因斯坦引进自发发射速率 A_{km}，以及吸收系数 B_{mk} 和受激发射系数 B_{km}，如图 5.5.1 所示。A_{km} 表示原子在单位时间内由高能态 E_k 自发跃迁到低能态 E_m 的概率。而系数 B_{mk} 和

B_{km} 的意义表现为：$B_{mk}\rho(\omega_0)$ 是吸收速率而 $B_{km}\rho(\omega_0)$ 是受激发射速率，这样它们应等于式 (5.5.9) 所示的 R：

$$B_{mk}\rho(\omega_0) = B_{km}\rho(\omega_0) = R = \frac{4\pi^2\left|\boldsymbol{\mathcal{P}}\right|^2}{3\hbar^2}\rho(\omega_0) \tag{5.5.10}$$

由此可见

$$B_{mk} = B_{km} = \frac{4\pi^2\left|\boldsymbol{\mathcal{P}}\right|^2}{3\hbar^2} \tag{5.5.11}$$

这就是吸收系数和受激发射系数的表达式。

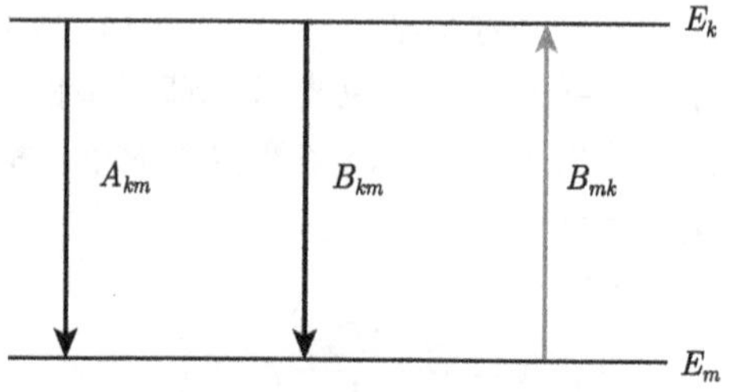

图 5.5.1　原子跃迁的三种形式

自发发射速率 A_{km}，吸收系数 B_{mk} 和受激发射系数 B_{km}

爱因斯坦进而建立了热平衡体系 (thermodynamic equilibrium system) 中 A_{km}、B_{km}、B_{mk} 之间的关系。设体系处于能态 E_k 和 E_m 的原子数目分别为 N_k 和 N_m。单位时间内从高能态 E_k 跃迁到低能态 E_m 的原子数目为 $N_k[A_{km}+B_{km}\rho(\omega_0)]$，其中的两项分别是由自发发射和受激发射引起的；而吸收所引起的单位时间内从低能态 E_m 跃迁到高能态 E_k 的原子数目则为 $N_mB_{mk}\rho(\omega_0)$。当这些原子处于热平衡状态时，每个能态上的原子数目都维持不变，因此

$$N_k\left[A_{km} + B_{km}\rho(\omega_0)\right] = N_mB_{mk}\rho(\omega_0) \tag{5.5.12}$$

这就是著名的爱因斯坦方程 [Einstein A. Strahlungs-Emission und Absorption nach der Quantentheorie. Verhandlungen der Deutschen Physikalischen Gesellschaft, 1916, 18: 318-323](图 5.5.2)。它可以写成更简洁的形式 (利用式 (5.5.10))：

$$N_k\left(A + B\right) = N_mB \quad (A \equiv A_{km},\ B \equiv R) \tag{5.5.13}$$

由此得到

$$A = B\left(\frac{N_m}{N_k} - 1\right) \tag{5.5.14}$$

这就是体系的自发发射速率 A(spontaneous emission rate A) 与受激发射速率 B(stimulated emission rate B) 之间的关系式。另外我们知道，当体系处于温度为 T 的热平衡态时，能级上的原子数目服从玻尔兹曼分布

$$N_k \sim \exp\left(-\frac{E_k}{k_{\mathrm{B}}T}\right), \quad N_m \sim \exp\left(-\frac{E_m}{k_{\mathrm{B}}T}\right) \tag{5.5.15}$$

式中，k_{B} 为玻尔兹曼常数。将式 (5.5.15) 代入式 (5.5.14)，得到

$$A = B\left[\exp\left(\frac{E_k - E_m}{k_{\mathrm{B}}T}\right) - 1\right] = B\left[\exp\left(\frac{\hbar\omega_0}{k_{\mathrm{B}}T}\right) - 1\right] \tag{5.5.16}$$

图 5.5.2 爱因斯坦 (Albert Einstein，1879—1955)

20 世纪最伟大的科学家之一，一生总共发表了 300 多篇科学论文和 150 篇非科学作品，有“现代物理学之父”之誉。普朗克曾评价爱因斯坦说：“我们可以说，在近代物理学结出硕果的那些重大问题中，很难找到一个问题是爱因斯坦没有做过重要贡献的”。他卓越和原创性的科学成就使得“爱因斯坦”一词成为“天才”的同义词。爱因斯坦永远活在世界民众的心中 (摄于 2017 年 8 月 29 日)

最后我们来求自发发射速率 A 的表达式，为此由热平衡时的普朗克黑体辐射公式 (1.5.7)，写出辐射场的能量密度 (作为 ω 的函数)

$$\rho(\omega) = \frac{\hbar}{\pi^2 c^3}\frac{\omega^3}{\exp\left(\dfrac{\hbar\omega}{k_{\mathrm{B}}T}\right) - 1} \tag{5.5.17}$$

利用式 (5.5.17)，将式 (5.5.16) 写成

$$A = B\left[\frac{\hbar}{\pi^2 c^3}\frac{\omega_0^3}{\rho(\omega_0)}\right] \tag{5.5.18}$$

再利用式 (5.5.10)，将式 (5.5.18) 写为

$$A = \frac{4\left|\boldsymbol{\mathcal{P}}\right|^2 \omega_0^3}{3\hbar c^3} \tag{5.5.19}$$

这就是自发发射速率的表达式，它与跃迁矩阵元 $|\boldsymbol{\mathcal{P}}|$ 的平方成正比 (受激发射速率 B 也如此)，同时与跃迁频率 ω_0 的立方成正比。

5.5.3 跃迁速率

式 (5.5.19) 和式 (5.5.10) 是关于偶极跃迁的最重要结果，它给出了自发发射速率 A 和受激发射速率 B 的表达式。现在我们考察热平衡情况下高、低能态上的原子数目 (atomic occupation number) 的比值 (利用式 (5.5.15))：

$$\beta_1 \equiv \frac{N_m}{N_k} = \exp\left(-\frac{h\nu}{k_{\mathrm{B}}T}\right) \tag{5.5.20}$$

和两个跃迁速率的比值 (来自式 (5.5.16))：

$$\beta_2 \equiv \frac{A}{B} = \exp\left(\frac{h\nu}{k_{\mathrm{B}}T}\right) - 1 \tag{5.5.21}$$

下面我们对于热平衡情况下的微波辐射 (microwave radiation) 和可见光辐射 (visible radiation)，估算式 (5.5.20) 和式 (5.5.21) 的两个比值。取跃迁频率为 $\nu = \dfrac{k_{\mathrm{B}}T}{h}\ln 2$ 时，我们有

$$\beta_1 = \frac{1}{2},\quad \beta_2 = 1 \tag{5.5.22}$$

即自发发射速率与受激发射速率相等 ($A = B$)。若取温度为 $T = 1000\mathrm{K}$，则 $\nu = 1.44\times 10^{13}\mathrm{Hz}$，对应的波长是 $\lambda = 2.08\times 10^{-5}\mathrm{m}$，属于微波辐射。而对于可见光辐射，例如波长 $\lambda = 500\times 10^{-9}\mathrm{m}$，相应的频率为 $\nu = 2.60\times 10^{14}\mathrm{Hz}$，在相同温度下，有

$$\beta_1 = 3.1\times 10^{-13},\quad \beta_2 = 3.2\times 10^{12} \tag{5.5.23}$$

可见，原子体系在热平衡情况下发射可见光时，高能态的原子数相对于低能态的原子数，可以忽略不计；而受激发射速率相对于自发发射速率，可以忽略不计。原子的发射光谱中，可见光区的谱线基本是由自发跃迁而来的，受激发射的成分极少。由于这样的原因，受激发射似乎没有实际意义，因此爱因斯坦受激发射理论在以后 40 多年里没有受到科学界的重视。

5.6 激　光

5.6.1 激光产生的物理机制

20 世纪中期，微波量子放大器 (maser) 和激光器 (lasers) 的问世奇迹般地展示了受激发射理论的重要价值。微波量子放大器和激光器都是以受激发射为机制的量子辐射器件。前者的发射频率在微波区，后者在紫外、可见光区和红外区。微波量子放大器的噪声极低；而作为振荡器，其频率极为稳定。激光器利用特殊的工作物质、泵浦源和光学谐振腔可以获得单色性很高、相干性很好、方向性很强的光束。接下来我们在受激辐射概念的基础上介绍激光产生的物理机制。

设想初始时刻工作物质的高能态布居了很多原子。其中一个由于受真空起伏 (或其他某种微扰) 的作用，产生了一个自发发射光子 (图 5.6.1 (a))。这个光子刺激高能态上的另一个原子，形成受激发射，体系中便有两个光子 (图 5.6.1 (b))。这两个光子刺激高能态上的另外两个原子，发生受激发射后，体系中有四个光子 (图 5.6.1 (c))。这样的受激发射过程不断进行，体系中光子数将按下面的方式增加

$$1 \to 2 \to 4 \to 8 \to 16 \cdots \tag{5.6.1}$$

这样一种几何级数 (geometric series) 式的增加就是光放大过程 (这里暂且没有考虑低能态原子的吸收跃迁过程)。

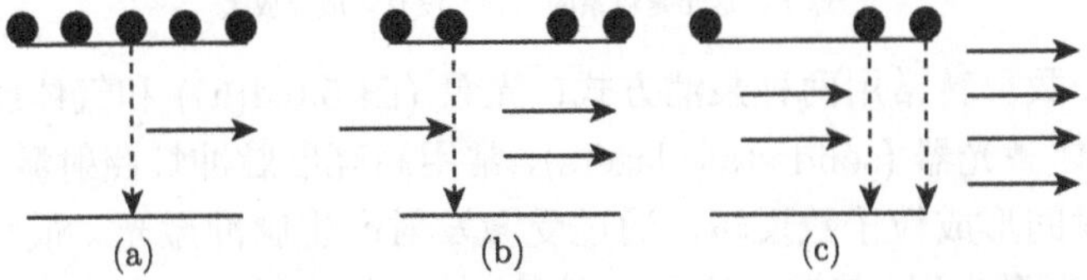

图 5.6.1　光放大过程：光子数按 $1 \to 2 \to 4 \cdots$ 方式增加

那么，如何在高能态维持足够多的原子布居数？我们知道，原子体系处于热平衡态时，各个能级上的布居数服从玻尔兹曼分布 (式 (5.5.15))。这意味着，能级越高，原子布居数越少。特别是，对于产生可见光辐射的原子体系，高能态的原子布居数相对于低能态而言，可以忽略不计 (如式 (5.5.23) 的 β_1 所示)。要使高能态维持足够多的原子布居数，必须将低能态的原子抽运到高能态，为此需要外界给体系输入能量，这就是所谓泵浦 (pump)，如图 5.6.2 所示。泵浦是激光形成的必要条件，而充分条件是泵浦必须使原子布居形成"粒子数反转" (practical inversion)，即高能态的原子数多于低能态的原子数。因为实际上受激发射 (增加一个光子) 与吸收过程 (减少一个光子) 是相伴发生的，二者的速率是相等的。如果高、低能态的原

子数相等，则体系中因受激发射而增加的光子数等于因吸收作用而减少的光子数，就不会出现光子数放大的现象 (一个最简单的情况显示在图 5.6.3)。在形成粒子数反转的情况下，受激发射所产生的光子数多于被吸收的光子数，于是体系的光辐射被受激发射光子不断放大，从而形成激光 (light amplification by stimulated emission of radiation，laser)。

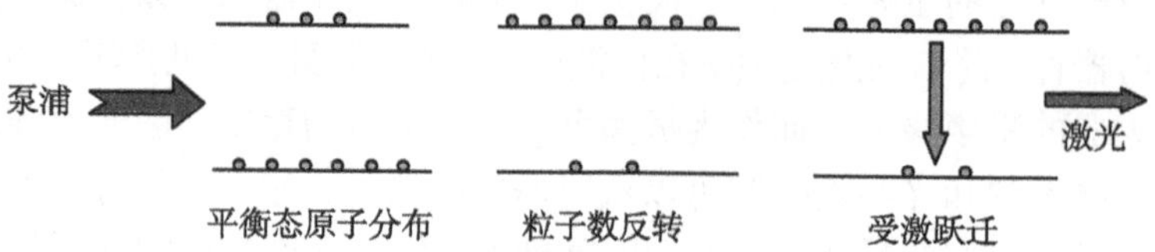

图 5.6.2　激光形成的物理机制

泵浦使平衡态原子分布变成粒子数反转，体系的光辐射被受激发射光子不断放大，形成激光

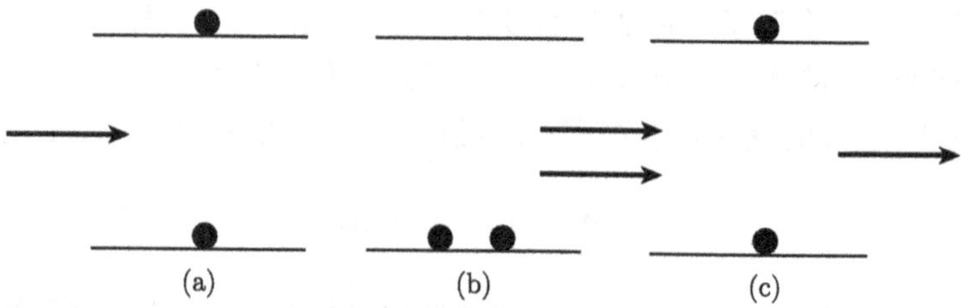

图 5.6.3　单光子入射

(a) 一个光子入射到高、低能态各有一个原子的体系；(b) 受激发射后，高能态的原子跃迁到低能态，体系中有两个光子；(c) 处于低能态的一个原子吸收一个光子跃迁到高能态，则体系中只有一个光子，而高、低能态各有一个原子，这正是体系的初态，没有形成光放大

实现粒子数反转常用两种泵浦方式：光泵 (图 5.6.4(a)) 和气体放电 (图 5.6.4(b))。对于固体激光器 (solid-state lasers)，常用高亮度脉冲灯照射激光棒，使其中的工作物质瞬间形成粒子数反转，通过受激发射产生脉冲激光。最早问世的固体激光器 (红宝石激光器) 就属于这种情况，它的工作物质是红宝石中的三价铬离子 (Cr^{3+})，泵浦采用脉冲 Xe(氙) 灯。泵浦过程和辐射过程均在很短时间内完成，产生波长为 694.3nm、宽度为 1ms 的脉冲激光。气体激光器常用气体放电的泵浦方式，放电管中的电子与气体原子发生碰撞，使之形成相对稳定的粒子数反转，产生连续波激光输出。氦–氖激光是最早问世的气体激光器。氦、氖气体原子处于放电管中，氖原子是工作物质，氦原子是辅助气体。基态氦原子在与电子的碰撞过程中被激发到高能态。处于高能态的氦原子进而与基态氖原子发生碰撞，通过能量共振转移的方式使氖原子跃迁到高能态，实现粒子数反转。氖原子向低能态的跃迁产生主波长为 632.8nm 的连续波激光。

此外还有利用化学反应实现粒子数反转的泵浦方式 (化学激光)、注入电流的泵浦方式 (半导体激光) 以及利用核裂变反应所释放的能量激励工作物质的核泵浦方式等。而其他类型的激光器还有染料激光器、准分子激光器、自由电子激光器，以及光纤激光器等。

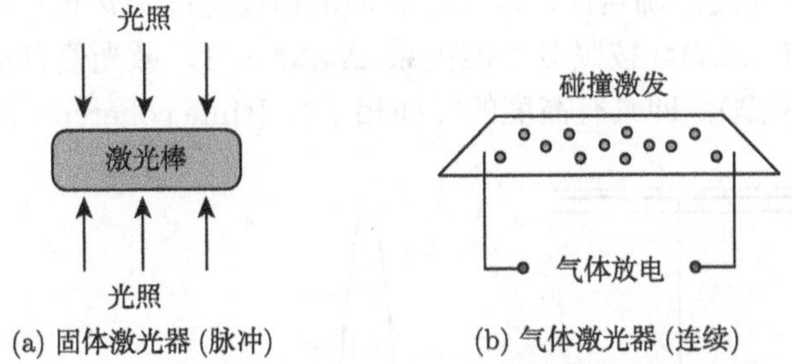

图 5.6.4　两种典型的泵浦方式：光泵 (a) 和气体放电 (b)

除了工作物质和泵浦源之外，激光器的另一个基本部件是光学谐振腔 (optical resonator)。光学谐振腔不同于微波谐振腔，它是开发式的 (图 5.6.5)，光子在两个反射镜之间传播，只有轴向模式可以形成稳定振荡，而非轴向传播的光线会很快移出腔外。采用这样的开放式谐振腔可以得到很细的输出光束。

一个以工作物质、泵浦源和光学谐振腔为基本部件的激光器示意图显示在图 5.6.6 中。

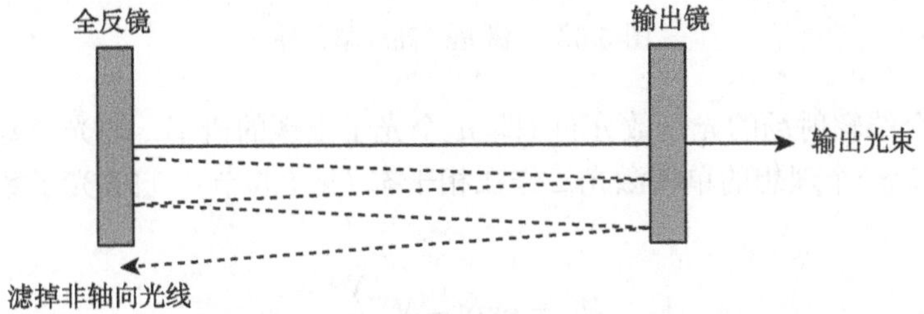

图 5.6.5　光学谐振腔：非轴向光线被滤掉，轴向模式形成稳定振荡

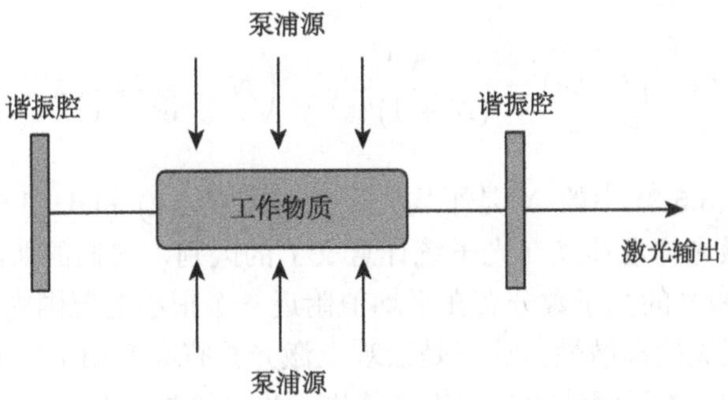

图 5.6.6　激光器的基本结构：工作物质、泵浦源和光学谐振腔

5.6.2 激光的量子特性

激光的量子特性首先起源于工作物质的谱线宽度。原子在两个能级之间跃迁，发射光频率具有高度的确定性，即工作物质的谱线宽度 $\Delta\nu$ 很窄，因此激光具有高度单色性 (图 5.6.7)。按照测不准关系 $\Delta\nu\Delta t\sim 1$，激光便有很长的相干时间 Δt(见 2.6.3 节例题)，即具有高度的时间相干性 (time coherence)。

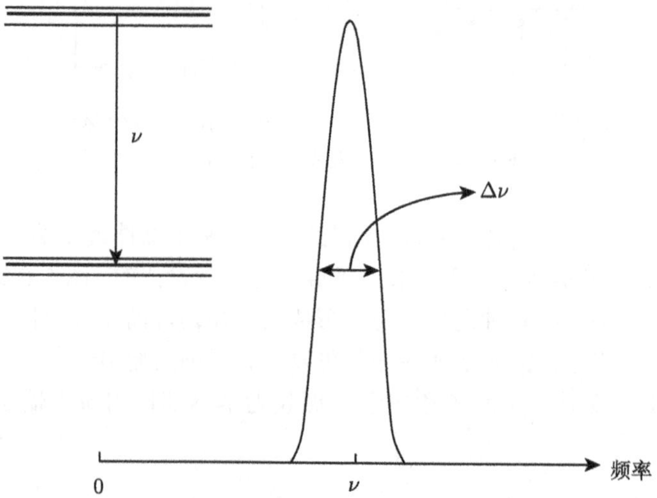

图 5.6.7 激光：高度单色性

我们介绍辐射场的光子数分布 (即 n 个光子出现的概率，即光子数态 $|n\rangle$ 出现的概率)。一个理想的单模激光工作在相干态 (见 8.5 节)，它的光子数服从泊松分布

$$P_n=\exp(-N)\frac{N^n}{n!} \tag{5.6.2}$$

而一个热场 (混沌光) 的光子数服从指数分布 (见式 (11.4.37))

$$P_n=\left(1-\mathrm{e}^{-\lambda}\right)\exp(-\lambda n)=\frac{N^n}{(N+1)^{n+1}}\quad\left(N=\frac{1}{\mathrm{e}^{\lambda}-1},\lambda=\frac{h\nu}{k_{\mathrm{B}}T}\right) \tag{5.6.3}$$

式 (5.6.2) 和式 (5.6.3) 中的 N 是平均光子数。式 (6.5.2) 和式 (6.5.3) 所示的光子数分布表明了激光与混沌光在光子统计意义上的区别，它们的曲线如图 5.6.8 所示。可以看出，激光的光子数分布在平均值附近一个很小的范围内，而混沌光的光子数分布具有很大的离散性。这正是宏观上激光具有高度相干性而混沌光缺失相干性的微观机制。关于混沌光与相干光的进一步讨论显示在 11.4 节和 11.5 节中。

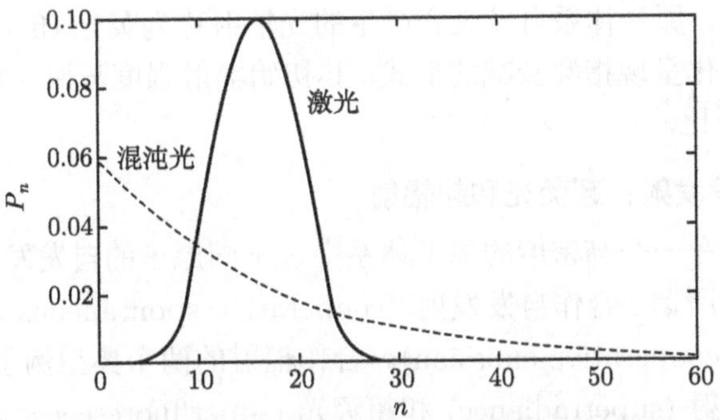

图 5.6.8 激光与混沌光的光子统计分布，图中平均光子数为 $N = 16$

5.7 自发发射与合作自发发射

5.7.1 自发发射：荧光

首先我们考察由 N 个二能级原子组成的体系的自发发射。设初始 $t = 0$ 时刻 N 个原子全部处于高能态。由于自发发射，该能态上的原子数目逐渐减少。假定任意 t 时刻高能态上的原子布居数为 $X(t)$，则它的变化率 $\mathrm{d}X/\mathrm{d}t$ 与 $X(t)$ 成正比，即

$$\frac{\mathrm{d}X}{\mathrm{d}t} = -AX \tag{5.7.1}$$

其中，A 是自发发射系数，负号表示原子布居数的减少。由式 (5.7.1) 解出

$$X(t) = N\exp(-At) = N\exp\left(-\frac{t}{\tau}\right) \tag{5.7.2}$$

其中，$\tau = 1/A$ 称为激发态寿命 (excited state lifetime)，它是高能态原子数减少到初始值的 1/e 所经历的时间，故也称为体系的衰变时间。进而我们考察体系的辐射强度 $I(t)$，它等于原子数减少率 $-\mathrm{d}X/\mathrm{d}t$ 乘以光子的能量 $h\nu$，即

$$I(t) = -h\nu\frac{\mathrm{d}X}{\mathrm{d}t} \tag{5.7.3}$$

将式 (5.7.2) 代入式 (5.7.3)，得到辐射强度

$$I(t) = I(0)\exp\left(-\frac{t}{\tau}\right) \tag{5.7.4}$$

其中

$$I(0) = \frac{h\nu N}{\tau} \tag{5.7.5}$$

是初始辐射强度。原子体系自发衰变产生的光辐射称为荧光 (fluorescence)，荧光强度随时间的变化呈现指数衰减的形式，其初始辐射强度与原子数 N 成正比，与衰变时间 τ 成反比。

5.7.2 合作自发发射：超荧光和超辐射

研究表明，在一个高密度的原子体系中，不同原子的自发发射之间能形成一种关联，这就是所谓“合作自发发射”(cooperative spontaneous emission)，简称为“合作辐射” (cooperative emission)。合作辐射的两个典型例子是 N 个二能级原子体系的超辐射 (superradiance) 和超荧光 (superfluorescence)。超辐射来自一个具有初始宏观电极化的体系，即属于不同原子的电偶极子在初始时刻是有序排列的，辐射强度在此刻取极大值。超辐射初态的形成是相干激发的结果。而超荧光的初态来自于非相干激发，不具有初始的宏观电极化，它起始于一个普通的荧光发射。然后普通荧光的自发辐射光子作为“噪声”，作用于各向同性的原子体系，使之发生“对称性破缺”(symmetry breakdown)。然后这种破缺在时间演化中逐渐扩大，于是原子之间的一种关联在体系中逐渐发展起来，最终形成电偶极子的完全有序排列，而此刻的辐射强度达到最大值。超辐射和超荧光的合作性表现在：原子偶极矩的有序排列导致场振幅与原子数 N 成正比，因而辐射强度与原子数的平方 N^2 成正比，这是一种典型的非线性效应，因此合作辐射具有超强的峰值强度。而一个低密度无关联原子体系只能诱导普通荧光，其辐射强度与原子数 N 成正比 (如 5.7.1 节所述)。这是线性效应：整个体系的性质是所有原子性质的简单相加，本质上是一个单原子行为。

N 个二能级原子的超荧光过程可以表示为

$$\frac{\mathrm{d}X}{\mathrm{d}t} = -AX + \beta X^2 \tag{5.7.6}$$

其中，X 是任意时刻高能态的原子布居数，A 和 β 均为正常数，它们分别刻画线性自发发射和非线性合作辐射。设初始 $t = 0$ 时刻，体系的 N 个原子全部处于高能态，则非线性微分方程 (5.7.6) 有解

$$X(t) = \frac{A}{\gamma \exp(At) + \beta} \tag{5.7.7}$$

其中

$$\gamma = \frac{A - \beta N}{N} \quad (A > \beta N) \tag{5.7.8}$$

超荧光强度由式 (5.7.3) 和式 (5.7.7) 给出为

$$I(t) = I_{\mathrm{m}}\mathrm{sech}^2\left(\frac{t - \tau_d}{\tau_r}\right) \tag{5.7.9}$$

式中，sech 是双曲正割函数，而

$$I_{\mathrm{m}}=h\nu\frac{(\beta+\gamma)^2}{4\beta}N^2,\quad \tau_r=\frac{2}{(\beta+\gamma)N},\quad \tau_d=\frac{1}{A}\ln\frac{\beta}{\gamma} \tag{5.7.10}$$

很明显，当 $t=\tau_d$ 时，辐射强度取最大值 $I(\tau_d)=I_{\mathrm{m}}$，τ_d 称为超荧光的延迟时间(即辐射峰出现的时间)。式 (5.7.9) 中的 τ_r 刻画超荧光的脉冲宽度 (pulse width)。可以看出，峰值强度 $I(\tau_d)$ 与 N^2 成正比，脉冲宽度 τ_r 与 N 成反比。超荧光是一个典型的合作辐射。

N 个二能级原子的另一种合作辐射称为超辐射，它可以表示为

$$\frac{\mathrm{d}X}{\mathrm{d}t}=-AX-\beta X^2 \tag{5.7.11}$$

其中，X 是任意时刻高能态的原子布居数，A 和 β 均为正常数 (与方程 (5.7.6) 中的常数类似)。方程 (5.7.11) 与方程 (5.7.6) 的区别在于非线性项为负值。设初始 $t=0$ 时刻，体系的 N 个原子全部处于高能态，则非线性微分方程 (5.7.11) 有解

$$X(t)=\frac{A}{\gamma\exp(At)-\beta} \tag{5.7.12}$$

其中

$$\gamma=\frac{A+\beta N}{N} \tag{5.7.13}$$

超辐射强度由式 (5.7.3) 和式 (5.7.12) 给出为

$$I(t)=I_{\mathrm{m}}\mathrm{csch}^2\left(\frac{t+\tau_d}{\tau_r}\right) \tag{5.7.14}$$

式中，csch 是双曲余割函数，而

$$I_{\mathrm{m}}=\frac{(\gamma-\beta)^2}{4\beta}N^2,\quad \tau_r=\frac{2}{(\gamma-\beta)N},\quad \tau_d=\frac{1}{A}\ln\frac{\gamma}{\beta} \tag{5.7.15}$$

可以看出，辐射强度在 $t=0$ 时刻取最大值 $I(0)=I_{\mathrm{m}}\mathrm{csch}^2(\tau_d/\tau_r)$，$\tau_r$ 是体系的衰变时间，而比值 τ_d/τ_r 决定函数 $\mathrm{csch}^2(\tau_d/\tau_r)$ 的大小，因而决定峰值强度 $I(0)$ 的大小。现在峰值强度 $I(0)$ 与 N^2 成正比，衰变时间 τ_r 与 N 成反比，这是另一个典型的合作辐射。

我们作出荧光、超荧光和超辐射的相对辐射强度曲线，如图 5.7.1 所示。从诱导相干辐射的角度说，它们都属于自发发射，不需要谐振腔。另外由式 (5.5.19) 可

以看出，自发发射速率与 ω_0^3 成正比，这意味着，利用荧光、超荧光和超辐射有利于实现短波长的相干辐射 (short wavelength coherent radiation)。而超荧光和超辐射的独特优势在于超高的辐射强度和超短的衰变时间 (有关超荧光和超辐射的更多知识，可参阅 Qiao Gu. *Radiation and Bioinformation.* 科学出版社，2003)。

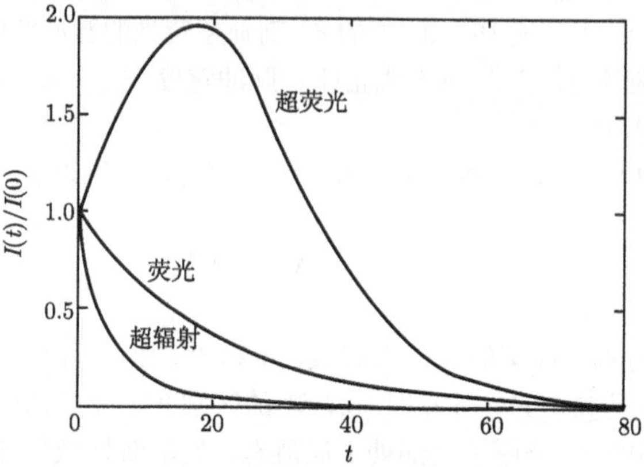

图 5.7.1 荧光、超荧光和超辐射的相对辐射强度

来自式 (5.7.4)、式 (5.7.9) 和式 (5.7.14)，图中取 $A = 1$，$\beta = 0.01$，$N = 85$

第 6 章　泡利矩阵与电子自旋

量子力学早年被接受的理由之一，是实验上发现电子有自旋角动量，这是一种内禀角动量，它有两个分量值 $\pm\frac{1}{2}\hbar$，而且投影到任何方向都只呈现这两个可能的值。量子力学不但能圆满解释这个奇异的现象，而且借助泡利矩阵可以求解自旋算符的本征值问题，给出自旋向上和自旋向下的本征态和相应的本征值，自旋也顺理成章地成为微观粒子的一个新自由度。电子自旋共振已经开辟了许多应用领域(甚至发展到操纵自旋自由度的新兴自旋电子学)。但科学家关注的是，100 年来一直没有测量出电子的结构 (最新测出的电子电偶极矩的上限仅为 10^{-30}e·cm——确实可以把电子看作一个完美的球形)。如何理解内禀角动量的动因？这仍是一个未解的谜团。

6.1　泡 利 矩 阵

泡利是一个特立独行又才华横溢的物理学家 (图 6.1.1)，他自称只佩服三个半人 (索末菲、爱因斯坦和玻尔是他的三位导师，剩下那半个其实是跟他最亲密的师弟——海森伯)(图 6.1.2)。矩阵是一个很重要的概念和表述，具有非常广泛的应用。泡利矩阵不但为角动量理论提供了一个非常简单的模型，而且能够用来展示电子自旋的物理图像、表征二能级体系的作用算符，以及描述中微子的周期振荡等。最新的研究表明，泡利矩阵还可以用作量子通信中隐形传态的幺正变换 (这些应用在本书后续相关章节中将会全面阐述)。本节讨论泡利矩阵的基本性质、本征态及相关的双态体系。随后我们将讨论泡利矩阵在自旋问题中的应用。

6.1.1　基本性质

泡利矩阵 (Pauli matrices) 表示为

$$\sigma_x = \begin{pmatrix} 0 & 1 \\ 1 & 0 \end{pmatrix},\quad \sigma_y = \begin{pmatrix} 0 & -\mathrm{i} \\ \mathrm{i} & 0 \end{pmatrix},\quad \sigma_z = \begin{pmatrix} 1 & 0 \\ 0 & -1 \end{pmatrix} \tag{6.1.1}$$

它们有如下基本性质。

1. 厄米性

矩阵 σ_x、σ_y、σ_z 都满足 $\boldsymbol{A}^+ = \boldsymbol{A}$ 条件，它们均是厄米的。另外我们有

$$\sigma_x^2 = \begin{pmatrix} 0 & 1 \\ 1 & 0 \end{pmatrix}\begin{pmatrix} 0 & 1 \\ 1 & 0 \end{pmatrix} = \begin{pmatrix} 1 & 0 \\ 0 & 1 \end{pmatrix} \tag{6.1.2a}$$

$$\sigma_y^2 = \begin{pmatrix} 0 & -\mathrm{i} \\ \mathrm{i} & 0 \end{pmatrix}\begin{pmatrix} 0 & -\mathrm{i} \\ \mathrm{i} & 0 \end{pmatrix} = \begin{pmatrix} 1 & 0 \\ 0 & 1 \end{pmatrix} \tag{6.1.2b}$$

$$\sigma_z^2 = \begin{pmatrix} 1 & 0 \\ 0 & -1 \end{pmatrix}\begin{pmatrix} 1 & 0 \\ 0 & -1 \end{pmatrix} = \begin{pmatrix} 1 & 0 \\ 0 & 1 \end{pmatrix} \tag{6.1.2c}$$

图 6.1.1　泡利 (Wolfgang Pauli，1900—1958)

美国籍奥地利物理学家，对相对论及量子力学都有杰出贡献。1924 年发现“泡利不相容原理”，1930 年提出中微子假设。1945 年获得诺贝尔物理学奖。杨振宁说，在当年的学术圈中泡利是数学最厉害的人

图 6.1.2　海森伯与泡利

两人都是神童，都有在慕尼黑 (导师索末菲)、哥廷根 (导师玻恩)、哥本哈根 (导师玻尔) 的共同学习和工作经历，更有无数次的思想沟通与交锋，泡利年长一岁，堪为师兄

可见 σ_x^2、σ_y^2、σ_z^2 均为单位矩阵，因此算符

$$\sigma^2 = \sigma_x^2 + \sigma_y^2 + \sigma_z^2 = 3\begin{pmatrix} 1 & 0 \\ 0 & 1 \end{pmatrix} \tag{6.1.3}$$

也是厄米的。

2. 角动量

泡利矩阵满足角动量的对易关系：

$$[\sigma_x, \sigma_y] = 2\mathrm{i}\sigma_z, \quad [\sigma_y, \sigma_z] = 2\mathrm{i}\sigma_x, \quad [\sigma_z, \sigma_x] = 2\mathrm{i}\sigma_y \tag{6.1.4}$$

以及

$$[\sigma^2, \sigma_x] = [\sigma^2, \sigma_y] = [\sigma^2, \sigma_z] = 0 \tag{6.1.5}$$

随后我们将用这些关系描述自旋 1/2 粒子 (spin 1/2 particle) 的量子特性。

3. 完备性

泡利矩阵的另一个重要性质是它的完备性，即任意一个 2×2 矩阵

$$\boldsymbol{M} = \begin{pmatrix} M_{11} & M_{12} \\ M_{21} & M_{22} \end{pmatrix} \tag{6.1.6a}$$

可以按泡利矩阵 σ_x、σ_y、σ_z、σ^2 展开：

$$\boldsymbol{M} = a_1\sigma_x + a_2\sigma_y + a_3\sigma_z + \frac{a_4}{3}\sigma^2 \tag{6.1.6b}$$

其中，a_1、a_2、a_3、a_4 是展开系数。

证明 我们考察式 (6.1.6b) 成立的条件，为此写出 (利用式 (6.1.3))

$$\begin{aligned}
&\begin{pmatrix} M_{11} & M_{12} \\ M_{21} & M_{22} \end{pmatrix} \\
&= a_1\begin{pmatrix} 0 & 1 \\ 1 & 0 \end{pmatrix} + a_2\begin{pmatrix} 0 & -\mathrm{i} \\ \mathrm{i} & 0 \end{pmatrix} + a_3\begin{pmatrix} 1 & 0 \\ 0 & -1 \end{pmatrix} + a_4\begin{pmatrix} 1 & 0 \\ 0 & 1 \end{pmatrix} \\
&= \begin{pmatrix} a_3 + a_4 & a_1 - \mathrm{i}a_2 \\ a_1 + \mathrm{i}a_2 & -a_3 + a_4 \end{pmatrix}
\end{aligned} \tag{6.1.7}$$

式 (6.1.7) 两边的矩阵相等要求对应的元素相等：

$$0 \cdot a_1 + 0 \cdot a_2 + a_3 + a_4 = M_{11} \tag{6.1.8a}$$

$$a_1 - \mathrm{i}a_2 + 0 \cdot a_3 + 0 \cdot a_4 = M_{12} \tag{6.1.8b}$$

$$a_1 + \mathrm{i}a_2 + 0 \cdot a_3 + 0 \cdot a_4 = M_{21} \tag{6.1.8c}$$

$$0 \cdot a_1 + 0 \cdot a_2 - a_3 + a_4 = M_{22} \tag{6.1.8d}$$

这是一个关于 $\{a_1, a_2, a_3, a_4\}$ 的线性非齐次方程组，其系数行列式为

$$\begin{vmatrix} 0 & 0 & 1 & 1 \\ 1 & -\mathrm{i} & 0 & 0 \\ 1 & \mathrm{i} & 0 & 0 \\ 0 & 0 & -1 & 1 \end{vmatrix} = 4\mathrm{i} \neq 0 \tag{6.1.9}$$

它恒不为零，因此方程组 (6.1.8) 必有非平庸解。这意味着，对于给定的 $\{M_{11}, M_{12}, M_{21}, M_{22}\}$，一定能经由方程组 (6.1.8) 解出 $\{a_1, a_2, a_3, a_4\}$，使得式 (6.1.6b) 成立。换言之，任意一个 2×2 矩阵能够按式 (6.1.6b) 展开。

例 1　证明 $\boldsymbol{\sigma}$ 的分量之间满足反对易关系。

证明　由式 (6.1.4) 和式 (6.1.2) 得到

$$\begin{aligned} \sigma_x\sigma_y + \sigma_y\sigma_x &= \frac{1}{2\mathrm{i}}(\sigma_y\sigma_z - \sigma_z\sigma_y)\sigma_y + \frac{1}{2\mathrm{i}}\sigma_y(\sigma_y\sigma_z - \sigma_z\sigma_y) \\ &= \frac{1}{2\mathrm{i}}\left(\sigma_y\sigma_z\sigma_y - \sigma_z\sigma_y^2 + \sigma_y^2\sigma_z - \sigma_y\sigma_z\sigma_y\right) \\ &= 0 \end{aligned} \tag{6.1.10a}$$

同样可以证明

$$\sigma_y\sigma_z + \sigma_z\sigma_y = 0 \tag{6.1.10b}$$

$$\sigma_z\sigma_x + \sigma_x\sigma_z = 0 \tag{6.1.10c}$$

例 2　利用 σ_x、σ_y、σ_z 的厄米性，由

$$\sigma_z = \begin{pmatrix} 1 & 0 \\ 0 & -1 \end{pmatrix} \tag{6.1.11}$$

推导出 σ_x 和 σ_y 的表示式。

解　设

$$\sigma_x = \begin{pmatrix} a & b \\ c & d \end{pmatrix} \tag{6.1.12}$$

由它的厄米性可知，a 和 d 为实数，而 $c=b^*$，即

$$\sigma_x=\begin{pmatrix} a & b \\ b^* & d \end{pmatrix} \tag{6.1.13}$$

将式 (6.1.13) 和式 (6.1.11) 代入式 (6.1.10c)，得

$$\begin{pmatrix} a & b \\ -b^* & -d \end{pmatrix}\begin{pmatrix} a & -b \\ b^* & -d \end{pmatrix}=0 \tag{6.1.14}$$

由此得到 $a=d=0$，于是

$$\sigma_x=\begin{pmatrix} 0 & b \\ b^* & 0 \end{pmatrix} \tag{6.1.15}$$

再由 $\sigma_x^2=1$，得到 $|b|^2=1$。取 $b=1$，则

$$\sigma_x=\begin{pmatrix} 0 & 1 \\ 1 & 0 \end{pmatrix} \tag{6.1.16}$$

进而由式 (6.1.4) 的第三式得到

$$\begin{aligned}\sigma_y&=\frac{1}{2\mathrm{i}}\left(\sigma_z\sigma_x-\sigma_x\sigma_z\right)\\&=\frac{1}{2\mathrm{i}}\begin{pmatrix} 1 & 0 \\ 0 & -1 \end{pmatrix}\begin{pmatrix} 0 & 1 \\ 1 & 0 \end{pmatrix}-\frac{1}{2\mathrm{i}}\begin{pmatrix} 0 & 1 \\ 1 & 0 \end{pmatrix}\begin{pmatrix} 1 & 0 \\ 0 & -1 \end{pmatrix}\\&=\begin{pmatrix} 0 & -\mathrm{i} \\ \mathrm{i} & 0 \end{pmatrix}\end{aligned} \tag{6.1.17}$$

6.1.2 自旋向上和自旋向下

现在我们求解 σ_z 的本征方程

$$\sigma_z\boldsymbol{\Psi}=\lambda\boldsymbol{\Psi} \tag{6.1.18}$$

其中，λ 是本征值，而本征态 $\boldsymbol{\Psi}$ 为列矢量

$$\boldsymbol{\Psi}=\begin{pmatrix} a_1 \\ a_2 \end{pmatrix} \tag{6.1.19}$$

利用式 (6.1.19) 和式 (6.1.11) 将本征方程 (6.1.18) 写为

$$\begin{pmatrix} 1 & 0 \\ 0 & -1 \end{pmatrix}\begin{pmatrix} a_1 \\ a_2 \end{pmatrix} = \lambda \begin{pmatrix} a_1 \\ a_2 \end{pmatrix} \tag{6.1.20}$$

为求解该方程，在 λ 后面插入单位矩阵，并将右边部分移至左边，合并后得

$$\begin{pmatrix} 1-\lambda & 0 \\ 0 & -1-\lambda \end{pmatrix}\begin{pmatrix} a_1 \\ a_2 \end{pmatrix} = 0 \tag{6.1.21}$$

它给出关于 a_1、a_2 的线性齐次方程组：

$$(1-\lambda)a_1 + 0 \cdot a_2 = 0 \tag{6.1.22a}$$

$$0 \cdot a_1 - (1+\lambda)a_2 = 0 \tag{6.1.22b}$$

它有非零解的必要充分条件是系数行列式等于零：

$$\begin{vmatrix} (1-\lambda) & 0 \\ 0 & -(1+\lambda) \end{vmatrix} = 0 \tag{6.1.23}$$

该久期方程的根为

$$\lambda^{\pm} = \pm 1 \tag{6.1.24}$$

将本征值 $\lambda^{+} = 1$ 代入式 (6.1.22)，并利用归一化条件 $|a_1|^2 + |a_2|^2 = 1$，得到

$$a_1 = 1, \quad a_2 = 0 \tag{6.1.25}$$

将式 (6.1.25) 代入式 (6.1.19) 得到相应的本征矢

$$\boldsymbol{\Psi}_a = \begin{pmatrix} 1 \\ 0 \end{pmatrix} \tag{6.1.26a}$$

同理对于本征值 $\lambda^{-} = -1$，可得另一个本征矢

$$\boldsymbol{\Psi}_b = \begin{pmatrix} 0 \\ 1 \end{pmatrix} \tag{6.1.26b}$$

式 (6.1.26) 就是 σ_z 的两个本征矢。容易看出，它们满足正交性关系式

$$(1 \quad 0)\begin{pmatrix} 0 \\ 1 \end{pmatrix} = 0, \text{ 即 } \langle \Psi_a | \Psi_b \rangle = 0 \tag{6.1.27}$$

和归一性关系式

$$(1\quad 0)\begin{pmatrix}1\\0\end{pmatrix}=1,\ \text{即}\ \langle\Psi_a|\Psi_a\rangle=1 \tag{6.1.28a}$$

$$(0\quad 1)\begin{pmatrix}0\\1\end{pmatrix}=1,\ \text{即}\ \langle\Psi_b|\Psi_b\rangle=1 \tag{6.1.28b}$$

也满足完备性关系式

$$\begin{pmatrix}1\\0\end{pmatrix}(1\quad 0)+\begin{pmatrix}0\\1\end{pmatrix}(0\quad 1)=1,\ \text{即}\ |\Psi_a\rangle\langle\Psi_a|+|\Psi_b\rangle\langle\Psi_b|=1 \tag{6.1.29}$$

按照完备性关系式 (6.1.29)，任一态矢量

$$\boldsymbol{\Omega}=\begin{pmatrix}\mu\\\nu\end{pmatrix} \tag{6.1.30}$$

能够按本征矢 $\boldsymbol{\Psi}_a$ 和 $\boldsymbol{\Psi}_b$ 展开：

$$\begin{pmatrix}\mu\\\nu\end{pmatrix}=\left[\begin{pmatrix}1\\0\end{pmatrix}(1\quad 0)+\begin{pmatrix}0\\1\end{pmatrix}(0\quad 1)\right]\begin{pmatrix}\mu\\\nu\end{pmatrix}=\mu\begin{pmatrix}1\\0\end{pmatrix}+\nu\begin{pmatrix}0\\1\end{pmatrix} \tag{6.1.31a}$$

即

$$|\Omega\rangle=\mu|\Psi_a\rangle+\nu|\Psi_b\rangle \tag{6.1.31b}$$

本征态 $\boldsymbol{\Psi}_a$ 和 $\boldsymbol{\Psi}_b$ 通常分别称为“自旋向上”(spin up) 和“自旋向下”(spin down)，如图 6.1.3 所示。它们可以用来描述许多双态体系，特别是描述自旋 1/2 粒子的状态。在这种情况下，式 (6.1.31b) 表示粒子的任意态，而 $|\mu|^2$ 和 $|\nu|^2$ 则分别是粒子处于自旋向上和自旋向下两个本征态的概率。

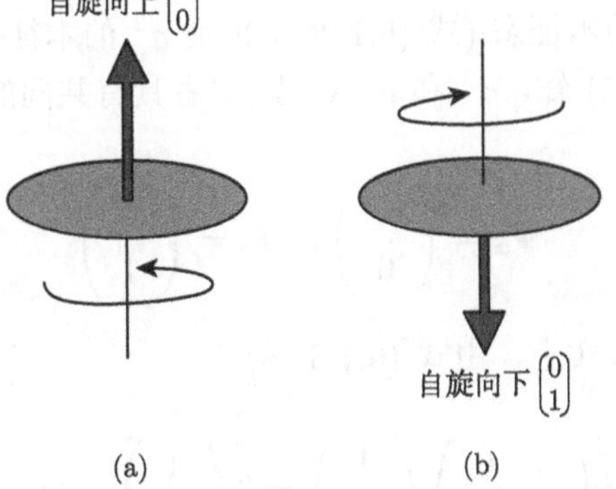

图 6.1.3 σ_z 的本征态 (示意图)：自旋向上和自旋向下

6.1.3 双态体系问题

例 1　设一个自旋 1/2 粒子处于状态

$$|\Omega\rangle = \frac{1}{\sqrt{6}}\begin{pmatrix} 1+\mathrm{i} \\ 2 \end{pmatrix} \tag{6.1.32}$$

计算粒子处于自旋向上和自旋向下两个状态的概率，并计算 σ_z 在这个态中的平均值。

解　式 (6.1.32) 可以写为

$$|\Omega\rangle = \frac{1+\mathrm{i}}{\sqrt{6}}\begin{pmatrix} 1 \\ 0 \end{pmatrix} + \frac{2}{\sqrt{6}}\begin{pmatrix} 0 \\ 1 \end{pmatrix} \tag{6.1.33}$$

它属于式 (6.1.31b) 所示的叠加态，粒子处于自旋向上和自旋向下两个状态的概率为

$$\left|\frac{1+\mathrm{i}}{\sqrt{6}}\right|^2 = \frac{1}{3}, \quad \left|\frac{2}{\sqrt{6}}\right|^2 = \frac{2}{3} \tag{6.1.34}$$

它们表示在状态式 (6.1.32) 中测量 σ_z 得到结果 $\lambda^{\pm} = \pm 1$ 的概率，所以 σ_z 在这个态中的平均值为

$$\langle\sigma_z\rangle = \frac{1}{3}(1) + \frac{2}{3}(-1) = -\frac{1}{3} \tag{6.1.35}$$

或者利用一般性公式 (3.4.6) 直接计算：

$$\langle\sigma_z\rangle = \langle\Omega|\,\sigma_z\,|\Omega\rangle = \frac{1}{\sqrt{6}}\begin{pmatrix} 1-\mathrm{i} & 2 \end{pmatrix}\begin{pmatrix} 1 & 0 \\ 0 & -1 \end{pmatrix}\frac{1}{\sqrt{6}}\begin{pmatrix} 1+\mathrm{i} \\ 2 \end{pmatrix} = -\frac{1}{3} \tag{6.1.36}$$

例 2　证明 σ_z 的本征态 (式 (6.1.26)) 也是 σ^2 的本征态。

证明　由式 (6.1.5) 知，σ^2 和 σ_z 对易 (二者具有共同的本征态)，故 σ_z 的本征态为

$$\boldsymbol{\Psi}_a = \begin{pmatrix} 1 \\ 0 \end{pmatrix}, \quad \boldsymbol{\Psi}_b = \begin{pmatrix} 0 \\ 1 \end{pmatrix} \tag{6.1.37}$$

也是 σ^2 的本征态。事实上，由式 (6.1.3) 得

$$\sigma^2\boldsymbol{\Psi}_a = 3\begin{pmatrix} 1 & 0 \\ 0 & 1 \end{pmatrix}\begin{pmatrix} 1 \\ 0 \end{pmatrix} = 3\begin{pmatrix} 1 \\ 0 \end{pmatrix} = 3\boldsymbol{\Psi}_a \tag{6.1.38a}$$

$$\sigma^2\boldsymbol{\Psi}_b = 3\begin{pmatrix} 1 & 0 \\ 0 & 1 \end{pmatrix}\begin{pmatrix} 0 \\ 1 \end{pmatrix} = 3\begin{pmatrix} 0 \\ 1 \end{pmatrix} = 3\boldsymbol{\Psi}_b \tag{6.1.38b}$$

可见 $\boldsymbol{\Psi}_a$ 和 $\boldsymbol{\Psi}_b$ 也是 σ^2 的本征态，本征值均为 3。

例 3 计算矩阵 σ_x、σ_x^2、σ_y、σ_y^2 在自旋向上态 $\boldsymbol{\Psi}_a$ 中的平均值。

解 由式 (6.1.1) 和式 (6.1.2)，我们有

$$\langle\sigma_x\rangle = \langle\Psi_a|\,\sigma_x\,|\Psi_a\rangle = (1\quad 0)\begin{pmatrix} 0 & 1 \\ 1 & 0 \end{pmatrix}\begin{pmatrix} 1 \\ 0 \end{pmatrix} = 0 \tag{6.1.39a}$$

$$\left\langle\sigma_x^2\right\rangle = \langle\Psi_a|\,\sigma_x^2\,|\Psi_a\rangle = (1\quad 0)\begin{pmatrix} 1 & 0 \\ 0 & 1 \end{pmatrix}\begin{pmatrix} 1 \\ 0 \end{pmatrix} = 1 \tag{6.1.39b}$$

$$\langle\sigma_y\rangle = \langle\Psi_a|\,\sigma_y\,|\Psi_a\rangle = (1\quad 0)\begin{pmatrix} 0 & -\mathrm{i} \\ \mathrm{i} & 0 \end{pmatrix}\begin{pmatrix} 1 \\ 0 \end{pmatrix} = 0 \tag{6.1.40a}$$

$$\left\langle\sigma_y^2\right\rangle = \langle\Psi_a|\,\sigma_y^2\,|\Psi_a\rangle = (1\quad 0)\begin{pmatrix} 1 & 0 \\ 0 & 1 \end{pmatrix}\begin{pmatrix} 1 \\ 0 \end{pmatrix} = 1 \tag{6.1.40b}$$

例 4 求解 $\sigma_x = \begin{pmatrix} 0 & 1 \\ 1 & 0 \end{pmatrix}$ 的本征方程。

解 设 σ_x 的本征方程为

$$\sigma_x\boldsymbol{\Phi} = \varepsilon\boldsymbol{\Phi} \tag{6.1.41}$$

其中，ε 是本征值，而本征态 $\boldsymbol{\Phi}$ 为列矢量

$$\boldsymbol{\Phi} = \begin{pmatrix} a_1 \\ a_2 \end{pmatrix} \tag{6.1.42}$$

将本征方程 (6.1.41) 写为

$$\begin{pmatrix} -\varepsilon & 1 \\ 1 & -\varepsilon \end{pmatrix}\begin{pmatrix} a_1 \\ a_2 \end{pmatrix} = 0 \tag{6.1.43}$$

由久期方程 $\begin{vmatrix} -\varepsilon & 1 \\ 1 & -\varepsilon \end{vmatrix} = 0$ 解出本征值 $\varepsilon^{\pm} = \pm 1$，进而求出本征矢为

$$\boldsymbol{\Phi}_a = \frac{1}{\sqrt{2}}\begin{pmatrix} 1 \\ 1 \end{pmatrix},\quad \boldsymbol{\Phi}_b = \frac{1}{\sqrt{2}}\begin{pmatrix} 1 \\ -1 \end{pmatrix} \tag{6.1.44}$$

例 5　计算在式 (6.1.32) 中测量粒子的 σ_x 得到结果 $\varepsilon^{\pm}=\pm1$ 的概率，并计算 σ_x 在这个态中的平均值。

解　将式 (6.1.32) 所示的状态按照本征态式 (6.1.44) 展开，有

$$|\Omega\rangle=\frac{1}{\sqrt{2}}\left(\frac{3+\mathrm{i}}{\sqrt{6}}\boldsymbol{\Phi}_a+\frac{-1+\mathrm{i}}{\sqrt{6}}\boldsymbol{\Phi}_b\right) \tag{6.1.45}$$

所以粒子处于 $\boldsymbol{\Phi}_a$ 和 $\boldsymbol{\Phi}_b$ 态的概率分别为

$$\frac{1}{2}\left|\frac{3+\mathrm{i}}{\sqrt{6}}\right|^2=\frac{5}{6},\quad \frac{1}{2}\left|\frac{-1+\mathrm{i}}{\sqrt{6}}\right|^2=\frac{1}{6} \tag{6.1.46}$$

它们是在状态式 (6.1.32) 中测量粒子的 σ_x 得到结果 $\varepsilon^{\pm}=\pm1$ 的概率。所以 σ_x 在这个态中的平均值为

$$\langle\sigma_x\rangle=\frac{5}{6}(1)+\frac{1}{6}(-1)=\frac{2}{3} \tag{6.1.47}$$

或者直接计算：

$$\langle\sigma_x\rangle=\langle\Omega|\,\sigma_x\,|\Omega\rangle=\frac{1}{\sqrt{6}}\begin{pmatrix}1-\mathrm{i} & 2\end{pmatrix}\begin{pmatrix}0 & 1\\ 1 & 0\end{pmatrix}\frac{1}{\sqrt{6}}\begin{pmatrix}1-\mathrm{i}\\ 2\end{pmatrix}=\frac{2}{3} \tag{6.1.48}$$

6.2　自　　旋

在经典力学中，一个刚性物体有两种角动量：轨道角动量 ($\boldsymbol{L}=\boldsymbol{r}\times\boldsymbol{p}$)，它是物体质心相对于坐标原点的运动；自转角动量 ($\boldsymbol{S}=I\boldsymbol{\omega}$)，它是物体绕其质心的运动。例如，地球的轨道角动量来自每年绕太阳运转一周的公转，而地球的自转角动量来自每天绕自身南北极轴线旋转一周的自转。但是，当角动量这个概念出现在量子力学中时，却有着不同的含义。比如，氢原子中电子绕核的运动产生轨道角动量 (用角量子数 l 描述，不同的 l 值对应不同的轨道角动量)。此外，电子还有一种 “自旋角动量”，但它并不是电子绕其质心运转产生的，因为迄今还没有发现电子的内部结构 (它是一个点粒子)。它可以理解为轨道角动量之外的一种 “内禀角动量” (intrinsic angular momentum)。在接下来的几节中，我们将详细讨论这种内禀角动量的物理概念、实验观察和数学表述。

6.2.1　氢原子的轨道磁矩

这里用简单的经典方法讨论氢原子的磁矩。我们知道，一个电流圈的磁偶极矩 (简称磁矩) 由下面的矢量定义 (图 6.2.1)：

$$\boldsymbol{\mu}=IS\boldsymbol{n} \tag{6.2.1}$$

其中，I 是电流强度，S 是圈的面积，而 $\boldsymbol{n}$ 是一个与 I 成右手螺旋的单位矢量。我们将由这个公式出发考察氢原子中电子运动的轨道磁矩 (orbital moment)。按照玻尔的氢原子模型 (图 6.2.2)，电子围绕原子核在半径为 r 的轨道上运动，电子运动形成的电流强度为

$$I = -\frac{e}{T} \tag{6.2.2}$$

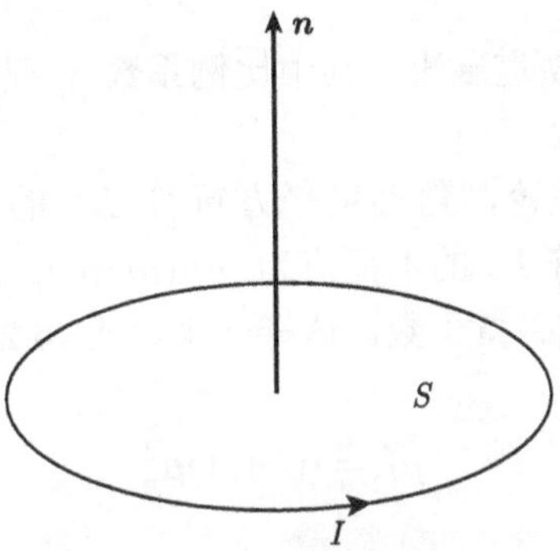

图 6.2.1 电流圈的磁偶极矩

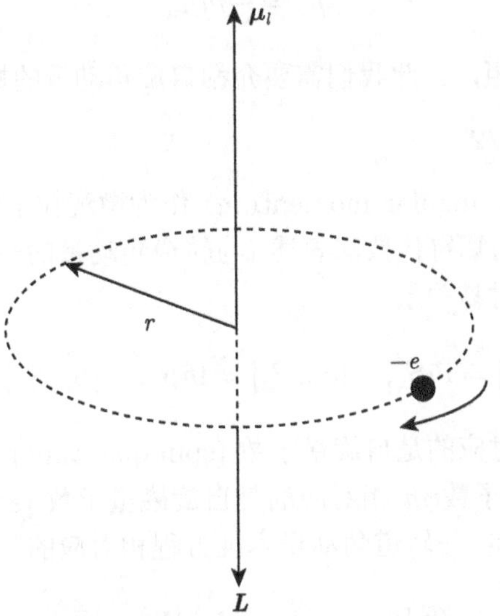

图 6.2.2 玻尔的氢原子模型：原子的轨道磁矩 $\boldsymbol{\mu}_l$ 与角动量 $\boldsymbol{L}$

其中，T 是电子运动一圈的时间 (周期)，负号表示电流的方向与电子运动方向相反。电流圈的面积为 $S = \pi r^2$。因此电子运动的轨道磁矩为

$$\boldsymbol{\mu} = -\frac{e}{T}\pi r^2 \boldsymbol{n} = -e\left(\frac{\omega}{2\pi}\right)\pi r^2 \boldsymbol{n}$$

$$= -\frac{e(\omega r)r}{2}\boldsymbol{n} = -\frac{e}{2m}(mvr\boldsymbol{n}) = -\frac{e}{2m}\boldsymbol{L} \tag{6.2.3a}$$

其中，ω 和 v 分别是电子运动的角速度和线速度。式 (6.2.3a) 显示轨道磁矩正比于轨道角动量 $\boldsymbol{L}$，但二者的方向相反，如图 6.2.2 所示。式 (6.2.3a) 可以写为

$$\boldsymbol{\mu}_l = \gamma_l \boldsymbol{L} \quad \left(\gamma_l = -\frac{e}{2m}\right) \tag{6.2.3b}$$

这里注出了下标 l，以示轨道磁矩，其中比例系数 γ_l 是相应于轨道角动量的回磁比 (gyromagnetic factor)。

按照氢原子的量子理论，角动量平方算符 L^2 的本征值是 $l(l+1)\hbar^2(l=0,1,2,\cdots)$，而角动量算符 L_z 的本征值为 $m\hbar(m=0,\pm1,\pm2,\cdots\pm l)$。其中，$l$ 是轨道角量子数，m 是轨道磁量子数。这样一来，式 (6.2.3b) 给出氢原子轨道磁矩的平方

$$\mu_l^2 = l(l+1)\mu_{\mathrm{B}}^2 \tag{6.2.4a}$$

其中，$\mu_{\mathrm{B}} = \dfrac{e\hbar}{2m}$ 称为玻尔磁子。而氢原子自旋磁矩为

$$\mu_z = -m\mu_{\mathrm{B}} \tag{6.2.4b}$$

下面我们讨论自旋磁矩，为此我们需要介绍自旋角动量的概念。

6.2.2 自旋和自旋 1/2

自旋角动量 (spin angular momentum) 作为微观粒子的一种内禀角动量 (通常用 $\boldsymbol{S}$ 表示)，可以用算符代数法表述 (与轨道角动量的表述极其相似)，$\boldsymbol{S}$ 的分量 S_x、S_y、S_z 服从对易关系

$$[S_x, S_y] = \mathrm{i}\hbar S_z, \quad [S_y, S_z] = \mathrm{i}\hbar S_x, \quad [S_z, S_x] = \mathrm{i}\hbar S_y \tag{6.2.5}$$

与轨道角量子数 l 相对应的是自旋量子数 (spin quantum number)，用 s 表示 (简称自旋)；与轨道磁量子数 m 相对应的是自旋磁量子数 (spin magnetic quantum number)，用 m_s 表示；与轨道角动量本征方程相对应的是

$$S^2|s,m_s\rangle = s(s+1)\hbar^2|s,m_s\rangle \tag{6.2.6a}$$

$$S_z|s,m_s\rangle = m_s\hbar|s,m_s\rangle \tag{6.2.6b}$$

而相应的升、降阶算符表示为

$$S^{\pm}|s,m_s\rangle = \hbar\sqrt{s(s+1)-m_s(m_s\pm1)}\,|s,m_s\pm1\rangle \tag{6.2.7a}$$

其中

$$S^{\pm} = S_x \pm \mathrm{i}S_y \tag{6.2.7b}$$

还有一个重要的情况是，自旋 s 的取值也像轨道角量子数 l 那样有种情况：

$$s = 0, 1, 2, \cdots \tag{6.2.8a}$$

或

$$s = \frac{1}{2}, \frac{3}{2}, \frac{5}{2}, \cdots \tag{6.2.8b}$$

而无论对于哪种情况，m_s 的取值为

$$m_s = -s, -s+1, \cdots, s-1, s \tag{6.2.9}$$

另外与轨道角动量类似，自旋角动量也相应于一个自旋磁矩 (spin magnetic moment)，用 $\boldsymbol{\mu}_s$ 表示。与式 (6.2.3b) 相对应的自旋磁矩为

$$\boldsymbol{\mu}_s = \gamma_s \boldsymbol{S} \quad \left(\gamma_s = -g\frac{e}{2m}\right) \tag{6.2.10}$$

其中，γ_s 是相应于自旋角动量的回磁比，其中 g 因子为 2 (这个值来自狄拉克的相对论量子力学理论，与量子电动力学的结果 $g = 2 + (\alpha/\pi) + \cdots = 2.002$ 非常接近。二者之间的高度一致性被誉为 20 世纪物理学的辉煌成就之一)。

从量子物理学的角度看，自旋是微观粒子的固有性质，这是一个纯量子效应，没有经典对应。一个基本的事实是，每一种微观粒子都有一个特定的自旋。比如，π 介子和希格斯粒子 (Higgs particle) 的自旋为 $s = 0$，光子的自旋为 $s = 1$，引力子的自旋为 $s = 2$ 等，所有这些自旋都取整数，属于式 (6.2.8a) 所示的情况。另一方面，电子、质子、中子以及所有夸克和轻子的自旋均为 $s = \dfrac{1}{2}$，Δ 粒子的自旋为 $s = \dfrac{3}{2}$，这些自旋取半整数，属于式 (6.2.8b) 所示的情况。对于任何一种微观粒子，它的自旋 s 是永远不变的，这使得自旋角动量理论相对于轨道角动量而言，表述更简单一些。相比之下，轨道角量子数 l 的取值是一系列整数：$l = 0, 1, 2, \cdots$。当体系受到扰动时，l 会从一个值变成另一个值。

显然自旋 1/2 (spin 1/2) 是一个重要情况，相应的 m_s 取值由式 (6.2.9) 给出为 $m_s = -\dfrac{1}{2}$ 和 $m_s = \dfrac{1}{2}$，所以 S^2 和 S_z 的共同本征态 $|s, m_s\rangle$ 仅有两个：$\left|\dfrac{1}{2}, \dfrac{1}{2}\right\rangle$ 和 $\left|\dfrac{1}{2}, -\dfrac{1}{2}\right\rangle$，它们统称为自旋态，前者称为“自旋向上”(用 $|a\rangle$ 或 $|\uparrow\rangle$ 表示)；后者称为“自旋向下”(用 $|b\rangle$ 或 $|\downarrow\rangle$ 表示)。S^2 在两个自旋态的本征值均为

$s(s+1)\hbar^2=\dfrac{3}{4}\hbar^2$，而 S_z 在 $|a\rangle$ 和 $|b\rangle$ 中的本征值分别为 $s_z=\dfrac{1}{2}\hbar$ 和 $s_z=-\dfrac{1}{2}\hbar$。表 6.2.1 显示了轨道角动量与自旋 1/2 角动量的比较。

表 6.2.1　轨道角动量与自旋 1/2 角动量的比较

	轨道角动量	自旋 1/2 角动量
角动量平方算符 本征值	L^2 $l(l+1)\hbar^2$	S^2 $s(s+1)\hbar^2$
角量子数	$l=0,1,2,\cdots$	$s=\dfrac{1}{2}$
角动量算符 本征值	L_z $m\hbar$	S_z $m_s\hbar$
磁量子数	m 取 $2l+1$ 个值： $m=0,\pm1,\cdots,\pm l$	m_s 取 $2s+1$ 个值：$m_s=\begin{cases}\dfrac{1}{2}(\text{自旋向上})\\-\dfrac{1}{2}(\text{自旋向下})\end{cases}$

例　写出光子、引力子和 Δ 粒子的自旋、自旋磁量子数和相应的自旋本征值。

解　这三种粒子的自旋 s、自旋磁量子数 m_s 和相应的自旋本征值 s_z 为

光子：$s=1$，$m_s=-1$，0，1，$s_z=-\hbar$，0，$\hbar$;

引力子：$s=2$，$m_s=-2,-1,0,1,2$，$s_z=-2\hbar,-\hbar,0,\hbar,2\hbar$;

Δ 粒子：$s=\dfrac{3}{2}$，$m_s=-\dfrac{3}{2},-\dfrac{1}{2},\dfrac{1}{2},\dfrac{3}{2}$，$s_z=-\dfrac{3}{2}\hbar,-\dfrac{1}{2}\hbar,\dfrac{1}{2}\hbar,\dfrac{3}{2}\hbar$。

6.3　电子自旋

在自旋问题中最典型最普遍的情况是电子自旋，本节首先回顾关于电子自旋的一个有趣的历史故事 (它能让我们直观了解自旋的物理意义)，随后详细讲述电子自旋的实验观察及物理意义。

6.3.1　电子“自转角动量”

现在我们简述自旋研究早期对这一现象的一种误解。当时实验科学家认为电子自旋角动量为 $\pm\dfrac{1}{2}\hbar$，权威科学家认为电子不可能有“自转角动量”，因为如果这样的话，当电子的自转角动量为 $\hbar$ 时，自转速度将超过光速！让我们解释这个情况，如果电子是一个半径为 R 的经典实心球 (图 6.3.1)，它的自转角动量为

$$I\omega=\left(\frac{2}{5}mR^2\right)\left(\frac{v}{R}\right)\sim mRv \tag{6.3.1}$$

图 6.3.1 一个经典实心刚体在转动中有自转角动量

其中，$I=\frac{2}{5}mR^2$ 和 $\omega=\frac{v}{R}$ 分别是转动惯量和角频率，而 v 是球体“赤道”上一点的线速度，现在设 $mRv\sim\hbar$。另外，电子的能量可以理解为其电荷 $-e$ 在 R 处的势能，再利用爱因斯坦质能公式 (Einstein's mass-energy equation)，电子的能量可以写为

$$\frac{e^2}{R}=mc^2 \tag{6.3.2}$$

这样

$$v\sim\frac{\hbar}{mR}=\left(\frac{\hbar c}{e^2}\right)c=\frac{c}{\alpha}=137c \tag{6.3.3}$$

其中

$$\alpha=\frac{e^2}{\hbar c}=\frac{1}{137} \tag{6.3.4}$$

是一个无量纲的常数，称为精细结构常数 (fine structure constant)。这意味着电子以 $\hbar$ 为角动量自转时，其边沿速度为光速的 137 倍，这显然是荒谬的！其实“电子自旋角动量”是一个通俗的说法，它代表电子的内禀角动量，绝对不是电子“自转”的产物。目前认为电子没有内部结构 (是一个点粒子)，可见电子自旋的存在有更深刻的原因。

顺便指出，式 (6.3.4) 所示的精细结构常数被认为在物理学中扮演着最重要的角色，因为它反映了经典电动力学 (e)、量子力学 ($\hbar$) 和相对论 (c) 三者之间的联系。这个数字自发现以来一直是个谜。著名物理学家费曼曾说：“所有优秀的理论物理学家都将这个数贴在墙上，为它大伤脑筋 …… 它是物理学中最大的谜之一，一个该死的谜：一个魔数来到我们身边，可是没人能理解它。你也许会说‘上帝之手’写下了这个数字，而我们不知道他是怎样下的笔。”

6.3.2 施特恩–格拉赫实验

许多实验事实都证明了自旋的存在，1922 年德国物理学家施特恩和格拉赫完成了电子自旋实验 [Gerlach W, Stern O. Der experimentelle Nachweis der Richtungsquantelung im Magnetfeld. Zeitschrift für Physik, 1922, 9: 349-352]，这是量子力学早期最精彩的实验之一。实验装置如图 6.3.2 所示，从高温炉 K 发出 s 态的银原子束，沿 Y 方向行进，通过准直狭缝 BB 和不均匀磁场 $\boldsymbol{B}$ (磁场指向 Z 轴正向，磁场强度随 Z 变化：$\partial B/\partial Z \neq 0$)，最后射到相片 PP 上。实验结果显示，相片上沿 Z 方向出现两条分立的黑斑 (见示意图 6.3.3)。按照原子自旋磁矩 (“自旋向上” 和 “自旋向下”) 的概念，能圆满解释这个奇异的现象。

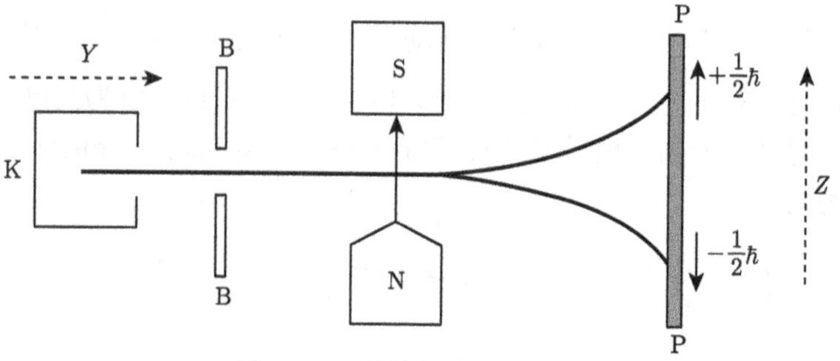

图 6.3.2 施特恩–格拉赫实验

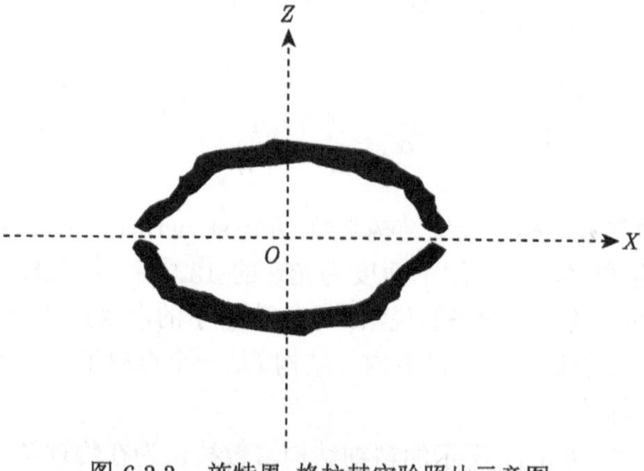

图 6.3.3 施特恩–格拉赫实验照片示意图

沿 Z 方向出现两条分立的黑斑，X 方向的展宽是由于原子束的有限宽度

我们知道，与电偶极矩 $\boldsymbol{p}$ 在电场 $\boldsymbol{E}$ 中具有能量 $V = -\boldsymbol{p}\cdot\boldsymbol{E}$ (式 (5.3.2a)) 相类似，磁偶极矩 $\boldsymbol{\mu}$ 在磁场 $\boldsymbol{B}$ 中具有能量

$$V = -\boldsymbol{\mu}\cdot\boldsymbol{B} \tag{6.3.5}$$

现在假定 $\boldsymbol{\mu}$ 是原子的总磁矩 (图 6.3.4)，表示为

$$\boldsymbol{\mu}=\boldsymbol{\mu}_l+\boldsymbol{\mu}_s \tag{6.3.6}$$

其中，$\boldsymbol{\mu}_l$ 和 $\boldsymbol{\mu}_s$ 分别是轨道磁矩和自旋磁矩。现在磁场 $\boldsymbol{B}$ 沿 Z 轴方向，$\boldsymbol{\mu}$ 在磁场中的能量为 $V=-\mu_z B$。这样的能量施加给原子在 Z 方向的作用力为

$$F_z=-\frac{\partial V}{\partial Z}=\mu_z\frac{\partial B}{\partial Z} \tag{6.3.7}$$

这个力依赖于不均匀磁场和原子的总磁矩 $\boldsymbol{\mu}$。但实验中使用 s 态原子 $(l=0)$，其轨道磁矩 $\boldsymbol{\mu}_l=0$，因此总磁矩就是电子的自旋磁矩：$\boldsymbol{\mu}=\boldsymbol{\mu}_s$。利用式 (6.2.10) 将式 (6.3.7) 写为

$$F_z=\gamma_s s_z\frac{\partial B}{\partial Z} \tag{6.3.8}$$

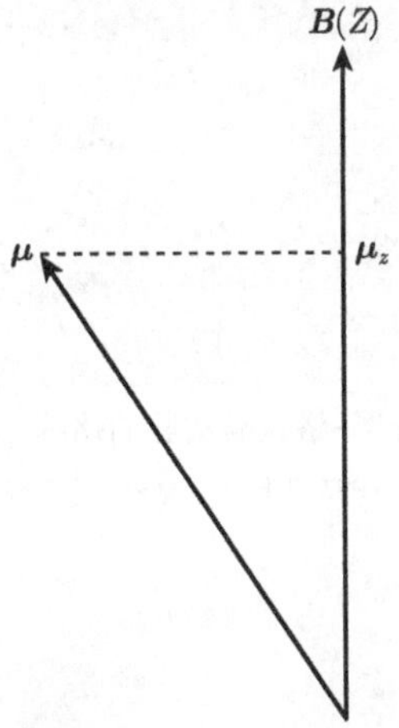

图 6.3.4　原子的总磁矩 $\boldsymbol{\mu}$ 及其在磁场 $\boldsymbol{B}$ 方向的投影 μ_z

而电子自旋角动量在 Z 方向的取值为 $s_z=\pm\frac{1}{2}\hbar$，于是

$$F_z=\pm\frac{1}{2}\hbar\gamma_s\frac{\partial B}{\partial Z} \tag{6.3.9}$$

可见自旋向上和自旋向下的原子在 Z 方向受到大小相等、方向相反的作用力，因此它们沿 Z 轴的正、反方向运动，在相片上感应出两道清晰的黑斑。如果自旋磁矩是连续变化的，则由式 (6.3.7) 可以看出原子在 Z 方向的受力是连续变化的，相片上将出现片状黑斑。另一方面，如果自旋磁矩为零，则原子在 Z 方向的受

力为零，黑斑只会出现在 X 轴上。那么原子在 X 方向受力如何？角动量理论指出，自旋角动量在 Z 方向有确定值 $\pm\frac{1}{2}\hbar$，在 X、Y 方向都没有确定值，以致 $\langle S_x\rangle=\langle S_y\rangle=0$，因此原子在 X 方向受力为零，理论上不会发生偏转。图 6.3.3 显示的 X 方向的展宽是原子束的有限宽度造成的。

毋庸置疑，施特恩–格拉赫实验 (图 6.3.5) 在量子力学的创立和发展中扮演着十分重要的角色 (实验成功很大程度上凭借施特恩 (图 6.3.6) 擅长的电子束技术)，它既是构建量子理论体系的一个奠基性实验，又是显示微观世界量子化特征的一个明确途径。它既是量子态制备的典型范例，又是量子态测量的成功样板。

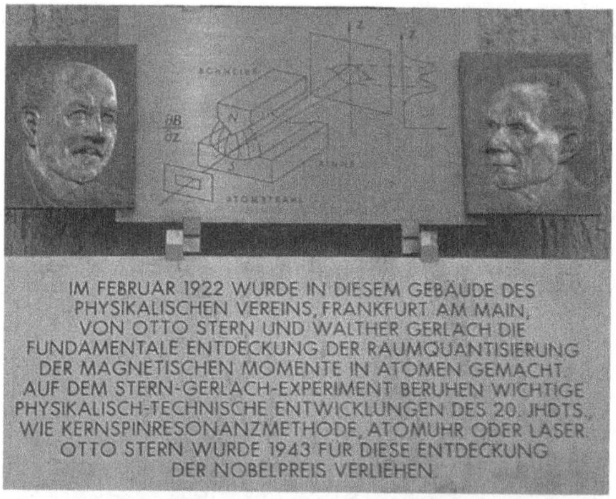

图 6.3.5　纪念施特恩–格拉赫实验的铭牌 (德国法兰克福大学)

施特恩于 1914 至 1921 年任法兰克福大学理论物理学无俸讲师

图 6.3.6　施特恩 (Otto Stern，1888—1969)

德国裔美国核物理学家及实验物理学家。发展了核物理研究中的分子束方法，除了以实验显示电子自旋之外，还发现了质子磁矩，获得了 1943 年诺贝尔物理学奖

6.4 自旋的矩阵表示

我们知道，量子力学的力学量由算符表示，那么自旋这个力学量就需要用矩阵表示。我们将会看到，它本质上恰好是泡利矩阵。

泡利矩阵的表达式 (6.1.30) 和式 (6.1.31) 意味着，一个任意的双元素矢量

$$|\Omega\rangle = \begin{pmatrix} \mu \\ \nu \end{pmatrix} \tag{6.4.1a}$$

可以展开为

$$|\Omega\rangle = \mu\,|\Psi_a\rangle + \nu\,|\Psi_b\rangle \tag{6.4.1b}$$

其中

$$\boldsymbol{\Psi}_a = \begin{pmatrix} 1 \\ 0 \end{pmatrix},\quad \boldsymbol{\Psi}_b = \begin{pmatrix} 0 \\ 1 \end{pmatrix} \tag{6.4.2}$$

事实上，式 (6.4.2) 正好可以代表自旋 1/2 粒子的两个自旋态 (自旋向上和自旋向下)。而式 (6.4.1b) 则是自旋 1/2 粒子的一般态。为了确认这一点，我们需要一般性地构造自旋矩阵 (spin matrix)，即自旋角动量 S_x、S_y、S_z 的矩阵表示。

6.4.1 自旋矩阵

由式 (6.4.2) 知，自旋矩阵应为 2×2 矩阵。首先设

$$S^2 = \begin{pmatrix} a & b \\ c & d \end{pmatrix} \tag{6.4.3}$$

现在我们利用 S^2 的本征方程

$$S^2\boldsymbol{\Psi}_a = \frac{3}{4}\hbar^2\boldsymbol{\Psi}_a,\quad S^2\boldsymbol{\Psi}_b = \frac{3}{4}\hbar^2\boldsymbol{\Psi}_b \tag{6.4.4}$$

来确定式 (6.4.3) 中的矩阵元素。式 (6.4.4) 的第一个方程给出

$$\begin{pmatrix} a & b \\ c & d \end{pmatrix}\begin{pmatrix} 1 \\ 0 \end{pmatrix} = \frac{3}{4}\hbar^2\begin{pmatrix} 1 \\ 0 \end{pmatrix},\ 即 \begin{pmatrix} a \\ c \end{pmatrix} = \begin{pmatrix} \frac{3}{4}\hbar^2 \\ 0 \end{pmatrix} \tag{6.4.5a}$$

所以 $a = \frac{3}{4}\hbar^2, c = 0$。第二个方程给出

$$\begin{pmatrix} a & b \\ c & d \end{pmatrix}\begin{pmatrix} 0 \\ 1 \end{pmatrix} = \frac{3}{4}\hbar^2\begin{pmatrix} 0 \\ 1 \end{pmatrix},\ 即 \begin{pmatrix} b \\ d \end{pmatrix} = \begin{pmatrix} 0 \\ \frac{3}{4}\hbar^2 \end{pmatrix} \tag{6.4.5b}$$

所以 $b=0, d=\dfrac{3}{4}\hbar^2$。最终得到

$$S^2=\frac{3}{4}\hbar^2\begin{pmatrix}1&0\\0&1\end{pmatrix} \tag{6.4.6}$$

类似地，由本征方程

$$S_z\boldsymbol{\Psi}_a=\frac{1}{2}\hbar\boldsymbol{\Psi}_a,\quad S_z\boldsymbol{\Psi}_b=-\frac{1}{2}\hbar\boldsymbol{\Psi}_b \tag{6.4.7}$$

得出

$$S_z=\frac{\hbar}{2}\begin{pmatrix}1&0\\0&-1\end{pmatrix} \tag{6.4.8}$$

进而，式 (6.2.7b) 给出

$$S^+\boldsymbol{\Psi}_b=\hbar\boldsymbol{\Psi}_a,\quad S^-\boldsymbol{\Psi}_a=\hbar\boldsymbol{\Psi}_b,\quad S^+\boldsymbol{\Psi}_a=S^-\boldsymbol{\Psi}_b=0 \tag{6.4.9}$$

由此得出

$$S^+=\hbar\begin{pmatrix}0&1\\0&0\end{pmatrix},\quad S^-=\hbar\begin{pmatrix}0&0\\1&0\end{pmatrix} \tag{6.4.10}$$

然后由式 (6.2.7b)，并利用式 (6.4.10) 得出

$$S_x=\frac{\hbar}{2}\begin{pmatrix}0&1\\1&0\end{pmatrix},\quad S_y=\frac{\hbar}{2}\begin{pmatrix}0&-\mathrm{i}\\\mathrm{i}&0\end{pmatrix} \tag{6.4.11}$$

由于 S_x，S_y，S_z 都含有因子 $\hbar/2$，$\boldsymbol{S}$ 可以更简洁地写为 $\boldsymbol{S}=(\hbar/2)\boldsymbol{\sigma}$，其中

$$\sigma_x=\begin{pmatrix}0&1\\1&0\end{pmatrix},\ \sigma_y=\begin{pmatrix}0&-\mathrm{i}\\\mathrm{i}&0\end{pmatrix},\ \sigma_z=\begin{pmatrix}1&0\\0&-1\end{pmatrix} \tag{6.4.12}$$

它们正是泡利矩阵。这样一来，自旋 1/2 的数学表述归结为泡利矩阵，而式 (6.4.2) 所示的状态正是 σ_z 的本征态。我们在 6.1 节对泡利矩阵进行了全面细致的讨论，其所有结果都适用于自旋 1/2 情况。比如，在自旋态式 (6.1.32) 中，利用式 (6.1.35) 和式 (6.1.47) 可得期待值 $\langle S_z\rangle=-\hbar/6$ 和 $\langle S_x\rangle=\hbar/3$。再如，由式 (6.1.39) 和式 (6.1.40) 可得 S_x 和 S_y 在自旋向上态中的测不准关系 $\Delta S_x=\Delta S_y=\hbar/2$，这表明自旋向上态是一个最小测不准态 (同理可证，自旋向下态也是一个最小测不准态)。

6.4.2 自旋角动量的投影

下面我们利用自旋 1/2 的泡利矩阵表述，讨论一个饶有兴趣的问题，它就是乌伦贝克 (Uhlenbeck) 和古德斯米特 (Goudsmit) 在 1925 年为解释电子自旋现象所提出的假设 [Uhlenbeck G E, Goudsmit S. Ersetzung der Hypothese vom unmechanischen Zwang durch eine Forderung bezüglich des inneren Verhaltens jedes einzelnen Elektrons. Die Naturwissenschaften, 1925, 13: 953-954]：电子自旋角动量在任何方向的投影只有两个可能的值 $\pm\frac{1}{2}\hbar$ (这看似是一个不可思议的假设)。

自旋 1/2 粒子的一般态 (式 (6.4.1a)) 可以按照自旋本征态式 (6.4.2) 展开：

$$|\Omega\rangle = \mu\begin{pmatrix}1\\0\end{pmatrix} + \nu\begin{pmatrix}0\\1\end{pmatrix} \tag{6.4.13}$$

因此，在 $|\Omega\rangle$ 态中测量 S_z，得到的可能值为 $s_z = \frac{1}{2}\hbar$ 和 $s_z = -\frac{1}{2}\hbar$，相应的概率分别为 $|\mu|^2$ 和 $|\nu|^2(|\mu|^2 + |\nu|^2 = 1)$。现在问，在 $|\Omega\rangle$ 态中测量 S_x，可能值是什么？概率是多少？我们的回答是：测量 S_x 所得到的可能值也是 $\pm\frac{1}{2}\hbar$！按照经典物理图像，确实难以想象一个任意矢量在 x 和 z 方向的投影取相同的值。

现在我们利用角动量的量子理论来解释这个问题，首先按 6.1.3 节例 4 的方法求解 $S_x = \frac{\hbar}{2}\begin{pmatrix}0 & 1\\1 & 0\end{pmatrix}$ 的本征方程

$$S_x\boldsymbol{\Phi} = \varepsilon\boldsymbol{\Phi} \tag{6.4.14}$$

其中，ε 是本征值，而 $\boldsymbol{\Phi}$ 为列矢量

$$\boldsymbol{\Phi} = \begin{pmatrix}a_1\\a_2\end{pmatrix} \tag{6.4.15}$$

将本征方程 (6.4.14) 写为

$$\begin{pmatrix}0 & \frac{1}{2}\hbar\\ \frac{1}{2}\hbar & 0\end{pmatrix}\begin{pmatrix}a_1\\a_2\end{pmatrix} - \varepsilon\begin{pmatrix}1 & 0\\0 & 1\end{pmatrix}\begin{pmatrix}a_1\\a_2\end{pmatrix} = 0 \tag{6.4.16}$$

即

$$\begin{pmatrix}-\varepsilon & \frac{1}{2}\hbar\\ \frac{1}{2}\hbar & -\varepsilon\end{pmatrix}\begin{pmatrix}a_1\\a_2\end{pmatrix} = 0 \tag{6.4.17}$$

由久期方程 $\begin{vmatrix} -\varepsilon & \frac{1}{2}\hbar \\ \frac{1}{2}\hbar & -\varepsilon \end{vmatrix} = 0$ 解出本征值

$$\varepsilon = \pm\frac{1}{2}\hbar \tag{6.4.18}$$

进而求出归一化的本征矢 (见式 (6.1.44))：

$$\boldsymbol{\varPhi}_a = \begin{pmatrix} 1/\sqrt{2} \\ 1/\sqrt{2} \end{pmatrix}, \quad \boldsymbol{\varPhi}_b = \begin{pmatrix} 1/\sqrt{2} \\ -1/\sqrt{2} \end{pmatrix} \tag{6.4.19}$$

它们作为 S_x 的本征矢具有完备性，一般态 $|\varOmega\rangle$ (式 (6.4.13)) 可以按它们展开为

$$|\varOmega\rangle = \frac{\mu+\nu}{\sqrt{2}}\begin{pmatrix} 1/\sqrt{2} \\ 1/\sqrt{2} \end{pmatrix} + \frac{\mu-\nu}{\sqrt{2}}\begin{pmatrix} 1/\sqrt{2} \\ -1/\sqrt{2} \end{pmatrix} \tag{6.4.20}$$

可见在一般态 $|\varOmega\rangle$ 中测量 S_x，可能值仍然是 $\pm\frac{1}{2}\hbar$，相应的概率为 $\frac{1}{2}|\mu+\nu|^2$ 和 $\frac{1}{2}|\mu-\nu|^2$。这里存在一个特殊情况，如果 $\mu=\nu=1/\sqrt{2}$，式 (6.4.20) 所示的一般态约化为

$$|\varOmega\rangle = \begin{pmatrix} 1/\sqrt{2} \\ 1/\sqrt{2} \end{pmatrix} = \boldsymbol{\varPhi}_a \tag{6.4.21}$$

它正是 S_x 的一个本征态 (见 (6.4.19) 中的 $\boldsymbol{\varPhi}_a$)。这时式 (6.4.13) 也确实变为这个态。这个情况的含义是显而易见的：当一般态 $|\varOmega\rangle$ 就是 S_x 的一个本征态时，它按 S_x 本征态的展开，当然只有这个态本身。

我们进一步计算在一般态 $|\varOmega\rangle$ 中测量 S_y 的可能值和相应的概率。为此求解 $S_y = \frac{\hbar}{2}\begin{pmatrix} 0 & -\mathrm{i} \\ \mathrm{i} & 0 \end{pmatrix}$ 的本征方程，所得本征值仍为 $\pm\frac{1}{2}\hbar$，而归一化的本征矢是

$$\begin{pmatrix} 1/\sqrt{2} \\ \mathrm{i}/\sqrt{2} \end{pmatrix} 和 \begin{pmatrix} 1/\sqrt{2} \\ -\mathrm{i}/\sqrt{2} \end{pmatrix} \tag{6.4.22}$$

一般态 $|\varOmega\rangle$ (式 (6.4.13)) 可以按它们展开为

$$|\varOmega\rangle = \frac{\mu-\mathrm{i}\nu}{\sqrt{2}}\begin{pmatrix} 1/\sqrt{2} \\ \mathrm{i}/\sqrt{2} \end{pmatrix} + \frac{\mu+\mathrm{i}\nu}{\sqrt{2}}\begin{pmatrix} 1/\sqrt{2} \\ -\mathrm{i}/\sqrt{2} \end{pmatrix} \tag{6.4.23}$$

可见在一般 $|\varOmega\rangle$ 态中测量 S_y，可能值还是 $\pm\frac{1}{2}\hbar$，相应的概率均为 $\frac{1}{2}\left(|\mu|^2+|\nu|^2\right)$。

综合上述结果，在一般态

$$|\Omega\rangle = \begin{pmatrix} \mu \\ \nu \end{pmatrix} \tag{6.4.24}$$

中测量电子自旋角动量在 x, y, z 三个方向的投影 S_x，S_y，S_z，所得到的可能值都是 $\pm\dfrac{1}{2}\hbar$。因为坐标轴 x, y, z 的安置具有任意性。这意味着，电子自旋角动量在任何方向的投影只有这两个可能值。这是一个纯粹的量子效应。

6.5 电子自旋的相对论量子力学描述

我们从中心势场的定态狄拉克方程 [顾樵. 量子力学 Ⅱ. 科学出版社，2014: 602]

$$\left(c\boldsymbol{\alpha}\cdot\boldsymbol{p} + \beta mc^2 + V\right)\psi = E\psi \tag{6.5.1}$$

出发，其中 V 是势函数 (只依赖于径向变量 r)，E 是粒子的本征能量，本征函数 ψ 可以表示为二分量波函数

$$\psi = \begin{pmatrix} \psi_1 \\ \psi_2 \end{pmatrix} \mathrm{e}^{\mathrm{i}\boldsymbol{k}\cdot\boldsymbol{r}} \tag{6.5.2}$$

其中

$$\psi_1 = \begin{pmatrix} u_1 \\ u_2 \end{pmatrix}, \quad \psi_2 = \begin{pmatrix} u_3 \\ u_4 \end{pmatrix} \tag{6.5.3}$$

这样方程 (6.5.1) 中的 $\boldsymbol{\alpha}\cdot\boldsymbol{p}$ 表示为 $\boldsymbol{\sigma}\cdot\boldsymbol{p}\begin{pmatrix} 0 & I \\ I & 0 \end{pmatrix}$。另外，为便于使问题的结果过渡到非相对论情况，把粒子的静能量 mc^2 从 E 中分出来：

$$E = E' + mc^2 \tag{6.5.4}$$

在非相对论近似 (non-relativistic approximation) 下，有 $E' \ll mc^2$，$V \ll mc^2$，将式 (6.5.2) 代入方程 (6.5.1)，得到

$$(E' - V)\psi_1 - c\boldsymbol{\sigma}\cdot\boldsymbol{p}\psi_2 = 0 \tag{6.5.5a}$$

$$(E' - V + 2mc^2)\psi_2 - c\boldsymbol{\sigma}\cdot\boldsymbol{p}\psi_1 = 0 \tag{6.5.5b}$$

由式 (6.5.5b) 解出 $\psi_2 = (E' - V + 2mc^2)^{-1}c\boldsymbol{\sigma}\cdot\boldsymbol{p}\psi_1$，代入式 (6.5.5a)，得到

$$E'\psi_1 = \frac{1}{2m}(\boldsymbol{\sigma}\cdot\boldsymbol{p})\left(1 + \frac{E' - V}{2mc^2}\right)^{-1}(\boldsymbol{\sigma}\cdot\boldsymbol{p})\psi_1 + V\psi_1 \tag{6.5.6}$$

至此尚未作任何近似。

现在考虑到 $E' - V \ll 2mc^2$，因此可以取

$$\left(1+\frac{E'-V}{2mc^2}\right)^{-1} \approx 1-\frac{E'-V}{2mc^2} \tag{6.5.7}$$

再利用恒等式

$$\boldsymbol{p}V - V\boldsymbol{p} = -\mathrm{i}\hbar\nabla V \tag{6.5.8a}$$

$$(\boldsymbol{\sigma}\cdot\nabla V)(\boldsymbol{\sigma}\cdot\boldsymbol{p}) = (\nabla V)\cdot\boldsymbol{p} + \mathrm{i}\boldsymbol{\sigma}\cdot(\nabla V\times\boldsymbol{p}) \tag{6.5.8b}$$

方程 (6.5.6) 变成

$$\begin{aligned} E'\psi_1 = &\left[\left(1-\frac{E'-V}{2mc^2}\right)\frac{p^2}{2m}+V\right]\psi_1 \\ &-\frac{\hbar^2}{4m^2c^2}(\nabla V)\cdot(\nabla\psi_1)+\frac{\hbar^2}{4m^2c^2}\boldsymbol{\sigma}\cdot[(\nabla V)\times\boldsymbol{p}\psi_1] \end{aligned} \tag{6.5.9}$$

由于 V 是球对称的，有

$$(\nabla V)\cdot\nabla = \frac{\mathrm{d}V}{\mathrm{d}r}\frac{\partial}{\partial r}, \quad \nabla V = \frac{1}{r}\frac{\mathrm{d}V}{\mathrm{d}r}\boldsymbol{r} \tag{6.5.10}$$

并注意到 $E'-V$ 是非相对论动能：$E'-V\approx\dfrac{p^2}{2m}$，因此 $(E'-V)p^2\approx\dfrac{p^4}{2m}$，这样方程 (6.5.9) 可以写成

$$\left(\frac{p^2}{2m}+V-\frac{p^4}{8m^3c^2}-\frac{\hbar^2}{4m^2c^2}\frac{\mathrm{d}V}{\mathrm{d}r}\frac{\partial}{\partial r}+\frac{1}{2m^2c^2}\frac{1}{r}\frac{\mathrm{d}V}{\mathrm{d}r}\boldsymbol{S}\cdot\boldsymbol{L}\right)\psi_1 = E'\psi_1 \tag{6.5.11}$$

其中

$$\boldsymbol{S} = \frac{1}{2}\hbar\boldsymbol{\sigma}, \quad \boldsymbol{L} = \boldsymbol{r}\times\boldsymbol{p} \tag{6.5.12}$$

分别是粒子的自旋角动量和轨道角动量。方程 (6.5.11) 是非相对论极限 (non-relativistic limit) 下的定态薛定谔方程，它适用于自旋为 1/2 的粒子。该方程左端括号中的五项即为粒子的哈密顿算符。前两项是熟知的非相对论部分，决定体系能级的主体结构。其余三项是相对论修正，它们刻画能级的精细结构。其中第三项表示动能的相对论修正，它含在下面的级数展开中：

$$E' = E - mc^2 = \sqrt{c^2p^2+m^2c^4} - mc^2 \approx \frac{p^2}{2m} - \frac{p^4}{8m^3c^2} \tag{6.5.13}$$

这正是相对论动能的二级近似式。而最后一项则是自旋–轨道耦合能，现在它是作为狄拉克方程的一个组成部分而自动出现的，并不像非相对论量子力学那样把自旋附加到通常的波函数之中。第四项表示势能的相对论修正，这是一种相对论量子效应，没有经典对应。

现在我们利用方程 (6.5.11)，按微扰论方法计算氢原子的能量修正。体系的哈密顿算符为

$$H = H_0 + H_1' + H_2' + H_3' \tag{6.5.14}$$

其中

$$H_0 = \frac{p^2}{2m} + V \quad \left(V = -\frac{e^2}{r}\right) \tag{6.5.15}$$

是无微扰体系的哈密顿算符，而微扰哈密顿算符为

$$H_1' = -\frac{p^4}{8m^3c^2} \tag{6.5.16a}$$

$$H_2' = -\frac{\hbar^2}{4m^2c^2}\frac{\mathrm{d}V}{\mathrm{d}r}\frac{\partial}{\partial r} = -\frac{\hbar^2 e^2}{4m^2c^2}\frac{1}{r^2}\frac{\partial}{\partial r} \tag{6.5.16b}$$

$$H_3' = \frac{1}{2m^2c^2}\frac{1}{r}\frac{\mathrm{d}V}{\mathrm{d}r}\boldsymbol{S}\cdot\boldsymbol{L} = \frac{e^2}{2m^2c^2}\frac{1}{r^3}\boldsymbol{S}\cdot\boldsymbol{L} \tag{6.5.16c}$$

H_1' 在无微扰态 (H_0 的本征态) 中的期待值为

$$\langle H_1'\rangle = -\frac{E_n^2}{2mc^2}\left(\frac{4n}{l+\dfrac{1}{2}} - 3\right) \tag{6.5.17}$$

H_3' 在无微扰态的期待值为

$$\langle H_3'\rangle = \frac{E_n^2}{mc^2}\begin{cases} \dfrac{n}{j\left(j+\dfrac{1}{2}\right)} & \left(j = l+\dfrac{1}{2}, l\neq 0\right) & (6.5.18\text{a}) \\ -\dfrac{n}{\left(j+\dfrac{1}{2}\right)(j+1)} & \left(j = l-\dfrac{1}{2}, l\neq 0\right) & (6.5.18\text{b}) \end{cases}$$

进而

$$\langle H_1'\rangle + \langle H_3'\rangle = -\frac{E_n^2}{2mc^2}\left(\frac{4n}{j+\dfrac{1}{2}} - 3\right) \tag{6.5.19}$$

这个结果不包括 $l=0$ 情况。

现在我们计算 H_2' 在径向波函数

$$R_{nl}(r)=\sqrt{\left(\frac{2}{an}\right)^3\frac{(n-l-1)!}{2n(n+l)!}}\exp\left(-\frac{r}{an}\right)\left(\frac{2r}{an}\right)^l L_{n-l-1}^{2l+1}\left(\frac{2r}{an}\right) \tag{6.5.20}$$

中的期待值 $\langle H_2'\rangle$。为此首先作下列计算

$$\begin{aligned}\int_0^\infty R_{nl}(r)\left(\frac{1}{r^2}\frac{\partial}{\partial r}\right)R_{nl}(r)r^2\mathrm{d}r &= \int_0^\infty R_{nl}(r)\frac{\partial}{\partial r}R_{nl}(r)\mathrm{d}r\\ &= \int R_{nl}\mathrm{d}R_{nl}=\frac{1}{2}\left[R_{nl}^2(\infty)-R_{nl}^2(0)\right]\\ &= -\frac{1}{2}R_{nl}^2(0)\end{aligned}$$

由式 (6.5.20) 可以看出，当 $r=0$，$l\neq 0$ 时，$\left(\frac{2r}{an}\right)^l=0$，因此有 $R_{nl}(0)=0$；而当 $r=0$，$l=0$ 时，$\left(\frac{2r}{an}\right)^l=1$，因此

$$R_{n0}(0)=\sqrt{\left(\frac{2}{an}\right)^3\frac{1}{2n^2}}L_{n-1}^1(0)=\sqrt{\frac{1}{2}\left(\frac{2}{an}\right)^3} \tag{6.5.21}$$

所以

$$\langle H_2'\rangle=\begin{cases}\dfrac{\hbar^2e^2}{2m^2c^2}\left(\dfrac{1}{an}\right)^3 & (l=0)\\ 0\quad (l\neq 0)\end{cases} \tag{6.5.22}$$

它可以写为

$$\langle H_2'\rangle=\frac{2E_n^2}{mc^2}n\quad (l=0) \tag{6.5.23}$$

氢原子总能量在形式上表示为

$$E_{nj}=-\frac{13.6\mathrm{eV}}{n^2}\left[1+\frac{\alpha^2}{n^2}\left(\frac{n}{j+\frac{1}{2}}-\frac{3}{4}\right)\right] \tag{6.5.24}$$

这就是相对论量子力学微扰论对于氢原子能级的结果，其中 $\alpha=1/137$ 是精细结构常数。现在对于一个主量子数 n，角量子数 l 的取值为

$$l=0,1,2,\cdots,n-1 \tag{6.5.25}$$

j 的取值为

$$j=\frac{1}{2}\quad(l=0),\quad j=l\pm\frac{1}{2}\quad(l\neq 0)\tag{6.5.26}$$

可见

$$j+\frac{1}{2}=1,2,3,\cdots,n\tag{6.5.27}$$

共取 n 个值。对于一个主量子数 n(非相对论情况下的一个能级)，现在分裂成由式 (6.5.27) 所确定的 n 个能级 (图 6.5.1)：j 大者在上，j 小者在下。而能级裂距 (energy level splitting) 为

$$\Delta E_n=E_{n,n-\frac{1}{2}}-E_{n,\frac{1}{2}}=\frac{13.6\text{eV}}{n^2}\alpha^2\frac{n-1}{n^2}\tag{6.5.28}$$

相对裂距随 n 的变化如图 6.5.2 所示。很明显，基态 $(n=1)$ 不出现能级分裂 $(\Delta E_1=0)$。当 $n=2$ 时，裂距取最大值

$$\Delta E_2=\frac{13.6\text{eV}}{16}\alpha^2\approx 4.5\times10^{-5}\text{eV}\tag{6.5.29}$$

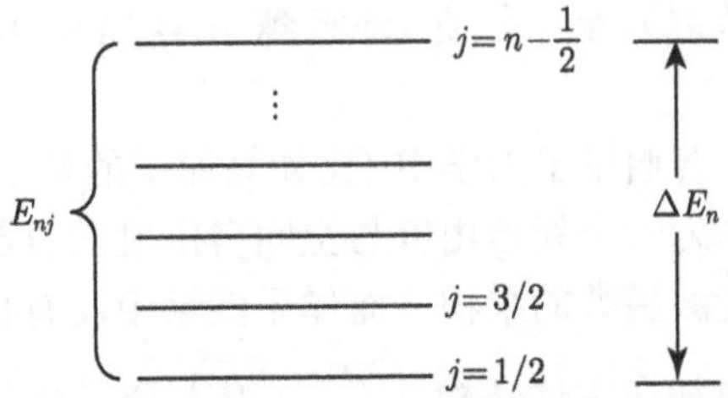

图 6.5.1 氢原子能级的相对论量子力学微扰论结果

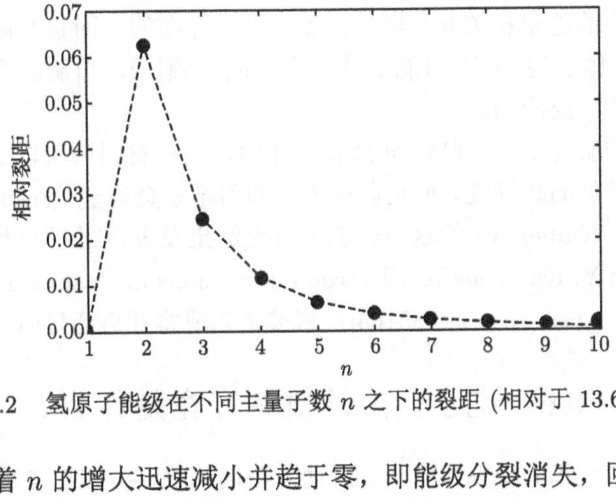

图 6.5.2 氢原子能级在不同主量子数 n 之下的裂距 (相对于 $13.6\alpha^2$eV)

之后，裂距随着 n 的增大迅速减小并趋于零，即能级分裂消失，回到非相对论的情况。作为一个例子，图 6.5.3 显示了氢原子莱曼系 α 线的分裂。

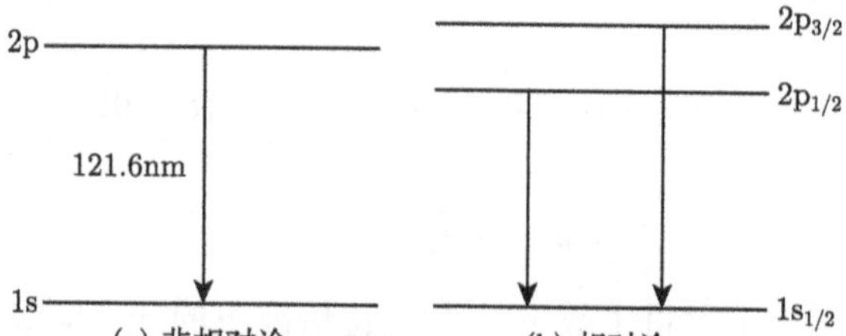

图 6.5.3　氢原子莱曼系 α 线的分裂：$2p_{3/2} - 2p_{1/2} \approx 0.36\text{cm}^{-1}$(来自式 (6.5.29))

需要说明，在相对论量子力学范畴内 (不考虑量子电动力学)，氢原子能级的精确结果 (直接由狄拉克方程求出而不是利用微扰论) 为

$$E_{nj} = mc^2 \left\{ \left[1 + \left(\frac{\alpha}{n - \left(j + \frac{1}{2}\right) + \sqrt{\left(j + \frac{1}{2}\right)^2 - \alpha^2}} \right)^2 \right]^{-1/2} - 1 \right\} \tag{6.5.30}$$

将它作为 α^2 的幂级数展开至 α^4 项 (注意到 $\alpha \ll 1$)，所得结果与微扰论结果式 (6.5.24) 相同。

最后需要指出，在普通量子力学中 (比如氢原子的量子力学)，电子自旋问题是单独讨论的，然后作为一个新自由度与空间自由度结合起来，体系的总体波函数是空间波函数与自旋波函数的乘积，而体系能量中没有自旋的贡献。这里的讨论不是把自旋简单地附加在主体结构 $\left(\dfrac{p^2}{2m} + V\right)$ 所导致的结果之后，而是一开始就与之并列出现。所以自旋是相对论量子力学的自然结果。而且式 (6.5.11) 表明，自旋与体系的能量相关联。所以自旋不但是存在的，而且对体系的能级及光谱分布有贡献 (体现为 $\langle H_3' \rangle$ 对能量量子数 j 的依赖性)。自旋的这种作用体现在电子自旋共振的广泛应用。

一项最新的研究发现，自旋-轨道耦合作用在某些材料中可以变得足够强，以致产生非常规类型的超导性。明尼苏达大学的科学家金迪金 (Yasha Gindikin) 和加米涅夫 (Alex Kamenev) 的这一开创性研究结果发表在最近一期的《物理评论 B》上 [Gindikin Y, Kamenev A. Electron interactions in Rashba materials. Phys. Rev. B，2025，111：Article 035104]。它被认为或将开启超导研究的新纪元。

6.6　电子自旋的机制究竟是什么？

本专题最后，我们说说那个一直悬而未决的问题——电子自旋的机制。电子有一个内禀角动量已经被实验证实，那电子就不是一个点粒子，就应该有内部结构！就应该能把电子的内部结构测出来。这样一来，关于电子结构的测量就是一个非常敏感的问题，我们这里介绍相关的最新进展。

我们知道，刻画带电粒子微观性质的一个重要物理量是电偶极矩，如图 6.6.1 所示。电偶极矩刻画正负电荷的分离，一个电子和一个正电子相隔为 1cm 时的电偶极矩为 1e · cm。一个带电体的任何不均匀电荷分布都会产生一个非零的电偶极矩，一个完美的均匀带电球体的电偶极矩为零。所以电偶极矩也是一个带电体偏离理想球体的度量。粒子物理标准模型给出的结果是，电子有微小的电偶极矩：

$$\boldsymbol{p} = -q\boldsymbol{r} = 10^{-38}\mathrm{e}\cdot\mathrm{cm} \tag{6.6.1}$$

这个数值太小了，所以电子就可以看作一个完美的球体。

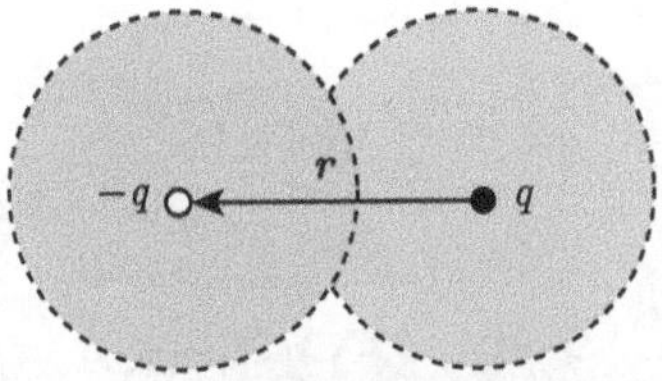

图 6.6.1 带电粒子的电偶极矩 $\boldsymbol{p} = -q\boldsymbol{r}$

那么标准模型会支配实验结果吗？哈佛大学的道尔 (John Doyle) 与耶鲁大学的德米勒 (David de Mille) 领导了一个联合研究团队, 称为 ACME(高级冷分子电子电偶极矩 (图 6.6.2))。他们在 2014 年对电子的球形形状做了当时最为精确的测量 (图 6.6.3)，给出电子电偶极矩的上限

$$p = 8.7\times10^{-29}\mathrm{e}\cdot\mathrm{cm}\quad(90\%\text{可信度}) \tag{6.6.2}$$

怎么想象这个数值呢？德米勒做了一个生动的比喻：如果电子有地球那么大，它的不完美程度相当于在一个完美的均匀地球上，从北极削下一个 10nm 厚的薄片贴到南极上 (图 6.6.4)。这个比喻极富想象力！

在此基础上，这个团队又进一步从技术上改进实验，以提高其敏感度。在 2018 年将电子的电偶极矩的上限降低为 $p = 1.1\times10^{-29}\mathrm{e}\cdot\mathrm{cm}$。另外，2023 年美国实验天体物理联合研究所 (JILA) 的研究团队将电子电偶极矩的上限值压低到 $4.1\times10^{-30}\mathrm{e}\cdot\mathrm{cm}$，比之前的最好结果提升了 2.4 倍。这项新的测量意味着，如果将电子的大小比作地球，那么它形状中的任何不对称性都必须小于一个原子的尺度。该成果以 “An improved bound on the electron’s electric dipole moment” 为题发表于 2023 年 7 月 6 日出版的《科学》杂志上。这样极端的结果给人们的感觉是，电子确实可以视为完美的球体。

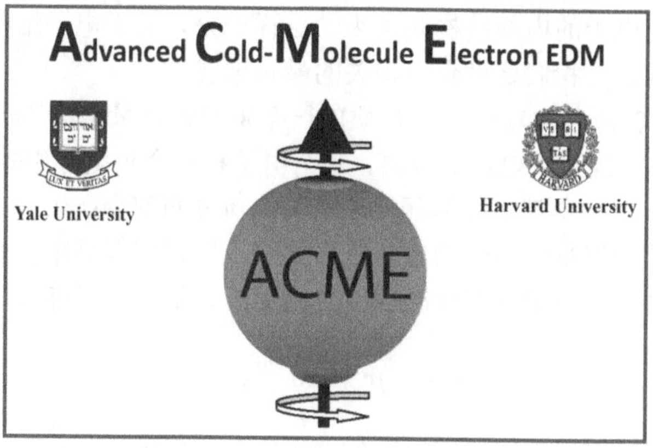

图 6.6.2　关于电子球形形状测量的团队 (ACME)

图 6.6.3　ACME 团队的测量仪器

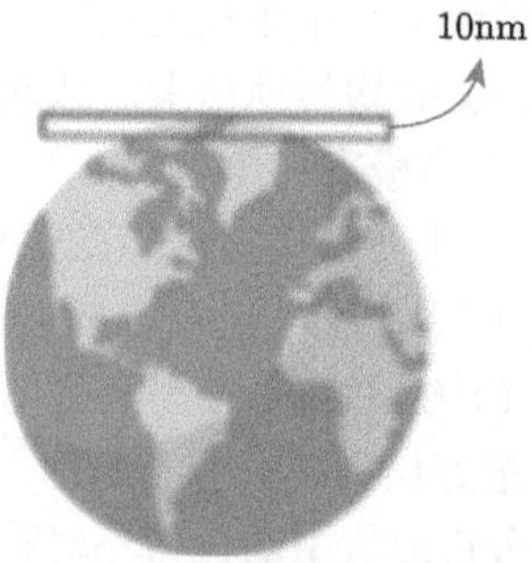

图 6.6.4　电子作为球体的不完美程度

从北极削下一个 10nm 厚的薄片贴到南极上

不过这些测量引发了另一个重要的讨论。我们看到，用目前最为精确的测量方法，仍与标准模型结果有 8 个数量级的差距，这是难以理解的！如何弥合二者间的巨大差距？国际上有一个相当流行的推测：认为被测电子系统中藏匿了其他未知的粒子，它的电偶极矩与电子的电偶极矩方向相同，二者叠加起来使测量值增大 (而标准模型的计算只涉及电子系统)。毋庸置疑，ACME 和 JILA 的精确测量为科学家寻找新粒子提供了理由和思路。这本身就是对标准模型的一种挑战——它需要添补新粒子。正像德米勒所说，“所有人都相信一定存在着新粒子。它们不存在才是怪事。”

综上所述，电子有内禀角动量是一个确凿的实验结果，而且相对论量子力学可以描述电子自旋效应，所预言的光谱精细结构已被实验证实。现在最精确的测量都没有检测到电子的电偶极矩，那人们只能相信电子是没有结构的。这意味着电子自旋的机制究竟是什么，仍是一个谜团。但这不妨碍自旋效应的实际应用，甚至扩展到方兴未艾的自旋电子学 (spintronics)(图 6.6.5) 和拓扑材料等领域。

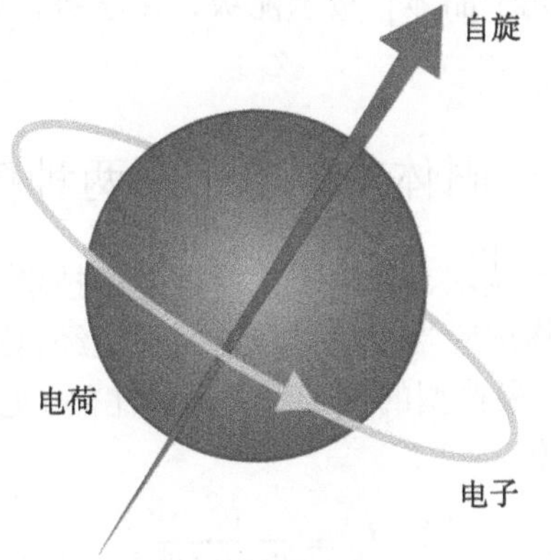

图 6.6.5　自旋电子学

自旋电子学是利用创新的方法，来操纵电子自旋自由度的新兴科学与技术。应用于自旋电子学的材料，需要具有较高的电子极化率，以及较长的电子弛豫时间。许多新材料 (例如磁性半导体、半金属等) 近年来被广泛研究，以求能有符合自旋电子元件应用所需要的性质

第 7 章　固体的量子理论

经典电子论可以解释电阻随温度升高而增大的现象，那是由于晶格热运动加快增加了对电子传输的阻碍。一个晶格常数为 0.3nm 的固体，当它的温度低于 10^5K 时，其中的电子必须用量子力学处理。这个温度早把固体“烧熔了”(目前已知最耐高温的材料 Ta_4HfC_5 的熔点为 4488K)。这提示人们随便拿出块固体就得想到薛定谔方程。固体的量子力学描述通常采用电子气模型和能带论。这里将电子气模型归结为三维无限深势阱问题；而阐述能带论时将不惜浓墨重彩、细致入微；同样滴水不漏地论述三种量子统计方法。由此，一系列问题的讨论便畅通无阻地展开：半导体、光子晶体、费米能级、化学势、德拜温度，以及石墨烯材料的种种奇异性质。

7.1　固体中的电子：两种模型

固体物理学是微电子技术、光电子技术、能源技术、材料科学与技术等领域的理论基础。研究固体物理应当用量子理论而不是经典理论，因为经典理论给出的结果与实验不相符合，最典型的例子就是固体比热 (见 1.6.3 节)。一般而言，当固体的温度低于特征温度

$$T_{\mathrm{q}} \equiv \frac{h^2}{3mk_{\mathrm{B}}a^2} \tag{7.1.1}$$

时，就要用量子力学处理 (见 4.3.3 节)。举例来说，典型的固体晶格常数为 $a \approx$ 0.3nm，对于固体中的电子，质量 $m = 9.11 \times 10^{-31}$kg，有 $T_{\mathrm{q}} \approx 10^5$K。这表明当固体低于这个温度时就必须用量子力学处理。而一般固体确实远低于这个温度，所以研究固体中的电子离不开量子理论。

固体中电子的行为可以用图 7.1.1 表示，少数价电子因为受到的束缚力较弱，会变得相当自由，可以在晶格中晃来晃去地自由运动。对它产生作用的不再是单个“母”原子的库仑力，而是整个晶格形成的势场。我们在本专题中将引入两种重要的量子力学模型来描述电子在晶体中的性质。第一是索末菲电子气模型 (electron gas model)，该模型忽略了电子之间的排斥力，把电子看作一个盒子里的自由电子，整个模型可以视为具有限制性边界条件的三维无限深势阱。第二是克勒尼希-彭尼模型，它用一种周期性势场描述规则排列的原子核对电子的吸引作用。这个模型虽然同样忽略了电子之间的排斥作用，但它的解引出电子的能带结构 (band structure)。电子气模型和能带论是研究固体性质的基本理论，它们将导致一系列重要结果。

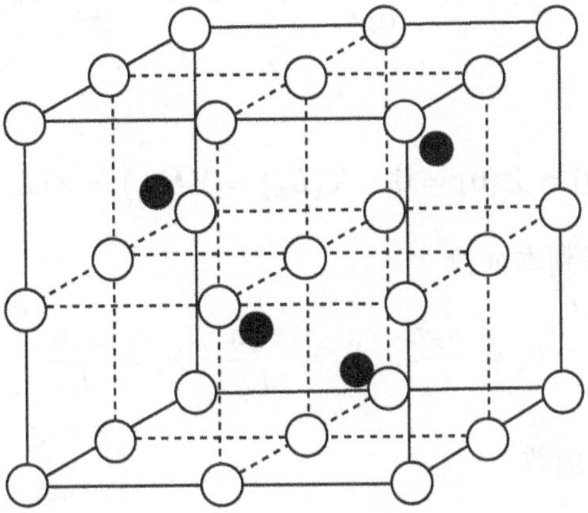

图 7.1.1 晶体中的少数价电子可以自由运动

7.2 自由电子气模型

7.2.1 三维无限深势阱模型

这里所考虑的体系为长方形固体，三边长度分别是 L_x, L_y, L_z。假定电子在固体中不受任何力的作用，但它不能从固体表面逸出。这实际上构成一个三维无限深势阱模型，其势能为

$$V(x,y,z)=\begin{cases}0 & (0<x<L_x, 0<y<L_y, 0<z<L_z)\\ \infty & (\text{其他位置})\end{cases} \tag{7.2.1}$$

固体内电子是自由的，其薛定谔方程为

$$-\frac{\hbar^2}{2m}\nabla^2\psi=E\psi \tag{7.2.2}$$

其中，m 是电子的质量，ψ 和 E 分别为电子的本征态和本征能量。将方程 (7.2.2) 在直角坐标系中分离变量：$\psi=X(x)Y(y)Z(z)$，则各分量满足的方程为

$$-\frac{\hbar^2}{2m}\frac{\mathrm{d}^2X}{\mathrm{d}x^2}=E_xX,\quad -\frac{\hbar^2}{2m}\frac{\mathrm{d}^2Y}{\mathrm{d}y^2}=E_yY,\quad -\frac{\hbar^2}{2m}\frac{\mathrm{d}^2Z}{\mathrm{d}z^2}=E_zZ \tag{7.2.3}$$

并有 $E_x+E_y+E_z=E$。令

$$k_x^2=\frac{2mE_x}{\hbar^2},\quad k_y^2=\frac{2mE_y}{\hbar^2},\quad k_z^2=\frac{2mE_z}{\hbar^2} \tag{7.2.4}$$

方程 (7.2.3) 变为

$$\frac{\mathrm{d}^2 X}{\mathrm{d}x^2}+k_x^2X=0,\quad \frac{\mathrm{d}^2 Y}{\mathrm{d}y^2}+k_y^2Y=0,\quad \frac{\mathrm{d}^2 Z}{\mathrm{d}z^2}+k_z^2Z=0 \tag{7.2.5}$$

利用边界条件

$$X(0)=Y(0)=Z(0)=0,\quad X(L_x)=Y(L_y)=Z(L_z)=0 \tag{7.2.6}$$

求解方程 (7.2.5)，得到本征值

$$k_x=\frac{n_x\pi}{L_x},\quad k_y=\frac{n_y\pi}{L_y},\quad k_z=\frac{n_z\pi}{L_z} \tag{7.2.7}$$

和相应的归一化本征函数

$$\begin{aligned} &X(x)=\sqrt{\frac{2}{L_x}}\sin\left(\frac{n_x\pi}{L_x}x\right),\quad Y(y)=\sqrt{\frac{2}{L_y}}\sin\left(\frac{n_y\pi}{L_y}y\right)\\ &Z(z)=\sqrt{\frac{2}{L_z}}\sin\left(\frac{n_z\pi}{L_z}z\right) \end{aligned} \tag{7.2.8a}$$

其中，$n_x,n_y,n_z=1,2,3,\cdots$。电子的总本征函数为

$$\psi=\sqrt{\frac{8}{L_xL_yL_z}}\sin\left(\frac{n_x\pi}{L_x}x\right)\sin\left(\frac{n_y\pi}{L_y}y\right)\sin\left(\frac{n_z\pi}{L_z}z\right) \tag{7.2.8b}$$

它代表电子的量子状态。电子能量的允许取值为

$$E=\frac{\pi^2\hbar^2}{2m}\left(\frac{n_x^2}{L_x^2}+\frac{n_y^2}{L_y^2}+\frac{n_z^2}{L_z^2}\right)=\frac{\hbar^2k^2}{2m} \tag{7.2.9}$$

其中

$$\boldsymbol{k}\equiv\{k_x,k_y,k_z\}=\left\{\frac{n_x\pi}{L_x},\frac{n_y\pi}{L_y},\frac{n_z\pi}{L_z}\right\} \tag{7.2.10}$$

是固体中电子波矢量的允许取值。由于 n_x,n_y,n_z 均为正数，相应的三维 k-空间对应第一象限 (占整个空间的 1/8，如图 1.4.3 所示)。

7.2.2 费米能级

在上述自由电子气模型中，式 (7.2.8a) 所示的本征模与 1.4.2 节所讨论的辐射场驻波模 (1.4.12) 有完全相同的形式，按照那里的研究思路可知，电子态

式 (7.2.8b) 在三维 k-空间所占的体积为 π^3/V，其中 $V = L_x L_y L_z$ 是固体的实际体积。假设该固体包含 N 个原子，每个原子具有 q 个"自由"电子。对于宏观尺度的固体，N 具有阿伏伽德罗常数 (见式 (1.6.13)) 的数量级，相比之下 q 却是一个很小的数 (通常为 1 或 2)。由于一个电子包含自旋相反的两个状态，每个状态所占的体积为 $\frac{1}{2}(\pi^3/V)$。所以 Nq 个电子的所有状态在 k-空间所占的体积为

$$Nq\left(\frac{1}{2}\frac{\pi^3}{V}\right) = \frac{1}{8}\cdot\left(\frac{4}{3}\pi k_{\mathrm{F}}^3\right) \tag{7.2.11}$$

其中，k_{F} 是 k-空间中电子态所占据的 1/8 球体的半径。由此得到

$$k_{\mathrm{F}} = \left(3\rho\pi^2\right)^{1/3} \quad \left(\rho \equiv \frac{Nq}{V}\right) \tag{7.2.12}$$

其中，ρ 是自由电子密度 (单位体积内自由电子的数目)。

k-空间中电子态所占据区域的界面称为费米面 (Fermi surface)，它是一个 1/8 球面，k_{F} 就是这个球面的半径 (简言之，k_{F} 是费米面的半径)。与 k_{F} 对应的能级称为费米能级 (Fermi energy)E_{F}，它是电子填充的最高能级，由式 (7.2.9) 给出为

$$E_{\mathrm{F}} = \frac{\hbar^2 k_{\mathrm{F}}^2}{2m} = \frac{\hbar^2}{2m}\left(3\rho\pi^2\right)^{2/3} \tag{7.2.13}$$

我们可以进而计算固体中自由电子气的总能量。将 k 看作连续变量，则 k-空间中 1/8 球壳 (厚度为 $\mathrm{d}k$) 的体积是

$$\frac{1}{8}\cdot\left(4\pi k^2\right)\mathrm{d}k = \frac{1}{2}\pi k^2\mathrm{d}k \tag{7.2.14}$$

球壳中的电子态数目为

$$\left(\frac{1}{2}\pi k^2\mathrm{d}k\right)\left(\frac{2V}{\pi^3}\right) = \frac{V}{\pi^2}k^2\mathrm{d}k \tag{7.2.15}$$

这里，$(2V/\pi^3)$ 是态密度 (等价于式 (7.2.11) 左端的单态体积 $\frac{1}{2}(\pi^3/V)$)。每个态的能量由式 (7.2.9) 表示，所以球壳内全部电子态的总能量为

$$\mathrm{d}E = \frac{\hbar^2 k^2}{2m}\frac{V}{\pi^2}k^2\mathrm{d}k = \frac{\hbar^2 V}{2\pi^2 m}k^4\mathrm{d}k \tag{7.2.16}$$

然后对 k 在费米面内积分，得到

$$E = \frac{\hbar^2 V}{2\pi^2 m}\int_0^{k_{\mathrm{F}}} k^4\mathrm{d}k = \frac{\hbar^2 V k_{\mathrm{F}}^5}{10\pi^2 m} \tag{7.2.17}$$

这就是体积为 V 的固体中全部电子态的总能量，它与费米面半径的 5 次方成正比。而电子气的能量密度为

$$\frac{E}{V}=\frac{\hbar^2 k_{\mathrm{F}}^5}{10\pi^2 m} \tag{7.2.18}$$

进而可得一个自由电子的平均能量与费米能级的比值

$$\frac{E/(Nq)}{E_{\mathrm{F}}}=\frac{3}{5} \tag{7.2.19}$$

7.2.3 经典模型

一个有趣的情况是上述量子力学处理有一个经典的气体分子运动论的对应模型 (归结为下面的例题)。

例 金属内部自由电子的运动类似于气体分子的运动。设金属中共有 N 个电子，电子的最大速率为 v_{F}(称为费米速率)，设速率在 $v\sim v+\mathrm{d}v$ 区间的电子数目占总数的比分为

$$\frac{\mathrm{d}N}{N}=\begin{cases} Av^2\mathrm{d}v & (0\leqslant v\leqslant v_{\mathrm{F}}) \\ 0 & (v>v_{\mathrm{F}}) \end{cases}$$

它相应于如图 7.2.1 所示的速率分布函数 $f(v)=\dfrac{1}{N}\dfrac{\mathrm{d}N}{\mathrm{d}v}$。回答下列问题：

(1) 求归一化常数 A；

(2) 求电子的平均速率 $\bar{v}$ 和最概然速率 v_{p}；

(3) 求电子的平均动能 $\bar{\varepsilon}=\dfrac{1}{2}m\bar{v}^2$ 及其与费米能级 $E_{\mathrm{F}}=\dfrac{1}{2}mv_{\mathrm{F}}^2$ 的比值。

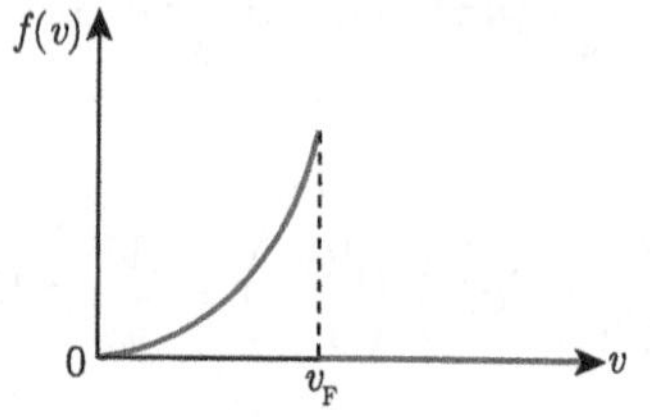

图 7.2.1 金属内部自由电子速率的分布函数

解 (1) 由速率分布函数 $f(v)$ 的归一化条件，给出归一化常数：

$$\int_0^{\infty} f(v)\mathrm{d}v=\int_0^{v_{\mathrm{F}}} Av^2\,\mathrm{d}v=\frac{A}{3}v_{\mathrm{F}}^3=1,\quad 故\ A=\frac{3}{v_{\mathrm{F}}^3} \tag{7.2.20}$$

(2) 电子的平均速率为

$$\bar{v}=\int_0^{\infty} vf(v)\mathrm{d}v=\int_0^{v_{\mathrm{F}}} v\left(\frac{3}{v_{\mathrm{F}}^3}v^2\right)\mathrm{d}v=\frac{3}{v_{\mathrm{F}}^3}\cdot\frac{v_{\mathrm{F}}^4}{4}=\frac{3}{4}v_{\mathrm{F}}\approx 0.67v_{\mathrm{F}} \tag{7.2.21}$$

电子的最概然速率即为费米速率：

$$v_{\mathrm{p}} = v_{\mathrm{F}} \tag{7.2.22}$$

(3) 电子的平均动能

$$\begin{aligned}\bar{\varepsilon} &= \frac{1}{2}m\overline{v^2} = \int_0^{\infty}\left(\frac{1}{2}mv^2\right)f(v)\mathrm{d}v = \frac{1}{2}m\int_0^{v_{\mathrm{F}}} v^2\left(\frac{3}{v_{\mathrm{F}}^3}v^2\right)\mathrm{d}v \\ &= \frac{3}{2}m\frac{1}{v_{\mathrm{F}}^3}\int_0^{v_{\mathrm{F}}} v^4\,\mathrm{d}v = \frac{3}{2}m\frac{1}{v_{\mathrm{F}}^3}\frac{v_{\mathrm{F}}^5}{5} \\ &= \frac{3}{5}\left(\frac{1}{2}mv_{\mathrm{F}}^2\right) = \frac{3}{5}E_{\mathrm{F}}\end{aligned}$$

即

$$\frac{\bar{\varepsilon}}{E_{\mathrm{F}}} = \frac{3}{5} \tag{7.2.23}$$

这与量子力学的结果式 (7.2.19) 相同，但是具有清晰的物理图像和简单的计算过程。

自由电子气模型可以应用于许多领域 (图 7.2.2)，例如，金属的热容和顺磁磁化率，金属的电导率和热导率，金属的热电子发射和接触电势，金属的交流电导率和光学性质等。

图 7.2.2 索末菲 (Arnold Sommerfeld，1868—1951)

德国物理学家，量子力学与原子物理学的开山始祖之一。1906 年索末菲在物理学界已颇具盛名，荣膺慕尼黑大学当年成立的理论物理学院的主任。发现了精细结构常数，首先提出第二量子数 (角量子数) 和第四量子数 (自旋量子数)，开创了 X 射线波动理论，建立了自由电子气模型。他也是一位杰出的教育家，教导和培养了很多优秀的理论物理学家 (包括后来成为顶级量子力学大师的海森伯与泡利)。在 1942—1951 年间，索末菲致力于编改课堂讲义，后来出版了六卷本丛书《理论物理讲义》。索末菲一生得奖无数，但唯一没有得到诺贝尔奖，虽然曾经被提名 81 次之多。也许是因为诺贝尔基金会比较偏好开疆辟土的发现或旋转乾坤的突破，而不是一生累积的成就。2004 年，为了纪念索末菲对理论物理的贡献，慕尼黑大学新成立的理论物理中心被命名为索末菲理论物理中心

7.3　能带形成的机制

现在我们从另一个角度讨论固体的量子性质。一个基本问题是：固体中规则排列的、带正电而基本固定不动的原子核将对电子产生怎样的作用？为此我们考察一个基态氢原子的径向概率密度分布。如果这个氢原子附近还存在另一个氢原子，则两个原子将相互影响，两个电子的波函数会发生交叠 (图 7.3.1)。交叠电子云作为一种微扰将作用于两个电子，使每一个电子发生能级漂移 (energy-level shift)。两个电子所感受到的微扰来自不同的方向，两个电子能级漂移的行为不同 (一上一下)，造成原子的固有能级变成两个分立的能级。如果 N 个原子相互靠近，每个原子都发生能级漂移，其结果整个原子体系变成 N 个能级，组合起来便构成一种能带 (图 7.3.2)。可见，能带形成是体系的原子密度较大，原子的波函数出现交叠而使固有能级发生漂移的结果。

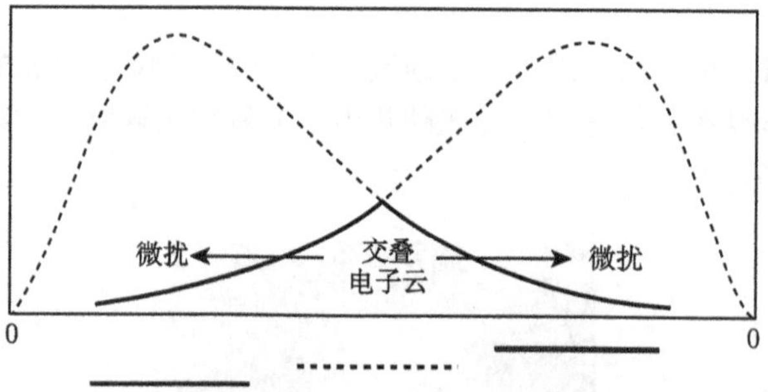

图 7.3.1　氢原子能级分裂的机制

两个氢原子相互靠近时，两个电子的波函数发生交叠，交叠电子云作为微扰使原子的固有能级 (虚线) 发生漂移，形成两个分立的能级 (实线)

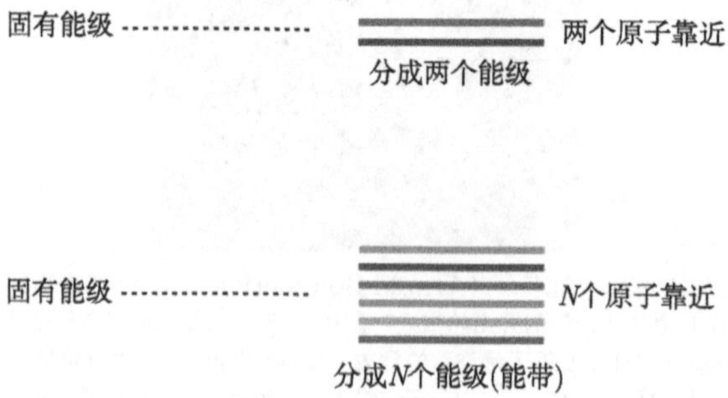

图 7.3.2　能带的形成

7.4 克勒尼希–彭尼模型

研究表明，在晶体中运动的电子处于一个整体核结构形成的周期势场 (periodic potential) 中，那么周期势场中的电子具有怎样的能级结构？1931 年，克勒尼希和彭尼求解了周期势场中电子的薛定谔方程。结果显示，电子的本征能量具有带状结构，即所谓“能带”[Kronig R L, Penney W G. Quantum Mechanics of Electrons in Crystal Lattices. Proceedings of the Royal Society A, 1931, 130: 499-513]。能带论 (energy band theory) 在阐明固体的光谱分布，导电机制，绝缘体、导体、半导体的本质区别，超晶格 (superlattice) 材料的性质，合金的特殊性质以及金属的结合能等方面取得了重大成果。能带论是现代固体电子技术的理论基础，对于半导体物理学、微电子学及光电子学的发展起到了不可估量的作用。下面我们首先分析晶体中周期势场形成的机制。

众所周知，氢原子的库仑势是双曲线函数 $-1/r$ 。图 7.4.1 显示了一个氢原子在空间两个相反方向形成的库仑势场。在一维晶体列阵中存在许多原子，它们所形成的势场将发生交叠 (图 7.4.2)。两个原子之间的势场由图 7.4.3 表示，而

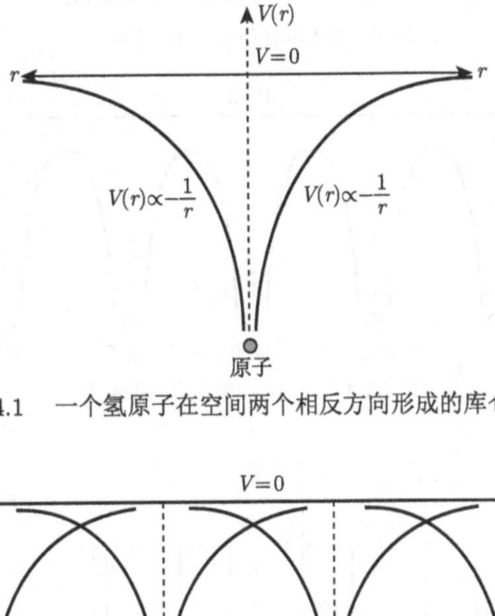

图 7.4.1 一个氢原子在空间两个相反方向形成的库仑势场

图 7.4.2 一维晶体列阵中的许多原子在空间形成的势场 (发生交叠)

晶体中的一个电子就处于这样的势场之中 (它是两个负电势的叠加)。这样一来,在整个晶体中便形成一个周期势场 (图 7.4.4)。为了定量描述电子在一维周期势场中的量子特性，克勒尼希和彭尼提出了一个理想化的方形周期势场模型，如图 7.4.5 所示。这个模型可以严格求解并引出电子在周期性晶格中的许多重要特征 (图 7.4.6)。

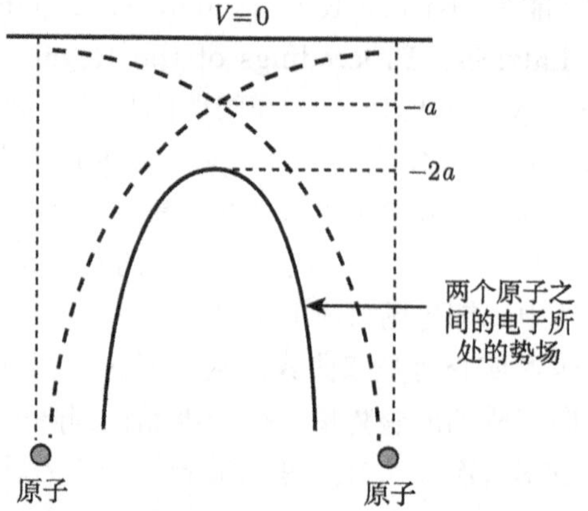

图 7.4.3　在一维晶体列阵中两个原子之间的电子所处的势场是两个负电势的叠加

中央电势可以表示为 $(-a)+(-a)=-2a$

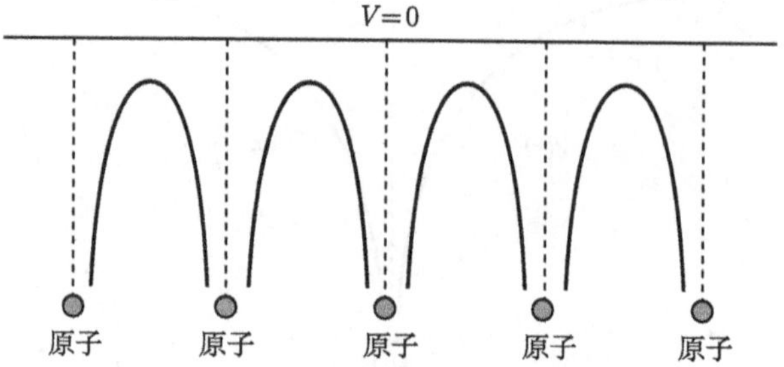

图 7.4.4　一维晶体中的周期势场

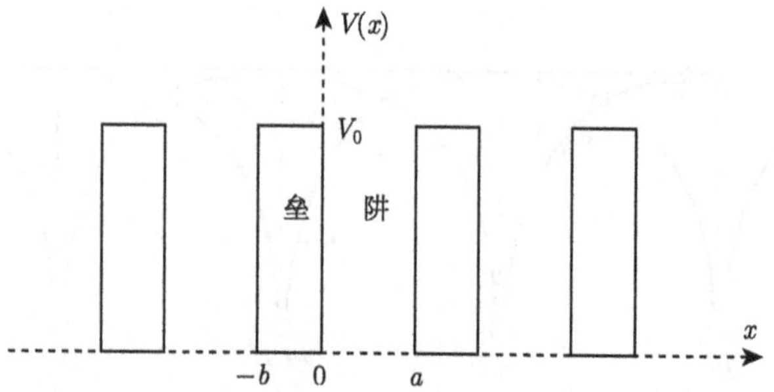

图 7.4.5　克勒尼希–彭尼模型：一维方形周期势场，周期为 $c=a+b$

图 7.4.6 克勒尼希 (Ralph Kronig，1904—1995)
德国物理学家。因发现粒子自旋和 X 射线吸收光谱理论而闻名。特别是，与英国科学家彭尼 (William Penney, 1909—1991) 在 1931 年提出了著名的克勒尼希–彭尼模型，为固体能带论的建立奠定了物理基础

7.5 能 带 论

7.5.1 周期势场中的薛定谔方程

按照克勒尼希–彭尼模型 (Kronig-Penney model)，一维晶体中的周期势场表示为

$$V(x)=\begin{cases} V_0 & (\text{势垒}) \\ 0 & (\text{势阱}) \end{cases} \tag{7.5.1}$$

其中，V_0 为常数。电子在这个势场中的薛定谔方程为

$$-\frac{\hbar^2}{2m}\frac{\mathrm{d}^2\psi}{\mathrm{d}x^2}+V(x)\psi=E\psi \tag{7.5.2}$$

其中，m 是电子的质量，$\psi(x)$ 是电子的本征函数，E 是相应的本征值。

一般认为,为了得到周期势场中薛定谔方程的解,需要利用布洛赫定理 (Bloch's theorem)。该定理指出，电子在周期势场中的波函数必须写为

$$\psi(x)=u(x)\mathrm{e}^{\mathrm{i}kx} \tag{7.5.3}$$

其中参数 k 是一个运动常量。我们这里采用一种新的思路求解薛定谔方程 (7.5.2)，无须利用布洛赫定理，而是利用量子力学波函数可以相差一个位相因子的特性。

高能情况：$E>V_0$。

我们考察周期势场中的任意 x 点和相邻周期中的 $(x+c)$ 点，这两点的势能相等 (均为 V_0 或均为零)，因此电子在这两点的概率密度相等：

$$|\psi(x)|^2=|\psi(x+c)|^2 \tag{7.5.4}$$

这样波函数 $\psi(x)$ 和 $\psi(x+c)$ 仅相差一个位相因子，即

$$\psi(x)=\mathrm{e}^{\mathrm{i}\delta}\psi(x+c) \tag{7.5.5}$$

为了求出周期势场中的波函数，我们考察其中的一个基本单元 (图 7.5.1)，设所含三个区域的波函数分别为 $\psi_1(x)$，$\psi_2(x)$ 和 $\psi_3(x)$，我们有

$$\frac{\mathrm{d}^2\psi_1}{\mathrm{d}x^2}+\alpha^2\psi_1=0 \quad (-b<x<0) \tag{7.5.6a}$$

$$\frac{\mathrm{d}^2\psi_2}{\mathrm{d}x^2}+\beta^2\psi_2=0 \quad (0<x<a) \tag{7.5.6b}$$

$$\psi_3(x)=\mathrm{e}^{\mathrm{i}\delta}\psi_1(x+c) \quad (a<x<c) \tag{7.5.6c}$$

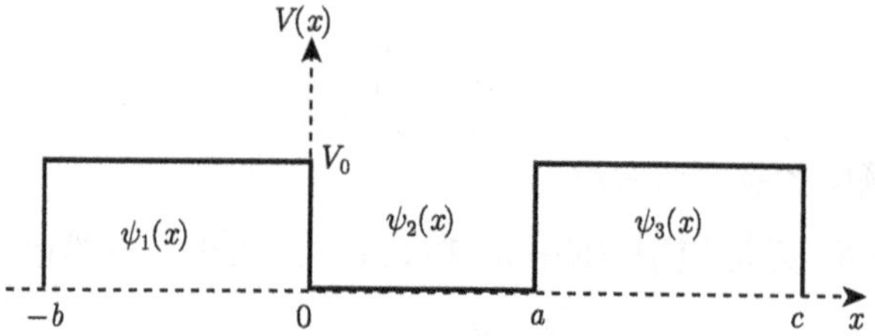

图 7.5.1　周期势场中的一个单元

其中

$$\alpha^2=\frac{2m\left(E-V_0\right)}{\hbar^2} \tag{7.5.7a}$$

$$\beta^2=\frac{2mE}{\hbar^2} \tag{7.5.7b}$$

本征方程 (7.5.6a) 和 (7.5.6b) 的通解为

$$\psi_1(x)=A\exp(\mathrm{i}\alpha x)+B\exp(-\mathrm{i}\alpha x) \tag{7.5.8a}$$

$$\psi_2(x)=C\exp(\mathrm{i}\beta x)+D\exp(-\mathrm{i}\beta x) \tag{7.5.8b}$$

其中，A,B,C 和 D 是任意常数。利用式 (7.5.6c) 和式 (7.5.8a) 可以写出 $\psi_3(x)$ 的表示式：

$$\psi_3(x)=\mathrm{e}^{\mathrm{i}\delta}\left\{A\exp\left[\mathrm{i}\alpha(x+c)\right]+B\exp\left[-\mathrm{i}\alpha(x+c)\right]\right\} \tag{7.5.8c}$$

同样 $\psi_3(x)$ 和 $\psi_1(x-c)$ 也是相差一个位相因子，即

$$\psi_3(x)=\mathrm{e}^{\mathrm{i}\delta}\left\{A\exp\left[\mathrm{i}\alpha(x-c)\right]+B\exp\left[-\mathrm{i}\alpha(x-c)\right]\right\} \tag{7.5.8d}$$

式 (7.5.8c) 和式 (7.5.8d) 是等价的，这里我们取式 (7.5.8d)(因为随后的计算较为简单)。

我们先来考察参数 β(见式 (7.5.7b)) 的物理意义。我们有

$$\beta=\sqrt{\frac{2mE}{\hbar^2}}=\sqrt{\frac{2m}{\hbar^2}\frac{p^2}{2m}}=\frac{p}{\hbar}=\frac{1}{\hbar}\frac{h}{\lambda}=\frac{2\pi}{\lambda} \tag{7.5.9}$$

其中

$$E=\frac{p^2}{2m},\quad p=\frac{\lambda}{h} \tag{7.5.10}$$

是自由粒子的能量和动量，可见 β 是自由电子波 (即周期势场在 $V_0=0$ 情况下的电子波) 的波数。利用式 (7.5.7b) 画出自由粒子能量 E 随无量纲波数 βa 的变化曲线，如图 7.5.2 所示。

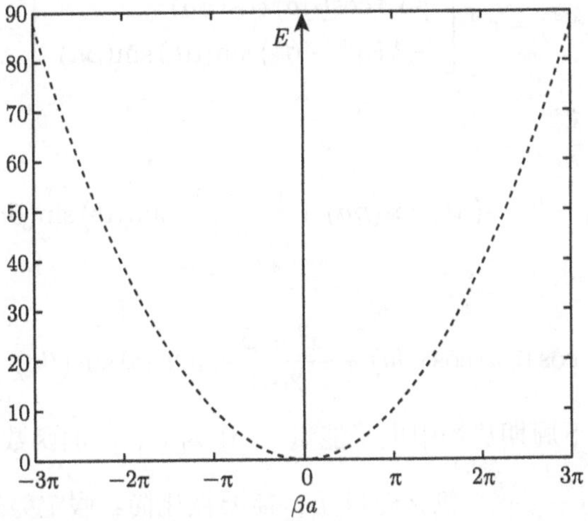

图 7.5.2 自由粒子能量 E(以 $\hbar^2/(2ma^2)$ 为单位) 与无量纲波数 βa 的抛物线关系

所用关系式为 $E=\dfrac{\hbar^2}{2ma^2}(\beta a)^2$ (来自式 (7.5.7b))

7.5.2 电子的能量方程及能带

波函数的边界条件为

$$\psi_1(0)=\psi_2(0),\quad \psi_2(a)=\psi_3(a) \tag{7.5.11}$$

$$\left.\frac{\mathrm{d}\psi_1}{\mathrm{d}x}\right|_{x=0}=\left.\frac{\mathrm{d}\psi_2}{\mathrm{d}x}\right|_{x=0},\quad \left.\frac{\mathrm{d}\psi_2}{\mathrm{d}x}\right|_{x=a}=\left.\frac{\mathrm{d}\psi_3}{\mathrm{d}x}\right|_{x=a} \tag{7.5.12}$$

将式 (7.5.8a)、式 (7.5.8b) 和 (7.5.8d) 代入式 (7.5.11) 和式 (7.5.12)，整理后得到

$$A+B-C-D=0 \tag{7.5.13a}$$

$$A\alpha - B\alpha - C\beta + D\beta = 0 \tag{7.5.13b}$$

$$A\mathrm{e}^{\mathrm{i}(\delta-\alpha b)} + B\mathrm{e}^{\mathrm{i}(\delta+\alpha b)} - C\mathrm{e}^{\mathrm{i}\beta a} - D\mathrm{e}^{-\mathrm{i}\beta a} = 0 \tag{7.5.13c}$$

$$A\alpha\mathrm{e}^{\mathrm{i}(\delta-\alpha b)} - B\alpha\mathrm{e}^{\mathrm{i}(\delta+\alpha b)} - C\beta\mathrm{e}^{\mathrm{i}\beta a} + D\beta\mathrm{e}^{-\mathrm{i}\beta a} = 0 \tag{7.5.13d}$$

这是一个关于 A, B, C, D 的线性齐次方程组，它有非零解的必要充分条件是系数行列式为零：

$$\begin{vmatrix} 1 & 1 & -1 & -1 \\ \alpha & -\alpha & -\beta & \beta \\ \mathrm{e}^{\mathrm{i}(\delta-\alpha b)} & \mathrm{e}^{\mathrm{i}(\delta+\alpha b)} & -\mathrm{e}^{\mathrm{i}\beta a} & -\mathrm{e}^{-\mathrm{i}\beta a} \\ \alpha\mathrm{e}^{\mathrm{i}(\delta-\alpha b)} & -\alpha\mathrm{e}^{\mathrm{i}(\delta+\alpha b)} & -\beta\mathrm{e}^{\mathrm{i}\beta a} & \beta\mathrm{e}^{-\mathrm{i}\beta a} \end{vmatrix} = 0 \tag{7.5.14}$$

展开并整理后得

$$4\alpha\beta\left(1+\mathrm{e}^{2\mathrm{i}\delta}\right) - \mathrm{e}^{\mathrm{i}\delta}\begin{bmatrix} 8\alpha\beta\cos(\alpha b)\cos(\beta a) \\ -4\left(\alpha^2+\beta^2\right)\sin(\alpha b)\sin(\beta a) \end{bmatrix} = 0 \tag{7.5.15}$$

两边同除以 $4\alpha\beta$，得

$$\mathrm{e}^{\mathrm{i}\delta}\left[\left(\mathrm{e}^{-\mathrm{i}\delta}+\mathrm{e}^{\mathrm{i}\delta}\right) - 2\cos(\alpha b)\cos(\beta a) + \frac{\alpha^2+\beta^2}{\alpha\beta}\sin(\alpha b)\sin(\beta a)\right] = 0 \tag{7.5.16}$$

即

$$\cos\delta = \cos(\alpha b)\cos(\beta a) - \frac{\alpha^2+\beta^2}{2\alpha\beta}\sin(\alpha b)\sin(\beta a) \tag{7.5.17}$$

这是 $E > V_0$ 情况下周期势场中电子能量 E(作为 α、β 的函数) 所满足的超越方程。现在振幅因子 $\dfrac{\alpha^2+\beta^2}{2\alpha\beta}$ 包含能量 E，需要被化简。假定势垒宽度 b 很小，以致 $\cos(\alpha b) \approx 1, \sin(\alpha b) \approx \alpha b$，式 (7.5.17) 变为

$$\begin{aligned} \cos\delta &= \cos(\beta a) - \frac{\alpha^2+\beta^2}{2\alpha\beta}\alpha b\sin(\beta a) \\ &= \cos(\beta a) - \frac{\alpha^2+\beta^2}{2}ab\cdot\frac{\sin(\beta a)}{\beta a} \\ &= \cos(\beta a) - \frac{abm(2E-V_0)}{\hbar^2}\cdot\frac{\sin(\beta a)}{\beta a} \end{aligned} \tag{7.5.18}$$

进而假定 V_0 接近于 E，以致 $2E - V_0 \approx V_0$，这样式 (7.5.18) 变为

$$\cos\delta = \cos(\beta a) - \gamma\frac{\sin(\beta a)}{\beta a} \tag{7.5.19}$$

其中

$$\gamma = \frac{abmV_0}{\hbar^2} \tag{7.5.20}$$

是不含能量 E 的无量纲参量。我们画出式 (7.5.19) 右边的函数

$$f(\beta a) \equiv \cos(\beta a) - \gamma \frac{\sin(\beta a)}{\beta a} \tag{7.5.21}$$

随 βa 变化的曲线，如图 7.5.3 所示。需要注意的是，$f(\beta a)$ 对于 βa 的某些取值范围，超出了 $[-1,1]$ 的值域。在这些超出范围，超越方程 (7.5.19)，即 $\cos\delta = f(\beta a)$，是无解的。为了满足该方程，必须有 $-1 \leqslant f(\beta a) \leqslant 1$。这意味着，只有函数 $f(\beta a)$ 在 $[-1,1]$ 区间内所对应的 βa 取值，才是能量的允许值，它们形成了一段段分立的能带 (见图 7.5.3 中的能带结构)。在能带之间的间隙，能量不能取值。稍后我们将会看到，能带论导致带隙，这是能带论最重要的结果之一。

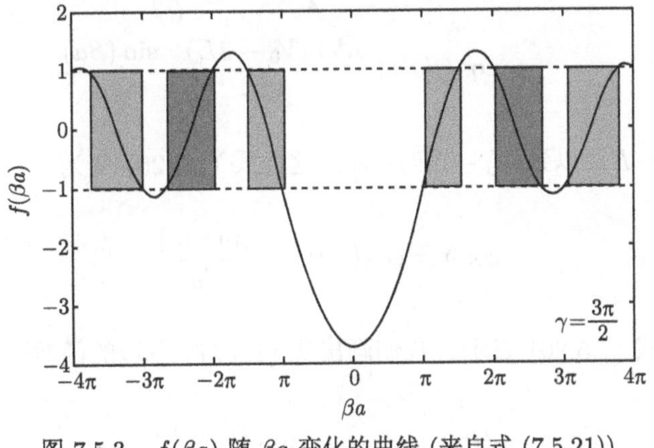

图 7.5.3 $f(\beta a)$ 随 βa 变化的曲线 (来自式 (7.5.21))

$f(\beta a)$ 在 $[-1,1]$ 区间所对应的 βa 值形成能带

低能情况：$E < V_0$。

这时图 7.5.1 所示的基本单元维持不变，式 (7.5.6) 在形式上也保持不变，式 (7.5.7a) 中的 α 变成虚数：

$$\alpha = \sqrt{\frac{2m(E - V_0)}{\hbar^2}} = \mathrm{i}\sqrt{\frac{2m(V_0 - E)}{\hbar^2}} = \mathrm{i}\rho \quad (\rho\text{是实数}) \tag{7.5.22}$$

这样我们不必再次求解薛定谔方程，只需要将超越方程 (7.5.17) 中的 α 换成 $\mathrm{i}\rho$ 便得到

$$\cos\delta = \cos(\mathrm{i}\rho b)\cos(\beta a) + \frac{\rho^2 - \beta^2}{2\mathrm{i}\rho\beta}\sin(\mathrm{i}\rho b)\sin(\beta a) \tag{7.5.23}$$

利用关系式

$$\cos(\mathrm{i}x) = \cosh(x), \quad \sin(\mathrm{i}x) = \mathrm{i}\sinh(x) \tag{7.5.24}$$

式 (7.5.23) 变为

$$\cos\delta = \cosh(\rho b)\cos(\beta a) + \frac{\rho^2 - \beta^2}{2\beta\rho}\sinh(\rho b)\sin(\beta a) \tag{7.5.25}$$

现在化简式 (7.5.25)。同样假定势垒宽度 b 很小，以致 $\cosh(\rho b) \approx 1$，$\sinh(\rho b) \approx \rho b$，式 (7.5.25) 变为

$$\begin{aligned}\cos\delta &= \cos(\beta a) + \frac{\rho^2 - \beta^2}{2\beta\,\rho}\rho b\sin(\beta a)\\ &= \cos(\beta a) + \frac{\rho^2 - \beta^2}{2}ab\cdot\frac{\sin(\beta a)}{\beta a}\\ &= \cos(\beta a) + \frac{abm(V_0 - 2E)}{\hbar^2}\cdot\frac{\sin(\beta a)}{\beta a}\end{aligned} \tag{7.5.26}$$

进而假定 $V_0 \gg E$，以致 $V_0 - 2E \approx V_0$，这样式 (7.2.26) 变为

$$\cos\delta = \cos(\beta a) + \gamma\frac{\sin(\beta a)}{\beta a} \tag{7.5.27}$$

其中，γ 仍由式 (7.5.20) 表示。我们画出式 (7.5.27) 右边的函数

$$g(\beta a) \equiv \cos(\beta a) + \gamma\frac{\sin(\beta a)}{\beta a} \tag{7.5.28}$$

随 βa 变化的曲线，如图 7.5.4 所示。很明显，对于现在 $E < V_0$ 的情况，周期势场中电子的能量同样出现能带结构。图 7.5.5 进一步显示了 $E > V_0$ 和 $E < V_0$ 两种情况下能带结构的比较 (简明起见，只取 $\beta a > 0$ 部分)。

7.5.3　允带和禁带

上述讨论表明，在周期势场中，电子的本征能量既不是连续的，也不是一条条分立的，而是随 βa 的变化形成了一段段宽度不等的能带，电子的能量只允许在能带内取值 (称为允带)，禁止在能带的间隙取值 (称为禁带)。对于相同的 γ 值，在 $E > V_0$ 情况下，各个能带的前端点位于 $\pi, 2\pi, 3\pi, \cdots$，而 $E < V_0$ 情况下各个能带的后端点位于 $\pi, 2\pi, 3\pi, \cdots$。换言之，二者的第 n 个能带在 $n\pi$ 处相连接。

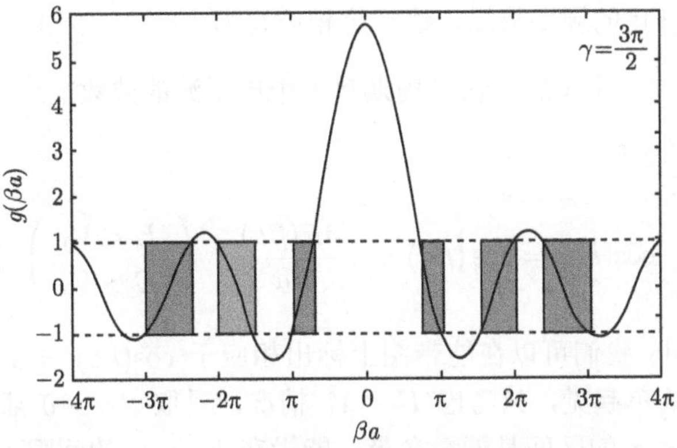

图 7.5.4 $g(\beta a)$ 随 βa 变化的曲线 (来自式 (7.5.28))

$g(\beta a)$ 在 $[-1,1]$ 区间所对应的 βa 值形成能带

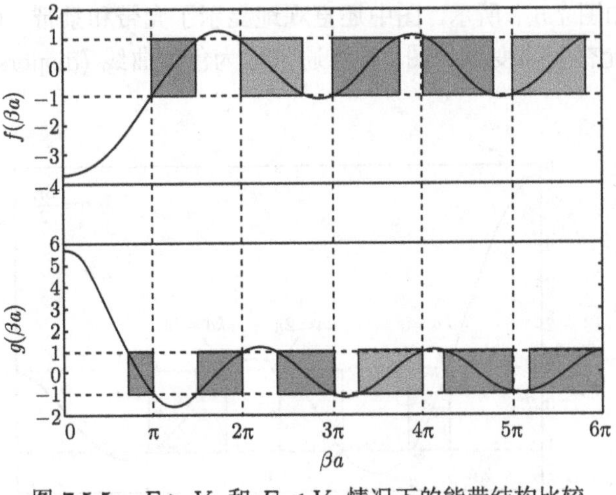

图 7.5.5 $E>V_0$ 和 $E<V_0$ 情况下的能带结构比较

二者的第 n 个能带在 $n\pi$ 处相连接 $(n=1,2,3,\cdots)$，图中取 $\gamma=3\pi/2$

现在我们考察位相 δ(见式 (7.5.8d)) 的物理意义。由式 (7.5.27) 和式 (7.5.19) 写出

$$\cos\delta=\cos(\beta a)\pm\gamma\frac{\sin(\beta a)}{\beta a}\qquad\begin{pmatrix}E<V_0\\E>V_0\end{pmatrix}\tag{7.5.29}$$

对于自由电子情况 ($V_0=0$，所以 $\gamma=0$)，式 (7.5.29) 变为 $\cos\delta=\cos(\beta a)$, 则

$$\delta=\beta a\quad(\beta\text{是自由电子波的波数})\tag{7.5.30a}$$

这样，对于 $V_0 \neq 0$ 的周期势场，这一位相应写为

$$\delta = ka \quad (k\text{是周期势场中电子波的波数}) \tag{7.5.30b}$$

于是式 (7.5.29) 写为

$$\cos(ka) = \cos(\beta a) \pm \gamma \frac{\sin(\beta a)}{\beta a} \quad \begin{pmatrix} E < V_0 \\ E > V_0 \end{pmatrix} \tag{7.5.31}$$

由式 (7.5.31) 我们可以在能带图上标出相应于 $\cos(ka) = \pm 1$ 的 ka 值，如图 7.5.6 所示 (简单起见，只考虑 $E < V_0$ 情况，只取 $\beta a > 0$ 部分)。可以看出，相应于 $0 < ka < \pi$ 的区间是能量允带；能量在 $ka = \pi$ 的间隙不能取值 (禁带)。接下来，$\pi < ka < 2\pi$ 区间又对应允带；而 $ka = 2\pi$ 间隙又对应禁带。以此类推，允带和禁带交替出现。由式 (7.5.7b) 知，电子的能量 E 与参数 β 有关，而式 (7.5.31) 显示 β 与周期势场中电子波的波数 k 有关，这样我们可以画出 E 随 k 变化的曲线，如图 7.5.7 所示。图中还直观地显示了允带和禁带。可以看出，随着能量的增加，允带明显变宽。图 7.5.7 通常称为色散曲线 (dispersion curve)，简称 E-k 图。

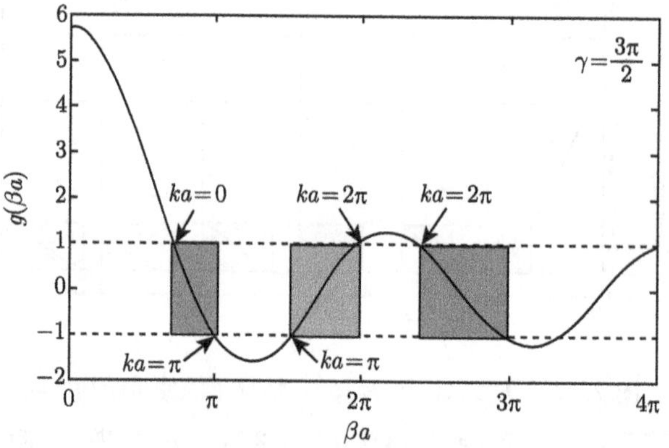

图 7.5.6　能带结构 ($E < V_0$) 和相应于 $\cos(ka) = \pm 1$ 的 ka 值

7.5.4　布里渊区

图 7.5.7 所示的 E-k 图还可以进一步简化，注意到式 (7.5.31) 左边的余弦函数 $\cos(ka)$ 是以 2π 为周期的，因此将变量 ka 换成 $ka \pm 2n\pi(n = 1, 2, 3, \cdots)$ 后，其值不变：$\cos(ka) = \cos(ka \pm 2n\pi)$。这样我们可以将图 7.5.7 中小于 $-\pi$ 的部分和大于 π 的部分以 2π 为周期平移到中央 $-\pi < ka < \pi$ 区域内，这样便得到图 7.5.8 所示的 E-k 图。该图形是一个简约的色散曲线，通常称为布里渊区 (Brillouin zone)，它是讨论实际固体物理问题的出发点。

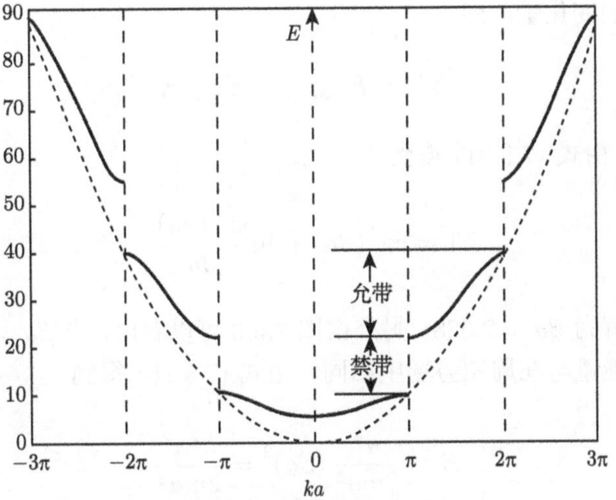

图 7.5.7 周期势场中电子的色散曲线 ($E < V_0$)

能量 E(以 $\hbar^2/(2ma^2)$ 为单位) 与无量纲波数 ka 的关系 (E-k 图), 图中取 $\gamma = 3\pi/2$。图中还显示了允带和禁带。虚线是自由电子的色散曲线 (见图 7.5.2)

例 设一维晶体中周期势场的势阱宽度 $a = 5\text{Å}$，参数 $\gamma = 10$，对于 $E < V_0$ 情况计算最低能量允带的宽度。

解 由图 7.5.8 可以看出，最低能量允带的宽度 ΔE 等于 ka 从 0 变化到 π

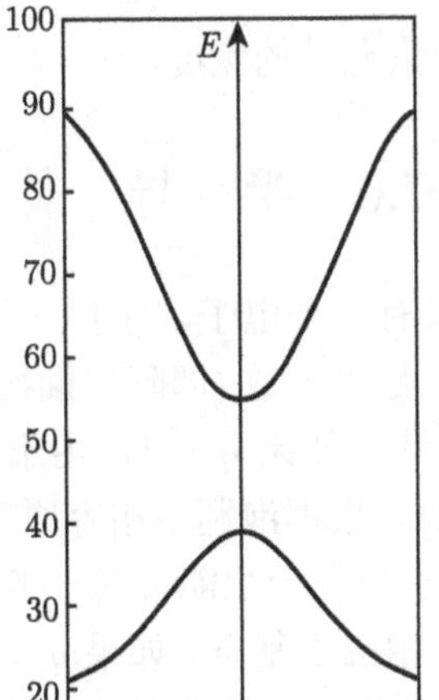

图 7.5.8 E-k 图的布里渊区 (来自图 7.5.7)

所对应的能量的变化量，即

$$\Delta E = E\left|_{ka=\pi} - E\right|_{ka=0} \tag{7.5.32}$$

当 $ka = 0$ 时，由式 (7.5.31) 得到

$$1 = \cos(\beta a) + 10\frac{\sin(\beta a)}{\beta a} \tag{7.5.33}$$

此超越方程的解为 $\beta a = 2.628$。另外由图 7.5.6 可以看出，当 $\beta a = \pi$ 时，$ka = \pi$，这时自由电子能量与在周期势场中相同。由式 (7.5.7b) 得到

$$E = \frac{\hbar^2}{2ma^2}(\beta a)^2 = \frac{\hbar^2\pi^2}{2ma^2} \tag{7.5.34}$$

这样式 (7.5.32) 给出

$$\begin{aligned}\Delta E &= E|_{\beta a=\pi} - E|_{\beta a=2.628} \\ &= \frac{\hbar^2}{2ma^2}\left(\pi^2 - 2.628^2\right) \\ &= \frac{\left(1.054\times10^{-34}\right)^2}{2\times9.11\times10^{-31}\times\left(5\times10^{-10}\right)^2}\times2.963 = 0.447\text{eV}\end{aligned} \tag{7.5.35}$$

这就是图 7.5.8 所示的最低能量允带的宽度。

7.6 半 导 体

以上讨论的周期势场中只有一个电子。对于一个实际的 (1mol) 固体材料，所包含的电子数为 Nq，其中 N 是原子数 (即阿伏伽德罗常数，见式 (1.6.14))，q 是每个原子具有的“自由”电子数。如果 $q = 1$，由于 N 个原子相互作用所形成的能带包含 N 个能级 (图 7.3.2)。根据泡利不相容原理，两个自旋相反的电子可以占据一个能级，于是 N 个电子填充一个能带的一半。如果 $q = 2$，则 $2N$ 个电子完全填充一个能带。这个能带相应于基态。如果 $q = 3$，其余的电子还将填充第二个能带。以此类推，体系中的所有电子将按照泡利不相容原理逐步向高能带填充。

现在，当一个能带被完全填充时，如果要激发其中的一个电子就需要一个较大的能量，因为电子要跳过一个禁带，才能跃迁到第二个能带。电子在这种材料中很难形成漂移电流，这样的材料就是绝缘体 (insulation)。相反，如果一个能带是部分填充的，对电子激发时，它将跃迁到该能带的较高能级，因此只需要较小的能量。

电子在这种材料中容易形成漂移电流，这种材料就是典型的导体 (conductor)。如果对绝缘体进行掺杂 (加入少量具有一定 q 值的 “杂质” 原子)，这将把一些 “额外” 的电子 “推” 到下一个较高的能带，使这个能带底部出现少量的电子。如果此时外加一个电场，这些电子就会得到能量而跃迁到该能带中较高的能态，当电子在固体中运动时便形成微弱的漂移电流，这种材料就是所谓半导体 (semiconductor)。

可见半导体是导电性能介于绝缘体和导体之间的一种材料。半导体是处于电中性的，这意味着一旦一个带负电的电子离开它所在的能带，跃入能量较高的能带，就会在原来的能带中产生一个空量子态，称为空穴 (hole)，它是带正电的。电子与空穴成对地产生。半导体问题是整个固体物理的主体部分，下面我们介绍半导体的一些基本性质。

7.6.1 半导体的基本性质

首先，半导体的温度依赖性是很明确的。当半导体的温度逐渐升高时，就有越来越多的电子获得足够的热能而跃入高能带，在低能带中产生等量的空穴。在半导体物理学中，电子原来所在的能带称为 “价带” (valance band)，而电子跃入的能带称为 “导带”(conduction band)。它们之间的能量间隙称为 “带隙”(band gap)，通常用 E_g 表示。这样，半导体的导带与价带有典型的 E-k 关系，如图 7.6.1 所示。

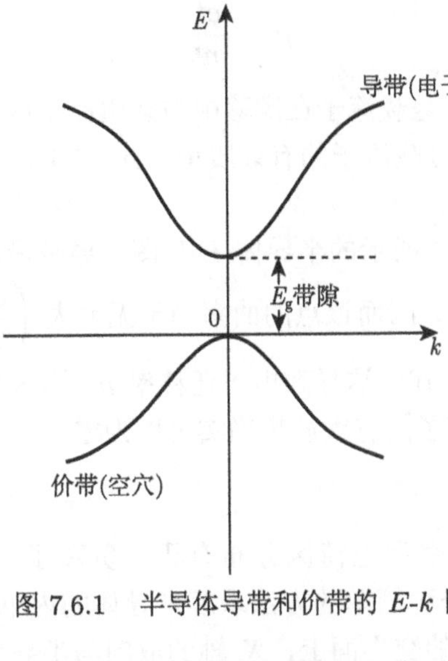

图 7.6.1 半导体导带和价带的 E-k 图

在 E-k 图的意义上可以引入半导体物理学的一个重要概念——有效质量 (effective mass)。我们首先考察自由粒子的质量，由自由粒子的能量–动量关系

$$E = \frac{p^2}{2m} = \frac{\hbar^2}{2m}k^2 \tag{7.6.1}$$

得到

$$\frac{\mathrm{d}E}{\mathrm{d}k}=\frac{\hbar^2}{m}k,\quad \frac{\mathrm{d}^2E}{\mathrm{d}k^2}=\frac{\hbar^2}{m} \tag{7.6.2}$$

由此可以将自由粒子的质量写为

$$m=\frac{\hbar^2}{\mathrm{d}^2E/\mathrm{d}k^2} \tag{7.6.3}$$

这样的质量表示式具有一般的意义。在半导体物理中，电子与空穴统称为“载流子”(carriers)，载流子的有效质量是在色散关系 (dispersion relation) 的意义上定义的：

$$m^*=\frac{\hbar^2}{\mathrm{d}^2E/\mathrm{d}k^2} \tag{7.6.4}$$

它表示，有效质量 m^* 与 E-k 曲线在任意 k 点的曲率成反比。这意味着，载流子的有效质量不是常数，是随 k 变化的，而且是可正可负的。很明显，处于导带最小值附近的电子有正的有效质量，而处于价带最大值附近的空穴有负的有效质量。

半导体的另一个重要参数是迁移率 (mobility)，它描述载流子在电场作用下的漂移特性，表示为

$$\mu=\frac{et}{m^*} \tag{7.6.5}$$

其中，$-e$ 是电子电量，t 是载流子在漂移中与杂质原子或晶格热振动原子发生碰撞的平均时间间隔，m^* 是载流子的有效质量。式 (7.6.5) 表示，迁移率与有效质量成反比。

现在我们考察图 7.6.2 所示的半导体 E-k 图。导带最低点是个尖点，斜率不连续 $\left(\left.\frac{\mathrm{d}E}{\mathrm{d}k}\right|_{k-}\neq\left.\frac{\mathrm{d}E}{\mathrm{d}k}\right|_{k+}\right)$，因而该点的曲率趋于无穷大 $\left(\frac{\mathrm{d}^2E}{\mathrm{d}k^2}\to\infty\right)$，则该点的电子有效质量为零 ($m_n^*=0$)，这导致电子迁移率 $\mu_n\to\infty$。我们将会看到，对于某些特殊的材料，其载流子的有效质量确实可以为零。

7.6.2 半导体内电场

在半导体 PN 结的空间电荷区分布有正、负离子：两区内的电荷量相等 (图 7.6.3)。现在我们用一种简单的方法求解半导体的内电场 (图 7.6.4)。取横坐标 X 轴的原点在 PN 结的交界面上，X 轴的取向与半导体表面垂直。两区的宽度均为 $a/2$，设电荷区内的电荷密度 (垂直于 X 轴的单位面积乘以 X 轴的单位长度所得体积内的电荷量) 为线性函数

$$\rho(X)=-kX \tag{7.6.6}$$

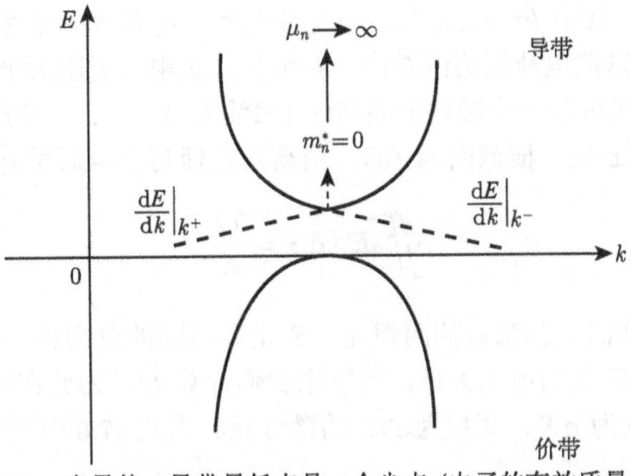

图 7.6.2 半导体：导带最低点是一个尖点 (电子的有效质量为零)

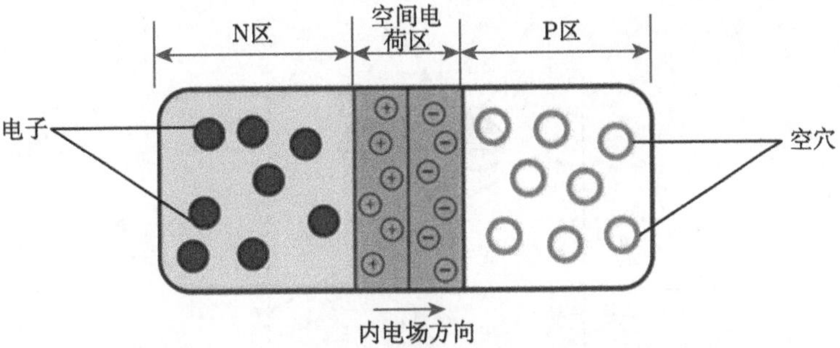

图 7.6.3 半导体的 PN 结，空间电荷区及内电场

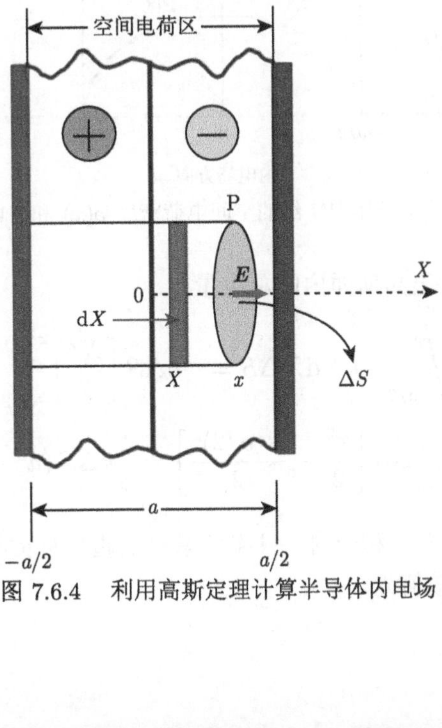

图 7.6.4 利用高斯定理计算半导体内电场

如图 7.6.5 所示，其中 k 为正常量。首先注意到，电荷区的宽度远小于 PN 结的特征尺度，故可以把电荷区两侧看作一对带正、负电的无限大平行板，区外的电场为零。在电荷区内作一个圆柱形高斯面 (轴线为 X 轴)：一个底面位于 $-a$，另一底面位于任意 x 处，横截面为 ΔS。由高斯定理写出电通量公式

$$\oiint_S \boldsymbol{E}\cdot \mathrm{d}\boldsymbol{S}=\frac{Q}{\varepsilon_0} \tag{7.6.7}$$

其中，$\mathrm{d}\boldsymbol{S}$ 是高斯面上任意点的面积元，S 是高斯面的总面积，Q 是高斯面内的总电量，$\boldsymbol{E}$ 是 $\mathrm{d}\boldsymbol{S}$ 处的电场矢量。接下来我们计算 Q，为此在区间 $[-a/2,x]$ 内任意 X 处取宽度为 $\mathrm{d}X$、面积为 ΔS 的微分元。由式 (7.6.6) 得到微元内的电量

$$\mathrm{d}Q=-kX\mathrm{d}X\Delta S \tag{7.6.8}$$

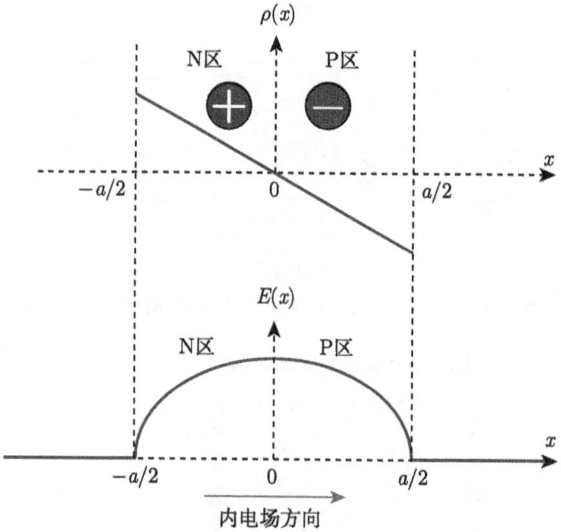

图 7.6.5　半导体 PN 结的空间电荷密度 $\rho(x)$ 和内电场 $E(x)$

对式 (7.6.8) 积分，给出高斯面内的总电量

$$\begin{aligned}Q&=\int_{-a/2}^{x}-kX\mathrm{d}X\Delta S=-k\Delta S\left[\frac{X^2}{2}\right]_{-a/2}^{x}\\&=-k\Delta S\left[\frac{x^2}{2}-\frac{(-a/2)^2}{2}\right]=\frac{1}{8}k\Delta S\left(a^2-4x^2\right)\end{aligned} \tag{7.6.9}$$

注意对计算式 (7.6.7) 左边积分时，只需考虑对电通量有贡献的电场分量。由对称性可知，电通量的有效值为

$$\oiint_S \boldsymbol{E} \cdot \mathrm{d}\boldsymbol{S} = E \oiint_S \mathrm{d}S = E\Delta S = \frac{1}{8\varepsilon_0} k\Delta S \left(a^2 - 4x^2\right) \tag{7.6.10}$$

最后得到内电场

$$E(x) = \frac{1}{8\varepsilon_0} k \left(a^2 - 4x^2\right) \quad (-a/2 \leqslant x \leqslant a/2) \tag{7.6.11}$$

如图 7.6.5 所示。可见，内电场在 PN 结的交界面上取最大值，向两侧以抛物线形式下降，在空间电荷区边缘降到零。上述讨论虽然是基于简单的线性电荷密度式 (7.6.6)，但给出的半导体内电场式 (7.6.11) 仍是一种典型的分布。

最后必须指出，半导体内电场的重要性在于，对载流子的运动产生直接的影响，导致电流只能在一个方向流动，从而实现半导体的单向导电功能。而半导体的单向导电功能具有非常广泛的用途。

7.6.3 半导体载流子的定解问题

本节我们求解半导体物理中载流子输运方程的定解问题。假设 N 型半导体在初始 $t=0$ 时刻，于 $x=0$ 处存在一定数量的电子–空穴对。这样载流子在任意时刻的浓度分布 $V(x,t)$ 被下列输运方程的定解问题描述：

$$\begin{cases} \dfrac{\partial V}{\partial t} = D\dfrac{\partial^2 V}{\partial x^2} - \mu E\dfrac{\partial V}{\partial x} - \dfrac{V}{\tau} \quad (-\infty < x < \infty, t > 0) & (7.6.12\text{a}) \\ V|_{t=0} = \delta(x) & (7.6.12\text{b}) \end{cases}$$

其中，D、μ 和 τ 分别是载流子的扩散系数、迁移率及寿命，E 是外加的恒定电场。在初始 $t=0$ 时刻，载流子只存在于 $x=0$ 处，因此载流子的归一化初始浓度分布为 $\delta(x)$ 函数。

首先对式 (7.6.12) 引入变换

$$V(x,t) = u(x,t)\exp(-t/\tau) \tag{7.6.13}$$

注意到 $V(x,0) = u(x,0)$，我们得到关于 $u(x,t)$ 的简化定解问题：

$$\begin{cases} \dfrac{\partial u}{\partial t} = D\dfrac{\partial^2 u}{\partial x^2} - \mu E\dfrac{\partial u}{\partial x} \quad (-\infty < x < \infty, t > 0) & (7.6.14\text{a}) \\ u|_{t=0} = \delta(x) & (7.6.14\text{b}) \end{cases}$$

下面我们用双重变换法 (拉普拉斯变换加傅里叶变换) 进行求解。首先对式 (7.6.14a) 作关于 t 的拉普拉斯变换，并利用式 (7.6.14b) 得到

$$pU(x,p) - \delta(x) = D\frac{\mathrm{d}^2 U(x,p)}{\mathrm{d}x^2} - \mu E\frac{\mathrm{d}U(x,p)}{\mathrm{d}x} \tag{7.6.15}$$

再对式 (7.6.15) 作关于 x 的傅里叶变换，并利用 $\delta(x)$ 函数的傅里叶变换式：

$$\int_{-\infty}^{\infty}\delta(x)\mathrm{e}^{-\mathrm{i}\omega x}\mathrm{d}x=1 \tag{7.6.16}$$

得到

$$pU(\omega,p)-1=-\omega^2DU(\omega,p)-\mathrm{i}\omega\mu EU(\omega,p) \tag{7.6.17}$$

解这个代数方程，得到

$$U(\omega,p)=\frac{1}{p+\omega^2D+\mathrm{i}\omega\mu E} \tag{7.6.18}$$

这是以 ω、p 为标志的双重像函数。

接下来先对式 (7.6.18) 作关于 p 的拉普拉斯反变换，得到

$$\begin{aligned}U(\omega,t)&=\mathcal{L}^{-1}\left\{\frac{1}{p+\omega^2D+\mathrm{i}\omega\mu E}\right\}=\exp\left[-\left(\omega^2D+\mathrm{i}\omega\mu E\right)t\right]\\&=\exp(-\mathrm{i}\omega\mu Et)\exp(-\omega^2Dt)\end{aligned} \tag{7.6.19}$$

再对式 (7.6.19) 作关于 ω 的傅里叶反变换，为此首先求出

$$\mathfrak{F}^{-1}\left\{\exp(-\omega^2Dt)\right\}=\frac{1}{\sqrt{4\pi Dt}}\exp\left(-\frac{x^2}{4Dt}\right) \tag{7.6.20}$$

现在利用傅里叶变换的平移性质，即 $f(x+\xi)\longleftrightarrow\exp(\mathrm{i}\omega\xi)F(\omega)$，从式 (7.6.19) 得到

$$u(x,t)=\frac{1}{\sqrt{4\pi Dt}}\exp\left[-\frac{(x-\mu Et)^2}{4Dt}\right] \tag{7.6.21}$$

得到式 (7.6.21) 的另一个方法是对式 (7.6.19) 取傅里叶反变换，得到

$$\begin{aligned}u(x,t)&=\mathfrak{F}^{-1}\left\{\mathrm{e}^{-\mathrm{i}\omega\mu Et}\right\}*\mathfrak{F}^{-1}\left\{\mathrm{e}^{-\omega^2Dt}\right\}\\&=\delta(x-\mu Et)*\frac{1}{\sqrt{4\pi Dt}}\exp\left(-\frac{x^2}{4Dt}\right)\\&=\int_{-\infty}^{\infty}\delta(\xi-\mu Et)\frac{1}{\sqrt{4\pi Dt}}\exp\left[-\frac{(x-\xi)^2}{4Dt}\right]\mathrm{d}\xi\\&=\frac{1}{\sqrt{4\pi Dt}}\exp\left[-\frac{(x-\mu Et)^2}{4Dt}\right]\end{aligned}$$

将所得 $u(x,t)$ 结果代入式 (7.6.13) 得到

$$V(x,t)=\frac{\exp(-t/\tau)}{\sqrt{4\pi Dt}}\exp\left[-\frac{(x-\mu Et)^2}{4Dt}\right] \tag{7.6.22}$$

这就是定解问题式 (7.6.12) 的结果。我们按照实验数据画出不同时刻的空穴浓度分布，如图 7.6.6 所示。其中 Dt 刻画了浓度分布函数 $V(x,t)$ 随时间的变宽 (由扩散系数 D 决定)，μEt 刻画了 $V(x,t)$ 随时间的漂移 (由迁移率 μ 和外加电场 E 决定)，而 t/τ 刻画了 $V(x,t)$ 的塌缩 (由载流子的寿命 τ 决定)。最终的结果为 $V(x,\infty)\to 0$。式 (7.6.22) 所示的结果考虑到了多重因素对载流子输运过程的影响，在半导体物理中有广泛的应用。

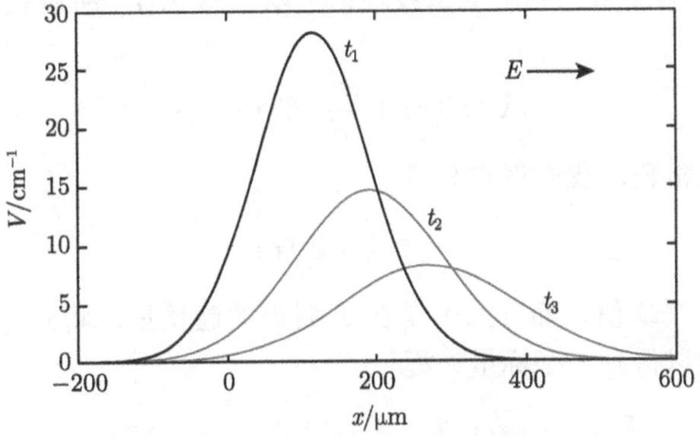

图 7.6.6 不同时刻的空穴浓度分布

实验数据为 $\tau=5\mu s$，$D=10cm^2/s$，$\mu=386cm^2/(V\cdot s)$，$E=10V/cm$，图中三条曲线对应的时间、峰值浓度和峰的位置分别为：$t_1=3\mu s$，$V_1=28.3cm^{-1}$，$x_1=116\mu m$；$t_2=5\mu s$，$V_2=14.7cm^{-1}$，$x_2=193\mu m$；$t_3=7\mu s$，$V_3=8.3cm^{-1}$，$x_3=270\mu m$

7.7 光子晶体

按照量子力学的基本原理，电子与光子的特性是相互对应的 (二者都具有波粒二相性)。电子具有怎样的特征，光子也有相应的性质。电子在晶体 (周期势场) 中具有能带结构，那么，光子在某种 “周期性晶体” 中也应该具有能带结构。1987 年，美国应用物理学家雅布罗诺维奇 (Eli Yablonovitch) 和美国物理学家乔安诺普洛斯 (John Joannopoulos) 各自独立地提出了光子晶体 (photonic crystal) 的概念。这里所谓的 “晶体”，是指具有不同介电常数的介质的周期性排列。由于介质的周期性，在其中传输的光波可能会出现光子能带结构 (photonic band structures) 和光子带隙 (photonic band gap)。图 7.7.1 显示了光波在一维周期性介质 (periodic media) 中的传播。

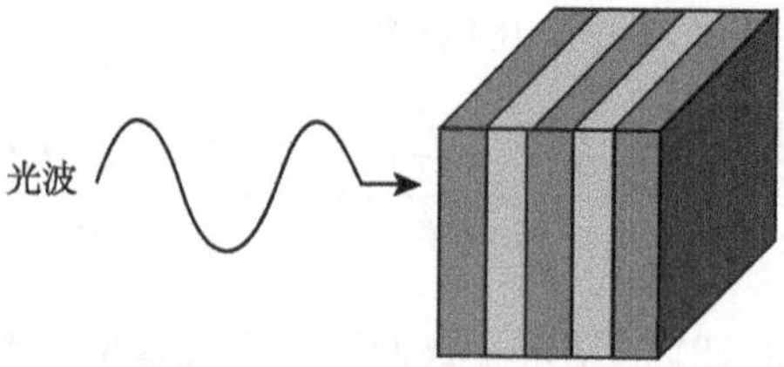

图 7.7.1　光子晶体: 光波在一维周期性介质中的传播

现在我们讨论光子能带结构形成的条件。一列在介质中传播的单色平面波可以表示为

$$\boldsymbol{E}(\boldsymbol{r},t)=\boldsymbol{E}(\boldsymbol{r})\mathrm{e}^{\mathrm{i}(\boldsymbol{k}\cdot\boldsymbol{r}-\omega t)} \tag{7.7.1}$$

其中，$\boldsymbol{E}(\boldsymbol{r})$ 是光波的空间分布，$\boldsymbol{k}$ 和 ω 分别是单色波的波矢量和频率，$\boldsymbol{r}$ 和 t 分别是空间和时间变量。利用电磁波理论可以得到 $\boldsymbol{E}(\boldsymbol{r})$ 所满足的亥姆霍兹方程 (矢量形式)

$$\nabla^2\boldsymbol{E}(\boldsymbol{r})+\frac{\omega^2\varepsilon}{c^2}\boldsymbol{E}(\boldsymbol{r})=0 \tag{7.7.2}$$

式中，ε 是介电常数，我们将它写成

$$\varepsilon=\bar{\varepsilon}+\varepsilon_s(\boldsymbol{r}) \tag{7.7.3}$$

其中，$\bar{\varepsilon}$ 是一个平均值，而 $\varepsilon_s(\boldsymbol{r})$ 是在 $\bar{\varepsilon}$ 附近的起伏量。将式 (7.7.3) 代入方程 (7.7.2)，最终可以得到一个标量方程

$$\left[-\nabla^2+\left(\frac{\omega}{c}\right)^2[-\varepsilon_s(\boldsymbol{r})]\right]E(\boldsymbol{r})=\frac{\omega^2\bar{\varepsilon}}{c}E(\boldsymbol{r}) \tag{7.7.4}$$

可以看出，该方程与薛定谔方程

$$\left[-\frac{\hbar^2}{2m}\nabla^2+V(\boldsymbol{r})\right]\psi(\boldsymbol{r})=E\psi(\boldsymbol{r}) \tag{7.7.5}$$

在形式上是相互对应的：

$$\left(\frac{\omega}{c}\right)^2[-\varepsilon_s(\boldsymbol{r})]\leftrightarrow V(\boldsymbol{r}),\quad \frac{\omega^2\bar{\varepsilon}}{c}\leftrightarrow E \tag{7.7.6}$$

如 7.5.1 节所述，电子呈现能带结构的条件是周期势场：$V(x)=V(x+c)$。这样如果将式 (7.7.4) 中的 $\varepsilon_s(\boldsymbol{r})$ 取为周期函数：

$$\varepsilon(\boldsymbol{r})=\varepsilon(\boldsymbol{r}+\boldsymbol{c}_n)\quad(\boldsymbol{c}_n\text{是周期}) \tag{7.7.7}$$

则可以得到关于本征值 $(\omega^2\bar{\varepsilon})/c$ 取值 (即频率 ω 取值) 的允带和禁带。图 7.7.2 显示了光子晶体的色散曲线 (dispersion curve of photonic crystal) 示意图。现在真

空中光子能量 E 与波数 k 的关系是线性的：$E = \hbar\omega = \hbar ck$(即 $\omega = ck$)，相应于自由电子情况下的抛物线 (式 (7.5.34))。光子晶体的基本特性是：频率落在光子能带内的入射光波可以通过介质，而频率落在光子带隙内的光波无法在介质中传播。可见利用光子晶体可以开通或阻止光子在体系中的传播。

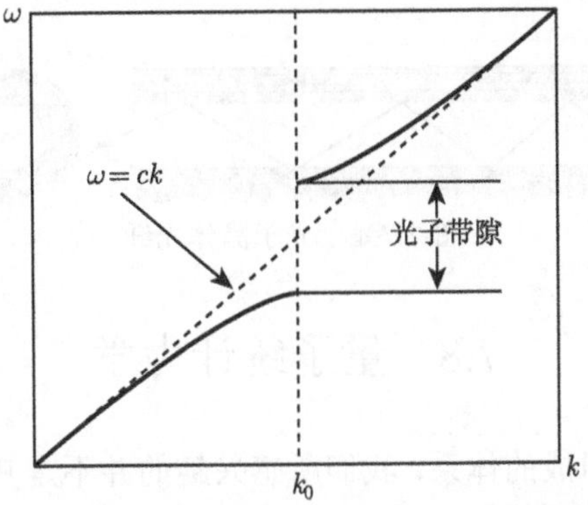

图 7.7.2　光子晶体的色散曲线 (ω-k 图)

实线表示光子能带，光子带隙出现在 $k = k_0$。虚线 ($\omega = ck$) 是真空中光子的色散曲线

1991 年，雅布罗诺维奇成功制备了第一块光子晶体 [Yablonovitch E, Gmitter T, Leung K M. Photonic band structure: the face-centered-cubic case employing nonspherical atoms. Phys. Rev. Lett., 1991, 67: 2295–2298]。他所采用的方法是在折射率为 3.6 的材料上用机械方法钻出许多直径为 1mm 的孔，并呈周期性分布 (图 7.7.3)。利用它可阻止体系内层的微波从任何方向传播出去。

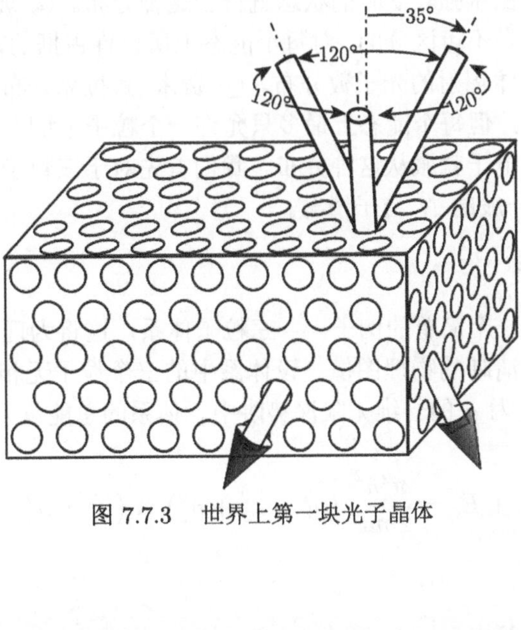

图 7.7.3　世界上第一块光子晶体

利用光子晶体的原理还可以制成光子晶体光纤 (photonic crystal fiber)。最简单的结构如图 7.7.4 所示：纤芯是空气，在纤芯周围采用周期性介质作为包层，让传输光的频率落在周期性介质包层的禁带之内。这样光波只能沿着空气纤芯传播，而不能进入包层。其优点是光信号在空气中传播 (而不是像普通光纤那样在介质中传播)，从而大大降低了光能量的损耗。

图 7.7.4 光子晶体光纤

7.8 量子统计力学

对于由大量粒子组成的体系，我们所感兴趣的并不是其中某一个粒子的状态，而是这些粒子作为一个整体的统计学性质。举个简单的例子，处于容器中的气体会对容器壁产生一定的压力。这种压力实际上是由于各个气体分子撞击器壁造成的，但我们不会注意这些分子的个体行为。同理，晶体的导电性能也是由大量电子的统计学性质所决定的。

要确定多粒子体系的统计学性质 (statistical properties of many-particle systems)，就要了解粒子所遵循的统计分布规律。对于一个粒子间无相互作用的体系，粒子在各个能态上的分布通常有三种不同的方式：① 玻尔兹曼分布：这种分布认为粒子是可以一一分辨的，而且对每个能态上所允许占据的粒子数没有限制。容器中的气体分子在压强较低时的状态就符合这种分布。② 玻色–爱因斯坦分布：这种分布中的粒子是不可区分的，对每个能态上所允许占据的粒子数仍没有限制。最典型的例子是黑体辐射的光子数分布。③ 费米–狄拉克分布：这种分布中的粒子也是不可区分的，但每个能态上最多只允许一个粒子 (可以没有粒子)。前几节所讨论的晶体中的电子就服从这种分布。我们首先对于三粒子体系讨论这些统计分布，然后推广到一般的 N 粒子情况。

7.8.1 三粒子体系

我们首先讨论一个简单的例子——三粒子体系，这将为理解上述三种统计分布提供一个直观而清晰的物理图像。设体系中的三个粒子无相互作用 (质量均为 m)，它们处于宽度为 a 的一维无限深势阱中。体系的总能量为

$$E = E_a + E_b + E_c = \frac{\pi^2\hbar^2}{2ma^2}\left(n_a^2 + n_b^2 + n_c^2\right) \equiv \left(n_a^2 + n_b^2 + n_c^2\right)\varepsilon \tag{7.8.1}$$

其中，$n_a, n_b, n_c = 1, 2, 3, \cdots$。作为一个例子，我们取

$$E = 363\varepsilon \tag{7.8.2a}$$

即

$$n_a^2 + n_b^2 + n_c^2 = 363 \tag{7.8.2b}$$

不难发现，三个正整数满足式 (7.8.2b) 的取值方式共有 4 种组合 (包含 13 种排列)：①三个均为 11；②两个为 13 而一个为 5(包含三种排列)；③一个为 19 而两个为 1(包含三种排列)；④三个分别为 17、7、5(包含六种排列)。这样一来，$\{n_a, n_b, n_c\}$ 的所有可能排列方式如下：

$$\{11, 11, 11\} \tag{7.8.3a}$$

$$\{13, 13, 5\},\quad \{13, 5, 13\},\quad \{5, 13, 13\} \tag{7.8.3b}$$

$$\{19, 1, 1\},\quad \{1, 19, 1\},\quad \{1, 1, 19\} \tag{7.8.3c}$$

$$\{17, 7, 5\}, \{17, 5, 7\}, \{7, 17, 5\}, \{7, 5, 17\}, \{5, 17, 7\}, \{5, 7, 17\} \tag{7.8.3d}$$

如果粒子是可分辨的，以上每个排列都代表一个独立的量子态。按照统计力学的基本原理：在热平衡条件下这些态出现的概率相等。不过由式 (7.8.3) 可以看出，单粒子的量子数 $n \equiv n_j (j = a, b\text{或}c)$ 的取值共有七个：$n = 1, 5, 7, 11, 13, 17, 19$。这意味着就单个粒子而言，体系只有七个独立的能级 E_n：

$$E_1 = \varepsilon,\quad E_5 = 25\varepsilon,\quad E_7 = 49\varepsilon,\quad E_{11} = 121\varepsilon$$

$$E_{13} = 169\varepsilon,\quad E_{17} = 289\varepsilon,\quad E_{19} = 361\varepsilon \tag{7.8.4a}$$

它们相应于七个分立的状态 ψ_n：

$$\psi_1, \psi_5, \psi_7, \psi_{11}, \psi_{13}, \psi_{17}, \psi_{19} \tag{7.8.4b}$$

现在我们考察各个 ψ_n 态上的粒子布居数 N_n：由式 (7.8.3a)，三个粒子均处于 ψ_{11} 态，即 $N_{11} = 3$；由式 (7.8.3b)，一个粒子处于 ψ_5 态，两个粒子处于 ψ_{13} 态，即 $N_5 = 1$，$N_{13} = 2$；由式 (7.8.3c)，两个粒子处于 ψ_1 态，一个粒子处于 ψ_{19} 态，即 $N_1 = 2$，$N_{19} = 1$；由式 (7.8.3d)，三个粒子分别处于 ψ_5、ψ_7、ψ_{17} 态，即 $N_5 = N_7 = N_{17} = 1$。这样，各个 ψ_n 态上的粒子布居数占总粒子数的比例为

$$\psi_1 : \frac{2}{3},\quad \psi_5 : \frac{1}{3}, \frac{1}{3},\quad \psi_7 : \frac{1}{3},\quad \psi_{11} : \frac{3}{3},\quad \psi_{13} : \frac{2}{3},\quad \psi_{17} : \frac{1}{3},\quad \psi_{19} : \frac{1}{3} \tag{7.8.5}$$

另外我们注意到，各个 ψ_n 态在式 (7.8.3) 所示的 13 个量子态中所占的比例为

$$\psi_1:\frac{3}{13},\quad \psi_5:\frac{3}{13},\frac{6}{13},\quad \psi_7:\frac{6}{13},\quad \psi_{11}:\frac{1}{13},\quad \psi_{13}:\frac{3}{13},\quad \psi_{17}:\frac{6}{13},\quad \psi_{19}:\frac{3}{13} \tag{7.8.6}$$

由式 (7.8.5) 和式 (7.8.6)，我们得到单粒子能量取 E_n 值的概率 P_n：

$$P_1=\frac{2}{3}\times\frac{3}{13}=\frac{2}{13},\quad P_5=\frac{1}{3}\times\frac{3}{13}+\frac{1}{3}\times\frac{6}{13}=\frac{3}{13},\quad P_7=\frac{1}{3}\times\frac{6}{13}=\frac{2}{13}$$

$$P_{11}=\frac{3}{3}\times\frac{1}{13}=\frac{1}{13},\quad P_{13}=\frac{2}{3}\times\frac{3}{13}=\frac{2}{13},\quad P_{17}=\frac{1}{3}\times\frac{6}{13}=\frac{2}{13}$$

$$P_{19}=\frac{1}{3}\times\frac{3}{13}=\frac{1}{13}$$

总概率为

$$\sum_n P_n=P_1+P_5+P_7+P_{11}+P_{13}+P_{17}+P_{19}=\frac{2}{13}+\frac{3}{13}+\frac{2}{13}+\frac{1}{13}+\frac{2}{13}+\frac{2}{13}+\frac{1}{13}=1 \tag{7.8.7}$$

利用式 (7.8.4a)，得到单粒子的平均能量

$$\sum_n E_nP_n=\left(\frac{2}{13}+\frac{3\times 25}{13}+\frac{2\times 49}{13}+\frac{121}{13}+\frac{2\times 169}{13}+\frac{2\times 289}{13}+\frac{361}{13}\right)\varepsilon=121\varepsilon$$

这与式 (7.8.2a) 相吻合。

以上是可分辨粒子 (distinguished particles) 的结果。对于全同费米子 (identical fermions)，粒子之间是不可区分的，而且每个量子态上最多只允许存在一个粒子 (在忽略自旋的情况下或者三个粒子处于相同的自旋态)。这样式 (7.8.3) 中只有

$$\{5,7,17\} \tag{7.8.8}$$

是允许存在的排列，而式 (7.8.4b) 变为

$$\psi_5,\psi_7,\psi_{17} \tag{7.8.9}$$

结果为

$$P_5=P_7=P_{17}=\frac{1}{3} \tag{7.8.10}$$

总概率依然为 1。单粒子的平均能量仍然为 121ε。

对于全同玻色子 (identical bosons)，粒子之间也是不可区分的，但对每个能态上所允许占据的粒子数没有限制。这样式 (7.8.3) 约化为四种排列：

$$\{11, 11, 11\} \tag{7.8.11a}$$

$$\{5, 13, 13\} \tag{7.8.11b}$$

$$\{1, 1, 19\} \tag{7.8.11c}$$

$$\{5, 7, 17\} \tag{7.8.11d}$$

而体系所包含的量子态仍由式 (7.8.4) 给出。于是单粒子能量取 E_n 值的概率 P_n 是

$$P_1 = \frac{2}{3} \times \frac{1}{4} = \frac{1}{6}, \quad P_5 = \frac{1}{3} \times \frac{1}{4} + \frac{1}{3} \times \frac{1}{4} = \frac{1}{6}, \quad P_7 = \frac{1}{3} \times \frac{1}{4} = \frac{1}{12}$$

$$P_{11} = \frac{3}{3} \times \frac{1}{4} = \frac{1}{4}, \quad P_{13} = \frac{2}{3} \times \frac{1}{4} = \frac{1}{6}, \quad P_{17} = \frac{1}{3} \times \frac{1}{4} = \frac{1}{12}$$

$$P_{19} = \frac{1}{3} \times \frac{1}{4} = \frac{1}{12}$$

概率总和依然为 1，单粒子的平均能量仍然为 121ε。

以上关于三粒子体系的讨论，使我们清楚地看到粒子的属性如何决定量子态的数目以及量子态出现的概率。下面我们讨论一般 N 粒子体系。

7.8.2 N 粒子体系

现在考虑一个任意势场中的 N 粒子体系 (体系的总能量为 E)。设单粒子的能量为 $E_1, E_2, \cdots$，简并度分别为 $g_1, g_2, \cdots$ (即能量为 E_n 的单粒子态有 g_n 个)。对于确定的 N，各个能态上的粒子数 $(N_1, N_2, N_3, \cdots)$ 是变化的。体系的一个组态 (configuration) 是：能量为 E_1 的粒子有 N_1 个，能量为 E_2 的粒子有 N_2 个，$\cdots$，能量为 E_n 的粒子有 N_n 个，$\cdots$。现在我们问：在约束条件

$$\sum_{n=1}^{\infty} N_n = N \tag{7.8.12a}$$

和

$$\sum_{n=1}^{\infty} N_n E_n = E \tag{7.8.12b}$$

之下，当 $(N_1, N_2, N_3, \cdots)$ 变化时，体系有多少个不同的组态？如果将答案表示为

$$Q(N_1, N_2, N_3, \cdots) \tag{7.8.13}$$

显然它取决于体系中的粒子是可分辨的，是全同费米子，还是全同玻色子。所以我们将按照这三种情况分别讨论。

首先考虑粒子是可分辨的，我们的问题可以形象地表达为：从 N 个粒子中拿出 N_1 个粒子，放入能量为 E_1 的 1 号箱子，有多少种不同的组合方式？显然，答案是二项式系数 (binomial coefficient)

$$\begin{pmatrix} N \\ N_1 \end{pmatrix} \equiv \frac{N!}{N_1!(N-N_1)!} \tag{7.8.14}$$

现在我们考察 1 号箱子里的 N_1 个可分辨粒子有多少种不同的排列方法。这个箱子里的粒子有共同的能量 E_1，但每一个粒子有 g_1 个状态，所以对于式 (7.8.14) 中的每一种组合方式，由于粒子取不同的态而有 $g_1^{N_1}$ 种可能的排列。那么从 N 个粒子中拿出 N_1 个粒子放入所含状态数为 g_1 的 1 号箱子的方法数为

$$\frac{g_1^{N_1} N!}{N_1!(N-N_1)!} \tag{7.8.15}$$

现在要从剩余的 $(N-N_1)$ 个粒子中拿出 N_2 个粒子，放入能量为 E_2、所含状态数为 g_2 的 2 号箱子中，可能的方法数目 (按照式 (7.8.15)) 为

$$\frac{g_2^{N_2}(N-N_1)!}{N_2!(N-N_1-N_2)!} \tag{7.8.16}$$

对于 1 号箱子的每一种排列 (式 (7.8.15))，2 号箱子有式 (7.8.16) 所示的排列方式。如果体系只有两个箱子，则组态数目 (式 (7.8.13)) 为二者的乘积。事实上，单粒子能量 E_n 的取值有无穷多个 (即能量箱子有无穷多个)，因此体系的组态数目为

$$\begin{aligned} &Q(N_1, N_2, N_3, \cdots) \\ &= \frac{g_1^{N_1} N!}{N_1!(N-N_1)!} \frac{g_2^{N_2}(N-N_1)!}{N_2!(N-N_1-N_2)!} \frac{g_3^{N_3}(N-N_1-N_2)!}{N_3!(N-N_1-N_2-N_3)!} \cdots \\ &= N! \frac{g_1^{N_1}}{N_1!} \frac{g_2^{N_2}}{N_2!} \frac{g_3^{N_3}}{N_3!} \cdots = N! \prod_{n=1}^{\infty} \frac{g_n^{N_n}}{N_n!} \end{aligned} \tag{7.8.17}$$

对于全同费米子，问题变得简单很多。因为它们是不可分辨的，哪个粒子处于哪个态是无所谓的。N_n 个粒子在 n 号箱子里，只给出一种组合方式，没有 N_n 个粒子相互间的排列问题。另外，每个单粒子态最多只能容纳一个粒子。这样每一个箱子所放入的粒子数不能超过该箱子的量子态数。按照这些要求，向 1 号箱子

里 (有 g_1 个量子态) 放入 N_1 个粒子，向 2 号箱子里 (有 g_2 个量子态) 放入 N_2 个粒子，$\cdots$ 的方法数为

$$\begin{pmatrix} g_1 \\ N_1 \end{pmatrix} = \frac{g_1!}{N_1!(g_1-N_1)!}, \quad \begin{pmatrix} g_2 \\ N_2 \end{pmatrix} = \frac{g_2!}{N_2!(g_2-N_2)!} \cdots \tag{7.8.18}$$

这样

$$Q(N_1, N_2, N_3, \cdots) = \prod_{n=1}^{\infty} \frac{g_n!}{N_n!(g_n-N_n)!} \tag{7.8.19}$$

对于全同玻色子，问题变得复杂一些。同样地，N_n 个粒子在 n 号箱子里，只给出一种组合方式，没有 N_n 个粒子相互间的排列问题。但是现在的情况是，每个单粒子态上所容纳的粒子数没有限制 (可以为零)。我们的问题变成：将 N_n 个全同粒子置于 g_n 个不同的态上，共有多少种组合方式？我们首先讨论一个简单的情况：粒子数为 $N_n = 3$, 状态数为 $g_n = 2$，这时存在图 7.8.1 所示的 4 种组合方式。在一般情况下，它等于从 $(N_n + g_n - 1)$ 个元素中取出 $(g_n - 1)$ 个元素的组合数

$$\begin{pmatrix} N_n + g_n - 1 \\ g_n - 1 \end{pmatrix} = \frac{(N_n + g_n - 1)!}{N_n!(g_n - 1)!} \tag{7.8.20}$$

这样我们有

$$Q(N_1, N_2, N_3, \cdots) = \prod_{n=1}^{\infty} \frac{(N_n + g_n - 1)!}{N_n!(g_n - 1)!} \tag{7.8.21}$$

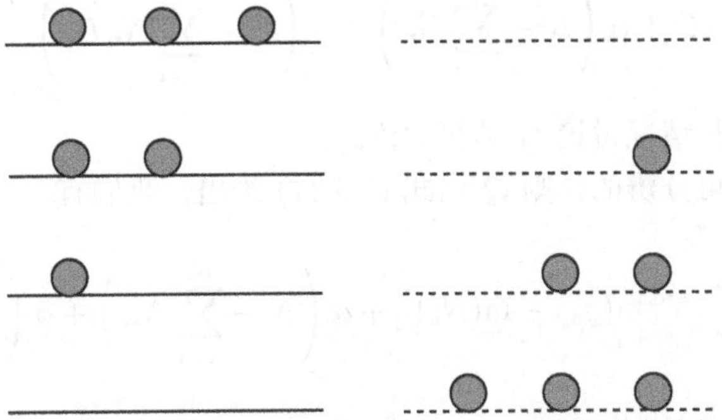

图 7.8.1 粒子数 $N_n = 3$(圆点代表粒子) 和状态数 $g_n = 2$(实线和虚线代表属于相同能级的两个不同状态) 的组合有 4 种方法, 它来自组合数 $\begin{pmatrix} 3+2-1 \\ 2-1 \end{pmatrix} = 4$

7.8.3 最概然布居数

在热平衡条件下，体系的各个状态出现的概率是彼此相等的。所以 N 个粒子分布的最概然组态 (most probable configuration) 相应于组态数目 $Q(N_1, N_2, N_3, \cdots)$ 在约束条件式 (7.8.12) 之下取极大值。

我们知道，求多变量函数 Q 在约束条件

$$f(x_1, x_2, x_3, \cdots) = 0, \quad g(x_1, x_2, x_3, \cdots) = 0, \cdots \tag{7.8.22}$$

之下的极大值通常采用拉格朗日乘子法。按照这个方法，我们需要引入一个新的函数

$$G(x_1, x_2, x_3, \cdots; \alpha, \beta, \cdots) \equiv Q + \alpha f + \beta g + \cdots \tag{7.8.23}$$

其中，$\alpha, \beta, \cdots$ 是拉格朗日乘子。然后令 G 对所有变量 x_n 的偏微分为零：

$$\frac{\partial G}{\partial x_n} = 0 \quad (n = 1, 2, 3, \cdots) \tag{7.8.24}$$

由此得到相应于 Q 取极大值的结果。

将组态数目 $Q(N_1, N_2, N_3, \cdots)$ 替换成它的对数 $\ln Q$ 可以简化计算 (使乘积变为求和)。事实上 Q 的极大值和 $\ln Q$ 的极大值对应变量 $(N_1, N_2, N_3, \cdots)$ 的相同取值。现在我们将约束条件式 (7.8.12) 写为

$$f = N - \sum_{n=1}^{\infty} N_n = 0, \quad g = E - \sum_{n=1}^{\infty} N_n E_n = 0$$

令

$$G \equiv \ln Q + \alpha \left(N - \sum_{n=1}^{\infty} N_n \right) + \beta \left(E - \sum_{n=1}^{\infty} N_n E_n \right) \tag{7.8.25}$$

下面我们将按三种情况讨论 G 的极大值。

如果粒子是可分辨的，则 Q 由式 (7.8.17) 给出，我们有

$$G = \ln(N!) + \sum_{n=1}^{\infty} [N_n \ln(g_n) - \ln(N_n!)] + \alpha \left(N - \sum_{n=1}^{\infty} N_n \right) + \beta \left(E - \sum_{n=1}^{\infty} N_n E_n \right) \tag{7.8.26}$$

假定布居数 $N_n \gg 1$，我们可以利用斯特林近似式 (Stirling approximation):

$$\ln(z!) \approx z \ln z - z \tag{7.8.27}$$

将式 (7.8.26) 写为

$$G=\sum_{n=1}^{\infty}[N_n\ln(g_n)-N_n\ln(N_n)+N_n-\alpha N_n-\beta N_nE_n]+\ln(N!)+\alpha N+\beta E \tag{7.8.28}$$

式 (7.8.28) 对 N_n 求偏微分，由

$$\frac{\partial G}{\partial N_n}=\ln(g_n)-\ln(N_n)-\alpha-\beta E_n=0 \tag{7.8.29}$$

得到

$$N_n=g_n\mathrm{e}^{-(\alpha+\beta E_n)} \tag{7.8.30}$$

它相应于 $Q(N_1,N_2,N_3,\cdots)$ 取极大值，因此是可分辨粒子情况下的最概然布居数 (most probable occupation number)。具体而言，能量为 E_1，$E_2,\cdots$ 的状态上的最概然粒子数为

$$N_1=g_1\mathrm{e}^{-(\alpha+\beta E_1)},\quad N_2=g_2\mathrm{e}^{-(\alpha+\beta E_2)},\cdots$$

可见能量越高的状态粒子的布居数越少。

对于全同费米子，Q 由式 (7.8.19) 给出，我们有

$$\begin{aligned}G=&\sum_{n=1}^{\infty}\{\ln(g_n!)-\ln(N_n!)-\ln[(g_n-N_n)!]\}\\&+\alpha\left(N-\sum_{n=1}^{\infty}N_n\right)+\beta\left(E-\sum_{n=1}^{\infty}N_nE_n\right)\end{aligned} \tag{7.8.31}$$

假定 $N_n\gg 1$，且 $g_n-N_n\gg 1$，这样斯特林近似式可以应用于所有项，式 (7.8.31) 变为

$$G=\sum_{n=1}^{\infty}\left\{\begin{array}{l}g_n\ln(g_n)-N_n\ln(N_n)-(g_n-N_n)\ln[(g_n-N_n)]\\-\alpha N_n-\beta N_nE_n\end{array}\right\}+\alpha N+\beta E \tag{7.8.32}$$

进而由

$$\frac{\partial G}{\partial N_n}=-\ln(N_n)+\ln[(g_n-N_n)]-\alpha-\beta E_n=0 \tag{7.8.33}$$

得到

$$N_n=\frac{g_n}{\mathrm{e}^{(\alpha+\beta E_n)}+1} \tag{7.8.34}$$

这就是全同费米子的最概然布居数。

最后我们考察全同玻色子，Q 由式 (7.8.21) 给出，我们有

$$\begin{aligned}G=&\sum_{n=1}^{\infty}\{\ln[(N_n+g_n-1)!]-\ln(N_n!)-\ln[(g_n-1)!]\}\\&+\alpha\left(N-\sum_{n=1}^{\infty}N_n\right)+\beta\left(E-\sum_{n=1}^{\infty}N_nE_n\right)\end{aligned}\tag{7.8.35}$$

假定 $N_n\gg 1$，且 $g_n\gg 1$，由斯特林近似式得到

$$G=\sum_{n=1}^{\infty}\left\{\begin{array}{l}(N_n+g_n-1)\ln(N_n+g_n-1)-N_n\ln(N_n)\\-(g_n-1)\ln(g_n-1)-\alpha N_n-\beta N_nE_n\end{array}\right\}+\alpha N+\beta E\tag{7.8.36}$$

进而由

$$\frac{\partial G}{\partial N_n}=\ln(N_n+g_n-1)-\ln(N_n)-\alpha-\beta E_n=0\tag{7.8.37}$$

得到

$$N_n=\frac{g_n-1}{\mathrm{e}^{(\alpha+\beta E_n)}-1}\tag{7.8.38}$$

这就是全同玻色子的最概然布居数 (为了与费米子的结果保持一致，可以将分子上的常数写成 g_n，以后我们都将这样处理)。

7.8.4 参数的物理意义

参数 α 和 β 是作为拉格朗日乘子引入的，它们与粒子总数 N 及总能量 E 有关。将布居数表达式 (7.8.30)、式 (7.8.34) 和式 (7.8.38) 代入约束条件式 (7.8.12) 就可以确定 α 和 β。然而要想这样做，需要知道所讨论的势场、所允许的能量 E_n 以及相应的简并度 g_n 等。下面我们以 7.2.1 节讨论的自由电子气模型为例，作进一步的讨论。

体系的一个量子态为 (式 (7.2.8))

$$\psi=\sqrt{\frac{8}{L_xL_yL_z}}\sin\left(\frac{n_x\pi}{L_x}x\right)\sin\left(\frac{n_y\pi}{L_y}y\right)\sin\left(\frac{n_z\pi}{L_z}z\right)\tag{7.8.39}$$

其中，$n_x,n_y,n_z=1,2,3,\cdots$ 相应的能量 (式 (7.2.9)) 是

$$E_k=\frac{\hbar^2k^2}{2m}\tag{7.8.40}$$

这里

$$\boldsymbol{k}=\left\{\frac{n_x\pi}{L_x},\frac{n_y\pi}{L_y},\frac{n_z\pi}{L_z}\right\} \tag{7.8.41}$$

是体系允许的波矢量。与之前的处理方法一样，我们把 k-空间的变量 k 看作连续变化的，一个量子态所占的体积为 π^3/V(即态密度为 V/π^3)。我们将第一象限内的 1/8 球壳 (半径为 k，厚度为 $\mathrm{d}k$) 作为前述的 "箱子"(其体积由式 (7.2.14) 表示，如图 1.4.3 所示)，则 "简并度"(即箱子内的量子态数目) 为

$$g_k=\left(\frac{1}{2}\pi k^2\mathrm{d}k\right)\frac{V}{\pi^3}=\frac{V}{2\pi^2}k^2\mathrm{d}k \tag{7.8.42}$$

由于 g_k 的连续性变化，现在粒子数 N 由求和 (见约束条件 (7.8.12a)) 变成积分的形式。简便起见，我们考虑可分辨粒子情况，利用式 (7.8.30) 和式 (7.8.40)，得到

$$N=\frac{V\mathrm{e}^{-\alpha}}{2\pi^2}\int_0^\infty \mathrm{e}^{-\beta\frac{\hbar^2k^2}{2m}}k^2\mathrm{d}k=V\mathrm{e}^{-\alpha}\left(\frac{m}{2\pi\beta\hbar^2}\right)^{3/2} \tag{7.8.43}$$

所以

$$\mathrm{e}^{-\alpha}=\frac{N}{V}\left(\frac{2\pi\beta\hbar^2}{m}\right)^{3/2} \tag{7.8.44}$$

而约束条件式 (7.8.12b) 给出

$$E=\frac{V\mathrm{e}^{-\alpha}}{2\pi^2}\frac{\hbar^2}{2m}\int_0^\infty \mathrm{e}^{-\beta\frac{\hbar^2k^2}{2m}}k^4\mathrm{d}k=\frac{3V}{2\beta}\mathrm{e}^{-\alpha}\left(\frac{m}{2\pi\beta\hbar^2}\right)^{3/2} \tag{7.8.45}$$

用式 (7.8.45) 除以式 (7.8.43)，得到

$$\frac{E}{N}=\frac{3}{2\beta} \tag{7.8.46}$$

这个结果使我们想起经典物理学的一个结论：一个原子 (有三个自由度) 在温度 T 时的平均动能为

$$\frac{E}{N}=\frac{3}{2}k_{\mathrm{B}}T \tag{7.8.47}$$

其中，k_{B} 是玻尔兹曼常数。式 (7.8.46) 与式 (7.8.47) 相比较给出

$$\beta=\frac{1}{k_{\mathrm{B}}T} \tag{7.8.48}$$

这说明拉格朗日参数 β 与温度 T 成反比。事实上式 (7.8.48) 可以理解为温度 T(在拉格朗日参数 β 意义上) 的定义。

另一个拉格朗日参数 α 通常以化学势 (chemical potential)

$$\mu(T) \equiv -\alpha k_{\mathrm{B}} T \tag{7.8.49}$$

的形式出现。由式 (7.8.25) 可以看出，α 与粒子数的守恒条件有关 (如果体系的粒子数不守恒，即约束条件式 (7.8.12a) 不再成立，则 $\alpha = 0$)。可分辨粒子的化学势由式 (7.8.44) 决定，它给出 (注意到式 (7.8.48))

$$\mu(T) = k_{\mathrm{B}} T \left[\ln\left(\frac{N}{V}\right) + \frac{3}{2} \ln\left(\frac{2\pi\hbar^2}{m k_{\mathrm{B}} T}\right) \right] \tag{7.8.50}$$

类似地，分别用式 (7.8.34) 和式 (7.8.38) 代替式 (7.8.30)，我们可以得到全同费米子和全同玻色子的总粒子数和总能量：

$$N = \frac{V}{2\pi^2} \int_0^{\infty} \frac{k^2}{\exp\left[\dfrac{(\hbar^2 k^2/(2m)) - \mu(T)}{k_{\mathrm{B}} T}\right] \pm 1} \mathrm{d}k \tag{7.8.51a}$$

$$E = \frac{V}{2\pi^2} \frac{\hbar^2}{2m} \int_0^{\infty} \frac{k^4}{\exp\left[\dfrac{(\hbar^2 k^2/(2m)) - \mu(T)}{k_{\mathrm{B}} T}\right] \pm 1} \mathrm{d}k \tag{7.8.51b}$$

其中，±1 相应于费米子和玻色子。由式 (7.8.51a) 可以确定化学势 $\mu(T)$，进而由式 (7.8.51b) 得到总能量 E。特别是还可以利用 $E \sim T$ 关系讨论固体 (全同费米子体系或全同玻色子体系) 的比热 $C = \partial E/\partial T$。但问题是式 (7.8.51) 的积分不能表示为初等函数的形式，只能进行数值计算。

7.8.5 量子统计分布与平均粒子数

利用式 (7.8.48) 和式 (7.8.49)，可以将布居数表达式 (7.8.30)、式 (7.8.34) 和式 (7.8.38) 统一写成

$$N_n = g_n \exp\left(-\frac{E_n - \mu}{k_{\mathrm{B}} T}\right) \quad (\text{玻尔兹曼分布}) \tag{7.8.52a}$$

$$N_n = \frac{g_n}{\exp\left(\dfrac{E_n - \mu}{k_{\mathrm{B}} T}\right) + 1} \quad (\text{费米–狄拉克分布}) \tag{7.8.52b}$$

$$N_n = \frac{g_n}{\exp\left(\dfrac{E_n - \mu}{k_{\mathrm{B}}T}\right) - 1} \quad \text{(玻色–爱因斯坦分布)} \tag{7.8.52c}$$

这里玻尔兹曼分布适用于可分辨粒子 (在 $\mu = 0$ 情况下与式 (1.4.22) 相吻合)；费米–狄拉克分布 (Fermi-Dirac distribution) 适用于全同费米子；玻色–爱因斯坦分布 (Bose-Einstein distribution) 适用于全同玻色子。

注意，式 (7.8.52) 表示处于某一个给定能级的粒子数，我们可以进而对该能级上的所有量子态求平均粒子数 (average particle number)，为此用 N_n 除以简并度 g_n 即可：

$$\langle n\rangle = \begin{cases} \dfrac{1}{\exp\left(\dfrac{E-\mu}{k_{\mathrm{B}}T}\right)} & \text{(玻尔兹曼分布)} \quad (7.8.53\text{a}) \\ \dfrac{1}{\exp\left(\dfrac{E-\mu}{k_{\mathrm{B}}T}\right)+1} & \text{(费米–狄拉克分布)} \quad (7.8.53\text{b}) \\ \dfrac{1}{\exp\left(\dfrac{E-\mu}{k_{\mathrm{B}}T}\right)-1} & \text{(玻色–爱因斯坦分布)} \quad (7.8.53\text{c}) \end{cases}$$

现在 $\langle n\rangle$ 表示在同一个能级 E 上 (相对于不同状态) 的平均粒子数。

上述三种统计方法的引入，强调的是粒子在各个能态上的不同分布特征，并没有明确显示“量子”特征 (没有出现普朗克常数)。但是统计对象有费米子和玻色子的区别，这两种粒子的区别是从量子意义上判定的。费米–狄拉克分布和玻色–爱因斯坦分布在函数形式上的不同源于费米子和玻色子量子属性的不同。特别是，这两种统计方法虽然都主张粒子是不可区分的，但全同粒子在量子统计学意义上却是“相关的”。即一个粒子的存在会影响其他粒子的状态，表现出多粒子体系的内部相关性。譬如费米子，一个量子态上已有一个粒子占据时，它排斥其他全同粒子对这一量子态的占据；而玻色子则不同，占据一个量子态的粒子允许其他全同粒子对这一量子态的占据。可见这样的量子统计法 (quantum statistical method) 本身包含着统计元素之间的相关性，而不像经典统计学那样，统计元素之间是相互独立的。

7.9 量子统计力学的应用

7.9.1 化学势与费米能级

我们首先考察费米–狄拉克分布在绝对温度 $T \to 0$ 时的极限行为。为此将费米–狄拉克分布式 (7.8.52b) 中的能级看作连续变化的，则有

$$N_E \sim \frac{1}{\exp\left[\dfrac{E-\mu(T)}{k_{\mathrm{B}}T}\right]+1} \tag{7.9.1}$$

在 $T \to 0$ 时，我们有

$$\exp\left[\frac{E-\mu(T)}{k_{\mathrm{B}}T}\right] \to \begin{cases} 0 & (E<\mu(0)) \\ \infty & (E>\mu(0)) \end{cases} \tag{7.9.2}$$

所以

$$N_E \to \begin{cases} 1 & (E<\mu(0)) \\ 0 & (E>\mu(0)) \end{cases} \tag{7.9.3}$$

这意味着，能量小于 $\mu(0)$ 的态都被占据着，而能量大于 $\mu(0)$ 的态都是空的。因此 $T \to 0$ 极限情况下的费米–狄拉克分布如图 7.9.1 中的折线所示。按照费米能级的定义 (式 (7.2.13))，绝对零度的化学势 $\mu(0)$ 显然就是费米能量：

$$\mu(0) = E_{\mathrm{F}} \tag{7.9.4}$$

当 $T > 0$ 时，费米–狄拉克分布变得平滑，如图 7.9.1 中的实线所示。

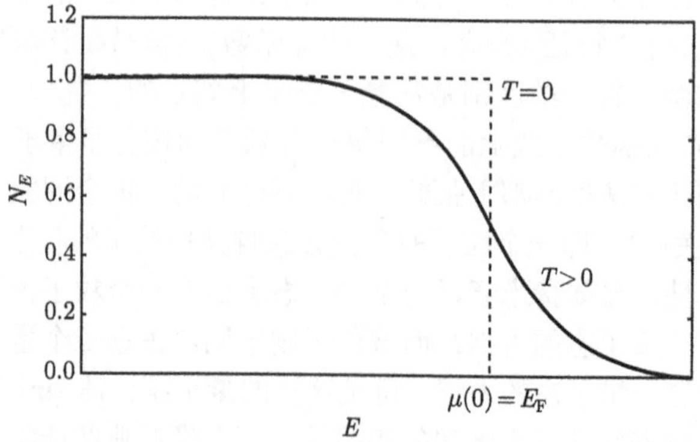

图 7.9.1　费米–狄拉克分布

7.9.2　黑体辐射与平均光子数

作为玻色–爱因斯坦分布 (式 (7.8.52c)) 的应用，我们可以推导普朗克黑体辐射公式。光子是自旋为 1 的玻色子，服从玻色–爱因斯坦统计。然而黑体辐射的强度随温度而升高，所以光子数是不守恒的，约束条件式 (7.8.12a) 不再成立，另外式 (7.8.25) 中参数 $\alpha = 0$(则 $\mu = 0$)。已知光子的能量为 $E_n = h\nu$，于是

式 (7.8.52c) 写为

$$N_\nu = \frac{g_\nu}{\exp\left(\dfrac{h\nu}{k_{\mathrm{B}}T}\right) - 1} \tag{7.9.5}$$

这就是黑体辐射的总光子数。设黑体辐射的有效体积为 V，则 $\mathrm{d}k$ 范围内的光子简并度 (见式 (7.8.42)) 为

$$g_k = \left(\frac{1}{2}\pi k^2 \mathrm{d}k\right)\frac{V}{\pi^3} = \frac{V}{2\pi^2}k^2\mathrm{d}k \tag{7.9.6}$$

利用关系式 $k = 2\pi/\lambda = 2\pi\nu/c$，将式 (7.9.6) 写为

$$g_\nu = V\frac{8\pi\nu^2}{c^3}\mathrm{d}\nu \tag{7.9.7}$$

于是式 (7.9.5) 写为

$$N_\nu = V\frac{8\pi\nu^2}{c^3}\frac{1}{\exp\left(\dfrac{h\nu}{k_{\mathrm{B}}T}\right) - 1}\mathrm{d}\nu \tag{7.9.8}$$

这是总光子数，而一个光子的能量为 $h\nu$，因此单位体积辐射的能量为

$$\frac{h\nu}{V}N_\nu = \frac{8\pi\nu^2}{c^3}\frac{h\nu}{\exp\left(\dfrac{h\nu}{k_{\mathrm{B}}T}\right) - 1}\mathrm{d}\nu = \rho(\nu)\mathrm{d}\nu \tag{7.9.9}$$

可见

$$\rho(\nu) = \frac{8\pi\nu^2}{c^3}\frac{h\nu}{\exp\left(\dfrac{h\nu}{k_{\mathrm{B}}T}\right) - 1} \tag{7.9.10}$$

这正是普朗克黑体辐射公式 (1.5.7)，它表示黑体的单位体积在单位频率间隔内所辐射的能量。进而由式 (7.9.5) 得到黑体辐射的平均光子数

$$\langle n\rangle = \frac{N_\nu}{g_\nu} = \frac{1}{\exp\left(\dfrac{h\nu}{k_{\mathrm{B}}T}\right) - 1} \tag{7.9.11}$$

因此平均光子能量为

$$\langle \varepsilon\rangle = \frac{h\nu}{\exp\left(\dfrac{h\nu}{k_{\mathrm{B}}T}\right) - 1} \tag{7.9.12}$$

这正是式 (1.5.6) 的结果。

最后需要说明，式 (7.9.10) 中的 $\dfrac{8\pi\nu^2}{c^3}$ 正是式 (1.4.21) 给出的模密度。我们最初得到它是基于经典驻波模表示式 (1.4.12) 和 k-空间的连续性假设。而本节推导中所用的式 (7.9.6) 也是来自驻波模式 (7.8.39) 和 k-空间的连续性假设。所以模密度的产生不涉及是经典理论还是量子理论。问题的关键是，出现在它后边的那个平均光子能量 $\langle\varepsilon\rangle$ 确实是来自量子理论。具体而言，式 (1.5.6) 中的 $\langle\varepsilon\rangle$ 来自普朗克的光量子假设，而式 (7.9.10) 中的 $\langle\varepsilon\rangle$ 则来自玻色–爱因斯坦量子统计。

7.9.3　晶格振动、声子与德拜模型

众所周知，晶格中的原子围绕其平衡位置振动，振动以波的形式在晶格中传播，这就是所谓格波 (lattice waves)。对格波进行量子化，便引出声子 (phonon)，它是格波能量的最小单元。声子是玻色子，因此一个格波模 (相应于一个特定的频率) 可以包含多个声子。对于频率为 ω 的格波模，每个声子的能量为 $E=\hbar\omega$(注意声子的能量远小于光子)。一个格波模的平均声子数与黑体辐射的平均光子数 (式 (7.9.11)) 有相同的形式，因此一个格波模的能量为

$$\frac{E}{\exp\left(\dfrac{E}{k_{\mathrm{B}}T}\right)-1} \tag{7.9.13}$$

下面将由它出发计算固体的比热，这涉及著名的德拜模型 (Debye model)。1912 年荷兰物理学家与物理化学家德拜基于声子的概念和玻色–爱因斯坦统计规则，计算了固体的能量和比热。与之前爱因斯坦的单一频率处理 (见 1.6.3 节) 不同，德拜模型把晶格振动归结为多频率的，而且对于边长为 L、含有原子数 N 的正方晶体，假定存在一个最大频率 $\nu_{\max}$(注意光子的频率是无界的)，它相应于最大模数 $n_{\max}$(对于光子是无限的)。考虑沿正方晶体一个轴向的格波模，假定它们满足驻波条件 $L=(\lambda_n/2)\,n\quad(n=1,2,\cdots,n_{\max})$，其中 λ_n 是第 n 个格波模的波长，则正方晶体的 (单轴) 总能量是对模数 n 的求和：

$$U_1=3\sum_{n=1}^{n_{\max}}\frac{E_n}{\exp\left(\dfrac{E_n}{k_{\mathrm{B}}T}\right)-1} \tag{7.9.14}$$

其中，3 是由于每个声子有三个可能的偏振态 (一个纵向，两个横向)，E_n 是一个声子的能量：

$$E_n=h\nu_n=\frac{hV_s}{\lambda_n}=\frac{hV_s}{2L}n \tag{7.9.15}$$

V_s 是声子传播的速度。

在三维情况下，利用波矢量 $\boldsymbol{k}_n = \{k_x, k_y, k_z\}$ 可以写出

$$E_n^2 = V_s^2 p_n^2 = V_s^2 (\hbar k_n)^2 = V_s^2 \hbar^2 \left(k_x^2 + k_y^2 + k_z^2\right) \tag{7.9.16a}$$

其中，$p_n = h/\lambda_n$ 是声子的动量。另一方面，由式 (7.9.15) 可得

$$E_n^2 = V_s^2 \left(\frac{h}{2L}\right)^2 n^2 = V_s^2 \left(\frac{h}{2L}\right)^2 \left(n_x^2 + n_y^2 + n_z^2\right) \tag{7.9.16b}$$

可见

$$\{n_x, n_y, n_z\} = \frac{L}{\pi} \{k_x, k_y, k_z\} \tag{7.9.16c}$$

其中，n_x, n_y, n_z 是一组正整数。式 (7.9.16c) 与式 (1.4.18) 相同，因此模数 $\{n_x, n_y, n_z\}$ 张成一个无量纲的 n-空间。

对于所考虑的正方晶体，在体积 L^3 内有 N 个原子，这意味着每一条边有 $\sqrt[3]{N}$ 个原子，因此原子的间距为 $L/\sqrt[3]{N}$。可以合理假定格波的最短波长为原子间距的 2 倍 (图 7.9.2)，即

$$\lambda_{\min} = \frac{2L}{\sqrt[3]{N}} \tag{7.9.17}$$

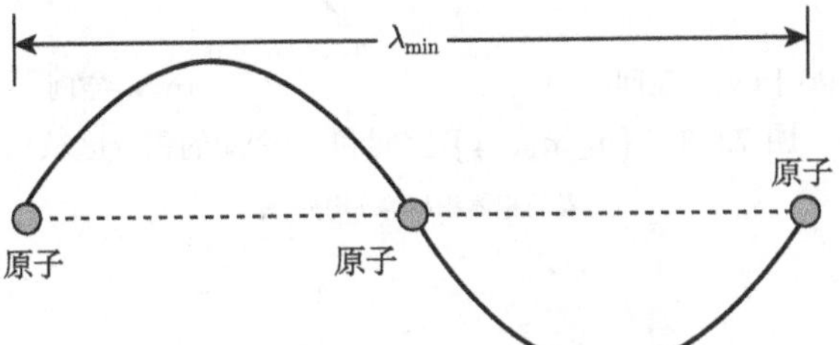

图 7.9.2　驻波条件 $L = \dfrac{\lambda}{2} n$

L 取最小值 (原子间距) 而 $n = 1$ 情况下所确定的格波波长为 $\lambda_{\min}$

利用它和式 (7.9.15) 得到模数 (n_x, n_y, n_z) 的最大值

$$n_{\max} = \sqrt[3]{N} \tag{7.9.18}$$

假定模数是连续变化的，则由式 (7.9.14) 可将三维晶体的总能量写成积分形式：

$$U = 3 \int_0^{\sqrt[3]{N}} \int_0^{\sqrt[3]{N}} \int_0^{\sqrt[3]{N}} \frac{E(n)}{\exp\left[\dfrac{E(n)}{k_{\mathrm{B}} T}\right] - 1} \mathrm{d}n_x \mathrm{d}n_y \mathrm{d}n_z \tag{7.9.19}$$

积分区域是 $\{n_x, n_y, n_z\}$ 空间的第一象限中的正方体 (图 7.9.3(a))，体积为 N。现在将积分式 (7.9.19) 变换到球坐标系：

$$U = 3\int_0^{\pi/2}\int_0^{\pi/2}\int_0^{a}\frac{E(n)}{\exp\left[\dfrac{E(n)}{k_{\mathrm{B}}T}\right]-1}n^2\sin\theta\mathrm{d}n\mathrm{d}\theta\mathrm{d}\phi \tag{7.9.20}$$

这里已经将积分区域近似地用 n-空间中半径为 a 的 1/8 球体 (图 7.9.3(b)) 代替，它的体积与图 7.9.3(a) 所示的正方体相等，即

$$\frac{1}{8}\cdot\frac{4}{3}\pi a^3 = N \tag{7.9.21}$$

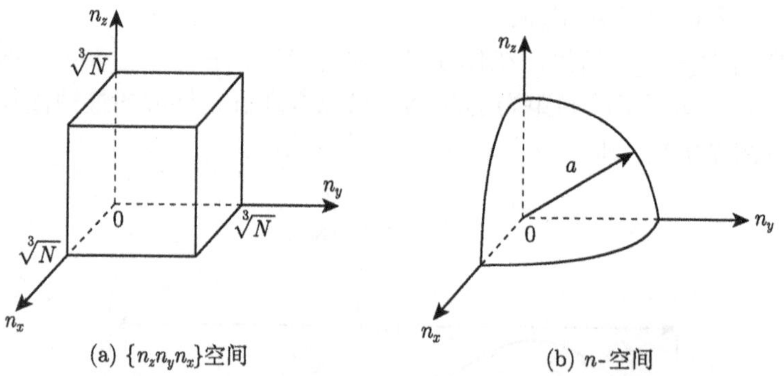

图 7.9.3　$\{n_x, n_y, n_z\}$ 空间和 n-空间的积分区域

二者的相体积相等 (均为 N)

由此确定出

$$a = \left(\frac{6N}{\pi}\right)^{1/3} \tag{7.9.22}$$

完成式 (7.9.20) 中的角向积分，然后利用式 (7.9.15) 将它写为

$$U = \frac{3\pi}{2}\int_0^{a}\frac{hV_s n}{2L}\frac{n^2}{\exp\left(\dfrac{hV_s n}{2Lk_{\mathrm{B}}T}\right)-1}\mathrm{d}n \tag{7.9.23}$$

为了对它化简，引入变量代换

$$x = \frac{hV_s n}{2Lk_{\mathrm{B}}T} \tag{7.9.24}$$

式 (7.9.23) 变为

$$U = 9k_{\rm B}NT\left(\frac{T}{T_{\rm D}}\right)^3\int_0^{T_{\rm D}/T}\frac{x^3}{{\rm e}^x-1}{\rm d}x \tag{7.9.25}$$

其中

$$T_{\rm D} = \frac{hV_s a}{2Lk_{\rm B}} = \frac{hV_s}{2Lk_{\rm B}}\sqrt[3]{\frac{6N}{\pi}} \tag{7.9.26}$$

具有温度的量纲，称为德拜温度 (Debye temperature)。式 (7.9.25) 表示边长为 L 的立方固体 (包含 N 个原子) 处于温度 T 时的能量。

我们现在考察 1mol 的固体，式 (7.9.25) 中的 N 表示阿伏伽德罗常数，这样

$$U = 3RTD\left(\frac{T_{\rm D}}{T}\right) \tag{7.9.27}$$

其中，$R = k_{\rm B}N = 8.3{\rm J/(mol\cdot K)}$ 是普适气体常数，而

$$D(x) = 3x^{-3}\int_0^x\frac{\xi^3}{{\rm e}^\xi-1}{\rm d}\xi \tag{7.9.28}$$

称为德拜函数 (Debye function)。进而得到固体比热为

$$C = \frac{\partial U}{\partial T} = 3Rf_{\rm D}\left(\frac{T_{\rm D}}{T}\right) \tag{7.9.29}$$

其中

$$f_{\rm D}(x) = 3x^{-3}\int_0^x\frac{\xi^4{\rm e}^\xi}{({\rm e}^\xi-1)^2}{\rm d}\xi \tag{7.9.30}$$

称为德拜比热函数 (Debye specific heat function)。式 (7.9.29) 就是德拜模型关于固体比热的结果。在高温极限下 ($T \gg T_{\rm D}$)，利用 ${\rm e}^\xi \to 1+\xi$(当 ξ 很小时)，有

$$f_{\rm D}(x) \to 3x^{-3}\int_0^x\xi^2{\rm e}^\xi{\rm d}\xi \approx 3x^{-3}\int_0^x\xi^2{\rm d}\xi = 1 \tag{7.9.31}$$

由此给出 $C \to 3R$，这正是熟知的经典结果。

利用式 (7.9.29) 和式 (7.9.30) 画出固体比热 C 随温度参量 $T/T_{\rm D}$ 变化的曲线，并与实验结果相比较，如图 7.9.4 所示。可以看出，在所测量的整个温度范围内，德拜模型的预言值与测量值相符合 (没有出现图 1.6.2 中的系统性误差)。为了考察德拜模型与爱因斯坦模型 (见 1.6.3 节) 的差别，我们画出德拜比热函数 $f_{\rm D}(x)$ 和爱因斯坦比热函数 $c(x)$(来自图 1.6.1) 的曲线，如图 7.9.5 所示。可以看

出，当温度较高 ($x \to 0$) 时，二者给出 $c(0) = f_{\mathrm{D}}(0) \to 1$，即 $C \to 3R$。但 $x > 0$ 时，$c(x)$ 值普遍低于 $f_{\mathrm{D}}(x)$ 值。这就是爱因斯坦模型存在系统性误差而德拜模型与实验相符合的原因。

不过需要指出，按照德拜模型，德拜温度只与材料的性质有关而与温度无关 (式 (7.9.26))。但实验上发现，一些晶体的德拜温度与温度有关 (例如重要的半导体材料铟)。这说明德拜模型只是一个较好的近似，需要更好的模型来修正式 (7.9.26) 以反映它对温度的依赖性。

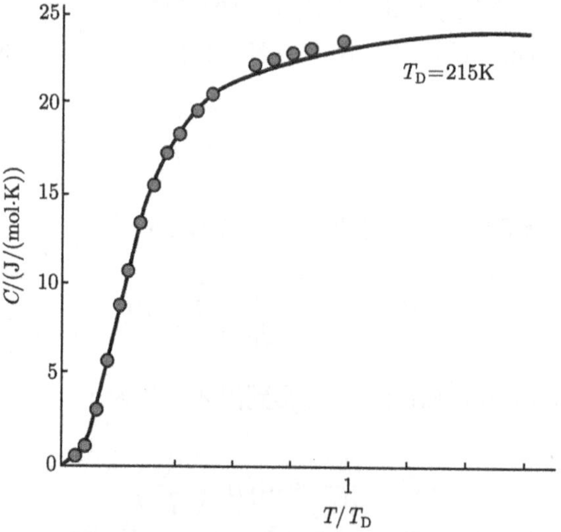

图 7.9.4 固体比热 C 随温度参量 T/T_{D} 变化的曲线 (来自式 (7.9.29) 和式 (7.9.30))
图中的实验数据来自银比热的测量

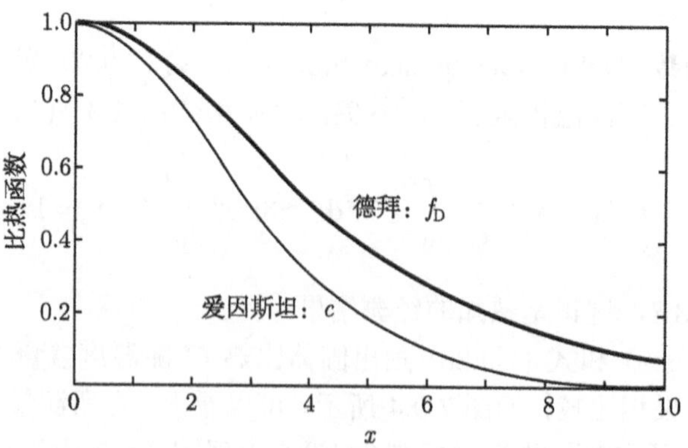

图 7.9.5 德拜比热函数和爱因斯坦比热函数

7.10 石 墨 烯

一片薄膜材料能薄到什么程度？2010 年诺贝尔物理学奖得主、英国曼彻斯特大学的科学家海姆 (Andre Geim) 和诺沃肖洛夫 (Konstantin Novoselov) 造出了原子厚度的薄膜——石墨烯 (graphene)。石墨烯作为一种具有完美晶格结构的二维材料，有许多奇特的性质：它的密度仅有 0.77mg/m^2，但强度比钢高出 100 倍；它非常致密，连氦原子 (最小的气体原子) 也无法穿过；它的电导率是铜的 1.6 倍；导热性胜过其他所有的已知材料；它几乎是完全透明的，对光的吸收率只有 2.3%。石墨烯可以被刻成分子大小的单电子晶体管，即使 1nm 宽的石墨烯元件，稳定性依然良好。

石墨烯的奇特性质源于其晶格结构中电子运动的相对论量子力学机制。石墨烯的激发特性被无质量费米子的二维狄拉克方程描述，它给出零带隙的能带结构，特别是狄拉克点附近的线性色散关系。这导致一系列奇异的量子现象，包括具有完全透过率的量子隧穿效应、反常的量子霍尔效应，以及在 1eV 线性范围内与粒子物理学结果的类似性等。因此石墨烯的理论研究同样具有深刻的学术意义。

石墨烯作为一种完美的新型材料和一个奇妙的量子体系，它的问世和应用将对物理学、化学、材料科学、量子信息学、生命科学，以及众多技术领域产生重大的影响，从而开创当代科学与技术的新纪元。

7.10.1 石墨烯：碳原子网

想象有一张平面网。每一个网格都是一个标准的六角形，每一个结点上都有一个碳原子。这张网可以说没有高度、是二维而不是三维的，这就是石墨烯。石墨烯包含烯类物质的基本特征——碳原子之间的双键连接 (每个网孔有两处是烯键)，如图 7.10.1(a) 所示。而图 7.10.1(b) 展示了用透射电子显微镜所观察到的石墨烯晶格结构。石墨烯作为一层碳原子网，卷起来是一个碳纳米管，而它的 20 个六元环则包成一个球面 C_{60} 分子 (俗称 “小足球”)，如图 7.10.2 所示。

石墨烯是由一层碳原子组成的，但石墨烯的厚度并不简单地等于碳原子的直径。这个情况涉及多重因素，我们需要从基态氢原子径向概率密度说起。该结果显示，对于一个氢原子体系，其中约半数原子的轨道取玻尔半径 $a = 0.053\text{nm}$，另外一半原子的轨道大于或小于玻尔半径。同样，量子理论计算给出基态碳原子的最概然半径 $r_\text{C} = 0.07\text{nm}$，这表示电子处在这个轨道上的概率最大，但在整个空间 $(0 < r < \infty)$ 的概率都不为零。所以石墨烯的一层碳原子中，其轨道半径有大有小。另外，一个碳原子的坐标有测不准原理所导致的微观不确定性 $(\Delta x \Delta p \sim h)$。除此之外，碳原子的空间位置还存在宏观热力学效应所带来的起伏。由于上述原因 (导致原子半径不同、原子位置不同)，石墨烯的厚度必然大于碳原子的直径。实

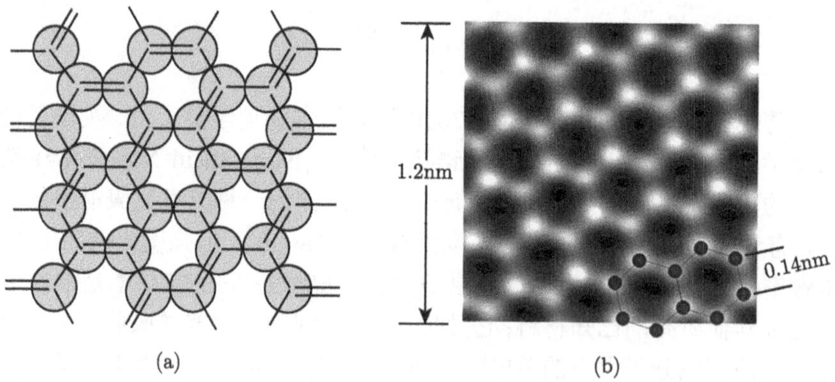

图 7.10.1 石墨烯的晶格结构

(a) 石墨烯的晶格结构示意图，(b) 透射电子显微镜下的石墨烯晶格结构：发亮部分为碳原子，碳原子间距为 0.14nm，晶格常数为 0.24nm

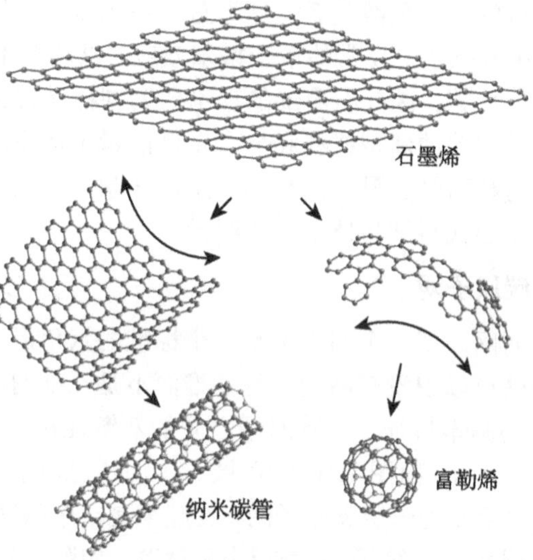

图 7.10.2 石墨烯是一层碳原子网

卷起来是一个碳纳米管，它的 20 个六元环包成一个球面 C_{60} 分子 (富勒烯)

际上，石墨烯是从石墨中剥离出来的一层碳原子。因此石墨烯的厚度其实就是石墨中层与层的间距，其数值为 $D = 0.335\text{nm}$(图 7.10.3)，它是碳原子最概然直径的 2.4 倍。石墨中碳原子层之间是依靠微弱的范德瓦耳斯力 (van der Waals force) 结合起来的 (20kJ/mol)，层与层之间的结合很松散，容易脱落。铅笔在纸上轻轻划过，留下的痕迹就可能是几层甚至仅仅一层石墨烯。而石墨烯中碳原子之间的连接却非常柔韧，受到外部压力时，原子网弯曲变形，但不改变网格的排列，保持稳定的空间结构 (就像一张柔韧的尼龙网)。

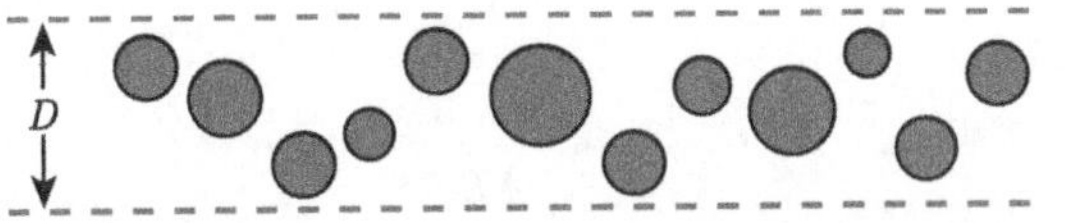

图 7.10.3 石墨烯的厚度为 $D = 0.335\text{nm}$，碳原子的最概然直径为 $2r_C = 0.14\text{nm}$

石墨烯的晶格结构非常完美，几乎没有缺陷 (不像通常晶体那样普遍存在缺陷)，呈现整体化一的高度有序。石墨烯的所有奇特性质都与这种近乎理想化的晶格结构有关。在没有晶格缺陷的情况下，电子能在石墨烯网面上快速地、长距离地、畅通无阻地传播，就像无质量的光子一样。而在普通导体中，电子传播时往往是弹跳式的 (好像弹球机中的球体一样，在传播中不断撞击台面)，这就大大削弱了它的导电性能。

关于石墨烯的化学性质，由于碳–碳化学键很短 (C ═ C 键为 1.34Å，C— C 键为 1.54Å)，碳–碳原子之间的结合能很高 (C ═ C 键为 614kJ/mol，C—C 键为 348kJ/mol)，这是石墨烯具有稳定结构的根本原因。另外，看似脆弱的石墨烯 (一层碳原子) 却有惊人的机械强度。如果用 1m^2 的石墨烯做成一张 “吊床”，可以承受一只猫的重量，而吊床本身的重量仅为 0.77mg，只相当于猫的一根胡子。

7.10.2 石墨烯的能带结构

石墨烯的奇特性质可以在其 E-k 图的意义上做出圆满的解释。基于石墨烯的空间结构可以得出石墨烯的能带结构 (energy band structure of graphene)，如图 7.10.4 所示。能带的费米面由六对圆锥面构成，它们相互连接，没有带隙。锥面的连接点称为狄拉克点 (Dirac points)。因此石墨烯是一种零带隙的半导体

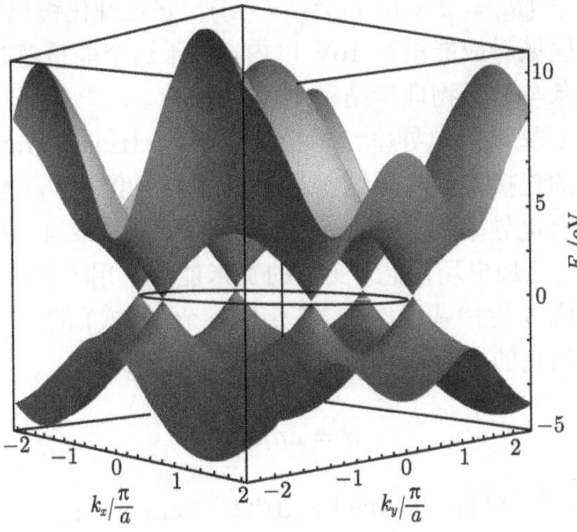

图 7.10.4 石墨烯的能带结构

(图 7.10.5)。

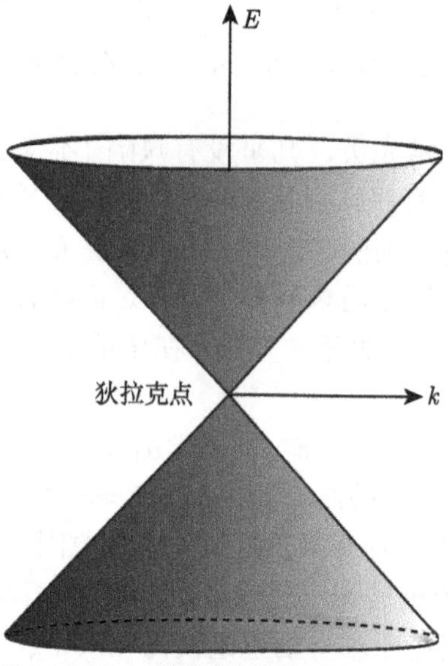

图 7.10.5　石墨烯是零带隙的半导体

位于狄拉克点的载流子既属于导带又属于价带；既是电子又是空穴；有效质量既为正又为负。由此断定：载流子在狄拉克点的有效质量为零。事实上，正如图 7.6.2 所示，如果导带最低点是尖点，则该点电子的有效质量为零。而有效质量 $m^* \to 0$ 意味着实际质量 $m \to 0$(实际质量与有效质量相差一个常数因子，即 $m = Cm^*$)。这样石墨烯中的电子就像无质量的光子一样。这导致石墨烯中的电子具有极高的迁移率 ($\mu_n = 2 \times 10^5 \text{cm}^2/(\text{V} \cdot \text{s})$)，它是砷化镓材料的 24 倍。石墨烯色散关系的线性区域对应能量在 1eV 以内，大于这个能量值时，色散关系变成非线性的。这个现象与粒子物理学结果是类似的。

我们再来考察石墨烯的电导率。本征石墨烯 (intrinsic grapheme) 的费米能级处于那些圆锥面的连接点。由于这些连接点的态密度为零，本征石墨烯的电导率是相当低的，只有电导率量子 Ae^2/h 的量级 ($A = 1$ 或 4，目前尚没有定论)。通过对石墨烯激发 (施加电场) 能改变它的费米能级。用不同极性的电场激发时，石墨烯材料可以变成 n 性掺杂 (电子) 或 p 性掺杂 (空穴) 的半导体材料。被激发的石墨烯材料有相当高的电导率。利用电导率的表示式

$$\sigma = en\mu_n \tag{7.10.1}$$

取浓度 $n = 10^{12}\text{cm}^{-2}$，可得 $\sigma = 0.96 \times 10^6 \Omega^{-1} \cdot \text{cm}^{-1}$，它是铜材料的 1.6 倍。

最后我们考察石墨烯中电子的传播速度。图 7.10.5 显示，在狄拉克点附近，

色散关系对于电子和空穴都是线性的：

$$E = h\nu = h\frac{V_{\mathrm{F}}}{\lambda} = \hbar V_{\mathrm{F}} k \tag{7.10.2}$$

其中，V_{F} 是电子传播的速度 (费米速度)。利用石墨烯能带结构的数据，可以计算出狄拉克点附近的线性色散关系的斜率 $\mathrm{d}E/\mathrm{d}k$，由此得到电子在石墨烯中传播的速度

$$V_{\mathrm{F}} = \frac{1}{\hbar}\frac{\mathrm{d}E}{\mathrm{d}k} \tag{7.10.3}$$

这是一个常数，其值为

$$V_{\mathrm{F}} \approx \frac{c}{300} = 10^6 \mathrm{m/s} \tag{7.10.4}$$

电子以如此高的速度传播，这是石墨烯具有极好导电性的原因。

7.10.3 奇特的量子效应

石墨烯具有非常奇特的量子效应，首先表现在奇特的电子隧穿效应。通常的电子隧穿效应是指电子可以穿过能量较高的势垒，在一般情况下电子在势垒后侧出现的概率很低。发生在石墨烯中的电子隧穿效应并非如此，电子在穿过势垒时，好像势垒不存在一样，没有任何阻挡。这是因为它的实际质量 $m \to 0$。那么按照势垒贯穿概率的表达式 (4.3.3)，有

$$T = \exp\left\{-\frac{2}{\hbar}\int_a^b \sqrt{2m\left[V(x) - E\right]}\mathrm{d}x\right\} \to 1 \tag{7.10.5}$$

可见电子隧穿透过率接近于 1，即势垒对电子的传播没有阻碍。

石墨烯中的量子霍尔效应 (quantum Hall effect in graphene) 也变得很反常。我们知道，量子霍尔效应是关于半导体材料的横向电导率对磁场的依赖性。在通常的量子霍尔效应中，电阻率的值取为 e^2/h 的整数倍。电阻率发生突变的“台阶”高度为 $e^2/h(n \neq 0)$ 和 $2e^2/h(n = 0)$，如图 7.10.6 所示。因此霍尔电导率是量子化的：

$$\sigma_{xy} = \pm N\frac{e^2}{h} \quad (N = 1, 2, 3, \cdots) \tag{7.10.6}$$

其中，± 对应电子与空穴。另外我们知道，观察量子霍尔效应需要很纯净的硅或砷化镓材料，很低的环境温度 (约 3K) 以及很强的磁场。

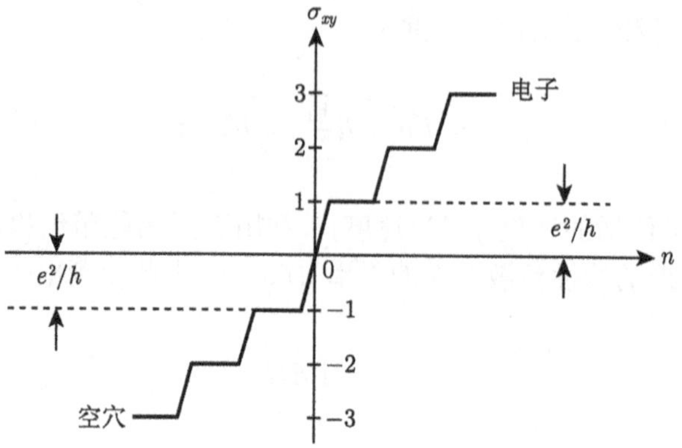

图 7.10.6　通常的量子霍尔效应，n 是载流子的浓度

石墨烯中量子霍尔效应的结果如图 7.10.7(a) 所示，电阻率的取值变为 $4e^2/h$ 的半整数倍，电阻率发生突变的台阶高度在 $n \neq 0$ 和 $n = 0$ 处均为 $4e^2/h$。所以石墨烯的霍尔电导率表示为

$$\sigma_{xy} = \pm 4\left(N - \frac{1}{2}\right)\frac{e^2}{h} \quad (N = 1, 2, 3, \cdots) \tag{7.10.7}$$

双层石墨烯的量子霍尔效应的结果如图 7.10.7(b) 所示，它的结构与通常量子霍尔效应相同，但电阻率发生突变的台阶高度为 $4e^2/h(n \neq 0)$ 和 $8e^2/h(n = 0)$，是图 7.10.3 所示通常值的 4 倍。由此，它的霍尔电导率为

$$\sigma_{xy} = \pm 4N\frac{e^2}{h} \quad (N = 1, 2, 3, \cdots) \tag{7.10.8}$$

石墨烯中的这些反常量子霍尔效应在常温下就可以观察到 (约为 20°C)。

7.10.4　石墨烯的狄拉克方程

狄拉克建立了描述费米子的相对论量子力学方程, 相应的哈密顿算符对于动量和质量的依赖性是线性的:

$$H = c\boldsymbol{\alpha} \cdot \boldsymbol{p} + \beta mc^2 \tag{7.10.9}$$

其中，$\boldsymbol{p}$ 和 m 是狄拉克费米子 (包括电子和空穴) 的动量和质量，β 具有矩阵形式，$\boldsymbol{\alpha}$ 是三维泡利矩阵。石墨烯中的电子质量 $m \to 0$，哈密顿算符用二分量形式表示为

$$H = \hbar V_{\mathrm{F}}\boldsymbol{\sigma} \cdot \boldsymbol{k} = \hbar V_{\mathrm{F}}\begin{pmatrix} 0 & k_x - \mathrm{i}k_y \\ k_x + \mathrm{i}k_y & 0 \end{pmatrix} \tag{7.10.10}$$

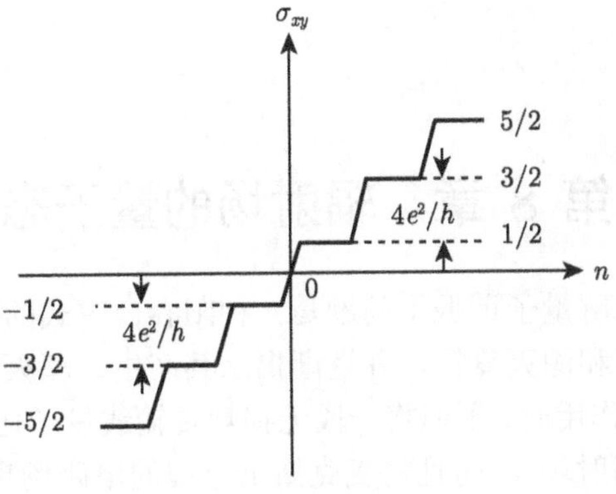

(a) 单层石墨烯

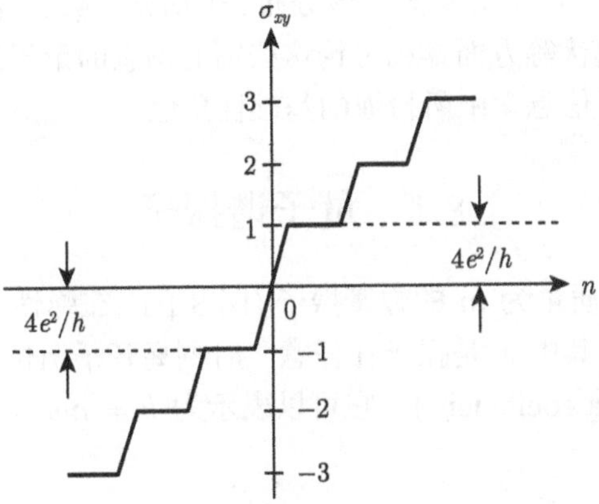

(b) 双层石墨烯

图 7.10.7 石墨烯的反常量子霍尔效应

其中，$\boldsymbol{k}=\{k_x,k_y\}$ 是狄拉克费米子的波矢量，$\boldsymbol{\sigma}$ 是二维泡利矩阵，V_{F} 是狄拉克费米子的速度 (与波矢量 $\boldsymbol{k}$ 无关)，它扮演光速的角色。由哈密顿算符式 (7.10.10) 所确定的本征方程为

$$\hbar V_{\mathrm{F}}\begin{pmatrix} 0 & k_x-\mathrm{i}k_y \\ k_x+\mathrm{i}k_y & 0 \end{pmatrix}\begin{pmatrix} a \\ b \end{pmatrix}=E\begin{pmatrix} a \\ b \end{pmatrix} \tag{7.10.11}$$

这就是石墨烯的相对论狄拉克方程 (relativistic Dirac equation of graphene)，其中 E 是本征能量。方程 (7.10.11) 的解给出散射关系，一个典型的结果是

$$E=\pm\gamma_0\sqrt{1+4\cos^2(\pi k_y a)+4\cos(\pi k_y a)\cos\left(\pi k_x\sqrt{3}a\right)} \tag{7.10.12}$$

其中,$\gamma_0\approx 2.8\mathrm{eV}$ 是最邻近跳跃能 (the nearest-neighbor hopping energy)，$a\approx 0.24\mathrm{nm}$ 是晶格常数。

第 8 章 辐射场的量子态

用算符代数法求解量子谐振子问题是一种阳春白雪式的操作，高屋建瓴地引入强有力的产生算符和湮灭算符，并逐渐揭示其产生、湮灭粒子的神奇功能。人们看到，当它们发挥作用时，不但将一段无损耗传输线量子化成一个谐振子 (于是摇身一变成为单模辐射场)，而且将麦克斯韦方程的电磁场也改换成它们的门庭。于是在潜移默化中完成了量子场论所需要的“二次量子化”。由此一步步来到数态、相干态、压缩态 …… 并从光子数分布、平均光子数、归一化光子数方差，以及正交分量的量子起伏等方面详细讨论这些辐射场态的量子统计性质，并指出它们在量子光学和量子信息学中所扮演的基础性角色。

8.1 量子谐振子

在经典力学中，质量为 m 的弹簧振子 (图 8.1.1) 在弹性力 (恢复力)$F=-kx$ 作用下作简谐振动，其中 x 是振子在任意 t 时刻离开平衡位置的位移，k 是弹簧的劲度系数 (stiffness coefficient)，它可以表示为 $k=m\omega^2$，这里 ω 是振动的角频率。

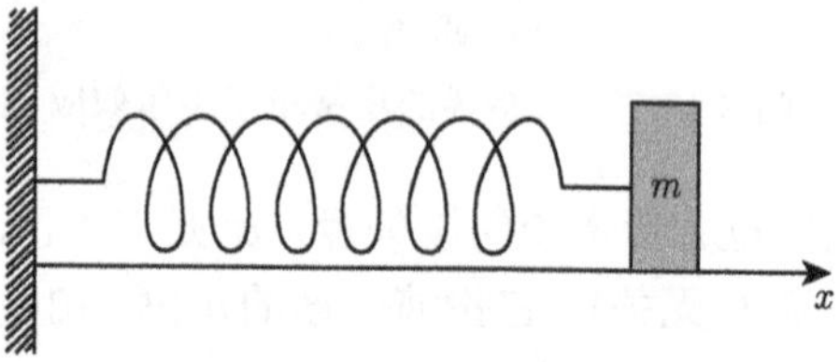

图 8.1.1 弹簧振子

在物理学中，任何一个力 $F(x)$，例如引力、电磁力等，均对应一个势能函数 $V(x)$，二者之间有一般关系式

$$F(x)=-\frac{\partial V(x)}{\partial x} \tag{8.1.1}$$

这样，谐振子的势能函数为

$$V(x)=\int kx\mathrm{d}x=\frac{1}{2}kx^2+V_0=\frac{1}{2}m\omega^2x^2 \tag{8.1.2}$$

这里已经将参考势能选为 $V_0=0$。可见谐振子具有抛物线势函数 (parabolic potential function)，如图 8.1.2 所示。

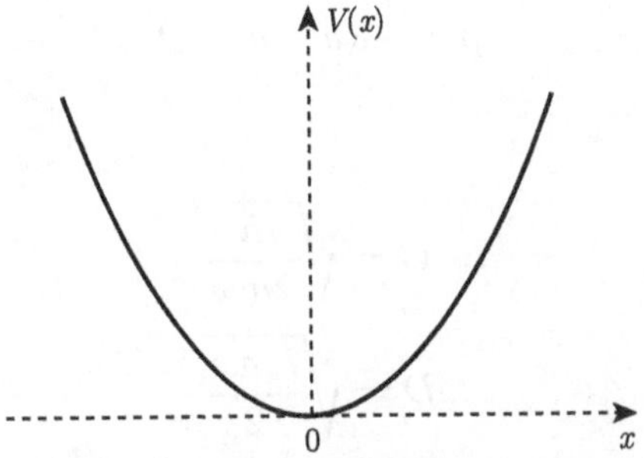

图 8.1.2 谐振子的势能曲线：抛物线

在量子力学中谐振子的能量用哈密顿算符表示为

$$H=\frac{p^2}{2m}+\frac{1}{2}m\omega^2x^2 \tag{8.1.3}$$

用一般的解析法，求解该哈密顿算符的本征方程 $H\psi=E\psi$，可得归一化本征函数

$$\psi_n(x)=\left(\frac{\alpha}{2^n n!\sqrt{\pi}}\right)^{1/2}H_n(\alpha x)\exp\left(-\frac{1}{2}\alpha^2x^2\right) \tag{8.1.4a}$$

及相应的本征能量

$$E_n=\hbar\omega\left(n+\frac{1}{2}\right) \tag{8.1.4b}$$

在式 (8.1.4) 中，$n=0,\ 1,\ 2,\cdots$，$\alpha=\sqrt{\dfrac{m\omega}{\hbar}}$，而式 (8.1.4a) 中的 H_n 是 n 阶厄米多项式。

8.2 算符代数法

现在我们用算子代数法求解量子谐振子问题。首先利用谐振子的坐标算符 x 和动量算符 p 定义以下两个算符：

$$a=\sqrt{\frac{m\omega}{2\hbar}}\left(x+\frac{\mathrm{i}}{m\omega}p\right) \tag{8.2.1a}$$

$$a^+=\sqrt{\frac{m\omega}{2\hbar}}\left(x-\frac{\mathrm{i}}{m\omega}p\right) \tag{8.2.1b}$$

利用式 (8.2.1) 将算符 x 和 p 表示为

$$x = \left(a + a^{+}\right) C \tag{8.2.2a}$$

$$p = -\mathrm{i}(a - a^{+})\, D \tag{8.2.2b}$$

其中

$$C = \sqrt{\frac{\hbar}{2m\omega}} \tag{8.2.3a}$$

$$D = \sqrt{\frac{\hbar m\omega}{2}} \tag{8.2.3b}$$

进而定义无量纲的坐标算符 (dimensionless coordinate operator)$X = x/C$ 和无量纲的动量算符 (dimensionless momentum operator)$P = p/D$，式 (8.2.2) 变为

$$X = a + a^{+} \tag{8.2.4a}$$

$$P = -\mathrm{i}(a - a^{+}) \tag{8.2.4b}$$

这两个算符通常称为正交算符，有非常广泛的应用。

8.2.1 哈密顿算符的代数形式

现在将量子谐振子的哈密顿算符式 (8.1.3) 写为

$$\begin{aligned} H &= \frac{p^2}{2m} + \frac{1}{2}m\omega^2 x^2 = \frac{\hbar\omega}{4}\left(\frac{2m\omega}{\hbar}x^2 + \frac{2}{m\,\hbar\omega}p^2\right) \\ &= \frac{\hbar\omega}{4}\left(\frac{x^2}{C^2} + \frac{p^2}{D^2}\right) = \frac{\hbar\omega}{4}\left(X^2 + P^2\right) \end{aligned} \tag{8.2.5}$$

利用式 (8.2.4) 写出

$$\begin{aligned} X^2 + P^2 &= (a + a^{+})\,(a + a^{+}) - (a - a^{+})\,(a - a^{+}) \\ &= 2(a^{+}a + aa^{+}) \end{aligned} \tag{8.2.6}$$

将式 (8.2.6) 代入式 (8.2.5)，哈密顿算符变为

$$\hat{H} = \frac{\hbar\omega}{2}(a^{+}a + aa^{+}) \tag{8.2.7}$$

下面需要进一步变换式 (8.2.7)，为此由坐标与动量的对易关系 (见式 (2.2.2))

$$[x,\, p] = \mathrm{i}\hbar \tag{8.2.8a}$$

得到

$$[X,\ P] = \left[\frac{x}{C}, \frac{p}{D}\right] = \frac{1}{CD}[x,p] = \sqrt{\frac{2m\omega}{\hbar}}\sqrt{\frac{2}{\hbar m\omega}}[x,p] = 2\mathrm{i} \tag{8.2.8b}$$

进而由式 (8.2.4) 写出

$$a = \frac{1}{2}(X + \mathrm{i}P),\quad a^{+} = \frac{1}{2}(X - \mathrm{i}P) \tag{8.2.9}$$

从而有

$$\begin{aligned}\left[a,\ a^{+}\right] &= aa^{+} - a^{+}a = \frac{1}{4}(X + \mathrm{i}P)(X - \mathrm{i}P) - \frac{1}{4}(X - \mathrm{i}P)(X + \mathrm{i}P) \\ &= \frac{1}{2}(\mathrm{i}PX - \mathrm{i}XP) = -\frac{\mathrm{i}}{2}[X,\ P]\end{aligned} \tag{8.2.10}$$

再利用式 (8.2.8b)，得到 a 和 a^{+} 的对易关系

$$\left[a,\ a^{+}\right] = 1 \tag{8.2.11}$$

这样式 (8.2.7) 可以写为

$$H = \hbar\omega\left(a^{+}a + \frac{1}{2}\right) \tag{8.2.12}$$

这就是量子谐振子哈密顿算符的代数形式。现在我们求解它的本征方程

$$H\psi = E\psi \tag{8.2.13}$$

首先用算符 H 作用于态 $a^{+}\psi$，得到

$$\begin{aligned}H\left(a^{+}\psi\right) &= \hbar\omega\left(a^{+}a + \frac{1}{2}\right)\left(a^{+}\psi\right) = \hbar\omega\left(a^{+}aa^{+} + \frac{1}{2}a^{+}\right)\psi \\ &= \hbar\omega\, a^{+}\left(aa^{+} + \frac{1}{2}\right)\psi = a^{+}\left[\hbar\omega\left(a^{+}a + 1 + \frac{1}{2}\right)\psi\right] \\ &= a^{+}(H + \hbar\omega)\psi = a^{+}(E + \hbar\omega)\psi = (E + \hbar\omega)\left(a^{+}\psi\right)\end{aligned} \tag{8.2.14a}$$

式 (8.2.14a) 表示 $a^{+}\psi$ 是 H 的本征态，$E + \hbar\omega$ 是相应的本征值。同理，用 H 作用于 $a\psi$ 可得

$$H(a\psi) = (E - \hbar\omega)(a\psi) \tag{8.2.14b}$$

这表示 $a\psi$ 也是 H 的本征态，$E-\hbar\omega$ 是相应的本征值。从式 (8.2.13) 和式 (8.2.14) 可以看出，$a^+\psi$ 态比 ψ 态的能量高 $\hbar\omega$，而 $a\psi$ 态比 ψ 态的能量低 $\hbar\omega$。上述讨论意味着，对于 H 的第 n 个本征态 ψ_n，有

$$a^+\psi_n \rightarrow \psi_{n+1}, \quad a\psi_n \rightarrow \psi_{n-1} \tag{8.2.15}$$

因此 a^+ 和 a 可以分别称为"升阶算符"(raising operator) 和"降阶算符"(lowering operator)。

8.2.2 基态和任意本征态

如果用降阶算符 a 作用于能量最低的本征态 ψ_0(基态)，我们定义

$$a\psi_0 = 0 \tag{8.2.16}$$

我们可以利用式 (8.2.16) 来确定 $\psi_0(x)$。事实上，按照 a 的定义式 (8.2.1a) 和动量算符的定义 $p=-\mathrm{i}\hbar\dfrac{\partial}{\partial x}$(见式 (3.1.21))，式 (8.2.16) 变为

$$\frac{\alpha}{\sqrt{2}}\left(x+\frac{\hbar}{m\omega}\frac{\mathrm{d}}{\mathrm{d}x}\right)\psi_0 = 0 \tag{8.2.17}$$

由方程 (8.2.17) 容易解出

$$\psi_0(x) = A_0 \exp\left(-\frac{1}{2}\alpha^2 x^2\right) \tag{8.2.18}$$

对它归一化：

$$A_0^2\int_{-\infty}^{\infty} \mathrm{e}^{-\alpha^2 x^2}\mathrm{d}x = A_0^2\frac{\sqrt{\pi}}{\alpha} = 1 \Rightarrow A_0 = \left(\frac{\alpha}{\sqrt{\pi}}\right)^{1/2} \tag{8.2.19}$$

因此归一化的基态为

$$\psi_0(x) = \left(\frac{\alpha}{\sqrt{\pi}}\right)^{1/2} \exp\left(-\frac{1}{2}\alpha^2 x^2\right) \tag{8.2.20}$$

这与解析法一般表达式 (8.1.4a) 在 $n=0$ 情况下的结果相同。

下面我们进一步利用式 (8.2.13) 和式 (8.2.12) 确定基态能量 E_0，我们有

$$\hbar\omega\left(a^+a+\frac{1}{2}\right)\psi_0 = E_0\psi_0 \tag{8.2.21}$$

再由式 (8.2.16) 得到 $\hbar\omega a^+ a\psi_0 = 0$，于是

$$E_0 = \frac{1}{2}\hbar\omega \tag{8.2.22}$$

这也与解析法一般表达式 (8.1.4b) 在 $n = 0$ 情况下的结果相同。

至此我们已经利用算符代数法得出了基态谐振子的所有结果。现在由式 (8.2.15) 所示的升阶算符可以生成第一激发态

$$\psi_1(x) = A_1 a^+ \psi_0(x) \tag{8.2.23}$$

其中，A_1 是归一化常数。这个态的能量比基态能量 E_0 高出 $\hbar\omega$，即

$$E_1 = \hbar\omega\left(1 + \frac{1}{2}\right) \tag{8.2.24}$$

接下来，我们可以用升阶算符再次作用于 $\psi_1(x)$，并反复作用，每次作用都使能量增加 $\hbar\omega$，作用 n 次后的状态为

$$\psi_n(x) = A_n \left(a^+\right)^n \psi_0(x) \quad (n = 0,\ 1,\ 2, \cdots) \tag{8.2.25}$$

而相应的能量在式 (8.2.22) 基础上增加了 $n\hbar\omega$，即

$$E_n = \hbar\omega\left(n + \frac{1}{2}\right) \quad (n = 0,\ 1,\ 2, \cdots) \tag{8.2.26}$$

这就是算符代数法给出的谐振子的本征能量，与解析法的结果式 (8.1.4b) 相同。进而利用式 (8.2.13)、式 (8.2.12) 和式 (8.2.26)，得到

$$a^+ a\psi_n = n\psi_n \tag{8.2.27a}$$

再利用式 (8.2.11)，我们有

$$aa^+\psi_n = (n+1)\psi_n \tag{8.2.27b}$$

式 (8.2.27) 就是算符代数法的基本结果。

现在我们进一步计算式 (8.2.25) 中的归一化常数 A_n。为此将式 (8.2.15) 写为

$$a\psi_n = c_n\psi_{n-1} \tag{8.2.28a}$$

$$a^+\psi_n = d_n\psi_{n+1} \tag{8.2.28b}$$

假定其中的系数 c_n 和 d_n 均为实数，现在确定它们的具体形式。

对于任意复变函数 $f(x)$ 和 $g(x)$，有

$$\int_{-\infty}^{\infty}(af)^*g\mathrm{d}x=\int_{-\infty}^{\infty}f^*(a^+g)\mathrm{d}x \tag{8.2.29a}$$

$$\int_{-\infty}^{\infty}(a^+f)^*g\mathrm{d}x=\int_{-\infty}^{\infty}f^*(ag)\mathrm{d}x \tag{8.2.29b}$$

在式 (8.2.29a) 中取 $f=\psi_n$，$g=a\psi_n$，并利用式 (8.2.27a)，我们有

$$\int_{-\infty}^{\infty}(a\psi_n)^*(a\psi_n)\mathrm{d}x=\int_{-\infty}^{\infty}\psi_n^*(a^+a\psi_n)\mathrm{d}x=n\int_{-\infty}^{\infty}|\psi_n|^2\,\mathrm{d}x=n \tag{8.2.30}$$

这里已经利用了 ψ_n 的归一化条件。将式 (8.2.28a) 代入式 (8.2.30) 左边的积分，得到

$$\int_{-\infty}^{\infty}(c_n\psi_{n-1})^*(c_n\psi_{n-1})\mathrm{d}x=c_n^2\int_{-\infty}^{\infty}|\psi_{n-1}|^2\,\mathrm{d}x=c_n^2 \tag{8.2.31}$$

式 (8.2.30) 与式 (8.2.31) 相比较，得到

$$c_n=\sqrt{n} \tag{8.2.32}$$

类似地，在式 (8.2.29b) 中取 $f=\psi_n$，$g=a^+\psi_n$，并利用式 (8.2.27b)，我们有

$$\int_{-\infty}^{\infty}(a^+\psi_n)^*a^+\psi_n\mathrm{d}x=\int_{-\infty}^{\infty}\psi_n^*(aa^+\psi_n)\mathrm{d}x=\int_{-\infty}^{\infty}\psi_n^*(a^+a+1)\psi_n\mathrm{d}x=n+1 \tag{8.2.33}$$

将式 (8.2.28b) 代入式 (8.2.33) 左边的积分，得到

$$\int_{-\infty}^{\infty}(d_n\psi_{n+1})^*d_n\psi_{n+1}\mathrm{d}x=d_n^2\int_{-\infty}^{\infty}|\psi_{n+1}|^2\,\mathrm{d}x=d_n^2 \tag{8.2.34}$$

式 (8.2.33) 与式 (8.2.34) 相比较，得到

$$d_n=\sqrt{n+1} \tag{8.2.35}$$

利用式 (8.2.32) 和式 (8.2.35)，将式 (8.2.28) 写成

$$a\psi_n=\sqrt{n}\psi_{n-1} \tag{8.2.36a}$$

$$a^+\psi_n=\sqrt{n+1}\psi_{n+1} \tag{8.2.36b}$$

由式 (8.2.36b) 容易写出

$$\psi_1 = a^+\psi_0, \quad \psi_2 = \frac{1}{\sqrt{2}}a^+\psi_1 = \frac{1}{\sqrt{2}}\left(a^+\right)^2\psi_0$$

$$\psi_3 = \frac{1}{\sqrt{3}}a^+\psi_2 = \frac{1}{\sqrt{3\cdot 2}}\left(a^+\right)^3\psi_0, \quad \psi_4 = \frac{1}{\sqrt{4}}a^+\psi_3 = \frac{1}{\sqrt{4\cdot 3\cdot 2}}\left(a^+\right)^4\psi_0$$

以此类推，得到

$$\psi_n = \frac{1}{\sqrt{n!}}\left(a^+\right)^n\psi_0 \tag{8.2.37}$$

这就是任意本征函数。至此我们用算符代数法得到了本征方程 (8.2.13) 的全部结果，即本征能量式 (8.2.26) 及相应的本征函数式 (8.2.37)。

8.2.3 数态和数态表象

我们将式 (8.2.36) 写成狄拉克符号的形式：

$$a\left|n\right\rangle = \sqrt{n}\left|n-1\right\rangle \tag{8.2.38a}$$

$$a^+\left|n\right\rangle = \sqrt{n+1}\left|n+1\right\rangle \tag{8.2.38b}$$

这里，$|n\rangle$ 表示谐振子的任意本征态式 (8.2.37)：

$$|n\rangle = \frac{1}{\sqrt{n!}}\left(a^+\right)^n|0\rangle \tag{8.2.39}$$

其中，$|0\rangle$(真空态) 表示谐振子的基态 ψ_0。式 (8.2.38) 给出

$$a\left|0\right\rangle = 0 \tag{8.2.40a}$$

$$a^+\left|0\right\rangle = |1\rangle \tag{8.2.40b}$$

现在我们进一步考察算符

$$\hat{N} \equiv a^+a \tag{8.2.41}$$

的性质，为此用它作用于本征态 $|n\rangle$，并利用式 (8.2.38)，得到

$$\hat{N}\left|n\right\rangle = a^+a\left|n\right\rangle = a^+\sqrt{n}\left|n-1\right\rangle = \sqrt{n}a^+\left|n-1\right\rangle = n\left|n\right\rangle \tag{8.2.42}$$

显然式 (8.2.42) 定义了一个由本征态 $|n\rangle$ 构成的完备集 $\{|n\rangle\}$，其中本征值 $n = 0, 1, 2, \cdots$ 是自然数，所以本征态 $|n\rangle$ 通常称为数态 (number state)，a^+a 称为粒子数算符，$\{|n\rangle\}$ 称为粒子数表象。

下面我们分析数态 $|n\rangle$ 的物理意义。由式 (8.2.26) 可知，当其中的自然数 n 增加 1，体系的能量增加 $\hbar\omega$，即体系的能量以 $\hbar\omega$ 为单位改变。我们知道，$\hbar\omega$ 正是一个微观粒子 (电子、光子等) 的能量。可见数态 $|n\rangle$ 表示体系在这个状态中有 n 个微观粒子。而式 (8.2.38a) 说明算符 a 作用于数态 $|n\rangle$ 后变成数态 $|n-1\rangle$，即体系的粒子减少一个，所以降阶算符 a 也称为粒子的湮灭算符。同理 a^+ 作用于数态 $|n\rangle$ 后变成数态 $|n+1\rangle$，即体系的粒子增加一个，故升阶算符 a^+ 也称为粒子的产生算符。另外数态作为谐振子的本征态，满足正交性关系式

$$\langle m \mid n\rangle = \delta_{mn} \tag{8.2.43a}$$

和完备性关系式

$$\sum_{n=0}^{\infty} |n\rangle\langle n| = 1 \tag{8.2.43b}$$

最后需要补充说明，粒子数概念是基于一个微观粒子的能量为 $\hbar\omega$，那么所得结论似乎适用于所有类型的微观粒子。不过注意到，哈密顿算符式 (8.2.12) 的写出是基于式 (8.2.11) 所示的对易关系，而服从这一对易关系的粒子仅限于玻色子，所以本节的论述只适用于玻色子体系，简单而言，适用于光子而不适用于电子 (电子属于费米子)。

8.3　单模辐射场与量子谐振子

本节我们将要证明，一个频率为 ω 的单模辐射场本质上由式 (8.2.12) 所示的哈密顿算符描述，因此它与一个谐振子是等价的。

8.3.1　无损耗传输线的量子化

首先考虑一个简单的例子——无损耗传输线的量子化。假定一段沿 z 轴安置的无损耗传输线 (长度为 l) 的微元 Δz 由图 8.3.1 所示的等效线路表示。容易写出传输线上时空依赖的电压 $V(z,t)$ 和电流 $I(z,t)$ 的耦合方程

$$\frac{\partial V}{\partial z} = -L\frac{\partial I}{\partial t}, \quad \frac{\partial I}{\partial z} = -C\frac{\partial V}{\partial t} \tag{8.3.1}$$

其中，L 和 C 分别是单位长度的电感和电容。式 (8.3.1) 中电压 V 和电流 I 的耦合能被解开，二者都满足波动方程

$$\frac{\partial^2 V}{\partial t^2} = c^2\frac{\partial^2 V}{\partial x^2}, \quad \frac{\partial^2 I}{\partial t^2} = c^2\frac{\partial^2 I}{\partial x^2} \tag{8.3.2}$$

其中，$c=\sqrt{1/(LC)}$ 是信号传输速度。方程 (8.3.2) 可以用分离变量法求解，其通解为

$$V(z,t)=\sqrt{\frac{\varepsilon}{2LC}}\left[a\mathrm{e}^{\mathrm{i}(kz-\omega t)}+a^*\mathrm{e}^{-\mathrm{i}(kz-\omega t)}\right]=\sqrt{\frac{L}{C}}I(z,t) \tag{8.3.3}$$

其中，ε 是实常数，a 是复常数，k 是分离常数：

$$k=\frac{\omega}{c}=\omega\sqrt{LC}=\frac{2\pi}{\lambda} \tag{8.3.4}$$

λ 是传输线上的行波波长。式 (8.3.3) 表示沿 z 轴正、反方向传播的两个行波的叠加。

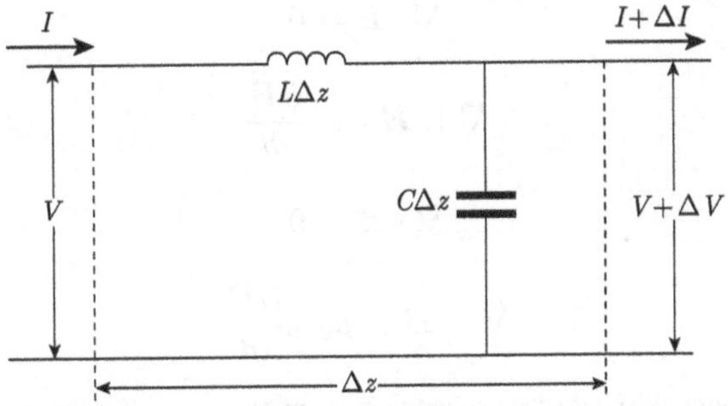

图 8.3.1 无损耗传输线：微元 Δz 的等效线路

整个传输线所含有的能量为

$$\begin{aligned}H&=\frac{1}{2}\int_0^l\left(CV^2+LI^2\right)\mathrm{d}z=\int_0^l CV^2\mathrm{d}z\\&=\frac{\varepsilon}{2l}\left\{\frac{1}{\mathrm{i}2k}\left[a^2\mathrm{e}^{-\mathrm{i}2\omega t}\left(\mathrm{e}^{\mathrm{i}2kl}-1\right)-\left(a^*\right)^2\mathrm{e}^{\mathrm{i}2\omega t}\left(\mathrm{e}^{-\mathrm{i}2kl}-1\right)\right]+2a^*al\right\}\end{aligned} \tag{8.3.5}$$

假定传输线满足驻波条件 (这时两个行波叠加成一个驻波)：

$$l=\frac{\lambda}{2}n=\frac{\pi}{k}n\quad(n=1,\ 2,\ 3,\cdots) \tag{8.3.6}$$

则 $\mathrm{e}^{\pm\mathrm{i}2kl}=\mathrm{e}^{\pm\mathrm{i}2\pi n}=1$，式 (8.3.5) 变成

$$H=\varepsilon a^*a \tag{8.3.7}$$

现在将 a 和 a^* 分别看作湮灭算符 a 和产生算符 a^+(满足对易关系 $\left[a,\ a^+\right]=1$)，并取 $\varepsilon=\hbar\omega$，式 (8.3.7) 变成算符形式

$$H=\hbar\omega a^+a \tag{8.3.8}$$

这里，a^+a 正是粒子数算符 (见式 (8.2.41))。至此可以看出，一段无损耗传输线在满足驻波条件时，它的一个驻波模等价于哈密顿算符 $H=\hbar\omega\left(a^+a+\dfrac{1}{2}\right)$(见式 (8.2.12)) 所描述的量子谐振子 (零点能 $\dfrac{1}{2}\hbar\omega$ 在这里是无关紧要的)。

以上过程提供了一个经典体系被量子化的简单例子，下面我们将讨论一般经典电磁场的量子化。

8.3.2　单模辐射场的量子化

一个空间电荷为零 ($\rho=0$) 且自由电流密度为零 ($\boldsymbol{J}=0$) 的电磁场由麦克斯韦方程描述：

$$\nabla\cdot\boldsymbol{E}=0 \tag{8.3.9a}$$

$$\nabla\times\boldsymbol{E}=-\frac{\partial\boldsymbol{B}}{\partial t} \tag{8.3.9b}$$

$$\nabla\cdot\boldsymbol{B}=0 \tag{8.3.9c}$$

$$\nabla\times\boldsymbol{B}=\mu_0\varepsilon_0\frac{\partial\boldsymbol{E}}{\partial t} \tag{8.3.9d}$$

其中，μ_0 和 ε_0 分别是真空磁导率和真空介电常数。设一维无源谐振腔 (图 8.3.2(a)) 的轴线沿 z 方向，腔长为 L，横截面积为 S。现在考虑腔中一个频率为 ω，沿 x 方向偏振的腔模 $\boldsymbol{E}(\boldsymbol{r},t)=\boldsymbol{e}_xE_x(z,t)$(图 8.3.2(b))，这里 $\boldsymbol{e}_x$ 是 x 方向的单位矢量，设 $E_x(z,t)$ 可以写为

$$E_x(z,t)=\sqrt{\frac{E}{V\varepsilon_0}}X(t)\sin(kz) \tag{8.3.10}$$

其中，$X(t)$ 是一个与时间有关的无量纲振幅，$V=SL$ 是谐振腔的体积，E 是一个待定的常数。设 $E_x(z,t)$ 满足边界条件 $E_x(0,t)=0$，$E_x(L,t)=0$，则有驻波条件：

$$L=\frac{\lambda}{2}n\quad(n=1,\ 2,\ 3,\cdots) \tag{8.3.11}$$

其中，λ 是腔模的波长，驻波模的波数为

$$k=\frac{2\pi}{\lambda}=\omega\sqrt{\mu_0\varepsilon_0}=\frac{\pi}{L}n\quad(n=1,\ 2,\ 3,\cdots) \tag{8.3.12}$$

显然电场 $\boldsymbol{E}(\boldsymbol{r},t)=\boldsymbol{e}_xE_x(z,t)$ 满足方程 (8.3.9a)。进而由方程 (8.3.9d) 求得相应的磁场为

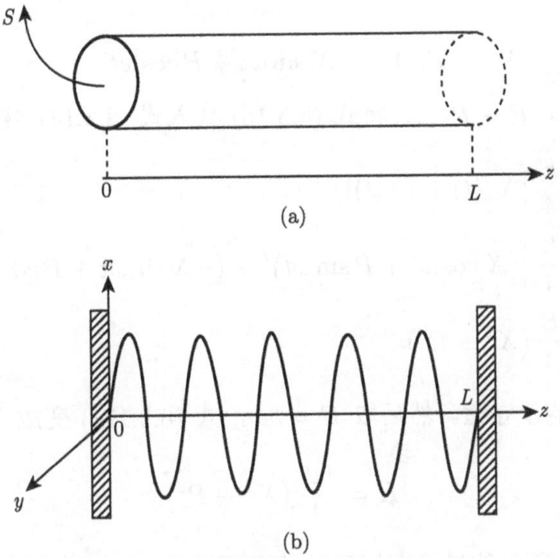

图 8.3.2 一维无源谐振腔 (a) 和其中的驻波模 (b)

$$B_y(z,t) = \left(\frac{\mu_0\varepsilon_0}{k}\right)\sqrt{\frac{E}{V\varepsilon_0}}\dot{X}(t)\cos(kz) \tag{8.3.13}$$

它沿 y 方向偏振：$\boldsymbol{B}(\boldsymbol{r},t) = \boldsymbol{e}_y B_y(z,t)$，该磁场显然满足方程 (8.3.9c)。

腔内电磁场的能量为

$$\begin{aligned}H &= \frac{1}{2}\int_V \left[\varepsilon_0\boldsymbol{E}^2(\boldsymbol{r},t) + \frac{1}{\mu_0}\boldsymbol{B}^2(\boldsymbol{r},t)\right]\mathrm{d}V = \frac{S}{2}\int_0^L \left[\varepsilon_0 E_x^2(z,t) + \frac{1}{\mu_0}B_y^2(z,t)\right]\mathrm{d}z \\ &= \frac{E}{2L}\left[X^2(t)\int_0^L \sin^2(kz)\mathrm{d}z + \left(\dot{X}/\omega\right)^2\int_0^L \cos^2(kz)\mathrm{d}z\right] \\ &= \frac{E}{4}\left[X^2(t) + P^2(t)\right]\end{aligned} \tag{8.3.14}$$

其中，$P(t) = \dot{X}(t)/\omega$。式 (8.3.14) 表示一个频率为 ω 的谐振子。事实上，将式 (8.3.11) 和式 (8.3.13) 代入方程 (8.3.9b)，立即得到

$$\ddot{X} + \omega^2 X = 0 \tag{8.3.15}$$

它正是经典谐振子的运动方程，我们解出

$$X(t) = X\cos\omega t + P\sin\omega t \tag{8.3.16a}$$

以及

$$P(t)=-X\sin\omega t+P\cos\omega t \tag{8.3.16b}$$

其中，$X\equiv X(0)$，$P\equiv P(0)$。将式 (8.3.16) 代入式 (8.3.14) 得到

$$\begin{aligned}H&=\frac{E}{4}\left[X^2(t)+P^2(t)\right]\\&=\frac{E}{4}\left[(X\cos\omega t+P\sin\omega t)^2+(-X\sin\omega t+P\cos\omega t)^2\right]\\&=\frac{E}{4}\left(X^2+P^2\right)\end{aligned} \tag{8.3.17a}$$

这反映了体系的能量守恒。然后取 $E=\hbar\omega$，式 (8.3.17a) 变成

$$H=\frac{\hbar\omega}{4}\left(X^2+P^2\right) \tag{8.3.17b}$$

这正是式 (8.2.5) 所示的量子谐振子的哈密顿算符。可见无源谐振腔内的一个驻波模等价于一个量子谐振子，从而可以将哈密顿算符式 (8.3.17b) 写成式 (8.2.12) 的形式

$$\hat{H}=\hbar\omega\left(a^+a+\frac{1}{2}\right)\rightarrow\hat{H}=\hbar\omega a^+a \tag{8.3.18}$$

上述过程是对单模电磁场的量子化 (quantization of single-mode electromagnetic field)。事实上，还可以对一般的多模电磁场进行量子化处理，而最终的哈密顿算符为

$$\hat{H}=\sum_\lambda\hbar\omega_\lambda\left(a_\lambda^+a_\lambda+\frac{1}{2}\right) \tag{8.3.19}$$

其中，$a_\lambda^+a_\lambda$ 是第 λ 个腔模的光子数算符，而 $\hbar\omega_\lambda$ 是该腔模的光子能量。

需要说明，电磁场的量子化 (引入光子的湮灭算符 a 和产生算符 a^+) 通常称为“二次量子化”(second quantization)。在二次量子化中，电场由函数式 (8.3.10) 写为

$$\begin{aligned}E_x(z,t)&=\sqrt{\frac{\hbar\omega}{V\varepsilon_0}}(X\cos\omega t+P\sin\omega t)\sin(kz)\\&=\sqrt{\frac{\hbar\omega}{V\varepsilon_0}}\left\{\begin{array}{l}\frac{1}{2}X\left[\exp(\mathrm{i}\omega t)+\exp(-\mathrm{i}\omega t)\right]\\-\frac{\mathrm{i}}{2}P\left[\exp(\mathrm{i}\omega t)-\exp(-\mathrm{i}\omega t)\right]\end{array}\right\}\sin(kz)\\&=\sqrt{\frac{\hbar\omega}{V\varepsilon_0}}\left[\frac{1}{2}(X+\mathrm{i}P)\exp(-\mathrm{i}\omega t)+\frac{1}{2}(X-\mathrm{i}P)\exp(\mathrm{i}\omega t)\right]\sin(kz)\end{aligned}$$

$$
= \sqrt{\frac{\hbar\omega}{V\varepsilon_0}} \left[a \exp\left(-\mathrm{i}\omega t\right) + a^{+} \exp\left(\mathrm{i}\omega t\right) \right] \sin(kz) \tag{8.3.20}
$$

可以看出，利用正交算符式 (8.2.9)，我们完成了电场的二次量子化，现在电场算符由湮灭算符 a 和产生算符 a^{+} 表示。下面给出关于正交算符的一些基本结果，首先它们服从对易关系 (见式 (8.2.8b))

$$
[X,\ P] = 2\mathrm{i} \tag{8.3.21}
$$

进而推导相应的测不准关系，我们有

$$
(\Delta X)^2 = \left\langle X^2 \right\rangle - \left\langle X \right\rangle^2 = \frac{1}{C^2}\left(\left\langle x^2 \right\rangle - \left\langle x \right\rangle^2 \right) = \frac{1}{C^2}\left(\Delta x\right)^2 \tag{8.3.22a}
$$

$$
(\Delta P)^2 = \left\langle P^2 \right\rangle - \left\langle P \right\rangle^2 = \frac{1}{D^2}\left(\left\langle p^2 \right\rangle - \left\langle p \right\rangle^2 \right) = \frac{1}{D^2}\left(\Delta p\right)^2 \tag{8.3.22b}
$$

故

$$
\Delta X \Delta P = \frac{\Delta x \Delta p}{CD} = \frac{2}{\hbar}\Delta x \Delta p \tag{8.3.23}
$$

则测不准关系为

$$
\Delta x \Delta p \geqslant \frac{\hbar}{2} \leftrightarrow \Delta X \Delta P \geqslant 1 \tag{8.3.24}
$$

另外利用湮灭算符和产生算符可将式 (8.3.22) 写为

$$
\begin{pmatrix} (\Delta X)^2 \\ (\Delta P)^2 \end{pmatrix} = 1 + 2\left\langle a^{+}a \right\rangle \pm 2\mathrm{Re}\left\langle a^2 \right\rangle - 4 \begin{pmatrix} \mathrm{Re}^2 \left\langle a \right\rangle \\ \mathrm{Im}^2 \left\langle a \right\rangle \end{pmatrix} \tag{8.3.25}
$$

对于实际问题，利用式 (8.3.25) 计算正交分量的量子起伏是直截了当的。

8.4 光子数态

我们在 8.2.3 节一般性地定义了数态 $|n\rangle$。当 n 代表光子数时，它就是光子数态 (photon number states)。光子数态可以表示为 (见式 (8.2.39))

$$
|n\rangle = \frac{1}{\sqrt{n!}}\left(a^{+}\right)^n |0\rangle \quad (n = 0,\ 1,\ 2,\cdots) \tag{8.4.1}
$$

其中，$|0\rangle$ 是真空态。光子数态是光子数算符 $a^{+}a$ 的本征态

$$
a^{+}a\,|n\rangle = n\,|n\rangle \tag{8.4.2}
$$

下面讨论光子数态的光子统计性质。首先考察熟知的归一化光子数方差：

$$V=\frac{\langle n^2\rangle-\langle n\rangle^2}{\langle n\rangle} \tag{8.4.3}$$

对于光子数态 $|n\rangle$，式 (8.4.3) 给出

$$V=\frac{\langle n|\,a^+aa^+a\,|n\rangle-\langle n|\,a^+a\,|n\rangle^2}{\langle n|\,a^+a\,|n\rangle}=0 \tag{8.4.4}$$

另外，一个描述微观体系量子统计性质的重要参量是二阶关联函数 (second-order correlation function)：

$$g^{(2)}(0)=1+\frac{(\Delta n)^2-\langle n\rangle}{\langle n\rangle^2} \tag{8.4.5}$$

其中，$(\Delta n)^2=\langle n^2\rangle-\langle n\rangle^2$。它描述辐射强度的起伏，$g^{(2)}(0)$ 越大，强度起伏越大。现在我们利用式 (8.4.5) 计算光子数态的二阶关联函数, 我们有

$$\begin{aligned}g^{(2)}(0)&=1+\frac{\langle n|\,a^+aa^+a\,|n\rangle-\langle n|\,a^+a\,|n\rangle^2-\langle n|\,a^+a\,|n\rangle}{\langle n|\,a^+a\,|n\rangle^2}\\&=1+\frac{n^2-n^2-n}{n^2}=1-\frac{1}{n}\end{aligned} \tag{8.4.6}$$

这里，$g^{(2)}(0)<1$，表示光子数态具有光子反聚束 (见 8.6.1 节)。

注意，式 (8.4.6) 的结果不适用于真空态 $|0\rangle$，我们用 Mandel 因子

$$Q=\frac{(\Delta n)^2-\langle n\rangle}{\langle n\rangle} \tag{8.4.7}$$

来代替二阶关联函数 (也是辐射强度起伏的度量)。对于光子数态 $|n\rangle$，我们有

$$\begin{aligned}Q&=\frac{\langle n|\,a^+aa^+a\,|n\rangle-\langle n|\,a^+a\,|n\rangle^2-\langle n|\,a^+a\,|n\rangle}{\langle n|\,a^+a\,|n\rangle}\\&=\frac{n^2-n^2-n}{n}=-1\end{aligned} \tag{8.4.8}$$

它适用于所有光子数态 $|n\rangle$(包括真空态 $|0\rangle$)。

下面求光子数态的正交分量起伏 (fluctuations of quadrature components in number state)，利用式 (8.2.38)，我们有

$$\langle X\rangle=\langle n|\left(a+a^+\right)|n\rangle=0,\quad \langle P\rangle=-\mathrm{i}\,\langle n|\left(a-a^+\right)|n\rangle=0 \tag{8.4.9}$$

而

$$\begin{aligned}\langle X^2\rangle &= \langle n|\left(a+a^+\right)^2|n\rangle = \langle n|aa+a^+a+aa^++a^+a^+|n\rangle \\ &= \langle n|aa^+|n\rangle+\langle n|a^+a|n\rangle = \sqrt{n+1}\langle n|a|n+1\rangle+n \\ &= 2n+1 \end{aligned} \tag{8.4.10a}$$

其中的计算用到了数态的正交性表示式 (8.2.43a)。类似地，

$$\begin{aligned}\langle P^2\rangle &= \langle n|\left(-\mathrm{i}(a-a^+)\right)^2|n\rangle = -\langle n|aa-a^+a-aa^++a^+a^+|n\rangle \\ &= \langle n|a^+a+aa^+|n\rangle = 2n+1\end{aligned} \tag{8.4.10b}$$

所以

$$\Delta X = \Delta P = \sqrt{2n+1} \tag{8.4.11}$$

可见光子数态是一个最小测不准态，特别在真空情况下 ($n=0$)，具有真空量子起伏 $\Delta X = \Delta P = 1$，这也称为零点起伏。

8.5 相 干 态

相干态最早是薛定谔在 1926 年求解满足对应原理的薛定谔方程时推导出来的，它描述一个具有“最小不确定度”的高斯波包 [Schrödinger E. Der stetige Übergang von der Mikro-zur Makromechanik. Die Naturwissenschaften，1926, 14: 664-666]。后来由格劳伯发展成一套完整的量子态表述 [Glauber R J. Coherent and incoherent states of the radiation field. Phys. Rev., 1963, 131: 2766-2788]。

8.5.1 数态的相干叠加

相干态 $|\alpha\rangle$ 定义为湮灭算符 a 的本征态

$$a|\alpha\rangle = \alpha|\alpha\rangle \tag{8.5.1}$$

其中，α 是相应的本征值 (为任意复数)。用数态完备性关系式 (8.2.43b) 将相干态 $|\alpha\rangle$ 展开为

$$|\alpha\rangle = \sum_{n=0}^{\infty}|n\rangle\langle n \mid \alpha\rangle = \sum_{n=0}^{\infty}C_n|n\rangle \tag{8.5.2}$$

其中，$C_n = \langle n|\alpha\rangle$ 是展开系数。再将式 (8.2.43b) 插入式 (8.5.1)，得到

$$a|\alpha\rangle = \alpha\sum_{n=0}^{\infty}|n\rangle\langle n|\alpha\rangle = \alpha\sum_{n=0}^{\infty}C_n|n\rangle = \sum_{n=0}^{\infty}C_n\sqrt{n}|n-1\rangle \tag{8.5.3}$$

现在求展开系数 C_n，为此将式 (8.5.3) 两边向数态 $\langle m|$ 投影，左边为

$$\langle m| a |\alpha\rangle = \alpha \langle m \mid \alpha\rangle = \alpha C_m \tag{8.5.4a}$$

而右边为

$$\langle m| \sum_{n=0}^{\infty} C_n \sqrt{n} |n-1\rangle = \sum_{n=0}^{\infty} C_n \sqrt{n} \langle m \mid n-1\rangle = C_{m+1}\sqrt{m+1} \tag{8.5.4b}$$

由上二式右边相等，得

$$C_{m+1} = \frac{\alpha}{\sqrt{m+1}} C_m \tag{8.5.5}$$

这是一个系数递推公式。我们有

$$C_1 = \frac{\alpha}{\sqrt{1}} C_0, \quad C_2 = \frac{\alpha}{\sqrt{2}} C_1 = \frac{\alpha^2}{\sqrt{1\cdot 2}} C_0, \quad C_3 = \frac{\alpha^3}{\sqrt{1\cdot 2\cdot 3}} C_0 \tag{8.5.6a}$$

依次类推，得到

$$C_n = \frac{\alpha^n}{\sqrt{n!}} C_0 \tag{8.5.6b}$$

其中，C_0 是归一化常数，而归一化条件为

$$1 = \langle\alpha|\alpha\rangle = \sum_{m=0}^{\infty} \langle m| C_m^* \sum_{n=0}^{\infty} C_n |n\rangle = \sum_{n=0}^{\infty} |C_n|^2 = |C_0|^2 \sum_{n=0}^{\infty} \frac{|\alpha|^{2n}}{n!} \tag{8.5.7}$$

其中的运算用到数态的正交性关系式 (8.2.43a)。利用公式

$$\sum_{n=0}^{\infty} \frac{x^n}{n!} = \mathrm{e}^x \tag{8.5.8}$$

化简式 (8.5.7) 右边的求和，进而得到

$$C_0 = \exp\left(-\frac{1}{2}|\alpha|^2\right) \tag{8.5.9}$$

将式 (8.5.9) 代入式 (8.5.6b)，得

$$C_n = \frac{\alpha^n}{\sqrt{n!}} \exp\left(-\frac{1}{2}|\alpha|^2\right) \tag{8.5.10}$$

这样式 (8.5.2) 变为

$$|\alpha\rangle = \exp\left(-\frac{1}{2}|\alpha|^2\right)\sum_{n=0}^{\infty}\frac{\alpha^n}{\sqrt{n!}}|n\rangle \tag{8.5.11}$$

可见湮灭算符的本征态 $|\alpha\rangle$ 是由无限多个数态的相干叠加构成的，故称为相干态。其中展开系数的绝对值平方

$$P_n = |\langle n|\alpha\rangle|^2 = \exp\left(-|\alpha|^2\right)\frac{|\alpha|^{2n}}{n!} \tag{8.5.12}$$

表示在 $|\alpha\rangle$ 所描述的量子体系中发现数态 $|n\rangle$ 的概率 (即 n 个粒子出现的概率)。式 (8.5.12) 是一个以 $|\alpha|^2$ 为平均值的泊松分布 (Poisson distribution)。事实上，利用式 (8.5.1) 及其共轭式

$$\langle\alpha|a^+ = \langle\alpha|\alpha^* \tag{8.5.13}$$

立即得到

$$\langle\alpha|a^+a|\alpha\rangle = \langle\alpha|\alpha^*\alpha|\alpha\rangle = |\alpha|^2 \tag{8.5.14}$$

可见 $|\alpha|^2$ 确实是粒子数算符 a^+a 在相干态 $|\alpha\rangle$ 中的平均值，即平均粒子数。泊松分布式 (8.5.12) 对于不同的平均粒子数，绘制在图 8.5.1 中。

最后我们需要说明，本节所讨论的相干态概念和泊松分布具有一般性意义，并不限于光子，对于其他玻色子 (例如声子) 也同样适用。

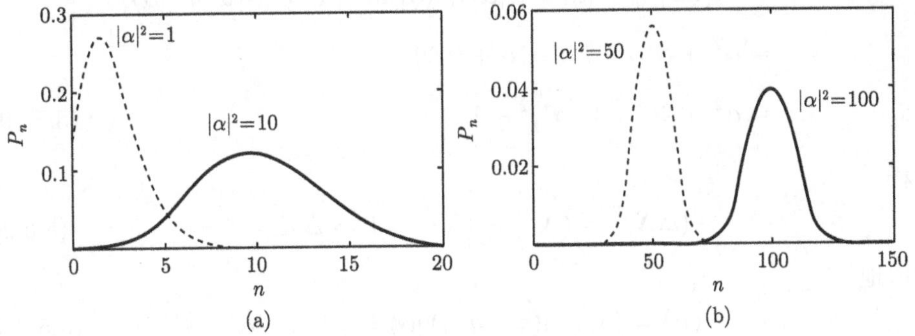

图 8.5.1 相干态

n 个粒子出现的概率为泊松分布 (式 (8.5.12))，$|\alpha|^2$ 是平均粒子数

8.5.2 相干态的基本性质

我们先计算相干态的归一化光子数方差，由式 (8.4.3) 得到

$$V = \frac{\langle\alpha|a^+aa^+a|\alpha\rangle - \langle\alpha|a^+a|\alpha\rangle^2}{\langle\alpha|a^+a|\alpha\rangle} = \frac{|\alpha|^2\langle\alpha|1+a^+a|\alpha\rangle - |\alpha|^4}{|\alpha|^2} = 1 \tag{8.5.15}$$

现在计算相干态的二阶关联函数 (见式 (8.4.5))，首先我们有 $\langle n\rangle = |\alpha|^2$，另外

$$\begin{aligned}\left\langle n^2\right\rangle &= \langle\alpha| a^+aa^+a |\alpha\rangle = |\alpha|^2 \langle\alpha| aa^+ |\alpha\rangle \\ &= |\alpha|^2 \langle\alpha| a^+a+1 |\alpha\rangle = |\alpha|^4 + |\alpha|^2\end{aligned} \tag{8.5.16}$$

于是

$$g^{(2)}(0) = 1 + \frac{\left(|\alpha|^4 + |\alpha|^2\right) - |\alpha|^4 - |\alpha|^2}{|\alpha|^4} = 1 \tag{8.5.17}$$

而相干态的 Mandel 因子 (见式 (8.4.7)) 为

$$Q = \frac{\langle\alpha| a^+aa^+a |\alpha\rangle - \langle\alpha| a^+a |\alpha\rangle^2 - \langle\alpha| a^+a |\alpha\rangle}{\langle\alpha| a^+a |\alpha\rangle} = 0 \tag{8.5.18}$$

下面我们考察相干态中的测不准关系。利用式 (8.2.4)，我们求出

$$\langle X\rangle = \langle\alpha| a+a^+ |\alpha\rangle = \langle\alpha| a |\alpha\rangle + \langle\alpha| a^+ |\alpha\rangle = \alpha + \alpha^* \tag{8.5.19a}$$

$$\langle X\rangle^2 = (\alpha + \alpha^*)(\alpha + \alpha^*) = \alpha^2 + 2\alpha^*\alpha + (\alpha^*)^2 \tag{8.5.19b}$$

$$\begin{aligned}\left\langle X^2\right\rangle &= \langle\alpha| \left(a+a^+\right)\ \left(a+a^+\right) |\alpha\rangle \\ &= \langle\alpha| aa |\alpha\rangle + \langle\alpha| a^+a |\alpha\rangle + \langle\alpha| aa^+ |\alpha\rangle + \langle\alpha| a^+a^+ |\alpha\rangle \\ &= \alpha^2 + \alpha^*\alpha + 1 + \alpha^*\alpha + (\alpha^*)^2 \\ &= \alpha^2 + 2\alpha^*\alpha + (\alpha^*)^2 + 1\end{aligned} \tag{8.5.19c}$$

这样

$$(\Delta X)^2 = \left\langle X^2\right\rangle - \langle X\rangle^2 = 1 \Rightarrow \Delta X = 1 \tag{8.5.20}$$

类似地

$$\langle P\rangle = \langle\alpha| \left(-\mathrm{i}(a-a^+)\right) |\alpha\rangle = -\mathrm{i}\,(\alpha - \alpha^*) \tag{8.5.21a}$$

$$\langle P\rangle^2 = -(\alpha - \alpha^*)(\alpha - \alpha^*) = -\alpha^2 + 2\alpha^*\alpha - (\alpha^*)^2 \tag{8.5.21b}$$

$$\begin{aligned}\left\langle P^2\right\rangle &= \langle\alpha| \left(-\mathrm{i}(a-a^+)\right)^2 |\alpha\rangle = -\langle\alpha| aa - a^+a - aa^+ + a^+a^+ |\alpha\rangle \\ &= -\alpha^2 + 2\alpha^*\alpha - (\alpha^*)^2 + 1\end{aligned} \tag{8.5.21c}$$

于是

$$(\Delta P)^2 = \left\langle P^2\right\rangle - \langle P\rangle^2 = 1 \Rightarrow \Delta P = 1 \tag{8.5.22}$$

由式 (8.5.20) 和式 (8.5.22) 得到

$$\Delta X \Delta P = 1 \tag{8.5.23}$$

这是测不准关系所允许的极限情况，表明相干态是一个最小测不准态。在这个意义上，相干态是一个最接近辐射场的经典描述的量子态。而相干态的两个正交分量的起伏是相等的 ($\Delta X = \Delta P = 1$)，这意味着每一个分量的起伏都是真空起伏。物理上相干态可以用来描述一个理想的单模激光 (single-mode laser)：具有泊松光子数分布和正交分量的真空起伏。下面我们进一步讨论相干态的其他重要性质。

8.5.3 平移算符

我们首先证明相干态 $|\alpha\rangle$ 可以表示为

$$|\alpha\rangle = D(\alpha)\,|0\rangle \tag{8.5.24}$$

其中，$|0\rangle$ 是真空态，而

$$D(\alpha) = \mathrm{e}^{\alpha a^+ - \alpha^* a} \tag{8.5.25}$$

是一个由 a 和 a^+ 构成的算符。

证明 方法 1：由对易式 (8.2.11)

$$\left[a,\ a^+\right] = aa^+ - a^+a = 1 \tag{8.5.26}$$

得到

$$\left[a,\ (\alpha a^+ - \alpha^* a)\right] = \alpha\left[a,\ a^+\right] = \alpha \tag{8.5.27}$$

反复使用式 (8.5.27)，可得

$$\left[a,\ \left(\alpha a^+ - \alpha^* a\right)^n\right] = n\alpha\left(\alpha a^+ - \alpha^* a\right)^{n-1} \tag{8.5.28}$$

进而有

$$\begin{aligned}\left[a,\ \mathrm{e}^{\alpha a^+ - \alpha^* a}\right] &= \sum_{n=0}^{\infty}\frac{1}{n!}\left[a,\ \left(\alpha a^+ - \alpha^* a\right)^n\right] \\ &= \sum_{n=0}^{\infty}\alpha\frac{\left(\alpha a^+ - \alpha^* a\right)^{n-1}}{(n-1)!} = \alpha\mathrm{e}^{\alpha a^+ - \alpha^* a}\end{aligned} \tag{8.5.29}$$

式 (8.5.29) 两边作用于任意态 $|\psi\rangle$：

$$\alpha\mathrm{e}^{\alpha a^+ - \alpha^* a}\,|\psi\rangle = \left[a,\ \mathrm{e}^{\alpha a^+ - \alpha^* a}\right]|\psi\rangle = a\,\mathrm{e}^{\alpha a^+ - \alpha^* a}\,|\psi\rangle - \mathrm{e}^{\alpha a^+ - \alpha^* a}a\,|\psi\rangle \tag{8.5.30}$$

即

$$e^{\alpha a^+ - \alpha^* a}(a+\alpha)|\psi\rangle = a e^{\alpha a^+ - \alpha^* a}|\psi\rangle \tag{8.5.31a}$$

在式 (8.5.31a) 中取 $|\psi\rangle = |0\rangle$，并利用式 (8.2.39)，得到

$$a e^{\alpha a^+ - \alpha^* a}|0\rangle = \alpha e^{\alpha a^+ - \alpha^* a}|0\rangle \tag{8.5.31b}$$

可见 $e^{\alpha a^+ - \alpha^* a}|0\rangle$ 是湮灭算符 a 的本征态，本征值为 α，那么它就是相干态 $|\alpha\rangle$：

$$|\alpha\rangle = e^{\alpha a^+ - \alpha^* a}|0\rangle \tag{8.5.32}$$

很明显，算符 $D(\alpha) = e^{\alpha a^+ - \alpha^* a}$ 的作用是将真空态 $|0\rangle$ 平移至相干态 $|\alpha\rangle$，故称为平移算符 (displacement operator)，如图 8.5.2 所示。

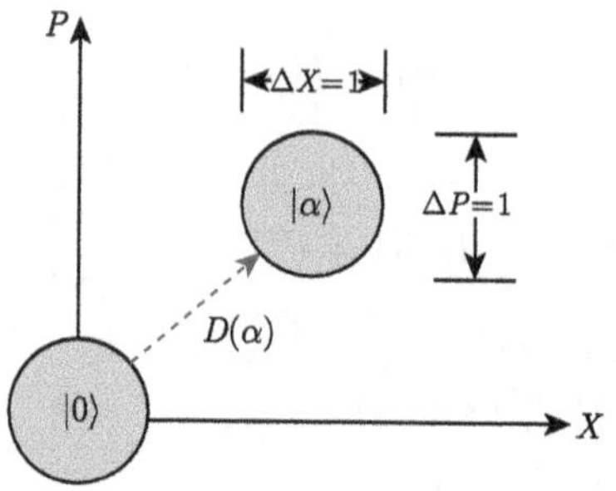

图 8.5.2　平移算符 $D(\alpha)$ 作用于真空态 $|0\rangle$ 形成相干态 $|\alpha\rangle$ ($\Delta X = 1$, $\Delta P = 1$)

方法 2：设不对易算符 A 和 B 满足

$$[A,[A,B]] = [B,[A,B]] = 0 \tag{8.5.33}$$

则存在下列 Baker-Hausdorff 算符定理

$$e^{A+B} = e^A e^B e^{-[A,B]/2} \tag{8.5.34}$$

按照这个定理，平移算符式 (8.5.25) 可以写为

$$D(\alpha) = e^{-|\alpha|^2/2} e^{\alpha a^+} e^{-\alpha^* a} \tag{8.5.35}$$

它的厄米共轭为

$$D^+(\alpha) = \left[e^{-|\alpha|^2/2} e^{\alpha a^+} e^{-\alpha^* a}\right]^+ = e^{-|\alpha|^2/2} e^{-\alpha a^+} e^{\alpha^* a} = D^{-1}(\alpha) \tag{8.5.36}$$

可见 $D(\alpha)$ 是一个幺正算符。我们有

$$D^+(\alpha) a D(\alpha) = a + \alpha \tag{8.5.37}$$

$$D^{+}(\alpha)a^{+}D(\alpha)=a^{+}+\alpha^{*} \tag{8.5.38}$$

为了证明

$$|\alpha\rangle=D(\alpha)\,|0\rangle \tag{8.5.39}$$

是相干态，我们用算符 $D^{+}(\alpha)a$ 作用式 (8.5.39) 两边，并利用式 (8.5.37) 和式 (8.2.39)，有

$$D^{+}(\alpha)a\,|\alpha\rangle=D^{+}(\alpha)aD(\alpha)\,|0\rangle=(a+\alpha)\,|0\rangle=\alpha\,|0\rangle \tag{8.5.40}$$

对它前后两端用平移算符 $D(\alpha)$ 作用，得到

$$D(\alpha)D^{+}(\alpha)a\,|\alpha\rangle=D(\alpha)\alpha\,|0\rangle=\alpha D(\alpha)\,|0\rangle=\alpha\,|\alpha\rangle \tag{8.5.41}$$

根据幺正算符的性质 $D(\alpha)D^{+}(\alpha)=1$，式 (8.5.41) 写为

$$a\,|\alpha\rangle=\alpha\,|\alpha\rangle \tag{8.5.42}$$

这正是相干态的本征方程，可见式 (8.5.39) 中的 $|\alpha\rangle$ 确实是相干态，即相干态可以写为式 (8.5.42) 的形式。

8.5.4 非正交性

下面我们证明相干态是非正交的。由式 (8.5.11) 写出相干态的共轭式

$$\langle\beta|=\exp\left(-\frac{1}{2}\,|\beta|^{2}\right)\sum_{m=0}^{\infty}\frac{(\beta^{*})^{m}}{\sqrt{m!}}\,\langle m| \tag{8.5.43a}$$

它向

$$|\alpha\rangle=\exp\left(-\frac{1}{2}\,|\alpha|^{2}\right)\sum_{n=0}^{\infty}\frac{\alpha^{n}}{\sqrt{n!}}\,|n\rangle \tag{8.5.43b}$$

投影，有

$$\langle\beta|\alpha\rangle=\mathrm{e}^{-\frac{1}{2}\left(|\alpha|^{2}+|\beta|^{2}\right)}\sum_{m=0}^{\infty}\sum_{n=0}^{\infty}\frac{(\beta^{*})^{m}}{\sqrt{m!}}\frac{\alpha^{n}}{\sqrt{n!}}\,\langle m|n\rangle \tag{8.5.44}$$

利用数态的正交性关系式 (8.2.43a)，式 (8.5.44) 变成

$$\langle\beta\mid\alpha\rangle=\mathrm{e}^{-\frac{1}{2}\left(|\alpha|^{2}+|\beta|^{2}\right)}\sum_{n=0}^{\infty}\frac{\left(\alpha\beta^{*}\right)^{n}}{n!}=\mathrm{e}^{-\frac{1}{2}\left(|\alpha|^{2}+|\beta|^{2}\right)+\alpha\beta^{*}} \tag{8.5.45}$$

这表明相干态不是正交的 ($\langle\beta|\alpha\rangle \neq 0$)。式 (8.5.45) 称为相干态的非正交性 (nonorthogonality of coherent states) 关系式,它有非常重要的应用 (例如式 (9.2.2) ~ 式 (9.2.5) 的得出就用到这一关系式)。由式 (8.5.45) 得

$$|\langle\beta|\alpha\rangle|^2 = \mathrm{e}^{-|\alpha-\beta|^2} \tag{8.5.46}$$

可见两个相干态随着 $|\alpha - \beta|$ 的增大而趋于正交。

8.5.5 完备性

现在我们证明相干态的完备性 (completeness of coherent states) 关系式

$$\frac{1}{\pi}\int |\alpha\rangle\langle\alpha|\,\mathrm{d}\alpha^2 = 1 \tag{8.5.47}$$

其中,α 是复数,积分遍及整个复平面。令 $\alpha = x + \mathrm{i}y = r\mathrm{e}^{\mathrm{i}\theta}$,则 $\mathrm{d}\alpha^2 = \mathrm{d}x\mathrm{d}y = r\mathrm{d}r\mathrm{d}\theta$。由

$$|\alpha\rangle = \exp\left(-\frac{1}{2}|\alpha|^2\right)\sum_{n=0}^{\infty}\frac{\alpha^n}{\sqrt{n!}}|n\rangle,\quad \langle\alpha| = \exp\left(-\frac{1}{2}|\alpha|^2\right)\sum_{m=0}^{\infty}\frac{(\alpha^*)^m}{\sqrt{m!}}\langle m| \tag{8.5.48}$$

给出

$$\frac{1}{\pi}\int |\alpha\rangle\langle\alpha|\,\mathrm{d}\alpha^2 = \frac{1}{\pi}\sum_{n=0}^{\infty}\sum_{m=0}^{\infty}\frac{|n\rangle\langle m|}{\sqrt{n!}\sqrt{m!}}\int \exp\left(-|\alpha|^2\right)\alpha^n(\alpha^*)^m\mathrm{d}\alpha^2 \tag{8.5.49}$$

变换到极坐标,式 (8.5.49) 变成

$$\frac{1}{\pi}\int |\alpha\rangle\langle\alpha|\,\mathrm{d}\alpha^2 = \frac{1}{\pi}\sum_{n=0}^{\infty}\sum_{m=0}^{\infty}\frac{|n\rangle\langle m|}{\sqrt{n!}\sqrt{m!}}\int_0^{\infty} r^{n+m+1}\exp\left(-r^2\right)\mathrm{d}r\int_0^{2\pi}\mathrm{e}^{\mathrm{i}(n-m)\theta}\mathrm{d}\theta \tag{8.5.50}$$

利用积分公式

$$\int_0^{2\pi}\mathrm{e}^{\mathrm{i}(n-m)\theta}\mathrm{d}\theta = 2\pi\delta_{n\,m} \tag{8.5.51}$$

式 (8.5.50) 变为

$$\begin{aligned}\frac{1}{\pi}\int |\alpha\rangle\langle\alpha|\,\mathrm{d}\alpha^2 &= 2\sum_{n=0}^{\infty}\frac{|n\rangle\langle n|}{n!}\int_0^{\infty} r^{2n+1}\exp\left(-r^2\right)\mathrm{d}r\\ &= \sum_{n=0}^{\infty}\frac{|n\rangle\langle n|}{n!}\int_0^{\infty}\xi^n\exp(-\xi)\,\mathrm{d}\xi\quad (\xi = r^2)\end{aligned}$$

$$=\sum_{n=0}^{\infty}|n\rangle\langle n|=1 \tag{8.5.52}$$

其中的计算用到积分公式 $\int_0^{\infty}\xi^n\exp(-\xi)\,\mathrm{d}\xi = n!$ 和光子数态的完备性关系式 (8.2.43b)。式 (8.5.52) 就是相干态的完备性关系式。它构成了数学家所谓的超完备集 (overcompleteness)。如同相干态的非正交性一样，它的完备性也非常有用，一个典型例子示于式 (11.5.17b) 的运算中。

8.5.6 高斯波包

现在我们求相干态 $|\alpha\rangle$ 在坐标表象的波函数 $\langle x\mid\alpha\rangle$。将式 (8.5.11) 向 $\langle x|$ 投影，得到

$$\begin{aligned}\langle x|\alpha\rangle&=\langle x|\exp\left(-\frac{1}{2}|\alpha|^2\right)\sum_{n=0}^{\infty}\frac{\alpha^n}{\sqrt{n!}}|n\rangle\\&=\exp\left(-\frac{1}{2}|\alpha|^2\right)\sum_{n=0}^{\infty}\frac{\alpha^n}{\sqrt{n!}}\langle x|n\rangle=\exp\left(-\frac{1}{2}|\alpha|^2\right)\sum_{n=0}^{\infty}\frac{\alpha^n}{\sqrt{n!}}\psi_n(x)\end{aligned} \tag{8.5.53}$$

其中，$\psi_n(x)=\langle x|n\rangle$ 是数态 $|n\rangle$ 在 x 表象的波函数，即谐振子的本征态 (见式 (8.1.4a))：

$$\psi_n(x)=\left(\frac{\lambda}{\sqrt{\pi}}\right)^{1/2}\left(\frac{1}{2^n n!}\right)^{1/2}H_n(\lambda x)\exp\left(-\frac{1}{2}\lambda^2x^2\right)\quad\left(\lambda=\sqrt{\frac{m\omega}{\hbar}}\right) \tag{8.5.54}$$

这样我们有

$$\langle x|\alpha\rangle=\left(\frac{\lambda}{\sqrt{\pi}}\right)^{1/2}\exp\left(-\frac{1}{2}|\alpha|^2-\frac{1}{2}\lambda^2x^2\right)\sum_{n=0}^{\infty}\frac{1}{n!}\left(\frac{\alpha}{\sqrt{2}}\right)^nH_n(\lambda x) \tag{8.5.55}$$

利用厄米多项式的生成函数 [顾樵. 数学物理方法. 科学出版社，2012：525]：

$$\exp\left(2xr-r^2\right)=\sum_{n=0}^{\infty}H_n(x)\frac{r^n}{n!} \tag{8.5.56}$$

式 (8.5.55) 变为

$$\langle x|\alpha\rangle=\left(\frac{\lambda^2}{\pi}\right)^{1/4}\exp\left(-\frac{1}{2}\lambda^2x^2+\sqrt{2}\lambda\alpha x-\frac{1}{2}|\alpha|^2-\frac{1}{2}\alpha^2\right) \tag{8.5.57}$$

这就是相干态在坐标表象的波函数 (wave function of coherent states in coordinate representation)。在自然单位中 ($\hbar=m=\omega=1$)，式 (8.5.57) 变为

$$\begin{aligned}\langle x|\alpha\rangle &= \pi^{-1/4}\exp\left(-\frac{1}{2}x^2+\sqrt{2}\alpha x-\frac{1}{2}|\alpha|^2-\frac{1}{2}\alpha^2\right)\\ &= \pi^{-1/4}\exp\left[\frac{1}{2}(\alpha^2-|\alpha|^2)\right]\exp\left[-\frac{1}{2}\left(x-\sqrt{2}\alpha\right)^2\right]\end{aligned} \tag{8.5.58}$$

这就是相干态呈现的高斯波包 (图 8.5.3)，它位于 $\sqrt{2}\alpha$，高度为 $\pi^{-1/4}\exp\left[\frac{1}{2}(\alpha^2-|\alpha|^2)\right]$。

图 8.5.3 格劳伯 (Roy Glauber，1925—2018)

美国理论物理学家。1963 年发表的论文 "The Quantum Theory of Optical Coherence" 对相干态问题做出了开创性研究，在这项工作中，他创建了一个光电检测模型，并解释了不同类型光的基本特性，例如激光 (相干态) 和灯泡发出的光 (黑体辐射)。他的理论在量子光学领域得到广泛应用。获得 2005 年诺贝尔物理学奖

8.6 压 缩 态

如前所述，相干态是一个最小测不准态。事实上，还存在其他类型的最小测不准态。如果一个辐射场态的正交算符在满足 $\Delta X\Delta P=1$ 的前提下，其 X 分量 (或 P 分量) 有低于相干态的起伏，这就是所谓压缩态 (squeezed states)。压缩态可以定义为 $\Delta X<1<\Delta P$(或 $\Delta P<1<\Delta X$)，如图 8.6.1 所示。我们可以进一步在 ΔX-ΔP 平面讨论压缩态 (图 8.6.2)。在该平面上，$\Delta X\Delta P=1$ 是一条双曲线，双曲线上的每一点对应一个最小测不准态，中央点 $(1,1)$ 是相干态，双曲线上其他各点都是压缩态 (但 $\Delta X\neq\Delta P$)。事实上，$\boldsymbol{A}_x$ 区域 ($\Delta X<1$) 和 $\boldsymbol{A}_p$ 区域 ($\Delta P<1$) 也是压缩态，但不是最小测不准态，它们相应于 $\Delta X\Delta P>1$。在 $\boldsymbol{B}$

区不存在压缩态，它相应于 $\Delta X > 1$ 和 $\Delta P > 1$。在双曲线和坐标轴围成的区域内，有 $\Delta X\Delta P < 1$, 这个区域没有物理意义 (不存在这样的量子态)，因为它违背测不准关系。

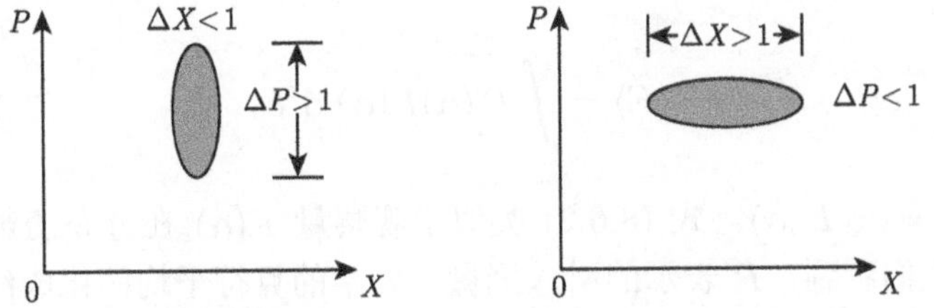

(a) X分量低于真空起伏 (b) P分量低于真空起伏

图 8.6.1 压缩态

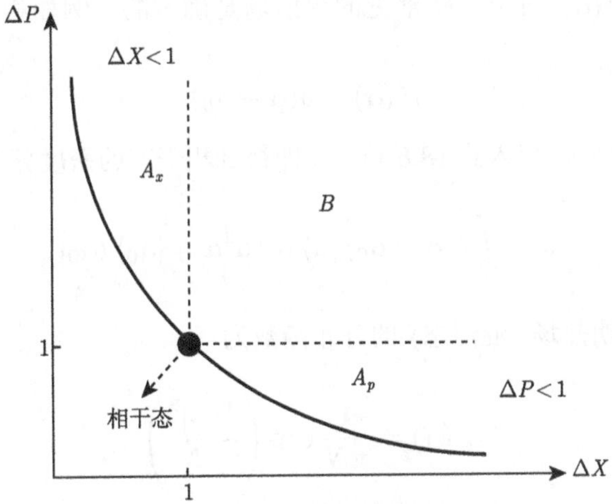

图 8.6.2 ΔX-ΔP 平面

实线为双曲线 $\Delta X\Delta P = 1$，它与虚线围成的区域内 (即 A_x 和 A_p) 存在压缩态

8.6.1 非经典光

一个辐射场的量子统计性质能用一种类似于经典概率论的方法进行分析，它基于格劳伯–苏达山 P 表示 (Glauber-Sudarshan P representation):

$$\rho = \int P(\alpha)\left|\alpha\right\rangle\left\langle\alpha\right| \,\mathrm{d}^2\alpha \tag{8.6.1}$$

本质上，格劳伯–苏达山 P 表示是将一个辐射场的密度算符 ρ 表示为相干态密度算符 $|\alpha\rangle\langle\alpha|$ 的统计叠加，这里 $P(\alpha)$ 扮演了一个分布函数的角色 [Sudarshan E C G. Equivalence of semiclassical and quantum mechanical descriptions of statistical light beams. Phys. Rev. Lett., 1963, 10: 277-279]。利用式 (8.6.1) 可以将一个辐射场的密度算符方程 (称为主方程) 转化为函数 $P(\alpha)$ 的微分方程。而且，如果存在一个正定的非奇异函数 $P(\alpha)$，任何算符 F 的量子力学期待值能在式 (8.6.1) 的意义上表示为

$$\langle F\rangle = \int P(\alpha)F(\alpha)\,\mathrm{d}^2\alpha \tag{8.6.2}$$

其中，$F(\alpha) = \langle\alpha|F|\alpha\rangle$。式 (8.6.2) 类似于观察量 $F(\alpha)$ 在分布函数 $P(\alpha)$ 中的经典平均。我们看到，P 表示的引入把量子力学的算符平均简化成经典形式的函数平均。对于实际问题，只要知道了体系的 P 表示，就可以根据式 (8.6.2) 计算任意力学量 F 的期待值。这样一种表示方法已经广泛应用于量子光学的许多研究课题。

分布函数 $P(\alpha)$ 对于一些常见的辐射场是确定的，例如相干态的分布函数显然为

$$P(\alpha) = \delta(\alpha - \alpha_0) \tag{8.6.3}$$

事实上，将式 (8.6.3) 代入式 (8.6.1)，立即得到相干态的密度算子

$$\rho = \int \delta(\alpha - \alpha_0)\,|\alpha\rangle\,\langle\alpha|\,\mathrm{d}^2\alpha = |\alpha_0\rangle\,\langle\alpha_0| \tag{8.6.4}$$

下面我们证明热场 (混沌态) 的分布函数为

$$P(\alpha) = \frac{1}{\pi N}\exp\left(-\frac{|\alpha|^2}{N}\right) \tag{8.6.5}$$

其中，N 是平均光子数。

证明 我们的思路是，以式 (8.6.5) 为前提进行合理推导，如果推出的结果是正确的，则说明这个前提是正确的。为此将光子数分布 $P_n = \langle n|\rho|n\rangle$ 中的 ρ 用式 (8.6.1) 代替，并利用式 (8.5.12) 和式 (8.6.5)，可得

$$\begin{aligned}
P_n &= \langle n|\rho|n\rangle = \left\langle n\left|\int P(\alpha)\right|\alpha\right\rangle\langle\alpha|\mathrm{d}\alpha^2|n\rangle \\
&= \int P(\alpha)\,|\langle n\mid\alpha\rangle|^2\mathrm{d}\alpha^2 = \frac{1}{\pi N}\int\exp\left(-\frac{|\alpha|^2}{N}\right)\exp\left(-|\alpha|^2\right)\frac{|\alpha|^{2n}}{n!}\mathrm{d}\alpha^2 \\
&= \frac{1}{\pi N n!}\int\exp\left(-\frac{(1+N)}{N}|\alpha|^2\right)|\alpha|^{2n}\mathrm{d}\alpha^2
\end{aligned} \tag{8.6.6}$$

利用积分公式

$$\frac{1}{\pi n!}\int \exp\left(-C|\alpha|^2\right)|\alpha|^{2n}\mathrm{d}\alpha^2=\frac{1}{C^{n+1}} \tag{8.6.7}$$

式 (8.6.6) 变为

$$P_n=\frac{N^n}{(N+1)^{n+1}} \tag{8.6.8}$$

这正好是热场的光子数分布 (见式 (11.4.37))，这一结果的正确性说明式 (8.6.5) 确实是热场的分布函数。

但是一个压缩态没有非奇异的分布函数，这样一种辐射场的量子统计性质不能用经典的表达式 (8.6.2) 来计算，因此压缩态是一种非经典光 (nonclassical light)。确切地说，非经典光的含义是不存在非奇异的格劳伯–苏达山 P 表示。

另一类非经典光涉及辐射场的亚泊松光子统计 (sub-Poisson photon statistics)，它的光子数分布比具有相同平均数的泊松分布更窄。从二阶关联函数 $g^{(2)}(0)$ (见式 (8.4.5)) 的意义上说，相干态具有泊松光子统计，其二阶关联函数为 $g^{(2)}(0)=1$ (见式 (8.5.17))。热场则有 $g^{(2)}(0)=2$ (见式 (11.4.38d))，其光子数分布比具有相同平均数的泊松分布更宽 (称为超泊松分布)。由于 $g^{(2)}(0)$ 表示两个光子同时到达的概率，如果这个概率呈现比相干态更高的值 ($g^{(2)}(0)>1$)，则辐射场具有较高的强度起伏，称为光子聚束 (photon bunching)。而具有亚泊松光子统计的辐射场给出比相干态更低的概率 ($g^{(2)}(0)<1$)，具有较低的强度起伏，则称为光子反聚束 (photon antibunching)。具有光子反聚束的辐射场，其格劳伯–苏达山 P 表示的分布函数是高度奇异的，这样的辐射场是非经典的。压缩态和光子反聚束作为典型的非经典效应有极高的信噪比，这些现象已经在一些量子光学系统中被观察到。

8.6.2 双光子相干态

1976 年美国西北大学科学家袁 (H. P. Yuen) 提出了一个压缩态模型，称为双光子相干态 [Yuen H P. Two-photon coherent states of the radiation field. Phys. Rev. A, 1976, 13: 2226-2243]。这个量子态中不但有正交分量的压缩，而且存在亚泊松光子统计。

考虑湮灭算符与产生算符的线性组合：

$$b=\mu a+\nu a^+ \tag{8.6.9}$$

简单起见，这里设系数 μ 和 ν 是实数，且满足条件

$$\mu^2-\nu^2=1 \tag{8.6.10}$$

这样可以取

$$\mu = \cosh r, \quad \nu = \sinh r \tag{8.6.11}$$

其中，$r(-\infty < r < \infty)$ 称为压缩参量。由 $[a, a^+] = 1$ 可以推导出 $[b, b^+] = 1$，即算符 b 和 b^+ 满足玻色对易关系。

设算符 b 的本征方程为

$$b\,|\beta\rangle = \beta\,|\beta\rangle \tag{8.6.12}$$

这里，$|\beta\rangle$ 是本征态 (即所谓双光子相干态)，本征值 β 为任意复数。下面我们在 $|\beta\rangle$ 态中求 X 分量的起伏。由式 (8.6.9) 及其共轭式 $b^+ = \mu a^+ + \nu a$ 得到

$$a + a^+ = \frac{b + b^+}{\mu + \nu} \tag{8.6.13}$$

于是

$$\begin{aligned}\langle X\rangle &= \langle\beta|\, X\,|\beta\rangle = \langle\beta|\, a + a^+\,|\beta\rangle \\ &= \frac{1}{\mu+\nu}\langle\beta|\, b + b^+\,|\beta\rangle = \frac{1}{\mu+\nu}(\beta + \beta^*)\end{aligned}$$

而

$$\begin{aligned}\langle X^2\rangle &= \langle\beta|\, X^2\,|\beta\rangle = \langle\beta|\,(a + a^+)^2\,|\beta\rangle = \frac{1}{(\mu+\nu)^2}\langle\beta|\,(b + b^+)^2\,|\beta\rangle \\ &= \frac{1}{(\mu+\nu)^2}\langle\beta|\, bb + 2b^+b + b^+b^+ + 1\,|\beta\rangle \quad (\text{利用}[b,\ b^+] = 1) \\ &= \frac{1}{(\mu+\nu)^2}\left[(\beta + \beta^*)^2 + 1\right]\end{aligned}$$

则

$$\begin{aligned}(\Delta X)^2 &= \langle X^2\rangle - \langle X\rangle^2 \\ &= \frac{1}{(\mu+\nu)^2}\left[(\beta + \beta^*)^2 + 1\right] - \frac{1}{(\mu+\nu)^2}(\beta + \beta^*)^2 \\ &= \frac{1}{(\mu+\nu)^2}\end{aligned}$$

这样

$$\Delta X = \frac{1}{\mu+\nu} = \frac{1}{\cosh r + \sinh r} = \mathrm{e}^{-r} \tag{8.6.14a}$$

同理可得

$$\Delta P = \frac{1}{\mu - \nu} = \frac{1}{\cosh r - \sinh r} = \mathrm{e}^r \tag{8.6.14b}$$

从结果式 (8.6.14) 可以得出下面的结论：①双光子相干态 $|\beta\rangle$ 是一个最小测不准态 ($\Delta X \Delta P = 1$)；②$|\beta\rangle$ 是一个压缩态：当压缩参量 $r > 0$ 时，X 分量有压缩 ($\Delta X < 1 < \Delta P$)，当 $r < 0$ 时，P 分量有压缩 ($\Delta P < 1 < \Delta X$)；③当 $r \to \pm\infty$ 时，$\Delta X \to 0$ 或 $\Delta P \to 0$(噪声 $\to 0 \Rightarrow$ 信噪比 $\to \infty$)；④当 $r = 0$ 时，$|\beta\rangle$ 约化成一个相干态 ($\Delta X = 1$, $\Delta P = 1$)。

双光子相干态的光子数分布为

$$P_n = |\langle n \mid \beta \rangle|^2 = \frac{1}{n!\mu}\left(\frac{\nu}{2\mu}\right)^n \left| H_n\left(\frac{\beta}{\sqrt{2\mu\nu}}\right)\right|^2 \exp\left(-|\beta|^2 + \frac{\nu}{2\mu}\beta^2 + \frac{\nu}{2\mu}\beta^{*2}\right) \tag{8.6.15}$$

其中，$\beta = \mu\alpha + \nu\alpha^*$，$H_n$ 是 n 阶厄米多项式。图 8.6.3 绘制了式 (8.6.15) 在不同压缩参量情况下的光子数分布曲线。可以看出，一个压缩态的光子数分布可以是亚泊松分布、泊松分布或超泊松分布。在相同平均光子数情况下，超泊松分布比泊松分布更宽，而亚泊松分布比泊松分布更窄。

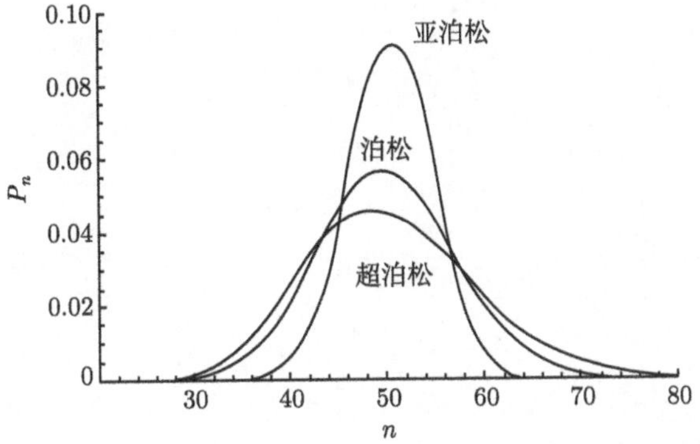

图 8.6.3 压缩态的光子数分布式 (8.6.15)，图中取 $|\alpha|^2 = 50$

8.6.3 压缩态的物理图像

压缩态的产生有一个非常简明的物理图像 (图 8.6.4)。如果一个经典辐射场的复振幅用 E 表示，则这个场的强度为 E^*E。而一个量子辐射场的光子数由算符 a^+a 表示，因此 E^*E 相应于 a^+a。现在一个压缩态光场算符是 a 和 a^+ 的组合，它相应于一束经典光与它的共轭光 (conjugate light) 的相干叠加。

根据压缩态的这个物理图像，1985 年美国 Bell 实验室的科学家斯鲁施尔 (Slusher) 等利用四波混频 (four-wave mixing frequency) 方法，最先观察到压缩光。因为四波混频作用中正好存在一束光与它的共轭光的相干叠加 [Slusher R E, et al. Observation of Squeezed States Generated by Four-Wave Mixing in an Optical Cavity. Phys. Rev. Lett., 1985, 55: 2409-2412]。

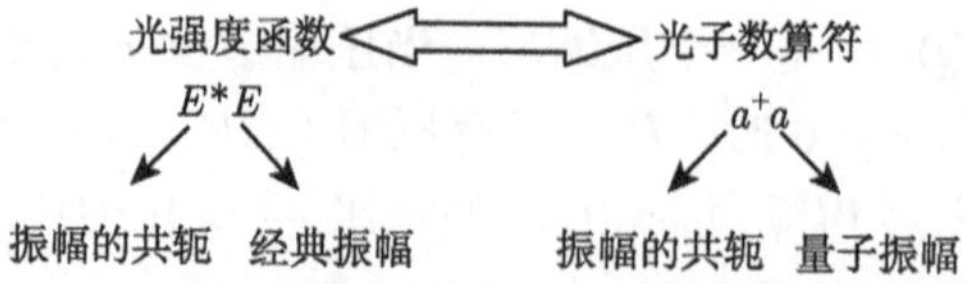

图 8.6.4　经典光强度函数与光子数算符的相应性

一个工作在压缩态的相干辐射源，它的一个正交分量的量子噪声低于零点起伏，因此有极大的信噪比。压缩态的量子起伏在理论上可以趋近于零，这意味着压缩光可以有无穷大信噪比 (infinity signal-to-noise ratio)。所以压缩态信号在超低噪声的光通信 (optical communications) 中有重要的应用价值。另外，用极低噪声的压缩光作为信号源可能进行超高精度的测量，例如探测引力波 (gravitational waves)。

第 9 章 薛定谔猫态

量子计算机的强大功能来自体系的量子叠加态，如何避免退相干是一个重要的理论、技术和工程问题。本专题以薛定谔猫态为例，探讨维持叠加态相干性的一般途径。薛定谔猫态定义为两个宏观可区分的状态的量子叠加，一个重要的例子是具有相等幅度、不同位相的两个相干态的叠加。这种叠加态具有非常丰富的量子统计性质，因此具有十分广泛的应用，涉及量子光学、量子信息学，甚至量子生物学。这里对其进行详细的理论推演和数值计算，并进一步探讨实验上制备这种叠加态的可能途径和通过位相调制维持其相干性的操作方法。

9.1 量子叠加原理

微观态服从叠加原理是量子力学的基本特征之一。正如狄拉克在其名著《量子力学原理》[Dirac P A M. The Principles of Quantum Mechanics. THIRD EDITION, OXFORD AT THE CLARENDON PRESS, 1948] 中所指出的那样："任何状态都可以被视为两个或多个其他状态叠加的结果，而且方式多种多样。反过来，任何两个或多个状态都可以叠加成一个新状态。"(Any state may be considered as the result of a superposition of two or more other states, and indeed in an infinite number of ways. Conversely any two or more states may be superposed to give a new state.)。

正是基于这个原理，我们考察薛定谔猫态的量子统计性质。薛定谔猫态有一个明确的定义："两个宏观可区分的状态的量子叠加" (a quantum superposition of two macroscopically distinguishable states)。薛定谔猫态的一个典型例子是由两个相干态叠加而成的辐射场态，它被表示为

$$|\Psi\rangle = \frac{1}{\sqrt{A}}\left(\left|\alpha\,\mathrm{e}^{\mathrm{i}\phi_1}\right\rangle + \mathrm{e}^{\mathrm{i}\theta}\left|\alpha\,\mathrm{e}^{\mathrm{i}\phi_2}\right\rangle\right) \tag{9.1.1}$$

其中，A 是归一化常数 (由 $\langle\Psi|\Psi\rangle = 1$ 确定)，$\mathrm{e}^{\mathrm{i}\theta}(-\pi \leqslant \theta \leqslant \pi)$ 是一个任意的位相因子。式 (9.1.1) 中的两个相干态有相同的幅度 α(实数) 但是不同的位相 ϕ_1 和 ϕ_2，因此它们是宏观可区分的。也就是说，$|\Psi\rangle$ 是一个猫的"活态"与"死态"的叠加：

$|C\rangle=\frac{1}{\sqrt{2}}\Big\{\Big|$  $\Big\rangle+\Big|$  $\Big\rangle\Big\}$

叠加态式 (9.1.1) 的量子统计性质 (quantum statistical properties) 对位相差 $\phi\equiv\phi_1-\phi_2$ 的依赖性是本专题讨论的重点。我们将会看到，这个叠加态包含许多奇特的现象，例如光子数分布的振荡 (oscillation photon number distribution)，平均光子数的相长干涉 (constructive interference) 和相消干涉 (destructive interference)，亚泊松光子统计，以及压缩态等。

9.2　薛定谔猫态的概念

我们将对式 (9.1.1) 所示的薛定谔猫态 (以下简称猫态) 计算相关的物理量，包括光子数分布

$$P_n=|\langle n|\Psi\rangle|^2 \tag{9.2.1a}$$

平均光子数

$$N=\langle a^+a\rangle \tag{9.2.1b}$$

归一化光子数方差

$$V=\frac{\langle n^2\rangle-\langle n\rangle^2}{\langle n\rangle} \tag{9.2.1c}$$

注意：V 与 Mandel Q 因子的关系为 $V=Q+1$，以及正交分量的量子起伏式 (8.3.22)

$$(\Delta X)^2=\langle X^2\rangle-\langle X\rangle^2,\quad (\Delta P)^2=\langle P^2\rangle-\langle P\rangle^2 \tag{9.2.1d}$$

利用相干态的非正交性关系式 (8.5.45)，得到如下结果：

$$P_n=\mathrm{e}^{-\alpha^2}\frac{\alpha^{2n}}{n!}\frac{1+\cos(n\phi-\theta)}{1+\mathrm{e}^{-\lambda}\cos\Omega} \tag{9.2.2}$$

$$\mathcal{N}\equiv N/\alpha^2=\frac{1+\mathrm{e}^{-\lambda}\cos(\Omega+\phi)}{1+\mathrm{e}^{-\lambda}\cos\Omega} \tag{9.2.3}$$

$$V=1-2\lambda\mathrm{e}^{-\lambda}\frac{\cos(\Omega+\phi)+\mathrm{e}^{-\lambda}\cos^2(\phi/2)}{(1+\mathrm{e}^{-\lambda}\cos\Omega)[1+\mathrm{e}^{-\lambda}\cos(\Omega+\phi)]} \tag{9.2.4}$$

$$\begin{pmatrix} (\Delta X)^2 \\ (\Delta P)^2 \end{pmatrix} = 1 - 2\lambda \frac{e^{-2\lambda}\begin{pmatrix} \cos^2\dfrac{\Phi}{2} \\ \sin^2\dfrac{\Phi}{2} \end{pmatrix} \pm e^{-\lambda}\cos\Phi\cos\Omega - \begin{pmatrix} \sin^2\dfrac{\Phi}{2} \\ \cos^2\dfrac{\Phi}{2} \end{pmatrix}}{(1+e^{-\lambda}\cos\Omega)^2} \tag{9.2.5}$$

其中，$\Phi \equiv \phi_1 + \phi_2$，而

$$\lambda = 2\alpha^2 \sin^2(\phi/2), \quad \Omega = \alpha^2 \sin\phi - \theta \tag{9.2.6}$$

由式 (9.2.5) 可以看出，相对于 Φ 的变化而言，当 $\Phi = 0$ 时，$(\Delta X)^2$ 有最小值，当 $\Phi = \pi$ 时，$(\Delta P)^2$ 有最小值，它们是相等的：

$$(\Delta X)^2\,|_{\Phi=0} = (\Delta P)^2\,|_{\Phi=\pi} \equiv S \tag{9.2.7a}$$

另一方面，当 $\Phi = \pi$ 时，$(\Delta X)^2$ 有最大值，而 $\Phi = 0$ 时，$(\Delta P)^2$ 有最大值，它们也是相等的：

$$(\Delta X)^2\,|_{\Phi=\pi} = (\Delta P)^2\,|_{\Phi=0} \equiv R \tag{9.2.7b}$$

这里 $\Phi = 0$ 意味着两个分量态在相空间 X-P 是关于 X 轴对称的 (图 9.2.1(a))，而 $\Phi = \pi$ 时它们关于 P 轴对称 (图 9.2.1(b))。这样从式 (9.2.5) 和式 (9.2.7) 我们有

$$S = 1 - 2\lambda e^{-\lambda} \frac{e^{-\lambda} + \cos\Omega}{(1+e^{-\lambda}\cos\Omega)^2} \tag{9.2.8}$$

$$R = 1 + 2\lambda \frac{1}{1+e^{-\lambda}\cos\Omega} \tag{9.2.9}$$

正交分量的不确定度乘积为

$$(\Delta X)^2\,|_{\Phi=0} \cdot (\Delta P)^2\,|_{\Phi=0} = SR \quad 或 \quad (\Delta X)^2\,|_{\Phi=\pi} \cdot (\Delta P)^2\,|_{\Phi=\pi} = RS \tag{9.2.10}$$

随后讨论压缩态时，只需考虑式 (9.2.8) 即可，它代表任一个正交分量的最低起伏。

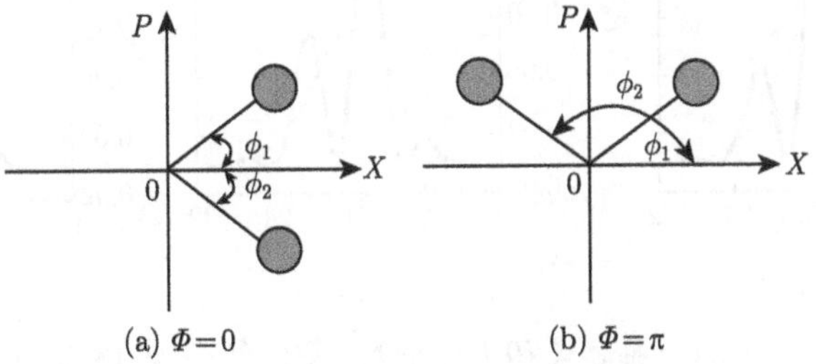

图 9.2.1 两个分量相干态在相空间的位置

9.3　薛定谔猫态的量子统计性质

9.3.1　数值解与讨论

为了显示猫态式 (9.1.1) 的量子统计性质，我们首先画出光子数分布式 (9.2.2) 的各种图像，如图 9.3.1 所示。另外图 9.3.2～ 图 9.3.4 显示了相对平均光子数、归一化光子数方差 (normalized variance of photon number)，以及正交分量起伏随位相差 ϕ 的变化曲线。这些结果被讨论如下。

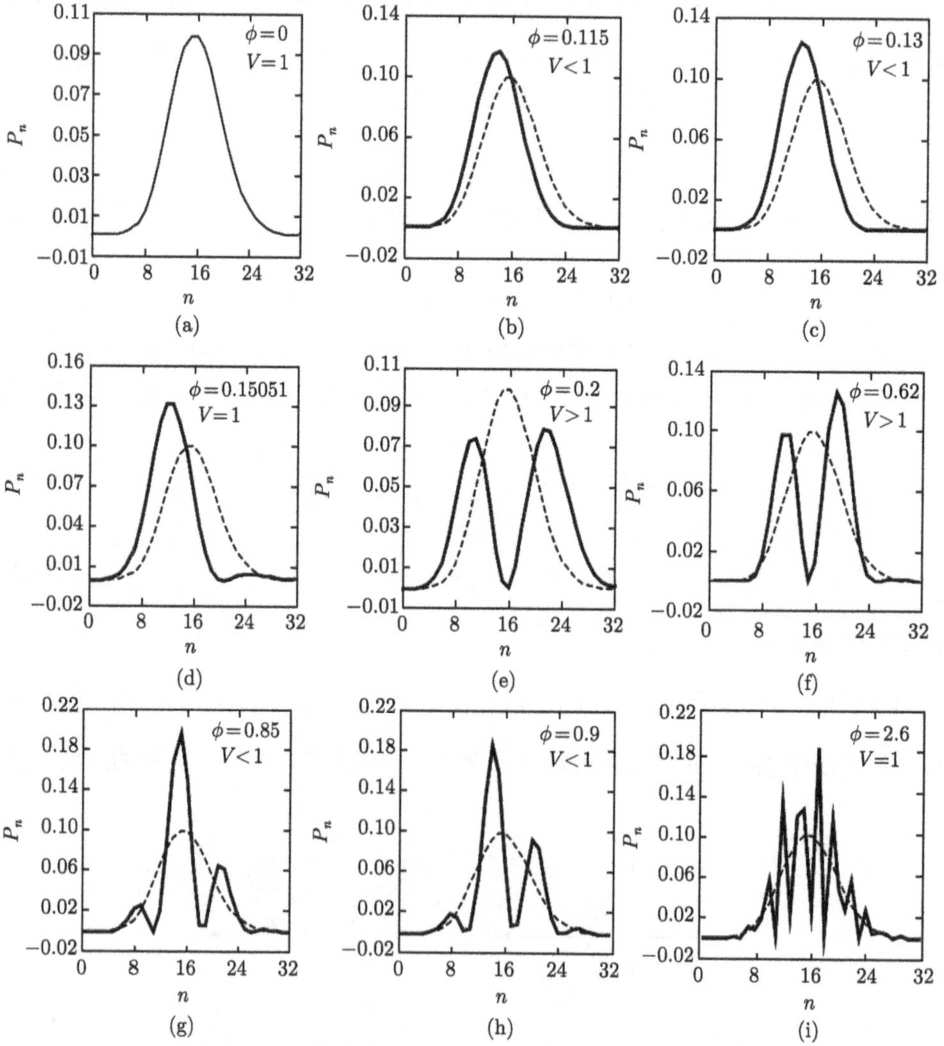

图 9.3.1　猫态式 (9.1.1) 的光子数分布 (见式 (9.2.2))

随着位相差 ϕ 的变化，光子数分布呈现各种图样，每个图样中的虚线表示具有相同平均值的泊松分布。所有曲线取 $\alpha = 4$，$\theta = 0$

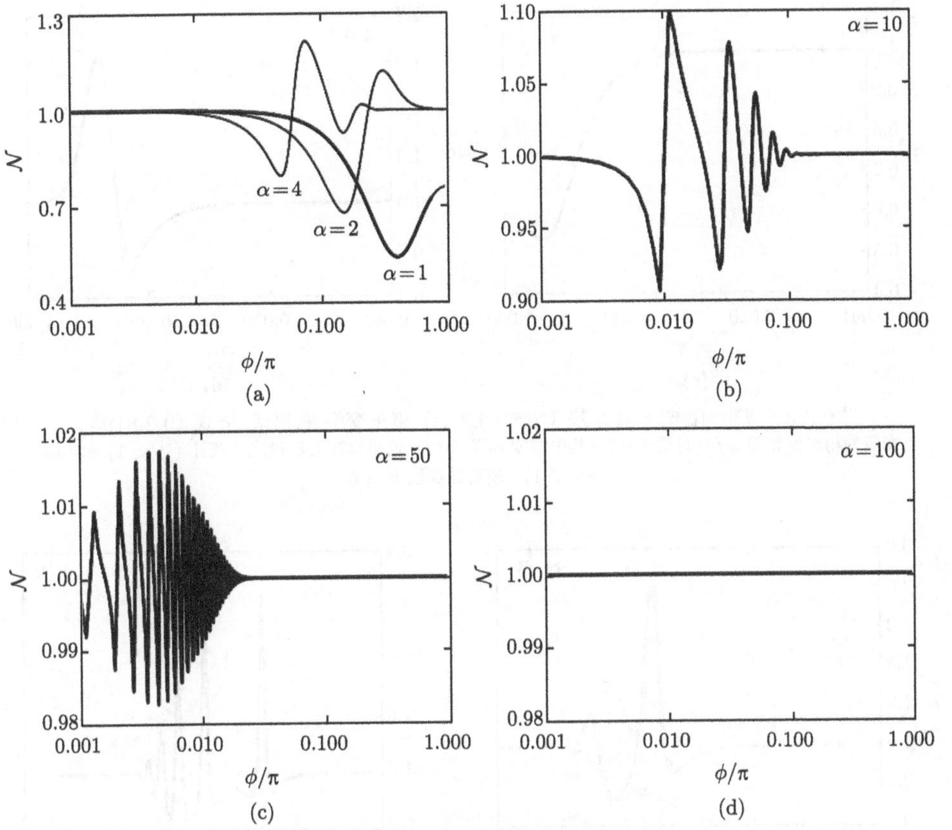

图 9.3.2 相对平均光子数 $\mathcal{N}$(式 (9.2.3))

自变量为相对位相差 ϕ/π(对数坐标)。$\mathcal{N} > 1(\mathcal{N} < 1)$ 相应于光子数的相长 (相消) 干涉。对于较大的幅度 α，$\mathcal{N} = 1$(与位相差的大小无关)，干涉现象消失。所有曲线取 $\theta = 0$

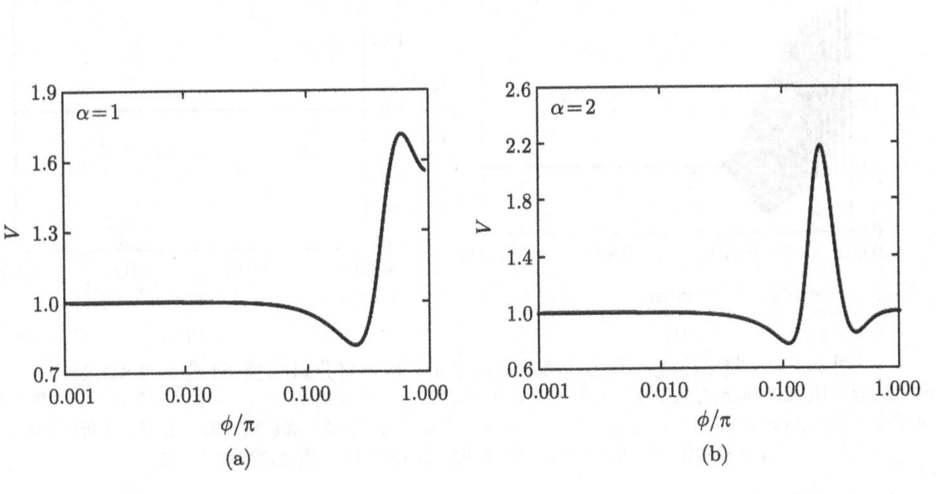

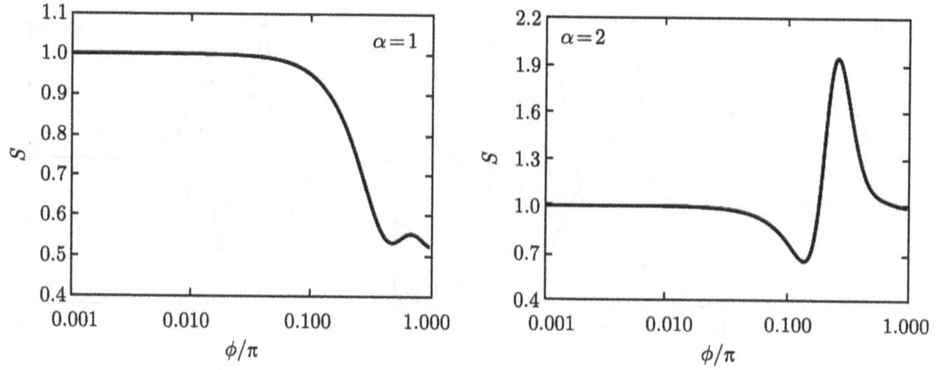

(c)　　　　　　　　　　(d)

图 9.3.3　归一化光子数方差 V(式 (9.2.4)) 和正交分量起伏 S(式 (9.2.8))(1)

自变量为相对位相差 ϕ/π(对数坐标)。其中幅度 α 取小值，这里存在亚泊松光子统计 ($V<1$) 和压缩态 ($S<1$)。所有曲线取 $\theta=0$

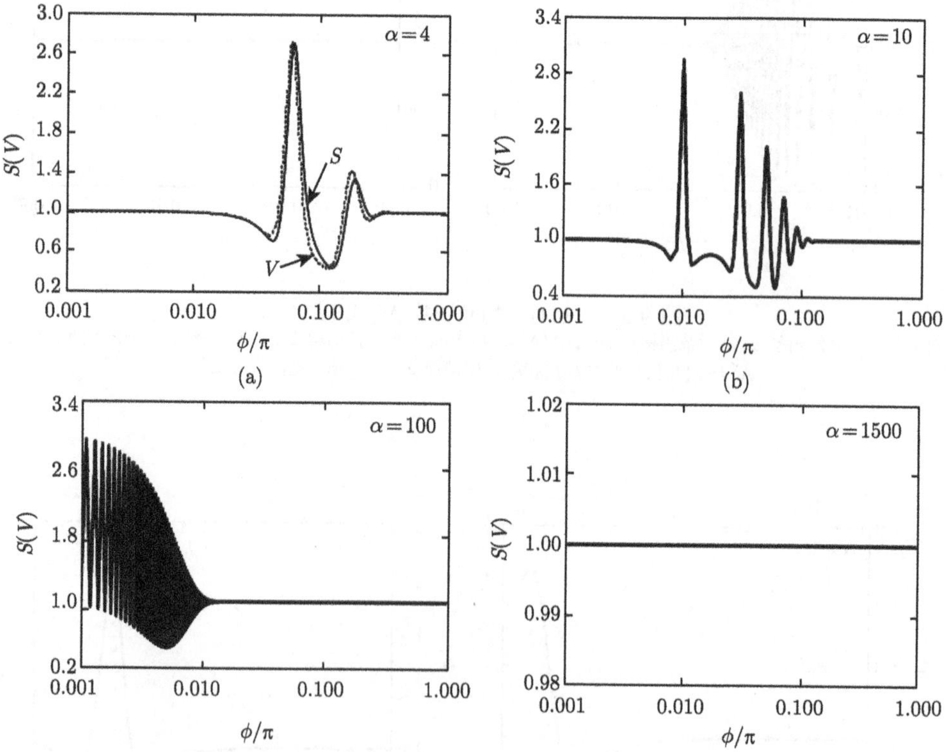

(a)　　　　　　　　　　(b)

(c)　　　　　　　　　　(d)

图 9.3.4　归一化光子数方差 V(式 (9.2.4)) 和正交分量起伏 S(式 (9.2.8))(2)

自变量为相对位相差 ϕ/π(对数坐标)。(a) 当 $\alpha=4$ 时，V 与 S 非常接近 (当 $\alpha>4$ 时二者重合)，这里存在亚泊松光子统计 ($V<1$) 和压缩态 ($S<1$)；(b) 和 (c) 亚泊松光子统计和压缩态随 α 的增加出现快速振荡；(d) 亚泊松光子统计和压缩态在 α 取较大值时消失。所有曲线取 $\theta=0$

(1) 平均光子数的相消干涉，亚泊松光子统计和压缩态这三种效应之间存在着一定的对应性：

$$(\mathcal{N} < 1) \leftrightarrow (V < 1) \leftrightarrow (S < 1) \tag{9.3.1}$$

事实上，当 ϕ 从零开始增加时，这三个效应同时出现，它们还在 $\phi \to \pi$ 时同时消失。特别是当 $\alpha \geqslant 4$ 时，V 和 S 显示了不可分辨的相同行为。

(2) 这三种效应对幅度 α 有类似的依赖性。当 α 较小时，在相当宽的 ϕ 区域内存在这三种效应。随着 α 的增加，这三种效应出现快速振荡。当 α 较大时，所有这些效应消失，在整个 $\phi \in (0, \pi)$ 区域呈现 $\mathcal{N} \to 1$，$V \to 1$，$S \to 1$。这个状态不是相干态，因为两个正交分量的不确定度乘积 $SR \to \infty$(由于 $R \to \infty$)。

(3) 一个泊松分布给出 $V = 1$，图 9.3.1 中的每一个虚线图样都是泊松分布。但是 $V = 1$ 可以对应一个单峰的非泊松分布，例如图 9.3.1(d) 中的曲线；还能导致一个强烈振荡的分布，如图 9.3.1(i) 中的曲线。这样我们得到一个重要的结论：泊松分布给出 $V = 1$，但 $V = 1$ 不一定对应泊松分布。

(4) 光子数分布的振荡是一个奇异的量子现象 (没有经典对应)，它可以存在于亚泊松分布和超泊松分布两种情况之中。二者相比，亚泊松分布情况下的光子数振荡更强一些，例如图 9.3.1(g) 和 (h) 中曲线所示的振荡强于图 9.3.1(e) 和 (f)。光子数分布振荡能在相空间 X-P 干涉性的意义上给出深刻的解释。[Schleich W, Wheeler J A. Oscillation in photon distribution of squeezed states and interference in phase space. Nature ,1987, 326: 574-577]。

(5) 具有不同位相 (ϕ_1 和 ϕ_2) 的两个单光子相干态 ($\alpha = 1$) 的叠加显示了奇异的特征：相消干涉和压缩态存在于整个 $\phi \in (0, \pi)$ 区域。而亚泊松和超泊松光子统计分别出现在位相差较小和较大的区域。

9.3.2 偶相干态和奇相干态

现在利用上述结果讨论偶相干态 (even coherent state) 和奇相干态 (odd coherent state) 的性质，它们定义为

$$|\Psi\rangle^{\pm} = \frac{1}{\sqrt{A^{\pm}}}\left(|\alpha\rangle \pm |-\alpha\rangle\right) \tag{9.3.2}$$

这里我们不失一般性地取 α 为正实数，式 (9.3.2) 可以写成式 (9.1.1) 的形式

$$|\Psi\rangle^{\pm} = \frac{1}{\sqrt{A^{\pm}}}\left(|\alpha\rangle + \mathrm{e}^{\mathrm{i}\theta^{\pm}}\left|\alpha\,\mathrm{e}^{\mathrm{i}\pi}\right\rangle\right) \quad \begin{pmatrix} \theta^{+} = 0 \\ \theta^{-} = \pi \end{pmatrix} \tag{9.3.3}$$

可以看出，偶相干态 $|\Psi\rangle^{+}$ 和奇相干态 $|\Psi\rangle^{-}$ 都是位相差为 π 的两个相干态的叠加 (区别在于位相因子 $\mathrm{e}^{\mathrm{i}\theta^{\pm}}$)。偶、奇相干态式 (9.3.3) 作为猫态式 (9.1.1) 的特殊

情况 ($\phi_1 = 0, \phi_2 = \pi$)，有下列结果

$$P_n^{\pm} = \frac{\alpha^{2n}}{n!}\left[\begin{array}{c}\operatorname{sech}\left(\alpha^2\right)\cos^2\left(n\pi/2\right)\\ \operatorname{csch}\left(\alpha^2\right)\sin^2\left(n\pi/2\right)\end{array}\right] \tag{9.3.4}$$

$$\mathcal{N}^{\pm} \equiv N^{\pm}/\alpha^2 = \left[\begin{array}{c}\tanh\left(\alpha^2\right)\\ \coth\left(\alpha^2\right)\end{array}\right] \tag{9.3.5}$$

$$V^{\pm} = 1 \pm 2\alpha^2\operatorname{csch}\left(2\alpha^2\right) \tag{9.3.6}$$

$$S^{\pm} = 1 \mp 2\alpha^2\exp\left(-\alpha^2\right)\left[\begin{array}{c}\operatorname{sech}\left(\alpha^2\right)\\ \operatorname{csch}\left(\alpha^2\right)\end{array}\right] \tag{9.3.7}$$

$$R^{\pm} = 1 + 2\alpha^2\left\{1 + \left[\begin{array}{c}\tanh\left(\alpha^2\right)\\ \coth\left(\alpha^2\right)\end{array}\right]\right\} \tag{9.3.8}$$

我们对这些结果讨论如下。

(1) 偶相干态和奇相干态均有振荡的光子数分布 (图 9.3.5)。偶相干态只含有偶数的光子概率，而奇数的光子概率为零，即 $P_n^+ = 0$ ($n = 1, 3, 5, \cdots$)；与此相反，奇相干态只含有奇数的光子概率，而偶数的光子概率为零，即 $P_n^- = 0$ ($n = 0, 2, 4, \cdots$)。

(2) 对于任何正实数 α,偶相干态 ($\theta^+ = 0$) 有相消干涉效应 ($\mathcal{N}^+ = \tanh(\alpha^2) < 1$) 和压缩态 ($S^+ < 1$)，但是没有亚泊松光子统计 ($V^+ > 1$)；与此相反，奇相干态 ($\theta^- = \pi$) 有相长干涉效应 ($\mathcal{N}^- = \coth(\alpha^2) > 1$) 和亚泊松光子统计 ($V^- < 1$，见图 9.3.6(a))，但是没有压缩态 ($S^- > 1$)。

(3) 偶相干态的正交分量起伏 S^+ 随幅度 α 的变化如图 9.3.6(b) 所示，它在 α_m 取极小值，而 α_m 是超越方程

$$\exp\left(-2\alpha_m^2\right) = 2\alpha_m^2 - 1 \tag{9.3.9}$$

的解，数值计算给出 $\alpha_m \approx 0.8$。相应的起伏为 $S_{\min}^+ \approx 0.44$，它具有 56%的压缩度。

(4) 偶、奇相干态的干涉效应、亚泊松光子统计和压缩态只存在于低幅度情况。随着 α 的增大，它们迅速趋于 $\mathcal{N}^{\pm} \to 1$，$V^{\pm} \to 1$，$S^{\pm} \to 1$。这不是一个相干态，它有 $\Delta X\Delta P \to \infty$(由于 $R \to \infty$)，即测不准乘积为无穷大。

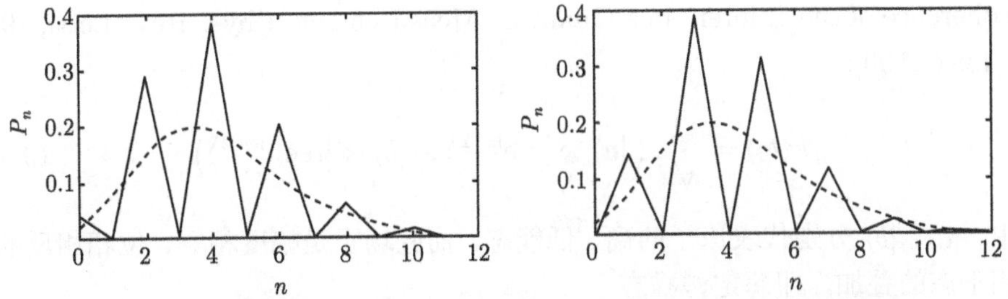

(a) 偶相干态 (b) 奇相干态

图 9.3.5 偶相干态 $|\Psi\rangle^+$ 和奇相干态 $|\Psi\rangle^-$ 的光子数分布 (式 (9.3.4))

虚线表示具有相同平均值的泊松分布。图中取 $\alpha = 2$

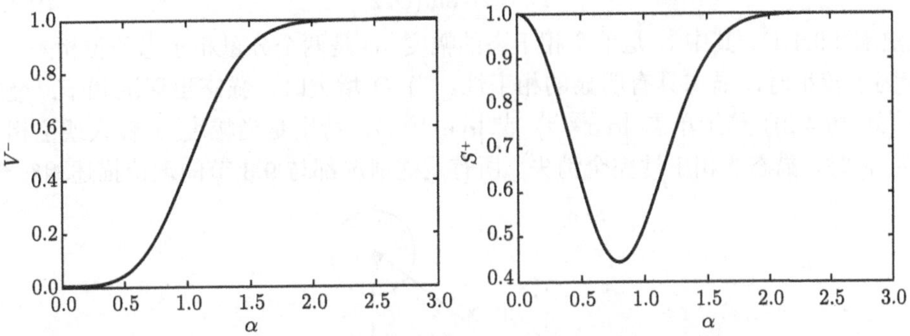

(a) (b)

图 9.3.6 奇相干态的归一化光子数方差 V^-(式 (9.3.6)) 与偶相干态的正交分量起伏 S^+ (式 (9.3.7))

自变量为幅度 α：(a) 在整个 $\alpha \in [0, \infty)$ 范围存在亚泊松光子统计 ($V^- < 1$)，当 $\alpha = 0$ 时，$V^- = 0$,$\alpha \to \infty$ 时，$V^- \to 1$；(b) 当 $\alpha_m \approx 0.8$ 时有极小值 $S^+_{\min} \approx 0.44$

我们在本节详细讨论了薛定谔猫态 (包括偶、奇相干态) 的量子统计性质。需要指出，这种态在量子光学、量子信息科学 (包括量子通信与量子计算) 以及量子生物学中扮演重要的角色。

9.4 薛定谔猫态的相干性

9.4.1 薛定谔猫态的退相干

量子信息学 (quantum informatics) 的一个主要研究领域是量子计算 (quantum computing)。实现量子计算本质上是利用量子相干性 (quantum coherence)，不过测量操作会影响量子相干性，使之出现塌缩现象，即所谓 “退相干”(decoherence)。法国科学家阿罗什 (Haroche) 团队在 1996 年利用微腔 QED(quantum electrodynamics) 制备了一个原子–腔场纠缠态 [Brune M, et al. Observing the Progressive

Decoherence of the "Meter" in a Quantum Measurement. Phys. Rev. Lett., 1996, 77: 4887-4890]:

$$|\Psi(t)\rangle = \frac{1}{\sqrt{2}}\left(|a\rangle \otimes \left|\alpha\,\mathrm{e}^{\mathrm{i}\phi/2}\right\rangle + |b\rangle \otimes \left|\alpha\,\mathrm{e}^{-\mathrm{i}\phi/2}\right\rangle\right) \tag{9.4.1}$$

其中，$|a\rangle$、$|b\rangle$ 分别代表原子的高、低能态，而腔场正是幅度相等、位相相反的两个相干态的叠加，即薛定谔猫态

$$|\Psi\rangle = \frac{1}{\sqrt{A}}\left(\left|\alpha\,\mathrm{e}^{\mathrm{i}\phi/2}\right\rangle + \left|\alpha\,\mathrm{e}^{-\mathrm{i}\phi/2}\right\rangle\right) \tag{9.4.2}$$

他们的研究显示，这个猫态的相干性由因子

$$D = 2\alpha\sin(\phi/2) \tag{9.4.3}$$

决定 (图 9.4.1)，其中 α 是单个相干态的幅度，ϕ 是两个分量相干态的位相差。当 D 因子较小时，猫态具有明显的相干性。当 D 增大时，猫态出现退相干：叠加态 (式 (9.4.2)) 趋于单态 $\left|\alpha\,\mathrm{e}^{\mathrm{i}\phi/2}\right\rangle$ 或 $\left|\alpha\,\mathrm{e}^{-\mathrm{i}\phi/2}\right\rangle$。特别是当幅度 α 较大或位相差 $\phi \to \pi$ 时，猫态的相干性完全消失。所有这些情况都与 9.3 节的理论描述相符合。

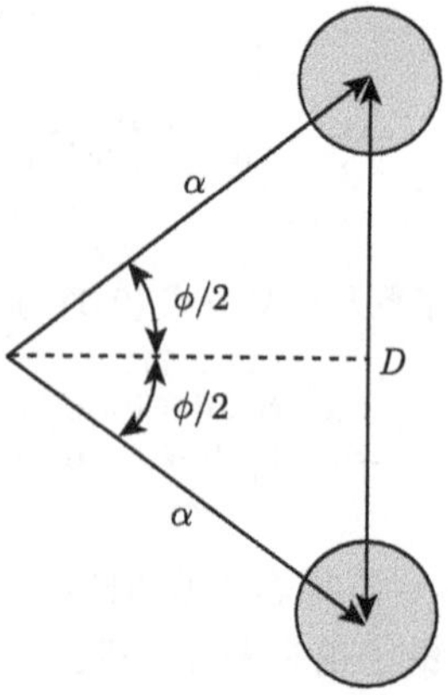

图 9.4.1　D 因子决定薛定谔猫态的相干性

9.4.2　用位相调制维持相干性

如何维持薛定谔猫态的相干性？一个简单而有效的方法是在薛定谔猫态中引入位相调制 (phase modulation)，即对式 (9.4.2) 的一个分量态添加一个位相因子 $\mathrm{e}^{\mathrm{i}\theta}$，成为

$$|\Psi\rangle = \frac{1}{\sqrt{A}}\left(\left|\alpha\,\mathrm{e}^{\mathrm{i}\phi/2}\right\rangle + \mathrm{e}^{\mathrm{i}\theta}\left|\alpha\,\mathrm{e}^{-\mathrm{i}\phi/2}\right\rangle\right) \tag{9.4.4}$$

我们将会看到，在薛定谔猫态式 (9.4.4) 中选择适当的调制位相 θ，可以使之在较宽的 ϕ 范围内保持稳定的相干性。由于式 (9.4.4) 属于式 (9.1.1) 的形式，我们可

以用 9.2 节的一般性结果描述猫态式 (9.4.4) 的量子统计性质。特别是，它的相对平均光子数由式 (9.2.3) 写为

$$\mathcal{N}(\alpha,\theta,\phi)=\frac{1+\exp\left[-2\alpha^2\sin^2(\phi/2)\right]\cos(\alpha^2\sin\phi-\theta+\phi)}{1+\exp\left[-2\alpha^2\sin^2(\phi/2)\right]\cos(\alpha^2\sin\phi-\theta)} \tag{9.4.5}$$

为了考察调制位相 θ 的作用，我们利用式 (9.4.5) 画出不同 θ 值情况下 $\mathcal{N}(\alpha,\theta,\phi)$ 随 ϕ 变化的曲线，如图 9.4.2 所示。可以看出，在 $\phi\to 0$ 区域，调制位相 $\theta=\pi$

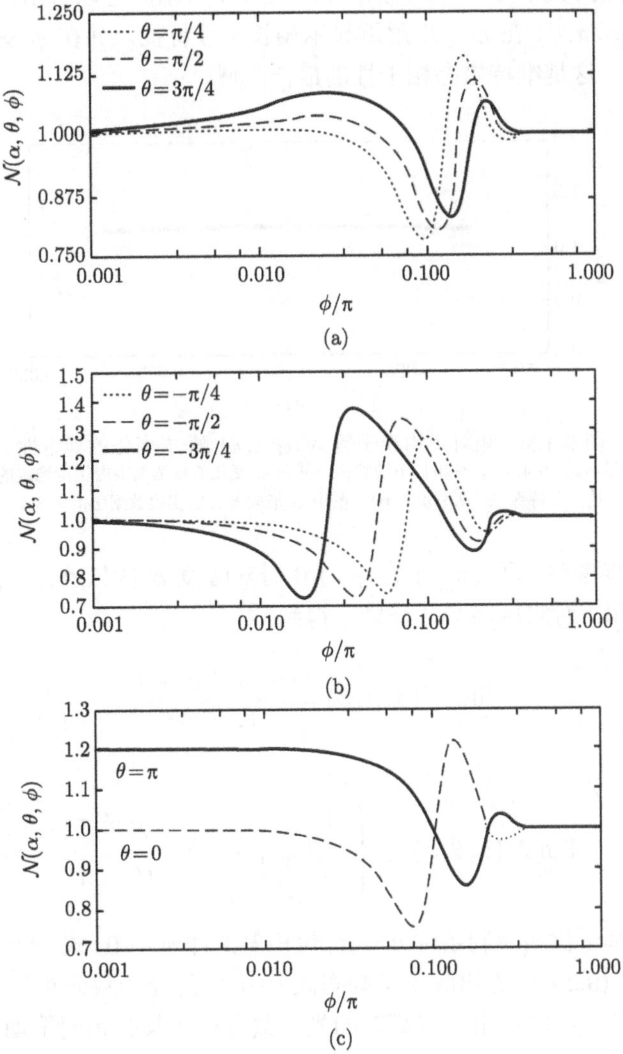

图 9.4.2 相对平均光子数 $\mathcal{N}(\alpha,\theta,\phi)$ 随 ϕ 变化的曲线

图中 α 取阿罗什的实验数据 $\alpha_0=3.1$。当 $\theta=\pi$ 时，$\mathcal{N}(\alpha,\pi,\phi)\xrightarrow{\phi\to 0}1.2$

可以诱导一个平稳的具有相长干涉的猫态。而其他 θ 值均导致 $\mathcal{N}(\alpha,\theta,0)=1$(无干涉现象)。事实上，由式 (9.4.5) 可以直接看出，当 $\phi=0$ 而 $\theta\neq\pi$ 时，有 $\mathcal{N}(\alpha,\theta,0)=1$。

下面我们专门讨论 $\theta=\pi$ 情况，这时式 (9.4.5) 变为

$$\mathcal{N}(\alpha,\pi,\phi)=\frac{1-\exp\left[-2\alpha^2\sin^2(\phi/2)\right]\cos\left(\alpha^2\sin\phi+\phi\right)}{1-\exp\left[-2\alpha^2\sin^2(\phi/2)\right]\cos\left(\alpha^2\sin\phi\right)} \tag{9.4.6}$$

它是 ϕ 的偶函数 (关于 $\phi=0$ 对称)，如图 9.4.3 所示。可以看出，当调制位相取 $\theta=\pi$ 时，$\mathcal{N}(\alpha,\pi,\phi)$ 在 $\phi=0$ 附近显示相长干涉特征，并在 ϕ 变化的较宽范围内保持稳定性。这是维持猫态相干性的最佳区域。

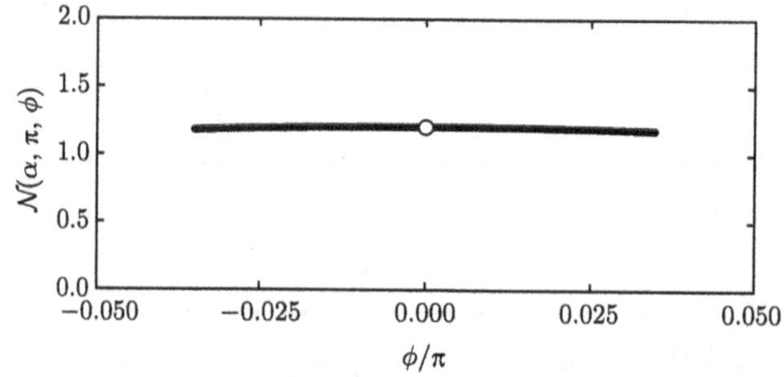

图 9.4.3 相对平均光子数 $\mathcal{N}(\alpha,\pi,\phi)$ 随 ϕ 变化的稳定性

处于 $\phi=0$ 附近的猫态式 (9.4.4) 具有相长干涉特征，并在 ϕ 变化的较宽范围内保持稳定的相干性。而 $\phi=0$ 是一个特殊点 (见 9.4.4 节)。图中 α 取阿罗什的实验数据 $\alpha_0=3.1$

我们进一步考察 $\mathcal{N}(\alpha,\pi,\phi)$ 在 $\phi\to0$ 时对幅度 α 的依赖性。这时式 (9.4.6) 呈现不定式 0/0，对它用洛必达法则，得到

$$\lim_{\phi\to0}\mathcal{N}(\alpha,\pi,\phi)=\frac{\alpha^4+3\alpha^2+1}{\alpha^4+\alpha^2} \tag{9.4.7}$$

这样我们有

$$\lim_{\phi\to0}\mathcal{N}(\alpha,\theta,\phi)=\begin{cases}1 & (\theta\neq\pi)\\ \dfrac{\alpha^4+3\alpha^2+1}{\alpha^4+\alpha^2} & (\theta=\pi)\end{cases} \tag{9.4.8}$$

我们进而基于位相调制条件 $\theta=\pi$、位相差条件 $\phi\to0$、式 (9.2.2)、式 (9.4.8)、式 (9.2.4) 和式 (9.2.8)，作出薛定谔猫态式 (9.4.4) 的光子数分布和其他相关曲线，如图 9.4.4 所示。可以看出，该猫态的光子数分布比具有相同平均值的泊松分布更窄，而且存在相长干涉、亚泊松光子统计和压缩态。从所得结果还可以看出，当幅度 $\alpha\to\infty$ 时，有 $\mathcal{N}(\infty)\to1$，$V(\infty)\to1$，$S(\infty)\to1$，猫态的相干性消失。

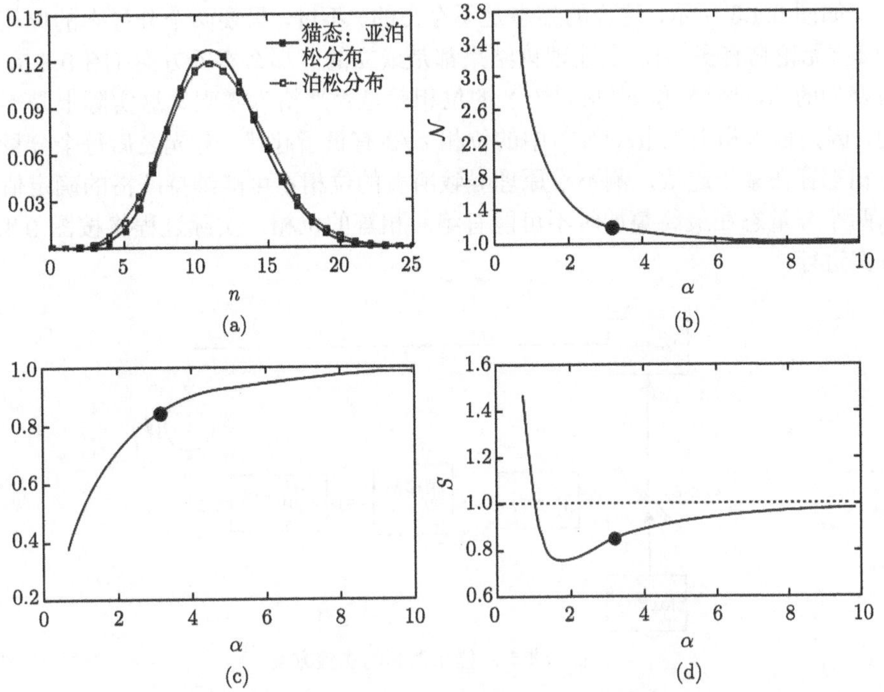

图 9.4.4 薛定谔猫态式 (9.4.4) 在 $\phi \to 0$ 情况下的量子统计性质 ($\theta = \pi$)

(a) 光子数分布 P_n(平均值为 $N = 11.5$) 比具有相同平均值的泊松分布更窄；(b) 对于任意有限的幅度 α，相对平均光子数 $\mathcal{N}(\alpha) > 1$(存在相长干涉)，α 越小相长干涉效应越强，其中 $\mathcal{N}(\alpha_0) = 1.2$；(c) 对于任意有限的幅度 α，归一化光子数方差 $V(\alpha) < 1$(存在亚泊松光子统计)，α 越小亚泊松效应越强，其中 $V(\alpha_0) = 0.84$；(d) 在 $\alpha > 1$ 区域，正交分量起伏 $S(\alpha) < 1$(存在压缩态)，其中最低起伏为 $S(1.7) = 0.75$，而 $S(\alpha_0) = 0.85$。图中 $\alpha_0 = 3.1$ 是阿罗什的实验数据

9.4.3 位相调制的实验方案

按照上述理论结果，实验数据 α_0 还可以进一步优化。实际上，如图 9.4.4 所示，如果进一步减小 α_0 值，则猫态的光子信号会具有更强的相长干涉效应、更强的亚泊松光子统计和更深的压缩效应 (比如，要得到最佳压缩效应，可取 $\alpha = 1.7$)。实验中可以按照图 9.4.5 所示的方案，将具有优化幅度 α 的输入相干光 $\left|\alpha\, \mathrm{e}^{\mathrm{i}\phi/2}\right\rangle$(位相 ϕ 可取任意值) 分成两束，它们具有相同的位相。其中一束经过相移器 $\mathrm{e}^{\mathrm{i}\pi}$ 后变成 $\mathrm{e}^{\mathrm{i}\pi}\left|\alpha\, \mathrm{e}^{\mathrm{i}\phi/2}\right\rangle$，它与另一束相干光 $\left|\alpha\, \mathrm{e}^{\mathrm{i}\phi/2}\right\rangle$ 叠加，便形成维持在高度相干性的猫态，其量子统计性质如图 9.4.4 所示。

最后我们必须说明，上述用位相调制方法维持猫态相干性的理论结果和实验方案都是对于 $\phi \to 0$ 而言。如果两个分量态的位相差严格为零，则上述猫态的光子数为零：

$$\mathcal{N}(\alpha, \pi, 0) = 0 \tag{9.4.9}$$

如图 9.4.3 所示，这样的猫态是不存在的。不过，只要两个分量态的位相差不为零 (无论它有多小)，上述理论结果都是成立的。那么实验方案 (图 9.4.5) 中参与叠加的 $\left|\alpha\,\mathrm{e}^{\mathrm{i}\phi/2}\right\rangle$ 和 $\mathrm{e}^{\mathrm{i}\pi}\left|\alpha\,\mathrm{e}^{\mathrm{i}\phi/2}\right\rangle$ 的位相差是否严格为零呢？这实际上是不可能的，因为输入相干光 $\left|\alpha\,\mathrm{e}^{\mathrm{i}\phi/2}\right\rangle$ 中的位相 $\phi/2$ 有量子起伏，分光之后每个分量态的位相都存在量子起伏，测不准原理导致所有的位相不可能维持严格的确定值，所以两个分量态在最终叠加时不可能有绝对相等的位相，实际过程将按图 9.4.5 的方案进行。

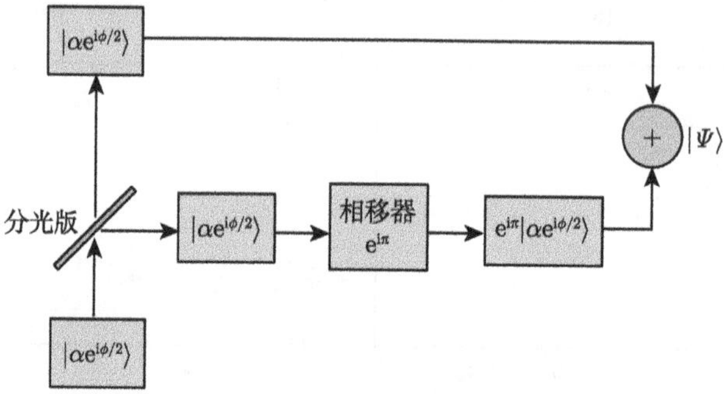

图 9.4.5　位相调制的实验方案

第 10 章　单模场与单原子的相互作用

单模辐射场与单个二能级原子的相互作用，是量子光学和量子信息学领域具有奠基性意义的课题。描述这种相互作用的方法，是基于二能级原子的泡利矩阵、量子化辐射场，以及它们之间的耦合，这就是著名的杰恩斯–卡明斯 (Jaynes-Cummings) 模型 (JCM)。本专题首先对 JCM 哈密顿进行精确求解，引出穿衣态(原子穿上了光场服)，进而一般性地研究关于单模场与单原子相互作用的 JCM 体系的量子统计性质。近年来 JCM 研究的突破还表现在该体系的成功制备，这表明利用量子技术测量和操纵微观体系已经发展到一个新阶段，而 JCM 也成为实现量子计算机的一个重要技术方案。

10.1　二能级原子

泡利矩阵的一个重要应用是表述二能级原子 (two-level atom) 的作用算符。一个二能级原子的能态和能级如图 10.1.1 所示。我们可以用式 (6.1.26) 所示的态矢量表示二能级原子的能态，即

$$\boldsymbol{\Psi}_a = \begin{pmatrix} 1 \\ 0 \end{pmatrix} \equiv |a\rangle \quad \boldsymbol{\Psi}_b = \begin{pmatrix} 0 \\ 1 \end{pmatrix} \equiv |b\rangle \tag{10.1.1}$$

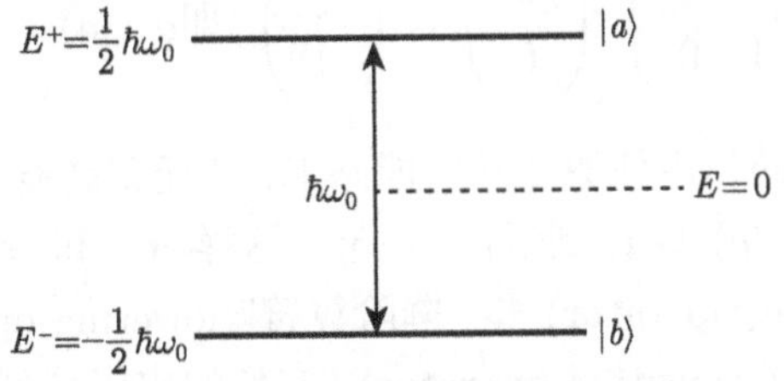

图 10.1.1　二能级原子的能态和能级

高、低能态分别由 $|a\rangle$ 和 $|b\rangle$ 表示，能级间隔为 $\hbar\omega_0$，取其中点的能量为 $E=0$，则高、低能级分别为 $E^+=\hbar\omega_0/2$ 和 $E^-=-\hbar\omega_0/2$

这样二能级原子的哈密顿算符 (Hamiltonian of a two-level atom) 可以表示为

$$\hat{H} = \frac{1}{2}\hbar\omega_0\sigma_z = \frac{1}{2}\hbar\omega_0 \begin{pmatrix} 1 & 0 \\ 0 & -1 \end{pmatrix} \tag{10.1.2}$$

事实上，用 $\hat{H}$ 分别作用于原子的高能态 $|a\rangle$ 和低能态 $|b\rangle$，给出

$$\hat{H}|a\rangle=\frac{1}{2}\hbar\omega_0\begin{pmatrix}1&0\\0&-1\end{pmatrix}\begin{pmatrix}1\\0\end{pmatrix}=\frac{1}{2}\hbar\omega_0\begin{pmatrix}1\\0\end{pmatrix}=\frac{1}{2}\hbar\omega_0|a\rangle=E^+|a\rangle \tag{10.1.3a}$$

$$\hat{H}|b\rangle=\frac{1}{2}\hbar\omega_0\begin{pmatrix}1&0\\0&-1\end{pmatrix}\begin{pmatrix}0\\1\end{pmatrix}=-\frac{1}{2}\hbar\omega_0\begin{pmatrix}0\\1\end{pmatrix}=-\frac{1}{2}\hbar\omega_0|b\rangle=E^-|b\rangle \tag{10.1.3b}$$

可见 $|a\rangle$ 和 $|b\rangle$ 确实是哈密顿算符 (10.1.2) 的本征态，而且本征值分别为 $E^+=\hbar\omega_0/2$ 和 $E^-=-\hbar\omega_0/2$。

为了进一步描述原子在高能态 $|a\rangle$ 和低能态 $|b\rangle$ 之间的跃迁，我们利用 σ_x 和 σ_y 定义下面两个算符：

$$\sigma^+=\frac{1}{2}(\sigma_x+\mathrm{i}\sigma_y)=\frac{1}{2}\left[\begin{pmatrix}0&1\\1&0\end{pmatrix}+\mathrm{i}\begin{pmatrix}0&-\mathrm{i}\\\mathrm{i}&0\end{pmatrix}\right]=\begin{pmatrix}0&1\\0&0\end{pmatrix} \tag{10.1.4a}$$

$$\sigma^-=\frac{1}{2}(\sigma_x-\mathrm{i}\sigma_y)=\frac{1}{2}\left[\begin{pmatrix}0&1\\1&0\end{pmatrix}-\mathrm{i}\begin{pmatrix}0&-\mathrm{i}\\\mathrm{i}&0\end{pmatrix}\right]=\begin{pmatrix}0&0\\1&0\end{pmatrix} \tag{10.1.4b}$$

显然这两个算符不是厄米的。注意到

$$\begin{pmatrix}0&1\\0&0\end{pmatrix}\begin{pmatrix}0\\1\end{pmatrix}=\begin{pmatrix}1\\0\end{pmatrix},\text{即}\sigma^+|b\rangle=|a\rangle \tag{10.1.5a}$$

$$\begin{pmatrix}0&0\\1&0\end{pmatrix}\begin{pmatrix}1\\0\end{pmatrix}=\begin{pmatrix}0\\1\end{pmatrix},\text{即}\sigma^-|a\rangle=|b\rangle \tag{10.1.5b}$$

这意味着，算符 σ^+ 的作用使原子从低能态 $|b\rangle$ 跃迁到高能态 $|a\rangle$，而算符 σ^- 的作用使原子从高能态 $|a\rangle$ 跃迁到低能态 $|b\rangle$。这样 σ^+ 和 σ^- 可以分别称为原子的 “升阶算符” (raising operator) 和 “降阶算符”(lowering operator)。而 $\sigma^\pm$ 统称为原子的 “跃迁算符”(transition operator)，它们的作用是刻画二能级原子的状态变化。

本节所引入的二能级原子的哈密顿算符 (式 (10.1.2)) 和原子跃迁算符 (式 (10.1.5)) 将用于构建描述单模辐射场与单个二能级原子相互作用的杰恩斯–卡明斯模型 (JCM)[Jaynes E T, Cummings F W. Comparison of Quantum and Semiclassical Radiation: Theories with Application to the Beam Maser. Proc. IEEE，1963, 51: 89-109]。

10.2 JCM 模型的精确解

我们考虑一个单模辐射场与单个二能级原子组成的体系 (图 10.2.1)。利用式 (8.3.18)(略去零点能) 和式 (10.1.2)，并考虑到辐射场–原子相互作用，可以写出 JCM 哈密顿算符

$$H = \hbar\omega a^+ a + \frac{1}{2}\hbar\omega_0\sigma_z + \hbar g\left(a\sigma^+ + a^+\sigma^-\right) \tag{10.2.1}$$

其中，ω 是单模辐射场的频率，a 和 a^+ 分别是湮灭算符和产生算符，$\hbar\omega a^+ a$ 是辐射场的哈密顿算符；ω_0 是二能级原子的频率间隔，$\frac{1}{2}\hbar\omega_0\sigma_z$ 是二能级原子的哈密顿算符 (见式 (10.1.2))。我们考察泡利矩阵 σ_z 在这里扮演的角色。注意：当 $\langle\sigma_z\rangle = 1$ 时，$\left\langle\frac{1}{2}\hbar\omega_0\sigma_z\right\rangle = \frac{1}{2}\hbar\omega_0$，表示原子处于高能态 $|a\rangle$，而 $\langle\sigma_z\rangle = -1$ 时，$\left\langle\frac{1}{2}\hbar\omega_0\sigma_z\right\rangle = -\frac{1}{2}\hbar\omega_0$，表示原子处于低能态 $|b\rangle$，特别是 $\langle\sigma_z\rangle = 0$ 时，$\left\langle\frac{1}{2}\hbar\omega_0\sigma_z\right\rangle = 0$。可见 $\langle\sigma_z\rangle$ 是原子处于高、低能态的概率之差，$\langle\sigma_z\rangle = 0$ 表示原子处于高、低能态的概率相等，因此算符 σ_z 在这里扮演了一个原子反转算符 (atomic inversion operator) 的角色。另外，σ^+ 和 σ^- 分别是原子的升阶算符和降阶算符，$a\sigma^+$ 项表示体系中湮灭一个光子而原子跃迁到高能态，而 $a^+\sigma^-$ 项表示体系中产生一个光子而原子跃迁到低能态。式 (10.2.1) 中的 g 是辐射场与原子的耦合系数 (coupling coefficient)。

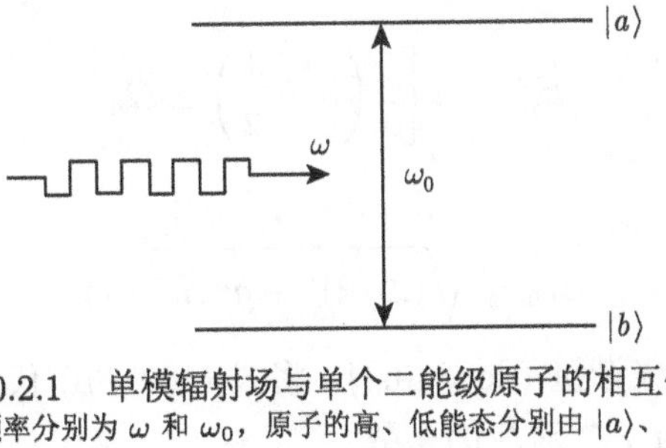

图 10.2.1 单模辐射场与单个二能级原子的相互作用
二者的频率分别为 ω 和 ω_0，原子的高、低能态分别由 $|a\rangle$、$|b\rangle$ 表示

现在我们求解 JCM 哈密顿算符 H 的本征方程

$$H|\phi\rangle = E|\phi\rangle \tag{10.2.2}$$

其中，E 和 $|\phi\rangle$ 分别是本征值和相应的本征态。我们假定 $|\phi\rangle$ 能被写为 $|n,\ a\rangle$ 和

$|n+1,\ b\rangle$ 的线性组合：

$$|\phi\rangle = A\,|n,\ a\rangle + B\,|n+1,\ b\rangle \quad (n=0,\ 1,\ 2,\cdots) \tag{10.2.3}$$

其中，$|n,\ a\rangle$ 表示原子处于高能态 $|a\rangle$ 而体系中有 n 个光子，$|n+1,\ b\rangle$ 则表示原子跃迁到低能态 $|b\rangle$ 而体系中有 $n+1$ 个光子，A 和 B 分别是体系处于态 $|n,\ a\rangle$ 和态 $|n+1,\ b\rangle$ 的概率幅，它们满足归一化条件

$$|A|^2 + |B|^2 = 1 \tag{10.2.4}$$

将式 (10.2.1) 和式 (10.2.3) 代入式 (10.2.2)，然后将所得式子分别向 $\langle n,\ a|$ 和 $\langle n+1,\ b|$ 投影，得到

$$\left(\hbar\omega n + \frac{1}{2}\hbar\omega_0 - E\right) A + \hbar g\sqrt{n+1}B = 0 \tag{10.2.5a}$$

$$\hbar g\sqrt{n+1}A + \left[\hbar\omega(n+1) - \frac{1}{2}\hbar\omega_0 - E\right] B = 0 \tag{10.2.5b}$$

这是关于 A 和 B 的线性齐次方程组，它有非零解的必要充分条件是系数行列式为零

$$\begin{vmatrix} \hbar\omega n + \frac{1}{2}\hbar\omega_0 - E & \hbar g\sqrt{n+1} \\ \hbar g\sqrt{n+1} & \hbar\omega(n+1) - \frac{1}{2}\hbar\omega_0 - E \end{vmatrix} = 0 \tag{10.2.6a}$$

它给出本征值为

$$E_n^{\pm} = \hbar\left[\omega\left(n+\frac{1}{2}\right) \pm \Omega_n\right] \tag{10.2.6b}$$

其中

$$\Omega_n = \sqrt{(\Delta/2)^2 + g^2(n+1)} \tag{10.2.7}$$

式中，$\Delta = \omega - \omega_0$ 是失谐量 (detuning)。将式 (10.2.6b) 代入方程 (10.2.2)，并利用式 (10.2.4)，解出与 E^+ 对应的系数

$$A^+ = \sin\theta_n, \quad B^+ = \cos\theta_n \tag{10.2.8a}$$

以及与 E^- 对应的系数

$$A^- = \cos\theta_n, \quad B^- = -\sin\theta_n \tag{10.2.8b}$$

式 (10.2.8) 中的角度 θ_n 由

$$\tan 2\theta_n = \frac{g\sqrt{n+1}}{\Delta/2} \quad (0 \leqslant 2\theta_n \leqslant \pi) \tag{10.2.9}$$

定义 (图 10.2.2)。将式 (10.2.8) 代入式 (10.2.3)，我们得到与 $E^{\pm}$ 对应的本征态

$$\left|\phi_n^{\pm}\right\rangle = \begin{pmatrix} \sin\theta_n \\ \cos\theta_n \end{pmatrix} |n,\ a\rangle \pm \begin{pmatrix} \cos\theta_n \\ \sin\theta_n \end{pmatrix} |n+1,\ b\rangle \tag{10.2.10}$$

式中，$|n,\ a\rangle$ 和 $|n+1,\ b\rangle$ 通常被称为裸态 (bare states)，而 $\left|\phi_n^{+}\right\rangle$ 和 $\left|\phi_n^{-}\right\rangle$ 通过角度 θ_n 包含了原子、光场及二者耦合的信息，它们则被称为 JCM 哈密顿的穿衣态 (dressed states)(“原子穿上了光场服”)。需要指出，$|n\rangle$ 和 $|n+1\rangle$ 由于光子数不同是宏观可区分的，因此穿衣态式 (10.2.10) 是一种典型的原子–光场纠缠态。

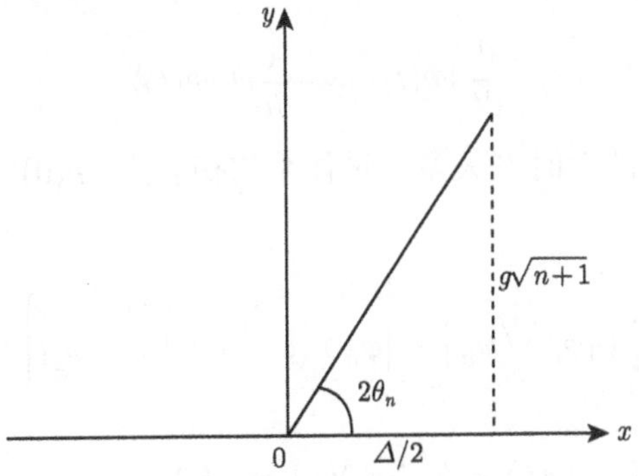

图 10.2.2　角度 θ_n 的定义 (来自式 (10.2.9))，在共振条件下 ($\omega = \omega_0$)，有 $\theta_n = \pi/4$

利用数态的正交性关系式 (8.2.43a) 和原子态的正交性 $\langle a \mid b\rangle = 0$，我们有

$$\left\langle\phi_n^{+} \mid \phi_n^{-}\right\rangle = 0 \tag{10.2.11a}$$

$$\left\langle\phi_n^{+} \mid \phi_n^{+}\right\rangle = \left\langle\phi_n^{-} \mid \phi_n^{-}\right\rangle = 1 \tag{10.2.11b}$$

注意，式 (10.2.10) 所示的穿衣态是不完备的。体系显然还有一个本征态：辐射场中没有光子而原子处于低能态，它被表示为

$$|\phi_g\rangle = |0,\ b\rangle \tag{10.2.12}$$

它有最低的能量，是体系的基态。由本征方程 $H|\phi_g\rangle = E_g|\phi_g\rangle$ 解出本征值为

$$E_g = -\frac{1}{2}\hbar\omega_0 \tag{10.2.13}$$

其实这个态一目了然地显示在图 10.1.1 中。每一个穿衣态 $\left|\phi_n^{\pm}\right\rangle$ 都与基态 $\left|\phi_g\right\rangle$ 正交：$\left\langle\phi_n^{\pm}\middle|\phi_g\right\rangle=0$。现在所有穿衣态 $\left|\phi_n^{\pm}\right\rangle$ 以及基态 $\left|\phi_g\right\rangle$ 构成完备集 (它们对于 n 的变化张成一个无限维的希尔伯特空间)，相应的完备性关系式为

$$\sum_{n=0}^{\infty}\left(\left|\phi_n^{+}\right\rangle\left\langle\phi_n^{+}\right|+\left|\phi_n^{-}\right\rangle\left\langle\phi_n^{-}\right|\right)+\left|\phi_g\right\rangle\left\langle\phi_g\right|=1 \tag{10.2.14}$$

利用它可以将 JCM 体系的任意态展开。

10.3　含时 JCM 体系

10.3.1　含时 JCM 体系的表述

现在我们考虑含时 JCM 体系 (time-dependent JCM system)，它的薛定谔方程为

$$\frac{\mathrm{d}}{\mathrm{d}t}\left|\varPhi(t)\right\rangle=-\frac{\mathrm{i}}{\hbar}H\left|\varPhi(t)\right\rangle \tag{10.3.1}$$

其中，$\left|\varPhi(t)\right\rangle$ 是体系的含时态矢量。设体系的初态为 $\left|\varPhi(0)\right\rangle$，它能按完备性关系式 (10.2.14) 展开为

$$\begin{aligned}\left|\varPhi(0)\right\rangle&=\left[\sum_{n=0}^{\infty}\left(\left|\phi_n^{+}\right\rangle\left\langle\phi_n^{+}\right|+\left|\phi_n^{-}\right\rangle\left\langle\phi_n^{-}\right|\right)+\left|\phi_g\right\rangle\left\langle\phi_g\right|\right]\left|\varPhi(0)\right\rangle\\&=\sum_{n=0}^{\infty}\left(\alpha_n\left|\phi_n^{+}\right\rangle+\beta_n\left|\phi_n^{-}\right\rangle\right)+\gamma_g\left|\phi_g\right\rangle\end{aligned} \tag{10.3.2}$$

其中

$$\alpha_n=\left\langle\phi_n^{+}\middle|\varPhi(0)\right\rangle,\quad \beta_n=\left\langle\phi_n^{-}\middle|\varPhi(0)\right\rangle,\quad \gamma_g=\left\langle\phi_g\middle|\varPhi(0)\right\rangle \tag{10.3.3}$$

是展开系数，它们满足归一化条件

$$\sum_{n=0}^{\infty}\left(\left|\alpha_n\right|^2+\left|\beta_n\right|^2\right)+\left|\gamma_g\right|^2=1 \tag{10.3.4}$$

因为哈密顿算符式 (10.2.1) 不包含时间，我们可以利用式 (3.1.5)，将含时薛定谔方程 (10.3.1) 的解写为

$$\left|\varPhi(t)\right\rangle=\exp\left(-\frac{\mathrm{i}}{\hbar}Ht\right)\left|\varPhi(0)\right\rangle \tag{10.3.5}$$

将式 (10.3.2) 代入式 (10.3.5)，并利用本征方程 (10.2.2)，我们有

$$|\Phi(t)\rangle=\sum_{n=0}^{\infty}\left(\alpha_n\left|\phi_n^+\right\rangle \mathrm{e}^{-\frac{\mathrm{i}}{\hbar}E_n^+t}+\beta_n\left|\phi_n^-\right\rangle \mathrm{e}^{-\frac{\mathrm{i}}{\hbar}E_n^-t}\right)+\gamma_g\left|\phi_g\right\rangle \mathrm{e}^{-\frac{\mathrm{i}}{\hbar}E_gt} \tag{10.3.6}$$

这就是含时 JCM 体系的一般解，它是在穿衣态 $\left|\phi_n^\pm\right\rangle$ 和基态 $|\phi_g\rangle$ 的意义上表示的。对于体系的任意初态 $|\Phi(0)\rangle$，利用式 (10.3.3) 求出展开系数 $\{\alpha_n, \beta_n\}$ 和 γ_g，则任意 t 时刻的态矢量 $|\Phi(t)\rangle$ 就是式 (10.3.6) 所示的对光子数 n 的求和。

10.3.2 含时 JCM 体系的性质

本节我们将从原子和辐射场两个方面讨论 JCM 体系的量子统计性质。具体来说，就是在任意含时态式 (10.3.6) 中讨论下列量的时间演化特性：

(1) 原子反转概率

$$W(t)=\langle\sigma_z\rangle \tag{10.3.7a}$$

(2) 平均光子数

$$N(t)=\left\langle a^+a\right\rangle \tag{10.3.7b}$$

(3) Mandel 因子

$$Q(t)=\frac{(\Delta n)^2-\langle n\rangle}{\langle n\rangle} \tag{10.3.7c}$$

其中，$(\Delta n)^2=\left\langle n^2\right\rangle-\langle n\rangle^2$。$Q(t)<0$ 相应于亚泊松光子统计。

(4) 正交分量 $X=a+a^+$ 和 $P=-\mathrm{i}\left(a-a^+\right)$ 的起伏 (式 (8.3.25))

$$\begin{pmatrix}F_1(t)\\F_2(t)\end{pmatrix}=1+2\left\langle a^+a\right\rangle\pm2\mathrm{Re}\left\langle a^2\right\rangle-4\begin{pmatrix}\mathrm{Re}^2\langle a\rangle\\\mathrm{Im}^2\langle a\rangle\end{pmatrix} \tag{10.3.7d}$$

其中，$F_1(t)\equiv(\Delta X)^2$，$F_2(t)\equiv(\Delta P)^2$，$F_1(t)<1(F_2(t)<1)$ 表示 X 分量 (P 分量) 存在压缩态。在含时态式 (10.3.6) 中我们计算出如下结果。

$$\langle\sigma_z\rangle=\sum_{n=0}^{\infty}\left[\left(|\beta_n|^2-|\alpha_n|^2\right)\cos2\theta_n+2\sin2\theta_n\mathrm{Re}(\alpha_n^*\beta_n\mathrm{e}^{\mathrm{i}2\Omega_nt})\right]-|\gamma_g|^2 \tag{10.3.8a}$$

$$\langle n\rangle=\sum_{n=0}^{\infty}\left[\begin{array}{l}n\left(|\alpha_n|^2+|\beta_n|^2\right)+|\alpha_n|^2\cos^2\theta_n+|\beta_n|^2\sin^2\theta_n\\-\sin2\theta_n\mathrm{Re}(\alpha_n^*\beta_n\mathrm{e}^{\mathrm{i}2\Omega_nt})\end{array}\right] \tag{10.3.8b}$$

$$\left\langle n^2\right\rangle=\sum_{n=0}^{\infty}\left\{n^2\left(|\alpha_n|^2+|\beta_n|^2\right)+(2n+1)\left[\begin{array}{l}|\alpha_n|^2\cos^2\theta_n+|\beta_n|^2\sin^2\theta_n\\-\sin2\theta_n\mathrm{Re}(\alpha_n^*\beta_n\mathrm{e}^{\mathrm{i}2\Omega_nt})\end{array}\right]\right\} \tag{10.3.8c}$$

$$\langle a\rangle=\gamma_g^*(\alpha_0\cos\theta_0\mathrm{e}^{-\mathrm{i}\Omega_0 t}-\beta_0\sin\theta_0\mathrm{e}^{\mathrm{i}\Omega_0 t})\exp(-\mathrm{i}\lambda_0 t)+\exp(-\mathrm{i}\omega t)$$

$$\cdot\sum_{n=0}^{\infty}\left\{\begin{array}{l}\alpha_n^*\alpha_{n+1}\left[\begin{array}{l}\sqrt{n+1}\sin\theta_n\sin\theta_{n+1}\\+\sqrt{n+2}\cos\theta_n\cos\theta_{n+1}\end{array}\right]\exp[\mathrm{i}(\Omega_n-\Omega_{n+1})t]\\+\alpha_n^*\beta_{n+1}\left[\begin{array}{l}\sqrt{n+1}\sin\theta_n\cos\theta_{n+1}\\-\sqrt{n+2}\cos\theta_n\sin\theta_{n+1}\end{array}\right]\exp[\mathrm{i}(\Omega_n+\Omega_{n+1})t]\\+\beta_n^*\alpha_{n+1}\left[\begin{array}{l}\sqrt{n+1}\cos\theta_n\sin\theta_{n+1}\\-\sqrt{n+2}\sin\theta_n\cos\theta_{n+1}\end{array}\right]\exp[-\mathrm{i}(\Omega_n+\Omega_{n+1})t]\\+\beta_n^*\beta_{n+1}\left[\begin{array}{l}\sqrt{n+1}\cos\theta_n\cos\theta_{n+1}\\+\sqrt{n+2}\sin\theta_n\sin\theta_{n+1}\end{array}\right]\exp[-\mathrm{i}(\Omega_n-\Omega_{n+1})t]\end{array}\right\}\tag{10.3.8d}$$

$$\langle a^2\rangle=\sqrt{2}\gamma_g^*(\alpha_1\cos\theta_1\mathrm{e}^{-\mathrm{i}\Omega_1 t}-\beta_1\sin\theta_1\mathrm{e}^{\mathrm{i}\Omega_1 t})\exp(-\mathrm{i}\lambda_1 t)+\exp(-\mathrm{i}2\omega t)$$

$$\cdot\sum_{n=0}^{\infty}\left\{\begin{array}{l}\alpha_n^*\alpha_{n+2}\left[\begin{array}{l}\sqrt{(n+1)(n+2)}\sin\theta_n\sin\theta_{n+2}\\+\sqrt{(n+2)(n+3)}\cos\theta_n\cos\theta_{n+2}\end{array}\right]\exp[\mathrm{i}(\Omega_n-\Omega_{n+2})t]\\+\alpha_n^*\beta_{n+2}\left[\begin{array}{l}\sqrt{(n+1)(n+2)}\sin\theta_n\cos\theta_{n+2}\\-\sqrt{(n+2)(n+3)}\cos\theta_n\sin\theta_{n+2}\end{array}\right]\exp[\mathrm{i}(\Omega_n+\Omega_{n+2})t]\\+\beta_n^*\alpha_{n+2}\left[\begin{array}{l}\sqrt{(n+1)(n+2)}\cos\theta_n\sin\theta_{n+2}\\-\sqrt{(n+2)(n+3)}\sin\theta_n\cos\theta_{n+2}\end{array}\right]\exp[-\mathrm{i}(\Omega_n+\Omega_{n+2})t]\\+\beta_n^*\beta_{n+2}\left[\begin{array}{l}\sqrt{(n+1)(n+2)}\cos\theta_n\cos\theta_{n+2}\\+\sqrt{(n+2)(n+3)}\sin\theta_n\sin\theta_{n+2}\end{array}\right]\exp[-\mathrm{i}(\Omega_n-\Omega_{n+2})t]\end{array}\right\}\tag{10.3.8e}$$

其中，$\lambda_0=(\omega+\omega_0)/2$，$\lambda_1=\lambda_0+\omega$。将式 (10.3.8) 代入式 (10.3.7)，我们便得到关于 JCM 体系量子统计性质的所有结果。这些结果具有一般性：① 复系数 $\{\alpha_n,\ \beta_n\}$ 和 γ_g 可以是任意的；②失谐量 Δ 和耦合系数 g 可以取任意值。因此我们的结果能够用来描述具有任意概率分布的二能级原子与任意单模辐射场的相互作用，例如真空态、相干态、压缩态、薛定谔猫态等。本专题将讨论两个典型的初态。

10.4 真　空　态

本节我们讨论具有任意概率分布的二能级原子与真空场的相互作用 (简称真空态 JCM)。设体系的初态为

$$|\Phi(0)\rangle = \cos(B/2)\,|0,\, a\rangle + \sin(B/2)\exp(\mathrm{i}\psi)\,|0,\, b\rangle \tag{10.4.1}$$

其中，$B(0 \leqslant B \leqslant \pi)$ 是原子的布洛赫角 (Bloch angle)，它表征原子处于高、低能态的概率，裸态 $|0,a\rangle$ 和 $|0,b\rangle$ 中的零光子数表示真空场，$\exp(\mathrm{i}\psi)$ 是一个任意的位相因子。利用式 (10.2.10) 和式 (10.3.3)，可将式 (10.4.1) 写成穿衣态 $|\phi_0^{\pm}\rangle$ 和基态 $|\phi_g\rangle$ 的组合

$$|\Phi(0)\rangle = \alpha_0\,|\phi_0^+\rangle + \beta_0\,|\phi_0^-\rangle + \gamma_g\,|\phi_g\rangle \tag{10.4.2}$$

式中

$$\alpha_0 = \cos(B/2)\sin\theta_0, \quad \beta_0 = \cos(B/2)\cos\theta_0, \quad \gamma_g = \sin(B/2)\exp(\mathrm{i}\psi) \tag{10.4.3}$$

将式 (10.4.3) 代入式 (10.3.8)，再代入式 (10.3.7)，我们便得到关于真空态 JCM 的一般结果：

$$W(t) = \cos B - 2\left[\cos(B/2)\sin 2\theta_n \sin \Omega_0 t\right]^2 \tag{10.4.4a}$$

$$N(t) = \cos^2(B/2)\sin^2\theta_0\,(1 - \sin 2\theta_n \cos 2\Omega_0 t) \tag{10.4.4b}$$

$$Q(t) = -\left[\cos(B/2)\sin 2\theta_0 \sin \Omega_0 t\right]^2 \tag{10.4.4c}$$

$$\begin{aligned}\begin{pmatrix} F_1(t) \\ F_2(t) \end{pmatrix} &= 1 + 2\left[\cos(B/2)\sin 2\theta_0 \sin \Omega_0 t\right]^2 \\ &\quad - \left[\sin B \sin 2\theta_0 \sin \Omega_0 t \begin{pmatrix} \sin(\psi + \lambda_0 t) \\ \cos(\psi + \lambda_0 t) \end{pmatrix}\right]^2 \end{aligned} \tag{10.4.4d}$$

我们现在考虑一种简单情况：原子初始时刻处于高能态 $(B = 0)$ 而辐射场与原子满足共振条件 $(\theta_0 = \pi/4)$，式 (10.4.4) 约化为

$$W(t) = 1 - 2\sin^2 gt \tag{10.4.5a}$$

$$N(t) = \sin^2 gt \tag{10.4.5b}$$

$$Q(t) = -\sin^2 gt \tag{10.4.5c}$$

$$F_1(t) = F_2(t) = 1 + 2\sin^2 gt \tag{10.4.5d}$$

这里的真空态 JCM 给出非常丰富的量子信息。首先在初始 $t = 0$ 时刻，我们有 $N(0) = 0$，$Q(0) = 0$，$F_1(0) = F_2(0) = 1$。我们知道，真空态是光子数态的特例，也可以是相干态的特例。现在是相干态的特例，因为式 (10.4.5c) 所示的 Mandel 因子给出 $Q(0) = 0$(见式 (8.5.18))，而光子数态则有 $Q = -1$(见式 (8.4.8))。式 (10.4.5b) 表明，体系的平均光子数虽然在初始时刻为零，但在时

间演化中是非零的 (除去时间点 $gt = m\pi$，$m = 1, 2, \cdots$)，这是真空起伏引起的量子效应。式 (10.4.5c) 表示，辐射场在时间演化中出现亚泊松光子分布，特别在时间点 $gt_m = (2m+1)\pi/2$ ($m = 1, 2, \cdots$)，达到最佳值 $Q(t_m) = -1$。式 (10.4.5d) 表示体系在演化中不出现压缩态。

特别要强调的是，式 (10.4.5a) 描述了当辐射场与原子发生共振时所出现的原子在上、下二能级之间来回振荡的现象，这就是所谓的拉比振荡 (Rabi oscillations)。拉比振荡现象最早是由美国物理学家拉比在 1937 年研究原子核磁共振时发现的 (图 10.4.1)。最新的研究显示，拉比振荡在量子计算、量子通信、量子信息处理等领域有着广泛的应用。在量子计算中，通过精确控制拉比振荡，可以实现量子比特的操作，从而确保量子算法的执行。在量子通信中，拉比振荡可以用于实现量子态的传输和操控，从而确保量子通信的安全性。此外，拉比振荡还在精密测量、实时调控、量子模拟等领域有着重要的应用 (图 10.4.2)。

图 10.4.1　拉比 (Isidor Isaac Rabi，1898—1988)

犹太裔美国物理学家，1927 年在哥伦比亚大学获得博士学位。同年获哥伦比亚大学巴纳德 (Barnard) 奖学金前往欧洲，主要在汉堡斯特恩实验室工作。这期间他潜心学习并深入钻研斯特恩的分子束方法 (后用于磁共振)，还结识了不少最顶尖的物理学家，并和他们一起进行研究。拉比于 1929 年回到美国，出任哥伦比亚大学的物理系教员。他用先进的核磁共振来识别原子的磁矩和核自旋，由此获得了 1944 年的诺贝尔物理学奖。核磁共振至今已经成为核物理与化学的重要工具。而后来由此开发的核磁共振成像使它对医学产生了重大影响

图 10.4.2　四位犹太裔诺贝尔物理学奖得主 (左起)：玻尔，弗兰克，爱因斯坦，拉比

10.5 相 干 态

10.5.1 相干态 JCM 体系

现在我们考虑另一种初态：原子处于高能态 $|a\rangle$ 而光场为相干态 $|\alpha\rangle$。由于 $|\alpha\rangle$ 能被表示为数态 $|n\rangle$ 的叠加 (见式 (8.5.11))，体系的初态可以写为

$$|\Phi(0)\rangle = \sum_{n=0}^{\infty} p_n |n,\ a\rangle \tag{10.5.1}$$

其中

$$p_n = \exp\left(-\frac{1}{2}|\alpha|^2\right)\frac{\alpha^n}{\sqrt{n!}} \tag{10.5.2}$$

是相干态 $|\alpha\rangle$ 按数态 $|n\rangle$ 展开的系数。将式 (10.5.1) 中的裸态 $|n,\ a\rangle$ 按穿衣态式 (10.2.10) 展开，则展开式为式 (10.3.2) 的形式，其中的展开系数为

$$\alpha_n = p_n \sin\theta_n, \quad \beta_n = p_n \cos\theta_n, \quad \gamma_g = 0 \tag{10.5.3}$$

在共振条件下 ($\theta_n = \pi/4$)，式 (10.3.7) 给出

$$W(t) = \sum_{n=0}^{\infty} |p_n|^2 \cos 2\sqrt{n+1}gt \tag{10.5.4a}$$

$$\mathcal{N}(t) \equiv N(t)/\alpha^2 = \frac{1}{\alpha^2}\sum_{n=0}^{\infty} |p_n|^2 \left[n + \sin^2\left(\sqrt{n+1}gt\right)\right] \tag{10.5.4b}$$

$$\begin{aligned} Q(t) = & \frac{\sum\limits_{n=0}^{\infty} |p_n|^2 \left[n^2 + (2n+1)\sin^2\left(\sqrt{n+1}gt\right)\right]}{\sum\limits_{n=0}^{\infty} |p_n|^2 \left[n + \sin^2\left(\sqrt{n+1}gt\right)\right]} \\ & - \sum_{n=0}^{\infty} |p_n|^2 \left[n + \sin^2\left(\sqrt{n+1}gt\right)\right] - 1 \end{aligned} \tag{10.5.4c}$$

$$\begin{aligned} & \begin{pmatrix} F_1(t) \\ F_2(t) \end{pmatrix} \\ = & 1 + 2\sum_{n=0}^{\infty} |p_n|^2 \left[n + \sin^2\left(\sqrt{n+1}gt\right)\right] \end{aligned}$$

$$
-\left\{\begin{pmatrix}\mathrm{Re}\\ \mathrm{Im}\end{pmatrix}\sum_{n=0}^{\infty}p_n^*p_{n+1}\left[\begin{array}{l}(\sqrt{n+1}+\sqrt{n+2})\cos(\sqrt{n+1}-\sqrt{n+2})\,gt\\ +(\sqrt{n+1}-\sqrt{n+2})\cos(\sqrt{n+1}+\sqrt{n+2})\,gt\end{array}\right]\right\}^2
$$

$$
\pm\,\mathrm{Re}\sum_{n=0}^{\infty}p_n^*p_{n+2}
$$

$$
\cdot\left\{\begin{array}{l}\left[\sqrt{(n+1)(n+2)}+\sqrt{(n+2)(n+3)}\right]\cos(\sqrt{n+1}-\sqrt{n+3})\,gt\\ +\left[\sqrt{(n+1)(n+2)}-\sqrt{(n+2)(n+3)}\right]\cos(\sqrt{n+1}+\sqrt{n+3})\,gt\end{array}\right\}
\tag{10.5.4d}
$$

注意式 (10.5.4d) 中的 $F_1(t)$ 和 $F_2(t)$ 有共同的最小值

$$
F(t)=F_1(t,\,\phi=0)=F_2(t,\,\phi=\pi/2) \tag{10.5.5}
$$

我们可以不失一般性地考虑 $F(t)=F_1(t,\,\phi=0)$ 的情况。

式 (10.5.4) 给出了关于相干态 JCM 体系的量子统计性质的一般性结果。首先我们考察极限情况，当初始光场为真空态时 (即式 (10.5.1) 中有 $p_n=\delta_{n0}$)，式 (10.5.4) 约化为真空态 JCM 的结果 (见式 (10.4.5))。

现在我们由式 (10.5.4) 画出一些典型的曲线 (简单起见，数值计算中将相干态的复参量 α 取为正实数)，如图 10.5.1 所示。现对结果论述如下：

(1) 原子反转概率 $W(t)$ 在开始一段时间呈现 “塌缩”(collapse)，然后在相当长时间内保持 “平静”(calm)，即 $W(t)=0$，之后又再次 “复活”(revival)。这样的塌缩、平静和复活是一种量子行为 (没有经典对应)，这些现象已经在单原子微波量子放大器 (one-atom maser) 中观察到。

(2) 在这段时间内，相对平均光子数 $\mathcal{N}(t)$ 和 Mandel 因子 $Q(t)$ 的行为与 $W(t)$ 类似 (塌缩–平静–复活)。在初始 $t=0$ 时刻，有 $\mathcal{N}(0)=1$ 和 $Q(0)=0$(对应相干态)，当 $t>0$ 时，有 $\mathcal{N}(t)>1$，而在平静区域则有 $Q(t)<0$，表示光场具有亚泊松光子统计。

(3) 光场正交分量在开始一个很小时间段内有 $F(t)<1$(轻微的压缩)，之后再度出现轻微的压缩 (在 $gt\approx 17$)。这些压缩只有理论意义，没有实际应用的价值。不过对于较大的幅度 α (图 10.5.2)，除了在开始一段时间存在振荡的轻微压缩态之外，在较长的时间后出现较强的压缩态，它确实具有实际意义。

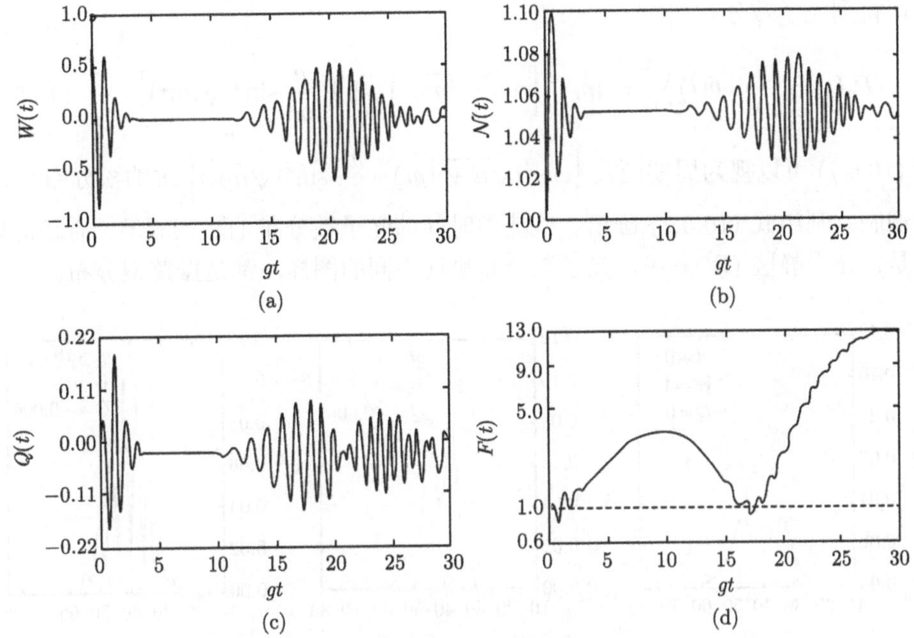

图 10.5.1 相干态 JCM 体系的量子统计性质

图中 α 取阿罗什的实验数据 $\alpha_0 = 3.1$

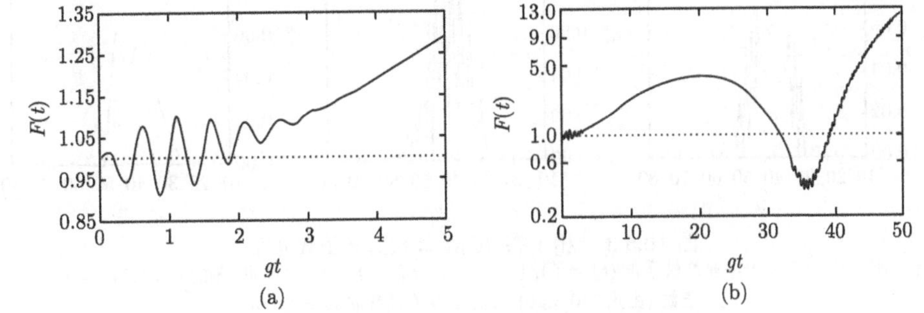

图 10.5.2 相干态 JCM 体系的正交分量起伏

在 $gt \approx 35$ 附近出现较强压缩，图中取 $\alpha = 20/\pi$

10.5.2 光子数分布

下面我们进一步讨论体系的光子数分布，为此我们将展开系数式 (10.5.3) 代入一般解式 (10.3.6)，得到

$$|\Phi(t)\rangle = \frac{1}{2}\sum_{n=0}^{\infty} p_n \mathrm{e}^{-\mathrm{i}\omega\left(n+\frac{1}{2}\right)t}\left[\cos(\sqrt{n+1}gt)\,|n,a\rangle + \mathrm{i}\sin(\sqrt{n+1}gt)\,|n+1,b\rangle\right] \tag{10.5.6}$$

进而得到光子数分布

$$P_n(t) = \left|\left\langle n\middle|\Phi(t)\right\rangle\right|^2 = |p_n|^2\left[\cos^2(\sqrt{n+1}gt) + \frac{n}{\alpha^2}\sin^2(\sqrt{n}gt)\right] \tag{10.5.7}$$

式 (10.5.7) 可以视为周期函数 $\left[\cos^2(\sqrt{n+1}gt)+\frac{n}{\alpha^2}\sin^2(\sqrt{n}gt)\right]$ 对泊松分布 $|p_n|^2$ 的调制。利用式 (10.5.7) 画出一些典型时间的光子数分布 (图 10.5.3)。有趣的现象是，在平静区 ($W=0$)，光子数分布呈现不同的图样，都是振荡型分布。

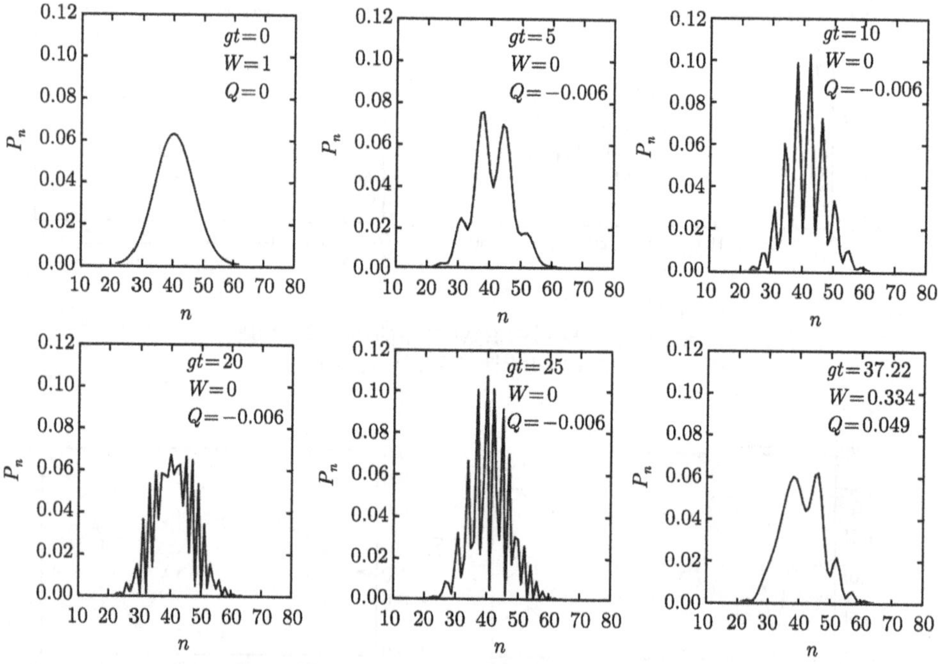

图 10.5.3　相干态 JCM 体系的光子数分布

这里有泊松分布 ($Q=0$), 亚泊松分布 ($Q<0$), 以及超泊松分布 ($Q>0$)。不同时刻的分布具有不同的平均光子数 (由式 (10.5.4b) 决定)。所有曲线取 $\alpha=20/\pi$

10.6　JCM 体系的制备——腔模 QED

2012 年诺贝尔物理学奖授予在测量和操纵单量子体系 (measuring and manipulating individual quantum systems) 研究中取得开创性成就的两位科学家 (阿罗什 (S. Haroche) 和维因兰德 (D. Wineland))，这表明利用量子技术控制微观体系已经发展到一个新阶段。特别是利用腔 QED(cavity quantum electrical dynamics) 不但可以从实验上展示 JCM 中的各种现象，而且可以测量并控制光子场与单原子在微波腔或光学腔中的相互作用动力学，阿罗什的微腔 QED 如图 10.6.1

所示 [Brune M, et al. Quantum Rabi Oscillation: A Direct Test of Field Quantization in a Cavity. Phys. Rev. Lett., 1996, 76: 1800-1803]，而制备 JCM 体系的实验装置显示在图 10.6.2 中。

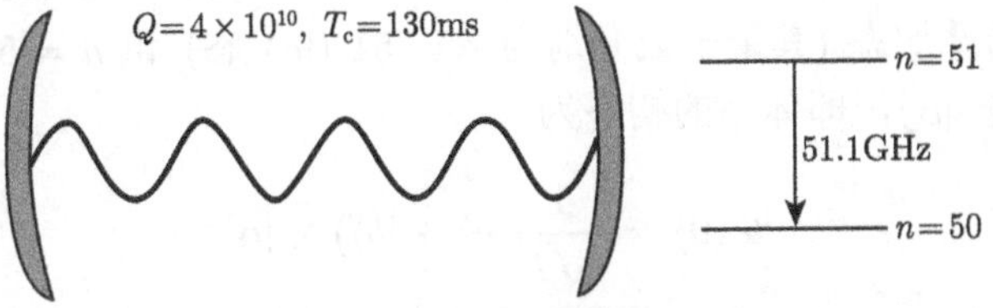

图 10.6.1 阿罗什的微腔 QED

一个 (或几个) 光子被限制在极高 Q 值的微波腔中，实验中可以测量并控制微波场与高激发态里德伯原子的相互作用动力学

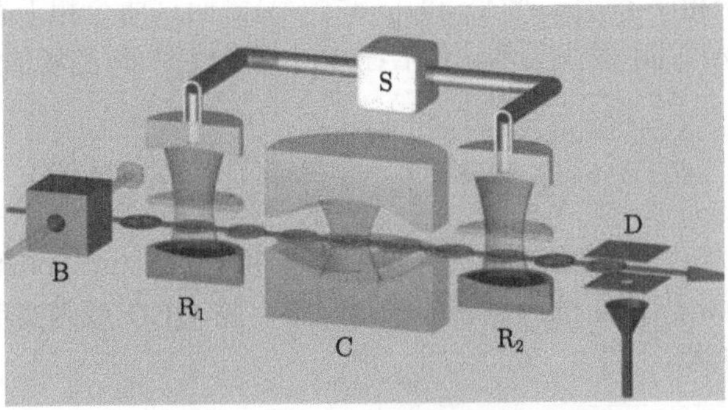

图 10.6.2 制备 JCM 体系的实验装置

铷原子束在盒子 B 中变成德堡态 (主量子数 $n=51$)。原子穿过腔体 C，它是由两个铌超导镜 (直径 5cm，曲率半径 4cm，镜间距 2.75cm) 制成的。两个腔体 R_1 和 R_2 分别用于产生上、下能级 $|a\rangle$、$|b\rangle$ 并分析它们之间的受控量子叠加。原子在腔后进入探测器 D，探测从 $|a\rangle$ 到 $|b\rangle$ 的跃迁速率

我们知道，腔的 Q 值 (Q-value of cavity) 与其中光子寿命 (photon lifetime)T_c 有如下关系：

$$T_c=\frac{Q}{\omega} \tag{10.6.1}$$

其中，ω 是光子场的频率。在阿罗什研究小组中，一个极高 Q 值 (约为 4×10^{10}) 的微波腔用超导材料铌制成，腔长为 2.7cm，微波腔被冷却到约 0.8K。腔的共振频率为 $\nu=51.1$GHz，微波场在这个腔中的衰变时间长达

$$T_c=\frac{4\times10^{10}}{2\pi\times51.1\times10^9}\text{s}=125\text{ms} \tag{10.6.2}$$

这样，一个光子要在腔中传播 37000km 才会消失 (被吸收或是离开微波腔)。这样的传播距离是必要的，因为微波场与原子的耦合非常弱 (主要是由于原子的尺度

远小于微波波长)。为了增加耦合，实际采用里德伯原子 (Rydberg atom)，它处于高激发电子态 (高激发态比低能态更经典)，具有很大的轨道半径 (实际为 125nm，约为普通原子的 1000 倍)。在这种情况下微波场与原子的耦合系数高达 $g = 51\text{kHz}$。

阿罗什 (图 10.6.3) 利用这样的高 Q 值微波腔首先把二能级铷原子制备在一个 $|a\rangle$ 和 $|b\rangle$ 的叠加态 (其量子数分别为 $n = 51$ ($|a\rangle$ 态) 和 $n = 50$ ($|b\rangle$ 态))，而光子场为相干态 $|\alpha\rangle$，即体系的初态为

$$|\Psi(0)\rangle = \frac{1}{\sqrt{2}}(|a\rangle + |b\rangle) \otimes |\alpha\rangle \tag{10.6.3}$$

由于铷原子的能级间隔与微波场频率有轻微的失谐量，铷原子在穿过微波场的过程中不吸收光子，不发生 $|b\rangle \to |a\rangle$ 跃迁。但是由于铷原子与微波场的耦合很强，原子态 $|a\rangle$ 和 $|b\rangle$ 使微波场发生不同的相移 ($\mathrm{e}^{\mathrm{i}\phi/2}$ 和 $\mathrm{e}^{-\mathrm{i}\phi/2}$)，从而形成幅度相等、位相相反的两个相干态 ($\left|\alpha\,\mathrm{e}^{\mathrm{i}\phi/2}\right\rangle$ 和 $\left|\alpha\,\mathrm{e}^{-\mathrm{i}\phi/2}\right\rangle$)。而这两个相干态分别与铷原子的高、低能态 $|a\rangle$、$|b\rangle$ 发生关联，最后在 t 时刻形成原子–腔场的量子纠缠态 (见式 (9.4.1))

$$|\Psi(t)\rangle = \frac{1}{\sqrt{2}}\left(|a\rangle \otimes \left|\alpha\,\mathrm{e}^{\mathrm{i}\phi/2}\right\rangle + |b\rangle \otimes \left|\alpha\,\mathrm{e}^{-\mathrm{i}\phi/2}\right\rangle\right) \tag{10.6.4}$$

众所周知，纠缠态的形成是实现量子计算机 (quantum computers) 的前提。正是由于式 (10.6.4) 所示的纠缠态的成功制备，腔 QED 成为实现量子计算机的一个重要技术方案。

图 10.6.3　阿罗什 (Serge Haroche，1944 年 9 月 11 日—)
法国物理学家，法兰西科学院院士，美国国家科学院外籍院士，巴黎高等师范学院教授。由于在测量和操纵单量子体系研究中取得开创性成就，荣获 2012 年诺贝尔物理学奖。主要研究领域是量子光学和量子信息学，在该领域的实验操作方面享有盛名

第 11 章　最大熵原理

做一个统计测量，得到了考察量的平均值。现在问：考察量遵循什么样的概率分布？当然回答不了，因为一个平均值结果会来自多个不同的概率分布。然而，你知道吗？最合理、最可靠、最优雅的概率分布只有一个。而最大熵原理就是引导你由测量平均值找到这样的概率分布。想想看，这是一件多么有意思、有意境、有意义却匪夷所思的事情！实际上，最大熵原理早已给出了经典和量子体系中许多生而诚实、应用广泛、历时不衰的定理和结论。最大熵原理在本专题中最重要的应用之一是给出了量子辐射场的混沌态、噪声相干态，以及噪声压缩态的统一描述。相信最大熵原理还会在现代科学 (甚至包括社会科学) 的众多领域结出奇异而实用的成果。

11.1　熵的定义

学生请导师和师母吃饭。这家餐馆有 100 道菜。“两位想吃什么？”师母优雅地说了声“随便”，导师则直言：“我要东坡肉！”。问题来了，这两个截然不同的选择能不能用统一的方式做量化回答。答案是肯定的！在熵的意义上，可以用一个公式给出两种情况的精确回答：熵 (导师)$= 0$，熵 (师母)$= \ln 100$。这就是熵的两种极端情况：体系的有序或无序达到最高程度。这个例子让人感觉到，熵与不确定性有关 (导师是完全确定的，师母是完全不确定的)。其实，虽然熵源自一个物理学概念，却有极为广泛的应用，遍及物理学、统计力学、概率论、信息论、化学、生物学、医学、药物学、社会学、经济学，特别是众多新兴的交叉学科。

11.1.1　克劳修斯熵与玻尔兹曼熵

1865 年德国物理学家克劳修斯 (Rudolph Clausius) 最早提出了熵的概念，并指出与传热温度 T 相关的热量变化 $\mathrm{d}Q$ 就是熵的变化：$\mathrm{d}S = \mathrm{d}Q/T$。换言之，温度可以定义为 $T = \mathrm{d}Q/\mathrm{d}S$(有一般的热力学表达式 (15.10.2))。克劳修斯熵其实是热力学体系的一个态函数。1877 年奥地利物理学家玻尔兹曼 (图 11.1.1) 给出熵的另一种定义：$S = k_\mathrm{B}\ln W$，其中 k_B 是玻尔兹曼常数，W 是一个系统所包含的微观状态数目，S 随 W 按对数关系增加。玻尔兹曼指出，熵是一个系统无序性的度量，W 越大系统的无序性越高；当 $W = 1$ 时，系统具有最高有序度 ($S = 0$)。对于特定系统或事件，W 可以被确定。例如，抛硬币时有两种可能的结果 ($W = 2$)。或者掷骰子时，有六种可能的结果 ($W = 6$)。

图 11.1.1　玻尔兹曼 (Ludwig Boltzmann，1844—1906)

奥地利物理学家、哲学家。1866 年在维也纳大学获得理学博士学位。以后两年，他是维也纳大学的无俸讲师。1873 年成为维也纳大学的数学教授。1888 年，他被推选为瑞典皇家科学院院士。1890 年受聘为慕尼黑大学的理论物理学教授。在热力学和统计物理领域有杰出的贡献。玻尔兹曼晚年投入了大量精力来捍卫自己的理论，为此与维也纳的同事交恶。1906 年 9 月 5 玻尔兹曼在情绪失控中自缢身亡，被葬于维也纳中央公墓，墓碑上镌刻着玻尔兹曼熵公式 $S = k \cdot \log W$

11.1.2　吉布斯熵：统计熵

1878 年美国科学家吉布斯 (J. Willard Gibbs) 对玻尔兹曼熵做了统计性推广。他首先提出系综的概念：一个系综包含多个系统，假定第 i 个系统有 W_i 个微观态，而各个微观态以相同的概率 $p_i = 1/W_i$ 出现，则第 i 个系统的熵为 $S_i = k_{\mathrm{B}} \ln W_i = k_{\mathrm{B}} \ln(1/p_i)$。进而认为 p_i 就是第 i 个系统在整个系综中出现的概率，则系综的熵为 $S = \sum\limits_i p_i S_i$，即

$$S = -k_{\mathrm{B}} \sum_i p_i \ln p_i \tag{11.1.1}$$

这就是著名的吉布斯熵公式 (Gibbs entropy formula)。其中 p_i 满足下列条件

$$\sum_i p_i = 1, \quad 0 \leqslant p_i \leqslant 1, \quad p_i = p_i^*$$

如果以 k_{B} 为单位计算熵，则表示为

$$S = -\sum_i p_i \ln p_i \tag{11.1.2}$$

对这个在系综意义上建立的熵，现在可以赋予新的诠释。我们可以一般性地将 p_i 理解为一个体系的归一化概率分布，式 (11.1.2) 则可以称为体系的“统计熵”。对于任意一个归一化概率分布，可以利用式 (11.1.2) 研究它的统计熵，例如对于图 11.1.2 所示的三态分布，其统计熵为

$$S = [-(0.3\ln 0.3)] + [-(0.5\ln 0.5)] + [-(0.2\ln 0.2)] = 1.030$$

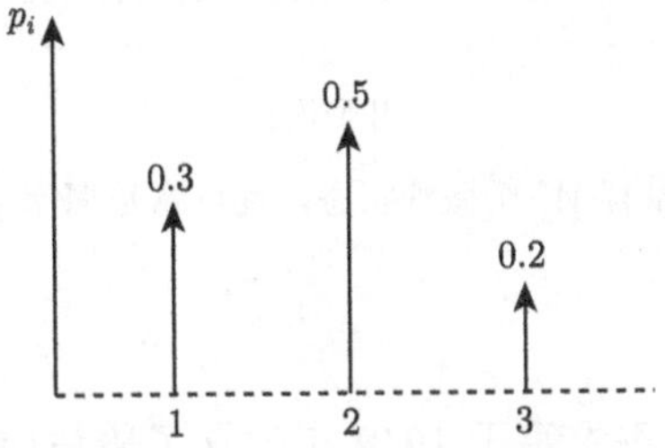

图 11.1.2　一个三态分布

式 (11.1.2) 可以写为

$$S = \sum_i p_i \ln(1/p_i) = \langle \ln(1/p_i) \rangle \tag{11.1.3}$$

这表示，一个体系的熵是各个分量熵 $\ln(1/p_i)$ 的统计平均。如果一个体系有 W 个微观状态，所有状态以相同概率 $p_i = 1/W$ 出现 (图 11.1.3)，体系的统计熵为

$$\begin{aligned} S &= -\sum_{i=1}^{W} \frac{1}{W} \ln \frac{1}{W} = \sum_{i=1}^{W} \frac{1}{W} \ln \left(\frac{1}{W}\right)^{-1} = \sum_{i=1}^{W} \frac{1}{W} \ln W \\ &= \underbrace{\frac{1}{W}\ln W + \frac{1}{W}\ln W + \cdots + \frac{1}{W}\ln W}_{W\text{个}} = \ln W \end{aligned} \tag{11.1.4a}$$

这正是玻尔兹曼熵。可见，玻尔兹曼熵是统计熵在常数概率 ($p_i =$ 常数) 情况下的极限表示。式 (11.1.4a) 的结果还可以由式 (11.1.3) 直接给出：

$$S = \langle \ln(1/p_i) \rangle = \langle \ln W \rangle = \ln W \tag{11.1.4b}$$

图 11.1.3 所示的体系没有任何倾向性，其状态完全不确定，这正是“随便”点菜的含义。另一方面，如果体系处在状态 j 的概率为 1，处于其他状态的概率为零，即 $p_i = \delta_{ij}$，则

$$S = -\sum_i p_i \ln p_i = -\sum_i \delta_{ij} \ln \delta_{ij} = -1 \cdot \ln 1 = 0 \tag{11.1.5}$$

这时体系的熵为零，其状态完全确定，这就是单一点菜的情况。从这两个特殊情况可以看出，统计熵确实是一个体系不确定性的度量。

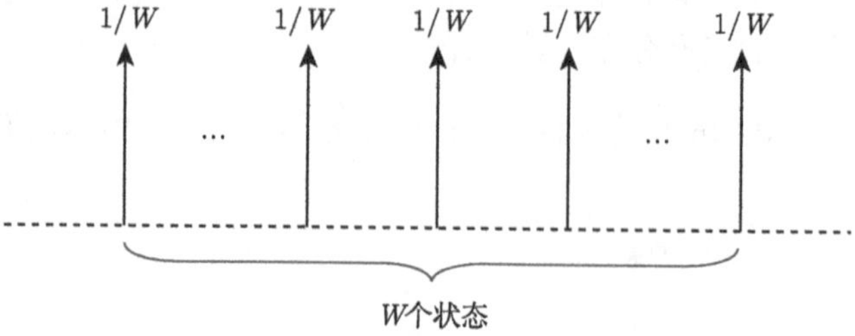

图 11.1.3　体系有 W 个微观状态，均以常数概率 $p_i = 1/W$ 出现

11.1.3　熵与信息

美国科学家克劳德・香农等于 1949 年建立了熵与信息的关系 [Shannon C E, Weaver W. The Mathematical Theory of Communication, Urbana, Ill. University of Illinois Press, 1949]，明确指出：熵是一个体系信息的度量。如果我们知道体系处于确定状态，则由式 (11.1.2) 可知熵为零。在这种情况下，我们对体系有完整的了解，知道它的全部信息。另一方面，如果我们对体系一无所知，则等同于发现体系以相等的概率处于任何可能的状态，完全没有信息，熵达到其最大值。

现在看来有三个术语：熵，不确定性，信息。那么这三者有什么区别呢？许多年以后，香农 (图 11.1.4) 讲过这样一个故事："在推导出上述公式后，我最关

图 11.1.4　香农 (Claude Shannon，1916—2001)

美国知名的数学家、信息论的创始人。1940 年在麻省理工学院获得硕士和博士学位，1941 年进入贝尔实验室工作，1949 年与韦弗一起发表了专著《通讯的数学原理》，建立了熵与信息的关系。图为贝尔实验室的香农塑像

心的事是怎么称呼它。我想到过称它为'信息'，但是这个词被过度地使用了，于是我决定称它为'不确定性'(这是一种基于功能的称呼)。当我同冯·诺依曼讨论时，诺依曼有一个更好的主意。他告诉我：'你应该叫它熵，这是基于两个理由，首先你的不确定性已经被用在统计力学里了；其次，更重要的是没有人知道熵真正是什么，这样你在辩论中将总是有优势'"。真有趣，连初创者香农都拿不准，连诺依曼大师都以"有辩论优势"为导向，我们就不必在意了，厘清下面的定性关系就OK 啦 (其实怎么称呼并不重要)：

$$\text{熵小} \rightarrow \text{不确定性小} \rightarrow \text{有倾向性} \rightarrow \text{信息量大} \tag{11.1.6a}$$

$$\text{熵大} \rightarrow \text{不确定性大} \rightarrow \text{无倾向性} \rightarrow \text{信息量小} \tag{11.1.6b}$$

在式 (11.1.6b) 的意义上，我们可以严格地说，熵是一个体系的知识缺乏性的度量。

11.1.4 熵的基本性质

让我们举一个简单的例子来说明熵的基本特征。假定射手 A、B、C 和 D 的随机射击测试由表 11.1.1 所示的概率及相应的熵描述。看看关于 A 射手的结果，我们没有任何说辞 (中靶或脱靶是完全不确定的)，没有任何倾向性，因此具有熵值 $\ln 2$，这是二态体系的最大熵。相比之下，我们对 B 射手有一定的了解 (不确定性要小得多)，有明显的倾向性，熵就减少了。对于射手 C，我们几乎拥有完全的知识 (不确定性极小)，倾向性极高，熵几乎为零。此例说明，熵是随机变量测量中不确定性的度量。换言之，它是信息含量的度量。随着熵的降低，不确定性降低 (确定性提高)，信息量增加。另外注意到，射手 D 的中靶、脱靶概率恰好与 B 相反，D 和 B 给出相等的熵值，这就是所谓的"熵不能判断不确定性的重心"，如图 11.1.5 所示 (这或许是统计熵的一个天然短板)。它的极端情况是全部中靶 (或全部脱靶)，两种情况给出相同的熵值：

$$S = -\sum_{i=1}^{2} p_i \ln p_i = [-(1 \cdot \ln 1)] + [-(0 \cdot \ln 0)] = 0 \tag{11.1.7}$$

表 11.1.1 四名射手的中靶和脱靶的概率以及对应的熵值

射手	中靶概率	脱靶概率	熵
A	0.5	0.5	0.693
B	0.9	0.1	0.325
C	0.99	0.01	0.056
D	0.1	0.9	0.325

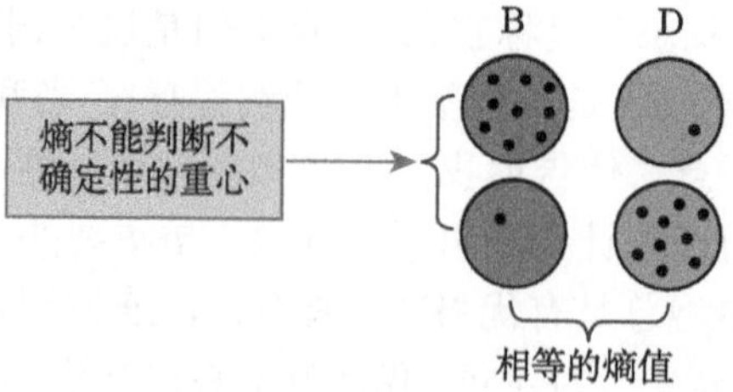

图 11.1.5　双态体系在反向概率分布情况下给出相等的熵值

现在我们对于图 11.1.3 所示的概率分布，从理论上证明：一个体系熵的最大化导致常数概率。为此按照拉格朗日乘子法对式 (11.1.2) 求变分：

$$\delta S = -\sum_i (1 + \ln p_i)\,\delta p_i = 0 \tag{11.1.8}$$

在此我们令 $\delta S = 0$ 以确定最大熵，同时对约束条件 $\sum\limits_i p_i = 1$ 取变分：

$$\sum_i \delta p_i = 0 \tag{11.1.9}$$

给式 (11.1.9) 乘以参数 λ(也称 “乘子”)，并与式 (11.1.8) 相加，得到

$$\sum_i (1 + \ln p_i + \lambda)\,\delta p_i = 0 \tag{11.1.10}$$

式 (11.1.10) 中参与求和的各项是相互独立的，求和为零的必要充分条件是每一项的系数为零：

$$1 + \ln p_i + \lambda = 0 \to p_i = \text{constant} \tag{11.1.11}$$

由此我们得出结论，每个 p_i 都必须是常数，与 i 无关。这意味着发现体系处于任何状态的概率是相等的，没有关于体系状态的任何信息。因此，正如我们之前所说，熵是一个体系知识缺乏性的度量。

统计熵的含义其实很简单，只要有一个概率分布 p_i，就可以根据式 (11.1.2) 计算出相应的熵。再看另一个例子，我们考虑一篇英语文章中 26 个字母的概率分布。我们用数字 $i = 1, 2, 3, \cdots, 24, 25, 26$ 来标记字母 a、b、c、$\cdots$ x、y、z。然后我们可以数出该文章中每个字母出现的次数。设第 i 个字母出现了 n_i 次，如果这篇文章的字母总数为 n，则必须有

$$n = \sum_{i=1}^{26} n_i \tag{11.1.12a}$$

进而可得该字母出现的概率 $p_i = n_i/n$。然后就可以画出所有字母出现的概率分布图 p_i-i，并可以利用式 (11.1.2) 计算出该文章中字母概率分布的统计熵：

$$S = -\sum_{i=1}^{26} p_i \ln p_i \tag{11.1.12b}$$

图 11.1.6(a) 绘制了两个特定的分布，来自两篇特定的英语论文，两者叙述完全不同的主题 (字母总数很接近)。可以看出，这两个分布非常接近，相关性很高 ($r = 0.99$)。这意味着，从统计上说，英语作为一个特定的符号语种，无论叙述什么内容，有其确定的字母分布。图 11.1.6 (b) 涉及一篇英文文章及其德文译文 (众所周知，相同内容的英语表达字母明显少于德语)。这两个分布显示较小的相关性

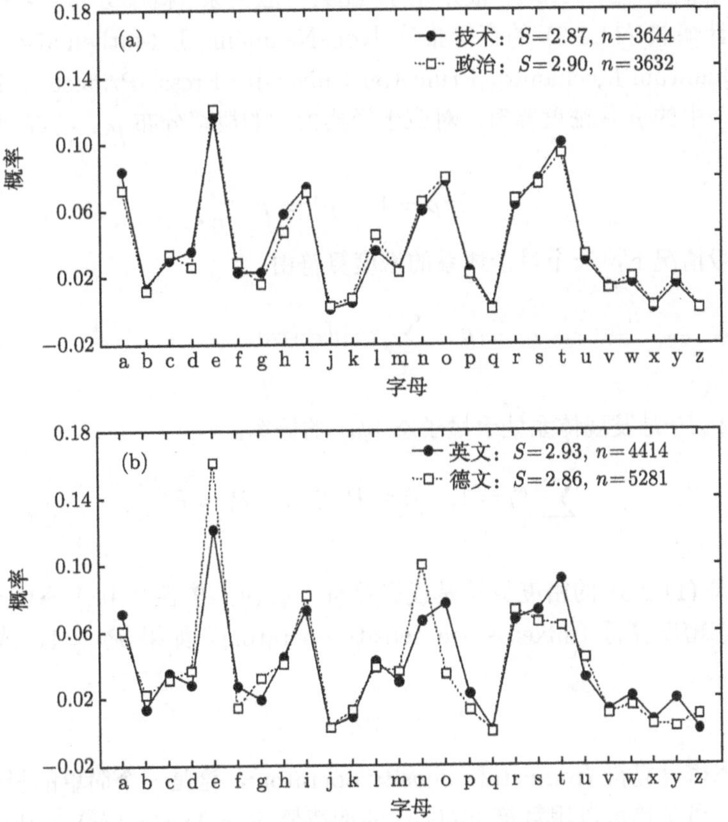

图 11.1.6 符号语种 26 个字母出现的概率

(a) 来自报纸的一篇政论文章和来自网站的互联网技术注释 (均为英文)，其中统计的字母总数 n 是可比较的，二者熵的相对偏差为 0.010%；(b) 一篇英语文章及其德语译文，德文字母的统计熵比英文字母低 0.024%(具有较高的信息量)

($r = 0.89$)，这似乎意味着，不同的符号语种有不同的字母分布规律。实际上，从这四个分布中可以得出相当有用的信息，比如两个语种都是字母 j 和 q 出现的概率最小。可以想象，如果对于一个特定的符号语种，用大量不同种类的书籍为样本进行统计和计算，便可以获得该语种字母的标准概率分布，进而给出它的熵值，而这个熵值就是该语种信息量的一个度量。

11.2 量　子　熵

在量子统计力学中，无量纲量子熵定义为

$$S = -\mathrm{Tr}\rho \ln \rho \tag{11.2.1}$$

这是冯 • 诺依曼 (图 11.2.1) 根据量子–经典对应关系 (概率分布 $\leftrightarrow$ 密度算符)，对经典统计熵式 (11.1.2) 的直接推广 [von Neumann J. Mathematical Foundations of Quantum Mechanics. Princeton University Press. Princeton, NJ, 1955]，式 (11.2.1) 中的 ρ 是密度算符，对应于经典力学的概率分布 p_i。与经典束缚条件对应的是

$$\mathrm{Tr}\rho = 1, \quad \rho^+ = \rho \tag{11.2.2}$$

在一般情况下，一个量子体系的密度算符由

$$\rho = \sum_i P_i \left|\psi_i\right\rangle \left\langle\psi_i\right| \tag{11.2.3}$$

表示，其中 P_i 是发现体系处于量子态 $|\psi_i\rangle$ 的概率：

$$\sum_i P_i = 1, \quad 0 \leqslant P_i \leqslant 1, \quad P_i = P_i^*$$

注意到，式 (11.2.3) 的密度算符是投影算符 $\left|\psi_i\right\rangle \left\langle\psi_i\right|$ 按各个 $|\psi_i\rangle$ 态组合起来的，称为混合态密度算符 (mixed state density operator)。如果 $P_i = 1$，式 (11.2.3) 约化为

$$\rho = |\psi\rangle\langle\psi| \tag{11.2.4}$$

它称为纯态密度算符 (pure state density operator)，这是一个简单的投影算符。

显然，量子熵可以用算符 $\ln(1/\rho)$ 的期待值 $S = \mathrm{Tr}\rho \ln(1/\rho) = \langle\ln(1/\rho)\rangle$ 来表征 (具有经典统计意义)，这样量子体系中的不确定性就可以用量子熵度量 (详见 11.4.1 节)。而且，量子熵式 (11.2.1) 还可以用作量子系统 (例如辐射场) 中噪声或有序性的度量。事实上，它已经被用来描述“量子化”光束、超混沌光束、光

子计数统计等。最新研究发现，量子熵还能够度量辐射场的量子起伏、压缩程度、非经典效应等。

在本节的讨论中，我们将给出计算混合态量子熵的一般方法，并将其用于典型的混合态辐射场。我们将会看到，量子熵与辐射场的量子起伏相关，因此可以作为辐射场相干性的度量。最后我们研究量子熵的动力学演化。

图 11.2.1 冯·诺依曼 (John von Neumann，1903—1957)

出生于匈牙利的犹太裔美国数学家，理论计算机科学与博弈论的奠基者。在泛函分析、遍历理论、几何学、拓扑学和数值分析等众多数学领域及计算机科学、量子力学和经济学中都有重大贡献。一生中发表了大约 150 篇论文，其中有 60 篇纯数学论文、20 篇物理学以及 60 篇应用数学论文。最后的作品是一部在医院未完成的手稿，后来以书名 *The Computer and the Brain*（《计算机与人脑》）发布。先后任职于美国普林斯顿大学、美国普林斯顿高等研究院等机构

11.2.1 混合态的量子熵: 正交集

我们首先考虑混合态式 (11.2.3) 的量子熵，假定其中各量子态彼此正交：

$$\langle\psi_i|\psi_j\rangle = \delta_{ij} \tag{11.2.5}$$

且构成一个完备集 $\{|\psi_i\rangle\}$，则密度算符式 (11.2.3) 对状态 $|\psi_j\rangle$ 的作用导致

$$\rho\,|\psi_j\rangle = \sum_i P_i\,|\psi_i\rangle\,\langle\psi_i|\psi_j\rangle = \sum_i P_i\,|\psi_i\rangle\delta_{ij} = P_j\,|\psi_j\rangle \tag{11.2.6}$$

可见 $|\psi_j\rangle$ 是密度算符的本征态，P_j 是相应的本征值。为了计算量子熵式 (11.2.1)，我们在表象 $\{|\psi_i\rangle\}$ 中求迹：

$$S = -\sum_i \langle\psi_i|\,\rho\ln\rho\,|\psi_i\rangle = -\sum_i P_i \ln P_i \tag{11.2.7}$$

由此可以得出结论，如果混合态密度算符式 (11.2.3) 中的本征态 $|\psi_i\rangle$ 构成正交完备集，则量子熵式 (11.2.1) 可以约化为经典形式式 (11.1.7)，其中的概率分布就是密度算符 ρ 的本征值 P_i。由式 (11.2.7) 可以立即看出，纯态 $|\psi\rangle\langle\psi|$ $(P_i = 1)$ 的量子熵为零。

作为一个例子，我们计算熟知的热场 (混沌态) 的量子熵，其密度算符可写为 (其等价形式为式 (11.4.22))

$$\rho = \sum_{n=0}^{\infty} \frac{N^n}{(N+1)^{n+1}}\,|n\rangle\langle n| \tag{11.2.8}$$

在式 (11.2.8) 中，$|n\rangle$ 是数态，N 是混沌态的平均光子数 (见式 (11.4.23a))

$$N = \frac{1}{\exp\left(\dfrac{\hbar\omega}{k_{\rm B}T}\right) - 1} \tag{11.2.9}$$

这里 $\hbar$ 是约化普朗克常数, ω 是场模的频率，而 T 是体系的绝对温度。由于数态 $|n\rangle$ 是正交的，因此可以将概率分布

$$P_n = \frac{N^n}{(N+1)^{n+1}} \tag{11.2.10a}$$

代入式 (11.2.7) 并利用

$$\sum_{n=0}^{\infty} P_n = 1 \text{ 和 } \sum_{n=0}^{\infty} nP_n = N \tag{11.2.10b}$$

得到

$$\begin{aligned}
S &= -\sum_{n=0}^{\infty} P_n \ln\left[\frac{N^n}{(N+1)^{n+1}}\right] = -\sum_{n=0}^{\infty} P_n\left[n\ln N - (n+1)\ln(N+1)\right] \\
&= -\left[N\ln N - N\ln(N+1) - \ln(N+1)\right] = (N+1)\ln(N+1) - N\ln N
\end{aligned}$$

最终有

$$S = \ln\frac{(N+1)^{N+1}}{N^N} \tag{11.2.11}$$

这就是单模混沌场的量子熵的表达式。在极限 $N \gg 1$ 情况下，式 (11.2.11) 可以近似表示为

$$S \approx 1 + \ln(1 + N) \tag{11.2.12a}$$

而

$$S \propto \ln(1 + N) \tag{11.2.12b}$$

可用来更方便地估算辐射场的量子熵。顺便说，式 (11.2.12b) 与哈肯的结果相一致 [Haken H. Information and Self-Organization: A macroscopic Approach to Complex Systems. Springer-Verlag, Berlin, Heidelberg, New York, London, Paris, Tokyo, 1988]。式 (11.2.11) 所示的精确解与式 (11.2.12a) 所示的近似解的比较显示在图 11.2.2。

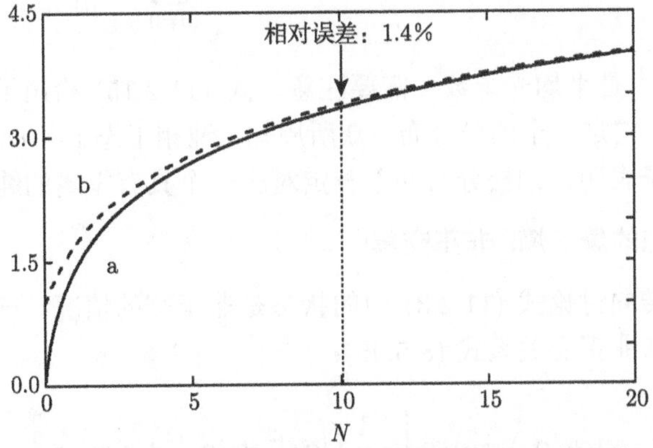

图 11.2.2 混沌场的量子熵 (作为平均光子数 N 的函数)

式 (11.2.11) 所示的精确解 (a)，及式 (11.2.12a) 所示的近似解 (b)，两者之间的相对误差在 $N = 10$ 时为 1.4%，且随着 N 的增大而变得更小

接下来考虑另一个混合态密度算符。众所周知，相干态通常表示为 $|\alpha\rangle$ (α 是任意复数)，它是一个纯态 (密度算符为 $|\alpha\rangle\langle\alpha|$)，其量子熵为零。然而，对于具有随机位相的相干态 [Louisell W H. Quantum Statistical Properties of Radiation. John Wiley and Sons, New York, Chichester, Brisbane, Toronto, Singapore, 1973]，位相信息的丢失能破坏其状态的纯度。事实上，对于一个相干态 $|\alpha\rangle$ ($\alpha = |\alpha| \exp(\mathrm{i}\phi)$)，当其位相被平均时，有

$$\frac{1}{2\pi}\int_0^{2\pi} \exp[\mathrm{i}(m-n)\phi]\mathrm{d}\phi = \delta_{mn} \tag{11.2.13}$$

相应的随机位相相干态具有密度算符

$$\rho = \exp(-|\alpha|^2) \sum_{n=0}^{\infty} \frac{|\alpha|^{2n}}{n!} |n\rangle \langle n| \tag{11.2.14}$$

其中，$|n\rangle$ 是数态。我们知道相干态表示一个位相确定的相干信号。而随机位相相干态表示一个不含位相信息的相干态，它可以近似地刻画光学频率的相干光 (例如高于阈值运转的激光) 的特征。

我们将

$$P_n = \exp\left(-|\alpha|^2\right) \frac{|\alpha|^{2n}}{n!} \tag{11.2.15}$$

代入式 (11.2.7) 计算这种态的量子熵，得到

$$S = N(1 - \ln N) + \exp(-N) \sum_{n=0}^{\infty} \frac{N^n \ln n!}{n!} \tag{11.2.16}$$

其中，$N = |\alpha|^2$ 是平均光子数。需要注意，式 (11.2.15) 给出了随机位相相干态的光子数分布，它是一个泊松分布。众所周知，纯相干态 $|\alpha\rangle\langle\alpha|$ 具有泊松光子数分布。这个例子表明，泊松分布并不一定对应一个具有零熵的纯相干态。

11.2.2　混合态的量子熵: 非正交集

现在我们转向讨论式 (11.2.3) 中的状态是非正交的情况。一个典型的例子是纯相干态，服从非正交关系式 (8.5.45)：

$$\langle\alpha_k|\alpha_j\rangle = \exp\left[-\frac{1}{2}\left(|\alpha_k|^2 + |\alpha_j|^2\right) + \alpha_k^*\alpha_j\right] \tag{11.2.17}$$

在这种情况下，体系的量子熵不能用式 (11.2.7) 表示。然而，如果体系的密度算符有一个可解的本征方程

$$\rho|R_i\rangle = R_i|R_i\rangle \tag{11.2.18}$$

这里，$|R_i\rangle$ 是归一化的本征态, R_i 是相应的 (实数) 本征值：

$$\sum_i R_i = 1, \quad 0 \leqslant R_i \leqslant 1, \quad R_i = R_i^*$$

且 $|R_i\rangle$ 构成完备集 $\{|R_i\rangle\}$，则可在表象 $\{|R_i\rangle\}$ 中求迹，并得到量子熵：

$$S = -\sum_i R_i \ln R_i \tag{11.2.19}$$

现在量子熵再次呈现经典形式 (第一次是式 (11.2.7))。至此我们看到，无论密度算符式 (11.2.3) 中的量子态 $|\psi_i\rangle$ 是否正交，计算量子熵 $S=-\mathrm{Tr}\rho\ln\rho$ 都可以归结为寻找密度算符 ρ 的本征值。

作为一个例子，我们考虑由密度算符

$$\rho = P|\alpha_1\rangle\langle\alpha_1| + (1-P)|\alpha_2\rangle\langle\alpha_2| \tag{11.2.20}$$

描述的混合态，其中 $|\alpha_1\rangle$ 和 $|\alpha_2\rangle$ 是相干态 ($\alpha_j=|\alpha_j|\exp(\mathrm{i}\phi_j)$ ($j=1$, 2))，满足非正交性关系式 (11.2.17), 而 P 和 $1-P$ 分别是状态 $|\alpha_1\rangle$ 和 $|\alpha_2\rangle$ 出现的概率。当 $P=0$ 或 $P=1$ 时，这种混合态约化为纯相干态。为了求解密度算符式 (11.2.20) 的本征方程 (11.2.18)，我们将本征态 $|R\rangle$ 写成 $|\alpha_1\rangle$ 和 $|\alpha_2\rangle$ 的叠加：

$$|R\rangle = \mu|\alpha_1\rangle + \nu|\alpha_2\rangle \tag{11.2.21}$$

其中，μ 和 ν 是叠加系数。利用式 (11.2.20) 和式 (11.2.21)，可将本征方程 (11.2.18) 写为

$$[P(\mu+z\nu)-R\mu]|\alpha_1\rangle + [(1-P)(z^*\mu+\nu)-R\nu]|\alpha_2\rangle = 0 \tag{11.2.22}$$

其中

$$z = \langle\alpha_1|\,\alpha_2\rangle = \sqrt{Q}\exp(\mathrm{i}\varepsilon) \tag{11.2.23}$$

而

$$\begin{aligned} Q &= \exp(-|\alpha_1-\alpha_2|^2) \\ &= \exp[-(|\alpha_1|^2+|\alpha_2|^2-2|\alpha_1||\alpha_2|\cos\phi_{12})] \end{aligned} \tag{11.2.24}$$

正是相干态 $|\alpha_1\rangle$ 和 $|\alpha_2\rangle$ 的有效 Q 函数 [Walls D F ，Milburn G J. Quantum Optics. Springer-Verlag, Berlin, Heidelberg, 1994]，而 ε 被定义为

$$\varepsilon = -|\alpha_1||\alpha_2|\sin\phi_{12} \tag{11.2.25}$$

其中, $\phi_{12}=\phi_1-\phi_2$。式 (11.2.22) 两边分别向基矢 $\langle\alpha_1|$ 和 $\langle\alpha_2|$ 投影, 我们得到

$$[(1-R)-(1-P)(1-Q)]\,\mu + (1-R)\,z\nu = 0 \tag{11.2.26a}$$

$$(1-R)\,z^*\mu + [(1-R)-P(1-Q)]\,\nu = 0 \tag{11.2.26b}$$

这是关于 μ 和 ν 的线性齐次方程组，它有非零解的必要充分条件是系数行列式为零：

$$\begin{vmatrix} (1-R)-(1-P)(1-Q) & (1-R)z \\ (1-R)z^* & (1-R)-P(1-Q) \end{vmatrix} = 0 \tag{11.2.27}$$

它给出关于 R 的二次代数方程

$$R^2 - R + P(1-P)(1-Q) = 0 \tag{11.2.28}$$

其根为

$$R^{\pm} = \frac{1}{2}\left[1 \pm \sqrt{1-4P(1-P)(1-Q)}\right] \tag{11.2.29}$$

这意味着密度算符式 (11.2.20) 只有两个本征态 $\left|R^{\pm}\right\rangle$。因此，相应的量子熵由两项组成：

$$S = -R^{+}\ln R^{+} - R^{-}\ln R^{-} \tag{11.2.30}$$

为了理解熵式 (11.2.30) 的性质，我们首先考察式 (11.2.20) 所给出的光子数分布：

$$P_n = \langle n|\rho|n\rangle = P\exp\left(-|\alpha_1|^2\right)\frac{|\alpha_1|^{2n}}{n!} + (1-P)\exp\left(-|\alpha_2|^2\right)\frac{|\alpha_2|^{2n}}{n!} \tag{11.2.31}$$

它有平均光子数

$$N = P|\alpha_1|^2 + (1-P)|\alpha_2|^2 \tag{11.2.32}$$

式 (11.2.31) 是两个泊松分布的叠加 (分别具有平均光子数 $|\alpha_1|^2$ 和 $|\alpha_2|^2$)。很明显，现在的结果 (光子数分布式 (11.2.31) 和平均光子数式 (11.2.32)) 不同于量子熵式 (11.2.30)，前者未包含相干态的位相信息，而后者通过式 (11.2.24) 中的 Q 函数包含了对位相差 ϕ_{12} 的依赖性，这意味着量子熵能够描述辐射场的量子起伏。注意，当 $P=1/2$ 且 $|\alpha_1| = |\alpha_2|$ 时，式 (11.2.31) 约化成一个泊松分布，但并不对应一个纯相干态，因为 $\phi_{12} \neq 0$，就像 11.2.1 节所述的随机位相相干态一样。

在本节的最后，我们对于上述三种混合态 (混沌态式 (11.2.8)、随机位相相干态式 (11.2.14) 和混合相干态式 (11.2.20))，来比较它们的熵函数随平均光子数 N 的变化曲线 (图 11.2.3)。以下几点是显而易见的：

(1) 三个熵函数在 $N=0$ 处均为零，然后随 N 的增加呈对数增加，这意味着量子熵与平均光子数有正关联。

(2) 对于相同的 N 值，混沌态在三种态中表现出最高的熵值，而随机位相相干态作为非纯态，其熵值低于混沌态。

(3)$|\alpha_1\rangle$ 和 $|\alpha_2\rangle$ 的混合态很接近于纯态，表现出最低的熵，对应于最高的相干度。随着 N 的增加，函数 $Q=\exp(-4N)$ 迅速降至零，导致 $R^{\pm}=1/2$ (对于所用的 $P=1/2$)。两个本征态 $\left|R^{\pm}\right\rangle$ 以相等的概率出现，因此熵迅速趋于稳态值，即双态体系的最大值 $\ln 2$。

因此，我们可以得出结论：量子熵可以作为辐射场相干性的度量。低熵 (对应低平均光子数) 代表高度相干性。

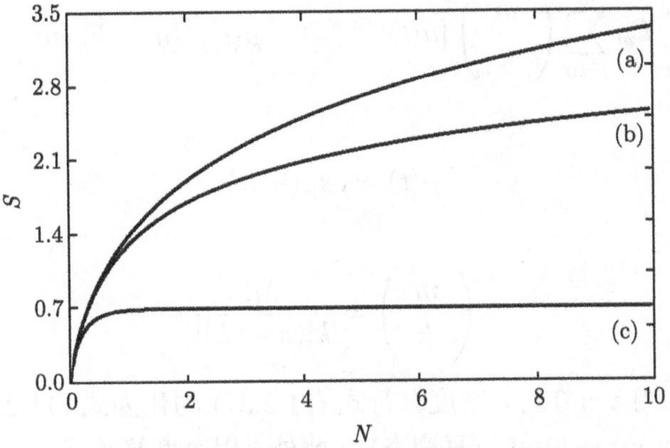

图 11.2.3 量子熵作为平均光子数 N 的函数

(a) 混沌态，(b) 随机位相相干态，(c) 两个相干态的混合 ($P = 1/2$, $|\alpha_1|^2 = |\alpha_2|^2 = N$，$\phi_{12} = \pi$)。所用的表达式分别为式 (11.2.11)、式 (11.2.16) 和式 (11.2.30)

11.2.3 熵动力学

现在我们考察耦合到零度热库的辐射场的动力学。在玻恩-马尔可夫近似下，它由密度算符 ρ 的主方程支配，在相互作用表象中写为

$$\frac{\mathrm{d}\rho}{\mathrm{d}t} = \frac{\gamma}{2}\left(2a\rho a^+ - a^+a\rho - \rho a^+a\right) \tag{11.2.33}$$

其中，a 和 a^+ 分别是辐射场的湮灭算子和产生算子，γ 是阻尼常数。该主方程可以用不同的方法求解，其中之一是用超算子作用于密度算符：

$$\hat{J}\rho = \gamma\, a\rho a^+ \tag{11.2.34a}$$

$$\hat{L}\rho = -\frac{\gamma}{2}\left(a^+a\rho + \rho a^+a\right) \tag{11.2.34b}$$

主方程 (11.2.33) 的解呈现以下形式

$$\rho(t) = \exp\left(\hat{L}t\right)\exp\left\{\frac{\hat{J}}{\gamma}\left[1 - \exp(-\gamma t)\right]\right\}\rho(0) \tag{11.2.35}$$

设初始密度算符为

$$\rho(0) = \sum_{m=0}^{\infty} P_m\,|m\rangle\langle m| \tag{11.2.36}$$

这是一种混合态密度算符，P_m 表示数态 $|m\rangle$ 在初始辐射场中出现的概率。将式 (11.2.36) 代入式 (11.2.35) 并利用式 (11.2.34)，我们得到时间依赖的密度算符

$$\rho(t) = \sum_{m=k}^{\infty} P_m \sum_{k=0}^{m} \begin{pmatrix} m \\ k \end{pmatrix} [\mu(t)]^{m-k} [1-\mu(t)]^k |m-k\rangle \langle m-k| \tag{11.2.37}$$

其中

$$\mu(t) = \exp(-\gamma t) \tag{11.2.38}$$

而

$$\begin{pmatrix} m \\ k \end{pmatrix} = \frac{m!}{k!(m-k)!} \tag{11.2.39}$$

是二项式系数。当 $t=0$ 时，密度算符式 (11.2.37) 约化为式 (11.2.36)，而 $t \to \infty$ 时，则约化成 $\rho(\infty) = |0\rangle\langle 0|$ (真空态) 。此外，用密度算符式 (11.2.37) 作用于数态 $|n\rangle$，我们有

$$\begin{aligned}\rho(t)|n\rangle &= \sum_{m=k}^{\infty} P_m \sum_{k=0}^{m} \begin{pmatrix} m \\ k \end{pmatrix} [\mu(t)]^{m-k} [1-\mu(t)]^k |m-k\rangle \langle m-k \mid n\rangle \\ &= \sum_{m=n}^{\infty} P_m \begin{pmatrix} m \\ n \end{pmatrix} [\mu(t)]^n [1-\mu(t)]^{m-n} |n\rangle\end{aligned}$$

可见密度算符式 (11.2.37) 的本征态为数态 $|n\rangle$，而相应的本征值 (即光子数分布) 为

$$P_n(t) = \sum_{m=n}^{\infty} P_m \begin{pmatrix} m \\ n \end{pmatrix} [\mu(t)]^n [1-\mu(t)]^{m-n} \tag{11.2.40}$$

其中，$\mu(t)$ 是 t 时刻检测到一个光子的概率，它在光子计数测量中扮演“量子效率”的角色 [Walls D F，Milburn G J. Quantum Optics. Springer-Verlag, Berlin, Heidelberg, 1994]。

接下来我们特别考虑两个初始光子数分布 P_m：混沌态的光子数分布式 (11.2.10a) 和随机位相相干态的光子数分布式 (11.2.15)，将它们分别代入式 (11.2.40)，得到相应的时间依赖的光子数分布：

$$P_n(t) = \frac{[N(t)]^n}{[N(t)+1]^{n+1}} \tag{11.2.41}$$

$$P_n(t) = \exp[-N(t)] \frac{N^n(t)}{n!} \tag{11.2.42}$$

其中

$$N(t) = N\mu(t) \tag{11.2.43}$$

是时间依赖的平均光子数。我们的结果表明，在主方程 (11.2.33) 支配下的混沌态和随机位相相干态在任何时候都分别保持指数光子数分布式 (11.2.41) 和泊松光子数分布式 (11.2.42)，如图 11.2.4 和图 11.2.5 所示。

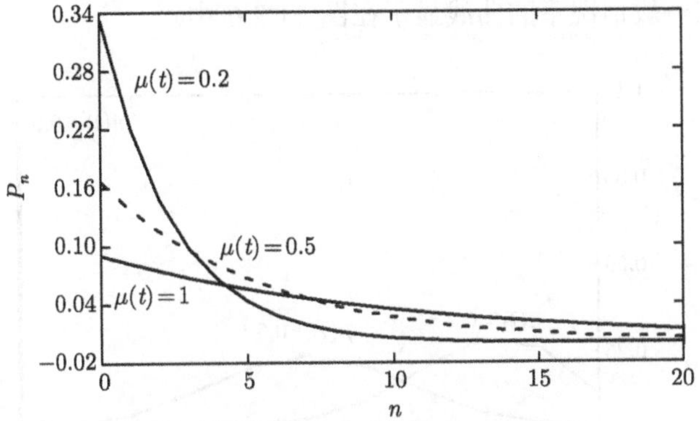

图 11.2.4 指数光子数分布式 (11.2.41)

不同 $\mu(t)$ 值相应于不同的时间 ($\mu(t)=1$ 对应初始 $t=0$ 时刻的光子数分布)，其中 $N=10$

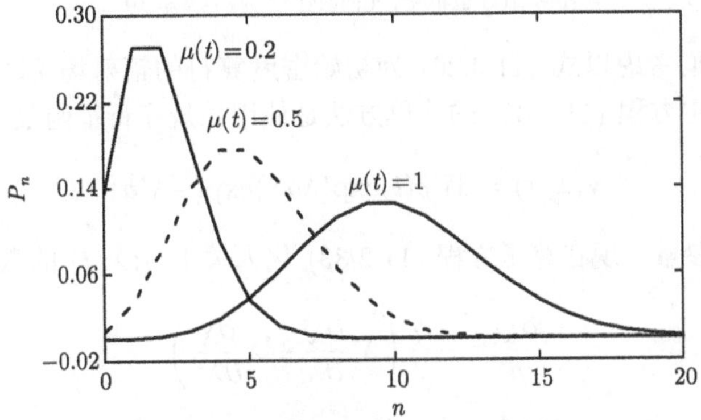

图 11.2.5 泊松光子数分布式 (11.2.42)

不同 $\mu(t)$ 值相应于不同的时间 ($\mu(t)=1$ 对应初始 $t=0$ 时刻的光子数分布)，其中 $N=10$

我们进而考察初始密度算符 $\rho(0)=|k\rangle\langle k|$，这是一个纯态密度算符，其中 $|k\rangle$ 为数态。由式 (11.2.36) 得到 $P_m=\delta_{mk}$，代入式 (11.2.40)，得到时间依赖的光子数分布

$$P_n(t) = \begin{pmatrix} k \\ n \end{pmatrix} [\mu(t)]^n [1-\mu(t)]^{k-n} \tag{11.2.44}$$

其中，$n=0,1,2,\cdots,k$。式 (11.2.44) 表示一个伯努利分布，具有时间依赖的平均光子数

$$N(t)=k\mu(t) \tag{11.2.45}$$

现在的情况意味着，辐射场的初始数态 $|k\rangle$ 在动力学方程 (11.2.33) 支配下，演化成一个光子数分布 $P_n(t)$，而分布中光子数的最大值为 $n=k$(即光子数分布存在一个上限)。众所周知，当 $k\to\infty$ 时，伯努利分布式 (11.2.44) 趋于泊松分布。式 (11.2.44) 在一般情况下的曲线显示在图 11.2.6 中。

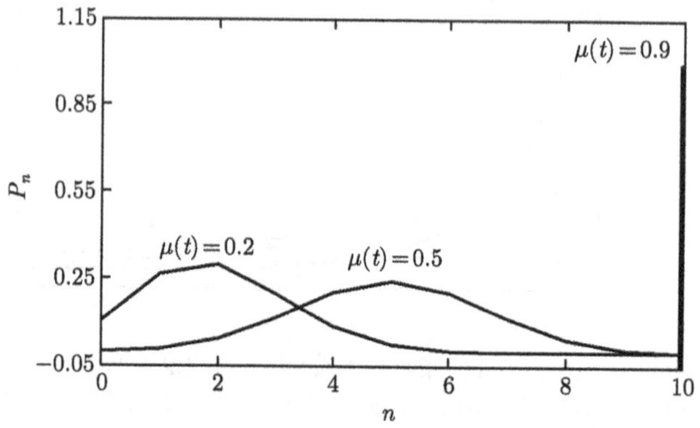

图 11.2.6　伯努利光子数分布式 (11.2.44)

不同 $\mu(t)$ 值相应于不同的时间，其中 $k=10$

现在让我们考虑以式 (11.2.20) 为初始密度算符的辐射场的动力学。在这种情况下，求解主方程 (11.2.33) 的简单方法是使用正规序特征函数

$$\chi(\lambda,\,t)=\mathrm{Tr}[\rho(t)\exp(\lambda a^{+})\exp(-\lambda^{*}a)] \tag{11.2.46}$$

其中，λ 为复参量。现在算子方程 (11.2.33) 化为关于 $\chi(\lambda,\,t)$ 的微分方程

$$\frac{\partial\chi}{\partial t}=-\frac{\gamma}{2}\left(\lambda^{*}\frac{\partial\chi}{\partial\lambda}+\lambda\frac{\partial\chi}{\partial\lambda^{*}}\right) \tag{11.2.47}$$

式 (11.2.47) 是关于时间的一阶偏微分方程，假定该方程在 $t=0$ 的初始条件为 $\chi(\lambda,0)=f(\lambda,\lambda^{*})$ (f 是 λ 和 λ^{*} 的待定函数)，则它的含时解为

$$\chi(\lambda,\,t)=f(\lambda\mathrm{e}^{-\gamma t/2},\,\lambda^{*}\mathrm{e}^{-\gamma t/2}) \tag{11.2.48}$$

也就是说，将初始条件 $f(\lambda,\lambda^{*})$ 中的 λ 和 λ^{*} 分别乘以 $\mathrm{e}^{-\gamma t/2}$，即可得到 t 时刻的解。现在将初始密度算符式 (11.2.20) 代入式 (11.2.46)，得到初始正规序特征函数

$$\chi(\lambda,0)=P\exp(\lambda\alpha_1^{*}-\lambda^{*}\alpha_1)+(1-P)\exp(\lambda\alpha_2^{*}-\lambda^{*}\alpha_2) \tag{11.2.49}$$

则 t 时刻的正规序特征函数为

$$\chi(\lambda, t) = P\exp[(\lambda\alpha_1^* - \lambda^*\alpha_1)\mathrm{e}^{-\gamma t/2}] + (1-P)\exp[(\lambda\alpha_2^* - \lambda^*\alpha_2)\mathrm{e}^{-\gamma t/2}] \quad (11.2.50)$$

从而密度算符的对应解为

$$\rho(t) = P\left|\alpha_1\mathrm{e}^{-\gamma t/2}\right\rangle\left\langle\alpha_1\mathrm{e}^{-\gamma t/2}\right| + (1-P)\left|\alpha_2\mathrm{e}^{-\gamma t/2}\right\rangle\left\langle\alpha_2\mathrm{e}^{-\gamma t/2}\right| \quad (11.2.51)$$

它在 $t=0$ 时约化为式 (11.2.20)。式 (11.2.51) 意味着，取变换

$$\alpha_1 \to \alpha_1\mathrm{e}^{-\gamma t/2} \quad 和 \quad \alpha_2 \to \alpha_2\mathrm{e}^{-\gamma t/2} \quad (11.2.52)$$

后，我们将由初始条件获得所有含时结果。比如将密度算符式 (11.2.51) 的本征值由式 (11.2.29) 直接写为

$$R^{\pm}(t) = \frac{1}{2}\left\{1 \pm \sqrt{1-4P(1-P)[1-Q(t)]}\right\} \quad (11.2.53)$$

而含时 Q 函数则由式 (11.2.24) 直接写为

$$Q(t) = \exp[-\left|\alpha_1-\alpha_2\right|^2\mu(t)] \quad (11.2.54)$$

特别是，将光子数分布由式 (11.2.31) 直接写为

$$P_n(t) = P\exp\left[-\left|\alpha_1\right|^2\mu(t)\right]\frac{\left[\left|\alpha_1\right|^2\mu(t)\right]^n}{n!} + (1-P)\exp\left[-\left|\alpha_2\right|^2\mu(t)\right]\frac{\left[\left|\alpha_2\right|^2\mu(t)\right]^n}{n!} \quad (11.2.55)$$

含时平均光子数由式 (11.2.32) 直接写为

$$N(t) = \left[P\left|\alpha_1\right|^2 + (1-P)\left|\alpha_2\right|^2\right]\mu(t) \quad (11.2.56)$$

光子数分布式 (11.2.55) 在任何时候都保持为两个泊松分布的叠加 (图 11.2.7)。式 (11.2.53)~ 式 (11.2.56) 就是含时问题的所有结果。

可以看出，本节讨论的所有四种状态都显示出平均光子数的指数衰减 (见式 (11.2.43)、式 (11.2.45) 和式 (11.2.56))。在上述光子数分布的基础上，我们绘制了由式 (11.2.7) 给出的四种状态下熵的时间演化曲线 (图 11.2.8)。对于初始状态 (a)、(b) 和 (c)，观察到熵单调下降，而在数态情况下，熵从 $t=0$ 开始增加，并在经过最大值后减小。对于每种情况，当 $t\to\infty$ 时，熵值都趋于零，变成真空态。

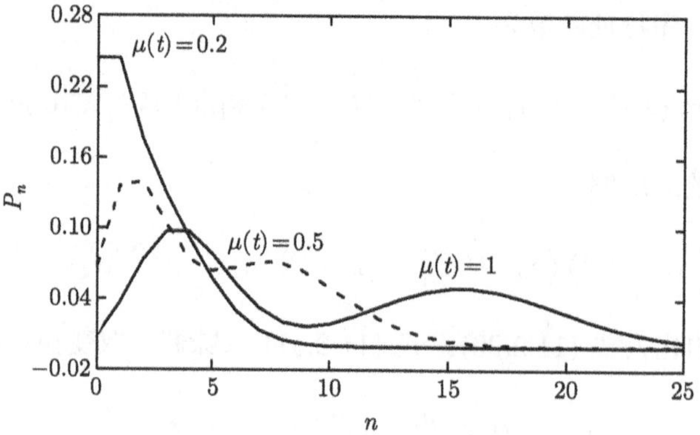

图 11.2.7　光子数分布式 (11.2.55)

它是两个含时泊松分布的叠加，初始密度算符为式 (11.2.20)，参数取值为 $P=1/2$, $|\alpha_1|^2=4$，$|\alpha_2|^2=16$ ($N=10$)，不同 $\mu(t)$ 值相应于不同的时间 ($\mu(t)=1$ 对应初始 $t=0$ 时刻的光子数分布)

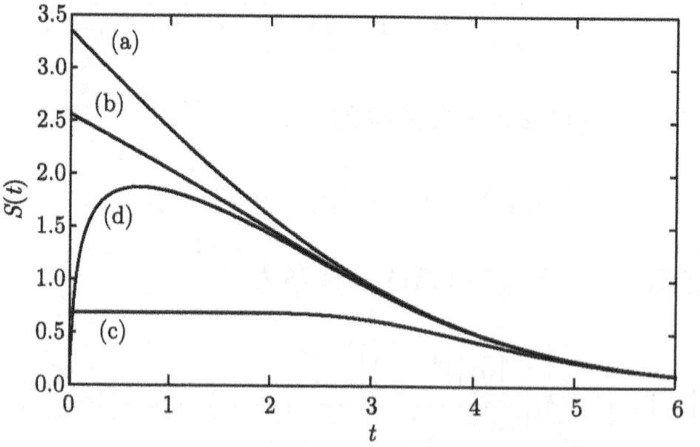

图 11.2.8　四种初态的熵动力学

(a) 混沌态，(b) 随机位相相干态，(c) 两个相干态的混合 ($P=1/2$，$|\alpha_1|^2=|\alpha_2|^2=N$，$\phi_{12}=\pi$)，以及 (d) 数态。对于前三种情况，平均光子数为 $N=10$；对于第四种情况，光子数 $k=10$，初始纯态 $\rho(0)=|k\rangle\langle k|$ 使 $S(0)=0$ 。用于计算熵式 (11.2.7) 的光子数分布 $P_n(t)$ 依次为式 (11.2.41)、式 (11.2.42)、式 (11.2.55) 和式 (11.2.44)，所有情况取 $\gamma=1$

11.3　最大熵原理：一个简单例子

最大熵原理是美国科学家杰恩斯 (图 11.3.1) 于 1957 年发现的 [① Jaynes E T. Information theory and statistical mechanics. Phys. Rev., 1957, 106: 620-630; ② Jaynes E T. Information theory and statistical mechanics. Ⅱ. Phys. Rev., 1957, 108: 171-190]。它是传统概率论、经典热力学和统计物理学的通用表达式。所有经典热力学定律，特别是热和温度的概念，都可以根据最大熵原理来定义。熵

最大化理念遵循普通常识，并且与实验真实性密切相关。最大熵原理的数学表述很简单也很犀利，关于它已经开拓了许多应用。

图 11.3.1 杰恩斯 (Edwin Joynes，1922—1998)

美国杰出的物理学家。在统计力学、概率论和信息论等领域进行了大量工作。1957 年开始将最大熵原理作为更一般的统计物理基础。杰恩斯大力提倡将概率论解释为逻辑学的推演。与 F. W. Cummings 于 1963 年建立了描述单模辐射场与单个二能级原子互相作用的 Jaynes-Cummings 模型 (见 10.2 节)

11.3.1 一个简单例子

让我们从一个简单例子开始阐述最大熵原理 (图 11.3.2)。如果对三个可能状态的测量给出随机变量 i ($i=1$, 2, 3) 的平均值 2，那么让我们问：测量值的概率分布是什么？显然，满足测量数据的概率分布不是唯一的，图 11.3.2 中的两种分布都满足平均值 2。然而，最合理的概率分布是唯一的。最大熵原理就是根据测量数据追寻那个最合理的概率分布。

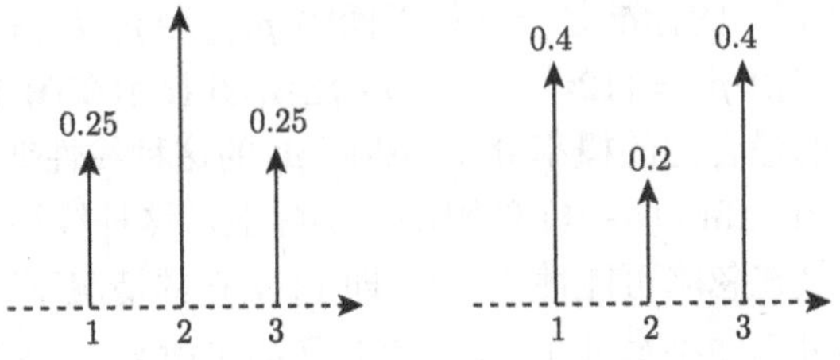

图 11.3.2 两个不同的概率分布给出相同的平均值 2

考虑另一个例子——掷骰子。在多次掷骰子 (假定 N 次) 之后，我们会发现骰子的每个点都出现了 $N/6$ 次，即每个点出现的概率为 $p_i = 1/6(\ i = 1,\ 2, \cdots, 6)$，平均点数是 3.5，如图 11.3.3 所示。这就是统计物理学的基础——等概率原理。

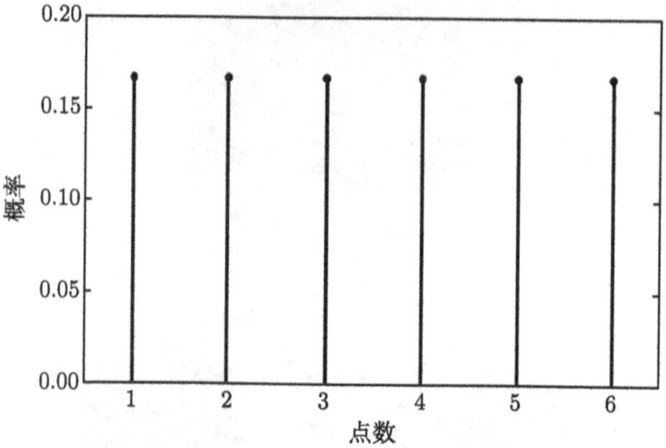

图 11.3.3　掷骰子中的等概率原理：每个点数以相同的概率出现

然而，对于一个特别制作的非均匀骰子，平均点数可能是 4.5(而不是 3.5)。这个结果一定是由于更多次出现了较高点数 (5、6 点)。一个自然的问题是，什么样的概率分布可以产生平均点数 4.5？显然，我们寻找这样的 p_i 是有意义的，它满足

$$\sum_{i=1}^{6} p_i = 1, \quad \sum_{i=1}^{6} i p_i = N \tag{11.3.1}$$

其中，$N = 4.5$。让我们直观分析满足式 (11.3.1) 的各种可能性。图 11.3.4(a) 有 $p_4 = p_5 = 0.5$ 而其他 $p_i = 0$，这与给定的数据式 (11.3.1) 一致。但我们的常识告诉我们，这不是一个合理的分布，因为其他点数都不出现实际上是不可能的。图 11.3.4(b) 显示了一个与数据一致并且没有忽略任何可能性的分布。但给出如此特殊的处理似乎仍然不合理。合理的赋值不仅要与数据相符，不能忽视任何一种可能性，而且不能过分强调任何一种可能性。从某种意义上说，p_i 变化应该是尽可能平滑的。“平滑” 的标准之一是相邻间隔 $p_{i+1} - p_i$ 是恒定的。满足该属性有一个解决方案：它由 $p_i = (12i - 7)/210$ 给出，并显示在图 11.3.4(c) 中。这显然是到此为止得到的最合理的概率分布。然而 p_i 的这种线性变化，使平均值的取值受到分布 $p_i = \text{constant} \cdot (i - 1)$ 的限制。实际上，这种线性分布给出的最大平均值仅为 4.7(而且是在忽略可能性 $i = 1$，即 $p_1 = 0$ 的情况下)。假设问题的数据已更改，平均值为 4.7 而不是 4.5，那就不存在满足所有 $p_i > 0$ 的直线解。人们可以想象，问题的结果一定是 6 个 p_i 点位于某种凹型曲线上。这一切尝试之后，

让我们问一问，满足式 (11.3.1) 的最合理概率分布到底是什么？让我们稍稍透露一下，根据最大熵原理，它应该是一个熵最大化分布，换言之，它是最大化熵的操作给出的结果。

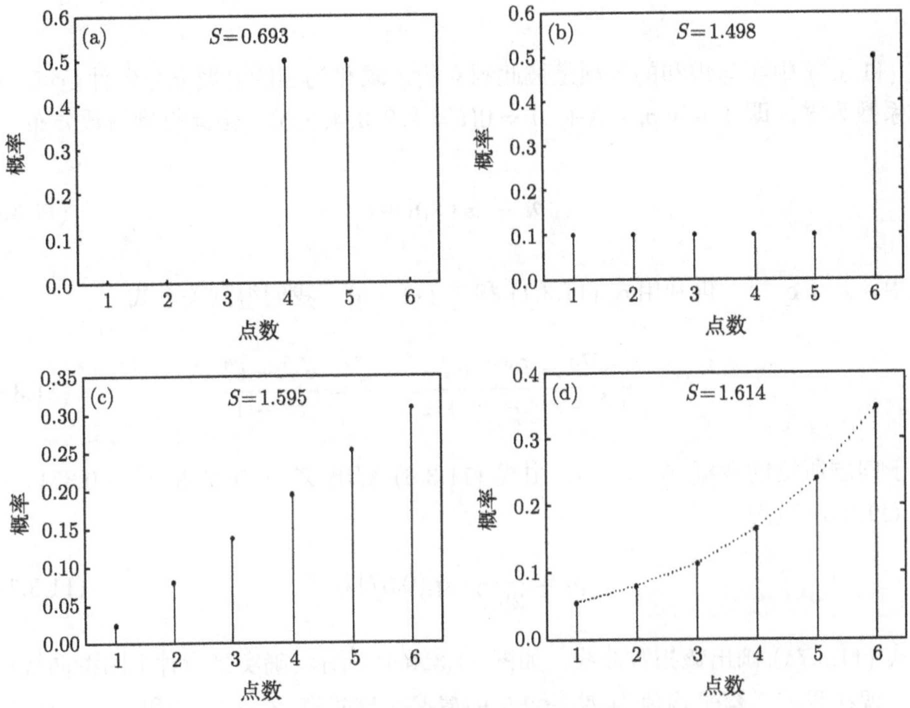

图 11.3.4 掷骰子的可能结果

它们具有相同的平均点数 4.5 但不同的概率分布 (相应于不同的熵值 $S=-\sum_{i=1}^{6} p_i \ln p_i$)

下面我们利用统计熵定义式 (11.1.2) 和约束条件式 (11.3.1) 来寻找最合理概率分布。为此利用拉格朗日乘子法，对式 (11.1.2) 两边取变分，得到

$$\delta S=-\sum_i \left(1+\ln p_i\right)\delta p_i=0 \tag{11.3.2}$$

同时，约束条件的变分为

$$\sum_i \delta p_i=0 \tag{11.3.3a}$$

$$\sum_i i\delta p_i=0 \tag{11.3.3b}$$

用拉格朗日乘子法，给式 (11.3.3a) 两端同乘以参数 λ，给式 (11.3.3b) 两端同乘以参数 β，然后将它们与式 (11.3.2) 相加，我们有

$$\sum_i (1+\ln p_i+\lambda+\beta i)\,\delta p_i=0 \tag{11.3.4}$$

式 (11.3.4) 中参与求和的各项是彼此独立的，求和为零的必要充分条件是每一项的系数为零，即 $1+\ln p_i+\lambda+\beta i=0(i=1,2,3,4,5,6)$。由此得到指数分布

$$p_i=\frac{1}{Z}\exp(\beta i) \tag{11.3.5}$$

其中，$Z=\mathrm{e}^{\lambda+1}$，再利用式 (11.3.1) 和式 (11.3.5)，我们得到关系式

$$N=\frac{6\mathrm{e}^{7\beta}-7\mathrm{e}^{6\beta}+1}{\mathrm{e}^{7\beta}-\mathrm{e}^{6\beta}-\mathrm{e}^{\beta}+1},\quad Z=\frac{\mathrm{e}^{7\beta}-\mathrm{e}^{\beta}}{\mathrm{e}^{\beta}-1} \tag{11.3.6}$$

对于问题所给的数据 $N=4.5$，由式 (11.3.6) 解出 $Z=26.7$ 和 $\beta=0.371$，则式 (11.3.5) 写为

$$p_i=\frac{1}{26.7}\exp(0.371i) \tag{11.3.7a}$$

由式 (11.3.7a) 画出该指数曲线，如图 11.3.4(d) 所示 (确实是一种上凹型曲线)。

现在我们考察平均值为 $N=2.5$ 的情况，这时有 $Z=26.7$ 和 $\beta=-0.371$，则式 (11.3.5) 写为

$$p_i=\frac{1}{26.7}\exp(-0.371i) \tag{11.3.7b}$$

式 (11.3.7b) 的概率分布显示在图 11.3.5 中。很明显，分布式 (11.3.7a) 与分布式 (1.3.7b) 是关于无束缚平均值 3.5 对称的，这是因为 2.5 和 4.5 是关于 3.5 对称的。而二者的熵值也相等，这正是我们在 11.1.2 节所讨论的情况“熵不能判断不确定性的重心”。

很明显，指数分布式 (11.3.7a) 不但满足问题的条件式 (11.3.1)，而且看上去光滑且均匀铺开，这就是我们要寻找的最合理概率分布。这样一种具有最大熵的概率分布是最无知、最保守的，但也是最自然、最可靠、最优雅的，因此能够最诚实地描述测量数据。事实上，在存在约束情况下，它是最接近正常等概率原理所预测的概率分布 (图 11.3.3)。简言之，最大熵原理就是基于测量结果，通过最大化熵来追溯最合理的概率分布，它不允许人们得出任何偏离真实性的结果。

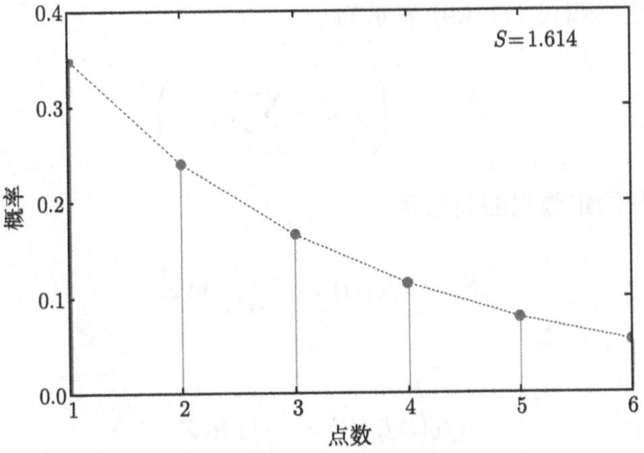

图 11.3.5 掷骰子的结果：平均点数为 2.5

11.3.2 一般表述

我们现在考虑包含 n 个可能状态的随机事件的一般性测量。n 可以是有限的或无限的。所考察的物理量共有 m 个：$f_1(i)$，$f_2(i), \cdots, f_m(i)$，其中 i 对应于第 i 个状态 ($i = 1,\ 2, \cdots, n$)。测量这些物理量给出平均值 F_1，$F_2, \cdots, F_m$，这里要求 $m < n$。现在我们要找到满足束缚条件

$$\sum_{i=1}^{n} p_i = 1 \tag{11.3.8a}$$

$$\sum_{i=1}^{n} f_k(i) p_i = F_k \quad (k = 1,\ 2, \cdots, m) \tag{11.3.8b}$$

的概率分布 p_i。为此我们要最大化熵

$$S = -k_{\mathrm{B}} \sum_{i=1}^{n} p_i \ln p_i \tag{11.3.9}$$

注意，这里加上了玻尔兹曼常数 k_{B}，以便与随后的热力学表述相一致。利用拉格朗日乘子法，我们得到概率分布

$$p_i = \frac{1}{Z} \exp\left[-\sum_{k=1}^{m} \lambda_k f_k(i)\right] \tag{11.3.10}$$

其中，λ_k 是相应于第 k 个物理量的拉格朗日乘子，而

$$Z = \sum_{i=1}^{n} \exp\left[-\sum_{k=1}^{m} \lambda_k f_k(i)\right] \tag{11.3.11}$$

是配分函数。这样熵式 (11.3.9) 表示为

$$S = k_{\mathrm{B}}\left(\ln Z + \sum_{k=1}^{m} \lambda_k F_k\right) \tag{11.3.12}$$

拉格朗日乘子与给定数据的关系是

$$F_k = \langle f_k(i) \rangle \equiv -\frac{\partial}{\partial \lambda_k} \ln Z \tag{11.3.13a}$$

而高阶矩为

$$\langle f_k(i) f_k(i) \rangle = \frac{\partial^2}{\partial \lambda_k^2} \ln Z \tag{11.3.13b}$$

$$\langle f_k(i) f_l(i) \rangle = \frac{\partial^2}{\partial \lambda_k \partial \lambda_l} \ln Z \tag{11.3.13c}$$

上述表达式提供了最大熵原理用于一般性测量的所有结果。

11.3.3　玻尔兹曼分布

现在我们将 11.3.2 节的一般性表述应用于最简单的情况：$m = 1$ 而物理量 $f_1(i) = E_i$ 是体系的能量。我们将利用最大熵原理推导出最合理的玻尔兹曼分布，并进而导出所有的热力学关系式。

假定对一个体系的能量值进行多次随机性测量，测量值 E_i 出现的概率为 p_i，能量的平均值为 U，则有

$$\sum_{i=1} p_i = 1 \tag{11.3.14a}$$

和

$$\sum_{i=1} E_i p_i = U \tag{11.3.14b}$$

现在利用统计熵表达式

$$S = -k_{\mathrm{B}} \sum_i p_i \ln p_i \tag{11.3.15}$$

对 p_i 求变分，得到

$$\delta S = \sum_i (1 + \ln p_i)\, \delta p_i = 0 \tag{11.3.16}$$

进一步对归一化条件式 (11.3.14a) 和测量值式 (11.3.14b) 取变分：

$$\sum_i \delta p_i = 0 \tag{11.3.17a}$$

$$\sum_{i} E_i \delta p_i = 0 \tag{11.3.17b}$$

按照拉格朗日乘子法，给式 (11.3.17a) 乘以参数 λ，给式 (11.3.17b) 乘以参数 β，然后将它们与式 (11.3.16) 相加，得到

$$\sum_{i} (1 + \ln p_i + \lambda + \beta E_i) \delta p_i = 0 \tag{11.3.18}$$

式 (11.3.18) 中参与求和的各项是相互独立的，因此求和成立的必要充分条件是每一项的系数为零，即

$$1 + \ln p_i + \lambda + \beta E_i = 0 \tag{11.3.19}$$

由此得到

$$p_i = \frac{1}{Z} \exp(-\beta E_i) \tag{11.3.20}$$

其中

$$Z = \mathrm{e}^{\lambda+1} \tag{11.3.21}$$

是配分函数。式 (11.3.20) 就是将最大熵原理用于已知能量平均值的体系所确定的最合理概率分布。这与将最大熵原理用于具有平均点数 N 的掷骰子事件所确定的结果式 (11.3.5) 是一致的 (都是指数概率分布)。

现在我们要确定其中的参数 λ 和 β，首先考察配分函数 Z，将式 (11.3.20) 分别代入式 (11.3.14a) 和式 (11.3.14b)，得到

$$Z = \sum_{i} \exp(-\beta E_i) \tag{11.3.22}$$

$$U = \frac{1}{Z} \sum_{i=1} E_i \exp(-\beta E_i) \tag{11.3.23}$$

利用式 (11.3.22) 求 $\dfrac{\partial}{\partial \beta} \ln Z$，并注意到式 (11.3.23)，我们有

$$U = -\frac{\partial}{\partial \beta} \ln Z \tag{11.3.24}$$

它是配分函数 Z、能量测量值 U、参数 β 三者之间的关系。下面进一步考察参数 β 的意义，为此将式 (11.3.20) 代入式 (11.3.15)，并利用式 (11.3.23)，得到

$$S = -k_{\mathrm{B}} \sum_{i} \frac{\exp(-\beta E_i)}{Z} \ln \frac{\exp(-\beta E_i)}{Z}$$

$$
\begin{aligned}
&= -k_{\mathrm{B}} \sum_i \frac{\exp\left(-\beta E_i\right)}{Z}\left(-\beta E_i - \ln Z\right) \\
&= k_{\mathrm{B}} \beta U + k_{\mathrm{B}} \ln Z
\end{aligned} \tag{11.3.25}
$$

即

$$
U - \frac{1}{k_{\mathrm{B}} \beta} S = -\frac{1}{\beta} \ln Z \tag{11.3.26a}
$$

式 (11.3.26a) 与熟知的热力学关系式

$$
U - TS = F \tag{11.3.26b}
$$

相比较得到

$$
\frac{1}{k_{\mathrm{B}} \beta} = T \tag{11.3.27a}
$$

和

$$
F = -k_{\mathrm{B}} T \ln Z \tag{11.3.27b}
$$

式 (11.3.27a) 可以理解为热力学温度 T 的定义，而式 (11.3.27b) 正是体系自由能 F 的表示式。这样一来，最合理概率分布式 (11.3.20) 变为

$$
p_i = \frac{1}{Z} \exp\left(-\frac{E_i}{k_{\mathrm{B}} T}\right) \tag{11.3.28}
$$

这正是众所周知的玻尔兹曼分布，Z 扮演归一化常数的角色。上述过程显示，利用最大熵原理不但推导出了玻尔兹曼分布，而且给出了热力学温度的定义式 (11.3.27a) 以及重要的热力学关系式 (11.3.24)、式 (11.3.26a) 及式 (11.3.27b)。正如 Jaynes 所说，最大熵原理应该被用作统计力学的基本假设。

11.3.4　分布函数的熵

在我们遇到的许多问题中，随机变量的变化不是离散的而是连续的，它对应着许多不间断的状态。根据 Jaynes 的方法，对于以 x 为连续变量的分布函数 $p(x)$，统计熵可以写成积分

$$
S = -\int p(x) \ln \frac{p(x)}{m(x)} \mathrm{d}x \tag{11.3.29}
$$

它是统计熵式 (11.1.1) 对于连续变量的推广，其中 $m(x)$ 是一个与测量精度有关的函数 (称为“测量函数”)，正比于离散变量点的极限密度。这样定义的熵可以用来描述各种分布函数的不确定性，一个有特别意义的例子是，通过测量生物样

品的超弱光子辐射信号，来分析生命组织序的动力学演化 [Gu Q. Radiation and Bioinformation. 科学出版社，2003: 221-238]。

如果 $m(x)$ 能被视为一个均匀的常数 (与 x 无关)，则可以将它和式 (11.3.29) 中不重要的部分删除，从而得到众所周知的形式

$$S=-\int p(x)\ln p(x)\mathrm{d}x \tag{11.3.30}$$

利用式 (11.3.30)，可以计算给定分布函数的熵。例如，对于高斯分布

$$p(x)=\frac{1}{\sqrt{2\pi}\sigma}\exp\left[-\frac{(x-a)^2}{2\sigma^2}\right] \tag{11.3.31}$$

其中，σ 和 a 分别是标准方差和平均值，将式 (11.3.31) 代入式 (11.3.30)，得到

$$S=\ln\sqrt{2\pi\,\mathrm{e}}\sigma \tag{11.3.32}$$

它只与标准方差 σ 有关，与平均值 a 无关 (简单说，只与分布图样的形状有关，与它设置的地段无关)。高斯函数对标准方差 σ 的依赖性如图 2.5.1(a) 所示，很明显，标准方差 σ 越小，分布函数的确定性越大，式 (11.3.32) 所示的熵值越低。

事实上，在给定标准方差 σ 的情况下，利用归一化条件

$$\int_{-\infty}^{\infty}p(x)\mathrm{d}x=1 \tag{11.3.33}$$

对熵式 (11.3.30) 最大化，所得结果正是式 (11.3.31) 所示的高斯分布。这意味着，在具有相同标准方差的所有分布函数中，高斯分布具有最大熵。

我们记得，对于离散变量情况，在具有相同平均值的所有概率分布中，指数分布 (见式 (11.3.5)) 具有最大熵。可见，指数分布和高斯分布分别是离散变量和连续变量情况下，基于测量数据 (分别是平均值和标准方差) 对统计熵最大化所得到的分布。它们是最合理的统计分布。难怪在我们遇到的各种各样的问题中，指数分布和高斯分布俯拾皆是、无处不在!

11.4 辐射场的最大熵原理

11.3 节讨论了如何将最大熵原理用于经典体系。本节我们将展示如何将这一原理扩展到量子体系。人们将会看到，对于典型的量子辐射场，随着给定测量数据的增加，可以自动引入混沌态、热噪声中的相干态以及热噪声中的压缩态。无可置疑，将最大熵原理应用于量子体系会开掘许多新知识，不仅具有学术意义，而且具有应用价值。

11.4.1　量子熵的最大化

将式 (11.3.15) 中的概率分布 p_i 用密度算符 ρ 代替，将求和用求迹代替，便由经典统计熵过渡到量子体系的熵

$$S = -k_{\mathrm{B}}\mathrm{Tr}\rho\ln\rho \tag{11.4.1}$$

相应的约束条件为

$$\mathrm{Tr}\rho = 1, \quad \rho^{+} = \rho \tag{11.4.2}$$

设所考察的密度算符有本征方程

$$\rho\,|R_i\rangle = R_i\,|R_i\rangle \tag{11.4.3a}$$

其中，R_i 是本征值，表示体系处于本征态 $|R_i\rangle$ 的概率：

$$\sum_i R_i = 1, \quad 0 \leqslant R_i \leqslant 1, \quad R_i = R_i^* \tag{11.4.3b}$$

则可以在表象 $\{|R_i\rangle\}$ 中求迹，从而将量子熵式 (11.4.1) 写成经典形式

$$S = -k_{\mathrm{B}}\sum_i R_i\ln R_i \tag{11.4.4}$$

仿照经典情况下得到式 (11.1.10) 的过程，将最大熵原理用于式 (11.4.1) 和式 (11.4.2)，我们有

$$\mathrm{Tr}\,(1+\ln\rho+\lambda)\,\delta\rho = 0 \tag{11.4.5}$$

它给出 ρ = constant, 以致 R_i = 常数。跟经典情况一样，当熵最大化时，体系以常数概率处于任何可能的状态。因此，我们不知道体系的确定状态。另一方面，如果我们精确地知道体系的状态，比如我们知道它是态 $|R_j\rangle\,(R_i=\delta_{ij})$，那么式 (11.4.4) 给出 $S=0$。所以量子熵也是体系不确定性的度量。

11.4.2　热平衡中的辐射场

现在让我们考虑一个单模辐射场，它处于温度为 T 的热库中，并与之保持热平衡。现在假设知道一些关于它的信息，比如知道它的平均能量

$$\langle E\rangle = \mathrm{Tr}\rho H \tag{11.4.6}$$

其中，H 是这个单模场的哈密顿算符，表示为 (见式 (8.3.18))

$$H = \hbar\omega a^{+}a \tag{11.4.7}$$

这里，a 和 a^+ 分别是光子的湮灭算符和产生算符，ω 是模的频率，$\hbar$ 是约化普朗克常数。

遵循经典体系的最大熵操作，我们将在约束式 (11.4.2) 和式 (11.4.6) 的情况下最大化熵式 (11.4.1)，以找到最合理的密度算符。为此，我们变化 ρ，有

$$\mathrm{Tr}\,(1+\ln\rho)\,\delta\rho=0 \tag{11.4.8a}$$

$$\mathrm{Tr}\delta\rho=0 \tag{11.4.8b}$$

$$\mathrm{Tr}H\delta\rho=0 \tag{11.4.8c}$$

用参数 λ 乘以式 (11.4.8b)，用参数 β 乘以式 (11.4.8c)，然后加到式 (11.4.8a)，我们有

$$\mathrm{Tr}\,(1+\ln\rho+\lambda+\beta H)\,\delta\rho=0 \tag{11.4.9}$$

参与求迹的各项是相互独立的，式 (11.4.9) 成立的必要充分条件是各项系数为零：

$$1+\ln\rho+\lambda+\beta H=0 \tag{11.4.10}$$

它给出

$$\rho=\frac{\exp(-\beta H)}{Z} \tag{11.4.11}$$

其中，$Z=\mathrm{e}^{\lambda+1}$ 是配分函数，它由式 (11.4.2) 表示为

$$Z=\mathrm{Tr}(\mathrm{e}^{-\beta H}) \tag{11.4.12}$$

现在计算配分函数 Z，为此将式 (11.4.7) 代入式 (11.4.12)，在光子数表象 $\{|n\rangle\}$ 求迹，得到

$$Z=\mathrm{Tr}\exp(-\beta\hbar\omega a^+a)=\sum_{n=0}^{\infty}\langle n|\exp(-\beta\hbar\omega a^+a\,|n\rangle=\sum_{n=0}^{\infty}\exp(-\beta\hbar\omega n) \tag{11.4.13}$$

令 $x=-\beta\hbar\omega$，利用求和公式 (1.5.4a)，由式 (11.4.13) 得到

$$Z=\frac{1}{1-x}=\frac{1}{1-\exp\,(-\beta\hbar\omega)} \tag{11.4.14}$$

下一步确定参数 β, 为此利用式 (11.4.6) 得到

$$\langle E\rangle=\frac{\mathrm{Tr}H\exp(-\beta H)}{\mathrm{Tr}\exp(-\beta H)}=-\frac{\partial}{\partial\beta}\ln Z \tag{11.4.15}$$

将式 (11.4.14) 代入式 (11.4.15)，得到

$$\langle E\rangle = \frac{\hbar\omega}{\exp(\beta\hbar\omega)-1} \tag{11.4.16}$$

由式 (11.4.16) 解出 β(作为 $\langle E\rangle$ 的函数) 是容易的，不过从对应原理来看，当 $\hbar\to 0$ 时，场模的量子化能量 $\langle E\rangle$ 必须约化为经典形式。具体而言，根据经典分子运动论的能量均分定理，每个自由度的能量为 $\frac{1}{2}k_{\mathrm{B}}T$。而场模中的电场和磁场各对应一个自由度，所以总能量为

$$\langle E\rangle_{\hbar\to 0} = \left[\frac{\hbar\omega}{\exp(\beta\hbar\omega)-1}\right]_{\hbar\to 0} = \left[\frac{\omega}{\beta\omega\exp(\beta\hbar\omega)}\right]_{\hbar\to 0} = \frac{1}{\beta} = k_{\mathrm{B}}T \tag{11.4.17}$$

确定 β 参量后，式 (11.4.16) 写成

$$\langle E\rangle = \frac{\hbar\omega}{\exp\left(\dfrac{\hbar\omega}{k_{\mathrm{B}}T}\right)-1} \tag{11.4.18}$$

这正是描述黑体辐射 (热辐射) 的普朗克分布的平均能量 (见式 (1.5.6))。原来普朗克分布是最大熵原理所确定的一个最合理分布。我们记得，推导黑体辐射平均能量的基础是式 (1.5.3)，其中所用的正是最保守的玻尔兹曼分布 $\exp(-nh\nu/(k_{\mathrm{B}}T))$。不过，按当时的认知，得出平均能量是采用连续分布式 (1.4.23) 还是离散分立式 (1.5.3)，是有分歧的。而最大熵原理则通过式 (11.4.6) 自动地选择了离散分布 (即选择了能量量子化)，它确实最诚实地反映出体系的最保守、最自然、最可靠的状态。现在体系的密度算符式 (11.4.11) 被写为

$$\rho = \frac{\exp\left(-\dfrac{H}{k_{\mathrm{B}}T}\right)}{\mathrm{Tr}\exp\left(-\dfrac{H}{k_{\mathrm{B}}T}\right)} \tag{11.4.19}$$

这就是热场密度算符的标准形式。

最后我们考察一个极限情况。黑体辐射的平均能量式 (11.4.18) 导致 $\langle E\rangle|_{T\to 0} = 0$(见式 (1.5.8))，那么热场密度算符如何表达这一极限行为呢？事实上，由式 (11.4.6) 和式 (11.4.7) 可写出

$$\langle E\rangle = \mathrm{Tr}(\rho\hbar\omega a^{+}a) = \hbar\omega\sum_{0}^{\infty}\langle n|\rho a^{+}a\,|n\rangle = \hbar\omega\sum_{0}^{\infty}n\,\langle n|\rho\,|n\rangle \tag{11.4.20}$$

取密度算符 $\rho = |0\rangle\langle 0|$ 可导致

$$\langle E\rangle = \hbar\omega\sum_{0}^{\infty} n\langle n|\rho|n\rangle = \hbar\omega\sum_{0}^{\infty} n\langle n|0\rangle\langle 0|n\rangle = 0 \tag{11.4.21}$$

可见黑体辐射的零能量 $\langle E\rangle|_{T\to 0} = 0$ 对应一个辐射场的真空态。

11.4.3 平均光子数与量子熵

我们现在利用式 (11.4.19) 来讨论热场的性质。为此，通过式 (11.4.7) 将式 (11.4.19) 写成

$$\rho = \frac{1}{Z}\exp(-\lambda a^{+}a) \tag{11.4.22}$$

其中，$\lambda = \dfrac{\hbar\omega}{k_{\mathrm{B}}T}$, $Z = \dfrac{1}{1-\mathrm{e}^{-\lambda}}$，而 $N = Z - 1$ 是平均光子数:

$$N = \frac{\langle E\rangle}{\hbar\omega} = \frac{1}{\exp\left(\dfrac{\hbar\omega}{k_{\mathrm{B}}T}\right) - 1} \tag{11.4.23a}$$

其实，求出平均光子数式 (11.4.23a)，还有一个直截了当的思路:

$$\begin{aligned}\langle a^{+}a\rangle &= \mathrm{Tr}\rho a^{+}a = \sum_{n=0}^{\infty}\langle n|\rho a^{+}a|n\rangle = \sum_{n=0}^{\infty}\langle n|\frac{1}{Z}\exp(-\lambda a^{+}a)a^{+}a|n\rangle \\ &= \frac{1}{Z}\sum_{n=0}^{\infty} n\exp(-\lambda n) = \frac{1}{Z}\sum_{n=0}^{\infty} n\left(\mathrm{e}^{-\lambda}\right)^{n} = \frac{1}{Z}\frac{\mathrm{e}^{-\lambda}}{\left(1-\mathrm{e}^{-\lambda}\right)^{2}} = \frac{1}{\exp\left(\dfrac{\hbar\omega}{k_{\mathrm{B}}T}\right)-1}\end{aligned} \tag{11.4.23b}$$

其中的计算用到了求和公式 (见式 (1.5.4b))

$$\sum_{n=0}^{\infty} nx^{n} = \frac{x}{(1-x)^{2}} \quad (|x| < 1) \tag{11.4.24}$$

图 11.4.1 绘制了热场中平均光子数对波长 $\lambda = 2\pi c/\omega$ 和温度 T 的依赖性，这里的结果为估计热噪声对一个实际辐射场的影响提供了基本知识。

关于热场的熵，我们在 11.2.1 节做过计算，那里的密度算符直接引用熟知的求和形式 (11.2.8)，现在我们使用本节得出的更简单的指数函数形式 (11.4.22)，它作用于数态 $|n\rangle$ 给出

$$\rho|n\rangle = \frac{1}{Z}\exp(-\lambda a^{+}a)|n\rangle = \frac{1}{Z}\exp(-\lambda n)|n\rangle \tag{11.4.25}$$

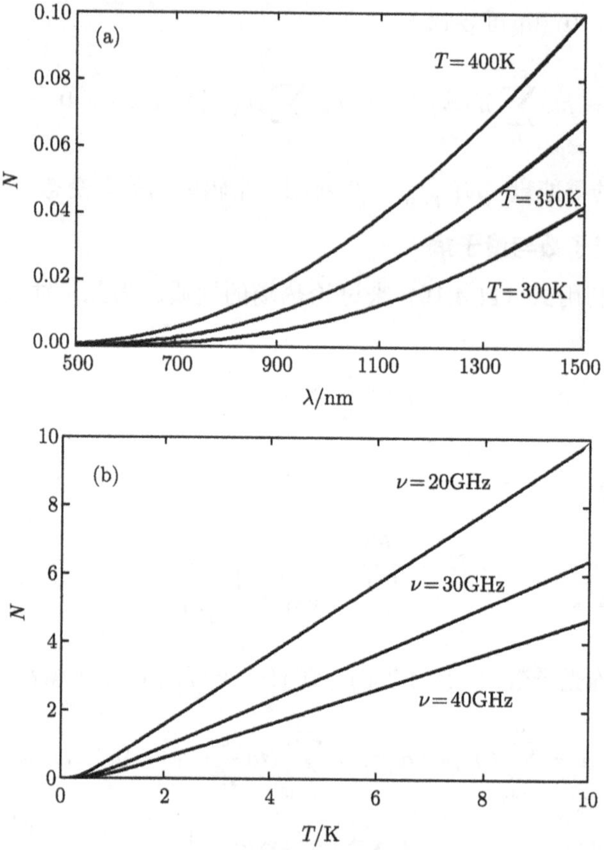

图 11.4.1　热场中的平均光子数

(a) 随波长 λ 的变化 (对于几个不同的温度值)；(b) 随温度 T 的变化 (对于几个不同的频率值)。前者可用于估算探测器热噪声对生物系统光子辐射的影响，后者可用于估算单原子微波激射系统的微波辐射

可见 $\dfrac{1}{Z}\exp(-\lambda n)$ 是密度算符的本征值，用它直接代替式 (11.2.19) 中的 R_i，得到

$$S=-k_{\mathrm{B}}\sum_{n=0}^{\infty}P_n\ln\left[\frac{1}{Z}\exp(-\lambda n)\right]=k_{\mathrm{B}}\sum_{n=0}^{\infty}P_n\left(\ln Z+\lambda n\right)$$

$$=k_{\mathrm{B}}\left(\ln Z+\lambda N\right)=k_{\mathrm{B}}\left[(N+1)\ln(N+1)-N\ln N\right] \tag{11.4.26a}$$

最终得到

$$S=k_{\mathrm{B}}\ln\frac{(N+1)^{N+1}}{N^N} \tag{11.4.26b}$$

这就是热场的量子熵。与之前得到的结果式 (11.2.11) 相一致。

11.4.4 光子统计的一般性计算

在热场情况下，我们用式 (11.4.25) 直接给出了光子数分布的结果，因为数态 $|n\rangle$ 是密度算符的本征态。但一般情况下，密度算符不一定具有 $|n\rangle$ 作为其本征态。本节给出计算光子统计的一般性方法，它的特点是将密度算符 ρ 转化为特征函数：

$$\chi(\xi) = \mathrm{Tr}\rho\exp(\xi a^{+} - \xi^{*} a) \tag{11.4.27a}$$

其中，ξ 是一个复参量。我们还需要定义正规序特征函数 (与定义式 (11.2.46) 相同——这里注出了下标 N)

$$\chi_N(\xi) = \mathrm{Tr}\rho\exp(\xi a^{+})\exp(-\xi^{*} a) \tag{11.4.27b}$$

和反正规序特征函数

$$\chi_A(\xi) = \mathrm{Tr}\rho\exp(-\xi^{*} a)\exp(\xi a^{+}) \tag{11.4.27c}$$

使用 Baker-Hausdorff 公式

$$\mathrm{e}^{A+B} = \mathrm{e}^{A}\mathrm{e}^{B}\mathrm{e}^{-\frac{1}{2}[A,\, B]} \tag{11.4.28}$$

其中，A 和 B 是算符，服从对易关系 $[A, B] = c$-数，给出三者的关系式

$$\chi(\xi) = \exp\left(-\frac{1}{2}|\xi|^2\right)\chi_N(\xi) = \exp\left(\frac{1}{2}|\xi|^2\right)\chi_A(\xi) \tag{11.4.29}$$

另外，正规序产生函数 (normally ordered generating function) 定义为

$$C_N(\eta) = \frac{1}{\pi\eta}\int \exp\left(-\frac{|\xi|^2}{\eta}\right)\chi_N(\xi)\mathrm{d}^2\xi \tag{11.4.30}$$

其中，η 是一个实参量。$C_N(\eta)$ 的功能是产生光子数分布 P_n 及阶乘矩 $M^{(k)}$：

$$P_n = \frac{(-1)^n}{n!}\frac{\mathrm{d}^n C_N(\eta)}{\mathrm{d}\eta^n}\bigg|_{\eta\,=\,1} \tag{11.4.31a}$$

$$M^{(k)} = (-1)^k\frac{\mathrm{d}^k C_N(\eta)}{\mathrm{d}\eta^k}\bigg|_{\eta\,=\,0} \tag{11.4.31b}$$

阶乘矩由光子数分布 P_n 定义为

$$M^{(k)} = \sum_{n=k}^{\infty}\frac{n!}{(n-k)!}P_n \quad (k = 1,\ 2,\ 3,\ \cdots) \tag{11.4.31c}$$

式 (11.4.31) 表征辐射场的光子统计性质。我们从式 (11.4.31a) 和式 (11.4.31b) 看出，这需要知道其中的正规序产生函数 $C_N(\eta)$，而它来自积分式 (11.4.30)，这又需要正规序特征函数 $\chi_N(\xi)$。

下面举一个计算正规序特征函数 $\chi_N(\xi)$ 的例子，考虑随机位相相干态，将式 (11.2.14) 代入式 (11.4.27b)，得到

$$\chi_N(\xi) = \mathrm{Tr}\left[\exp(-|\alpha|^2)\sum_{n=0}^{\infty}\frac{|\alpha|^{2n}}{n!}|n\rangle\langle n|\exp(\xi a^+)\exp(-\xi^* a)\right] \tag{11.4.32a}$$

在数态表象 $\{|m\rangle\}$ 求迹：

$$\chi_N(\xi) = \sum_{m=0}^{\infty}\langle m|\exp(-|\alpha|^2)\sum_{n=0}^{\infty}\frac{|\alpha|^{2n}}{n!}|n\rangle\langle n|\exp(\xi a^+)\exp(-\xi^* a)|m\rangle \tag{11.4.32b}$$

再利用

$$\exp(-\xi^* a)|m\rangle = \sum_{k=0}^{m}\sqrt{\frac{m!}{(m-k)!}}\frac{(-\xi^*)^k}{k!}|m-k\rangle$$

$$\langle n|\exp(\xi a^+) = \sum_{s=0}^{n}\sqrt{\frac{n!}{(n-s)!}}\frac{\xi^s}{s!}\langle n-s|$$

使式 (11.4.32b) 变为

$$\begin{aligned}\chi_N(\xi) &= \sum_{m=0}^{\infty}\langle m|n\rangle\exp(-|\alpha|^2)\sum_{n=0}^{\infty}\frac{|\alpha|^{2n}}{n!}\sum_{s=0}^{n}\sum_{k=0}^{m}\langle n-s|m-k\rangle \\ &\quad\cdot\sqrt{\frac{m!}{(m-k)!}}\frac{(-\xi^*)^k}{k!}\sqrt{\frac{n!}{(n-s)!}}\frac{\xi^s}{s!} \\ &= \exp(-|\alpha|^2)\sum_{n=0}^{\infty}\frac{|\alpha|^{2n}}{(n!)^2}\sum_{k=0}^{n}\frac{(n!)^2}{(k!)^2(n-k)!}\left(-|\xi|^2\right)^k \\ &= \exp(-|\alpha|^2)\sum_{n=0}^{\infty}\frac{|\alpha|^{2n}}{(n!)^2}L_n\left(|\xi|^2\right)\end{aligned} \tag{11.4.33}$$

其中拉盖尔多项式由幂级数

$$L_n(x) = \sum_{k=0}^{n}\frac{(n!)^2}{(k!)^2(n-k)!}(-x)^k \tag{11.4.34}$$

定义。然后将式 (11.4.33) 代入式 (11.4.30)，完成积分得到正规序产生函数 $C_N(\eta)$，之后就可以利用式 (11.4.31) 产生光子数分布 P_n 及阶乘矩 $M^{(k)}$。不过我们已经知道本例 (随机位相相干态) 的光子数分布是式 (11.2.15) 所示的泊松分布，也无意计算相应的阶乘矩 $M^{(k)}$，我们更关心热场的情况。

11.4.5 热场的光子统计性质

有些情况下，需要首先计算反正规序特征函数 $\chi_A(\xi)$，然后利用式 (11.4.29) 得到正规序特征函数 $\chi_N(\xi)$。为此对式 (11.4.27c) 在数态表象 $\{|n\rangle\}$ 中求迹：

$$\chi_A(\xi) = \mathrm{Tr}\rho\exp(-\xi^* a)\exp(\xi a^+) = \sum_{n=0}^{\infty}\langle n|\rho\exp(-\xi^* a)\exp(\xi a^+)|n\rangle \tag{11.4.35}$$

现在可以从式 (11.4.35) 出发考察热场的光子统计性质，将密度算符式 (11.4.22) 代入式 (11.4.35) 并利用

$$\exp(\xi a^+)|n\rangle = \sum_{k=0}^{\infty}\sqrt{\frac{(n+k)!}{n!}}\frac{\xi^k}{k!}|n+k\rangle$$

$$\langle n|\exp(-\xi^* a) = \sum_{s=0}^{\infty}\sqrt{\frac{(n+s)!}{n!}}\frac{(-\xi^*)^s}{s!}\langle n+s|$$

我们有

$$\begin{aligned}
\chi_A(\xi) &= \sum_{n=0}^{\infty}\langle n|\frac{1}{Z}\exp(-\lambda a^+ a)\exp(-\xi^* a)\exp(\xi a^+)|n\rangle \\
&= \sum_{n=0}^{\infty}\frac{1}{Z}\exp(-\lambda n)\sum_{s=0}^{\infty}\sum_{k=0}^{\infty}\langle n+s\mid n+k\rangle\sqrt{\frac{(n+s)!}{n!}}\frac{(-\xi^*)^s}{s!}\sqrt{\frac{(n+k)!}{n!}}\frac{\xi^k}{k!} \\
&= \sum_{n=0}^{\infty}\sum_{k=0}^{\infty}\frac{1}{Z}\exp(-\lambda n)\frac{(n+k)!}{n!(k!)^2}\left(-|\xi|^2\right)^k = \exp\left(-Z|\xi|^2\right)
\end{aligned}$$

这是一个高斯分布。利用式 (11.4.29) 后给出正规序特征函数

$$\chi_N(\xi) = \exp\left(-N|\xi|^2\right) \tag{11.4.36a}$$

将式 (11.4.36a) 代入式 (11.4.30)，完成积分后得到正规序产生函数

$$C_N(\eta) = \frac{1}{1+\eta N} \tag{11.4.36b}$$

再将式 (11.4.36b) 代入式 (11.4.31a) 立即得到光子数分布

$$P_n = \frac{1}{Z}\exp(-\lambda n) = \frac{N^n}{(N+1)^{n+1}} \tag{11.4.37}$$

它正是式 (11.2.10a) 所示的光子数分布。将式 (11.4.36b) 代入式 (11.4.31b) 进而得到阶乘矩

$$M^{(k)} = \sum_{n=k}^{\infty}\frac{n!}{(n-k)!}P_n = k!N^k \tag{11.4.38a}$$

而归一化的阶乘矩为

$$m^{(k)} = \frac{\sum\limits_{n=k}^{\infty}\dfrac{n!}{(n-k)!}P_n}{\left(\sum\limits_{n=k}^{\infty} nP_n\right)^k} = k! \tag{11.4.38b}$$

特别是，光子数方差为

$$(\Delta n)^2 = \langle n^2\rangle - \langle n\rangle^2 = \frac{1}{N+1}\sum_{n=0}^{\infty}n^2\left(\frac{N}{N+1}\right)^n = N^2+N \tag{11.4.38c}$$

二阶关联函数是

$$g^2(0) = 1 + \frac{(\Delta n)^2 - \langle n\rangle}{\langle n\rangle^2} = 2 \tag{11.4.38d}$$

注意，式 (11.4.38c) 的运算中利用了求和公式

$$\sum_{n=0}^{\infty}n^2x^n = \frac{x(1+x)}{(1-x)^3} \quad (|x|<1) \tag{11.4.39}$$

它由式 (1.5.4b) 两边关于 x 求微商，再同乘以 x 而得出。式 (11.4.38) 就是关于热场光子统计的所有重要结果。特别是式 (11.4.38b) 显示，热场的归一化阶乘矩 $m^{(k)}$ 随阶数 k 快速增加。

上述结果在分析热场的光子统计性质中具有重要的应用价值。最常用的一个方法是通过测量给定样品的光子计数分布 P_n 而获得归一化的阶乘矩 $m^{(k)}$，进而与热场理论值 $m^{(k)} = k!$ 相比较，以判断样品与热平衡态的偏离，分析材料的热辐射性质。这个方法非常敏感且可靠，已经用于研究众多有机材料的热辐射性质。而在生物光子学中则通过测量 $m^{(k)}$ 了解来自生命系统的光子辐射性质 [顾樵. 生物光子学. 3 版. 科学出版社，2016]，获取生物样品的微观信息，了解生命体系的宏观状态。

11.4.6 热场的量子起伏

辐射场的相干性是一个重要的参数。分析相干性的方式是考察无量纲正交算符 (式 (8.2.4))

$$X=a+a^{+}\quad \text{和}\quad P=-\mathrm{i}(a-a^{+}) \tag{11.4.40}$$

的量子起伏 (式 (8.3.25)):

$$\begin{pmatrix}(\Delta X)^2\\(\Delta P)^2\end{pmatrix}=1+2\left\langle a^{+}a\right\rangle \pm 2\mathrm{Re}\left\langle a^2\right\rangle-4\begin{pmatrix}\mathrm{Re}^2\left\langle a\right\rangle\\ \mathrm{Im}^2\left\langle a\right\rangle\end{pmatrix} \tag{11.4.41}$$

其中的期待值 $\langle\cdots\rangle$ 可以在任何表象中计算。对于现在讨论的热场，我们有

$$\langle a\rangle=\mathrm{Tr}(\rho a)=\frac{1}{Z}\sum_{n=0}^{\infty}\langle n|\,\mathrm{e}^{-\lambda a^{+}a}a\,|n\rangle=\frac{1}{Z}\sum_{n=0}^{\infty}\mathrm{e}^{-\lambda n}\sqrt{n}\,\langle n\mid n-1\rangle=0 \tag{11.4.42}$$

同时还有 $\left\langle a^2\right\rangle=0$ ，于是场起伏为

$$(\Delta X)^2=(\Delta P)^2=1+2N \tag{11.4.43}$$

二者以相同的方式随平均光子数 N 线性增加，进而有

$$\Delta X=\Delta P=\sqrt{1+2N} \tag{11.4.44}$$

在极限情况 $N\to 0$ (当 $T\to 0$ 时)，热场约化为真空态：$\Delta X=\Delta P=1$。这意味着，一个真空态可以是热场 (混沌态) 的特殊情况。

以上我们从不同角度讨论了热场的性质 (平均光子数、量子熵、光子统计及场起伏)。其基本特点是，密度算符是利用约束条件式 (11.4.6) 来最大化熵而获得的。我们将会看到，随着约束条件的增加，将会引入具有更多信息含量的量子辐射场。

11.5 噪声中的相干态

如果我们进行更细致的测量，能获得关于辐射场更多的数据，这时对体系使用最大熵原理会引出什么样的密度算符。具体而言，我们假定除了测量辐射场的平均能量之外，还测量它的平均电场和平均磁场。现在我们有

$$\langle E\rangle=\mathrm{Tr}\rho H=\hbar\omega\mathrm{Tr}\rho a^{+}a \tag{11.5.1a}$$

$$\langle x\rangle=\mathrm{Tr}\rho x=\sqrt{\frac{\hbar}{2\omega}}\mathrm{Tr}\rho(a^{+}+a) \tag{11.5.1b}$$

$$\langle p\rangle = \mathrm{Tr}\rho p = \mathrm{i}\sqrt{\frac{\hbar\omega}{2}}\mathrm{Tr}\rho(a^+ - a) \tag{11.5.1c}$$

其中，场算符 x 和 p 分别有坐标量纲和动量量纲 (见式 (8.2.1))，代表辐射场中的电场和磁场。

11.5.1　熵的最大化

仿照讨论热场的过程，我们对熵式 (11.4.1) 最大化，约束条件除了归一化条件式 (11.4.2) 和能量数据式 (11.5.1a) 之外，还有关于电场的数据式 (11.5.1b) 及磁场的数据式 (11.5.1c)。我们使用拉格朗日乘子法，得到

$$\mathrm{Tr}\,(1+\ln\rho+\lambda+\beta H-\lambda_1\omega x-\lambda_2 p)\,\delta\rho=0 \tag{11.5.2a}$$

与热场的式 (11.4.9) 相比，现在多出了两个乘子 λ_1 和 λ_2(它们描述测量电、磁场给出的贡献)。式 (11.5.2a) 中参与求迹的各项是相互独立的，求迹成立的必要充分条件是各项系数为零：

$$1+\ln\rho+\lambda+\beta H-\lambda_1\omega x-\lambda_2 p=0 \tag{11.5.2b}$$

它给出密度算符

$$\rho=\frac{\exp(-\beta H+\lambda_1\omega x+\lambda_2 p)}{\mathrm{Trexp}(-\beta H+\lambda_1\omega x+\lambda_2 p)}=\frac{\exp(-\lambda a^+a+\gamma_1 a^+ +\gamma_1^* a)}{\mathrm{Trexp}(-\lambda a^+a+\gamma_1 a^+ +\gamma_1^* a)} \tag{11.5.3}$$

注意，式 (11.5.3) 的得出已经略去了算符中不重要的常数 (被并入归一化常数)，其中

$$\lambda=\beta\hbar\omega \tag{11.5.4a}$$

是实参量，而

$$\gamma_1=\sqrt{\frac{\hbar\omega}{2}}(\lambda_1+\mathrm{i}\lambda_2)\quad 和\quad \gamma_1^*=\sqrt{\frac{\hbar\omega}{2}}(\lambda_1-\mathrm{i}\lambda_2) \tag{11.5.4b}$$

必须是复参量，由于 $\langle x\rangle$ 和 $\langle p\rangle$ 有位相差 $\pi/2$。接下来我们在湮灭算符 a 和产生算符 a^+ 的意义上引入新算符

$$b=a-w\quad 和\quad b^+=a^+-w^* \tag{11.5.5}$$

其中，w 和 w^* 是 c-数，由 $w=\gamma_1/\lambda$ 和 $w^*=\gamma_1^*/\lambda$ 定义。式 (11.5.5) 中的二式相乘给出

$$-\lambda a^+a+\gamma_1 a^+ +\gamma_1^* = -\lambda b^+b-|w|^2 \tag{11.5.6}$$

利用式 (11.5.6) 将式 (11.5.3) 写为

$$\rho=\frac{\exp(-\lambda b^{+}b)}{\mathrm{Trexp}(-\lambda b^{+}b)}=\frac{1}{Z}\exp(-\lambda b^{+}b) \tag{11.5.7}$$

这里我们已经将算符 $-\lambda b^{+}b$ 之后的 c-数 $|w|^2$ 并入配分函数 Z。从式 (11.5.5) 容易算出 $[b,\ b^{+}]=1$, 这意味着 b 和 b^{+} 能被理解为准玻色湮灭和产生算符，从而可以建立一个 “数态” 表象 $\{|n\rangle_b\}$:

$$b^{+}b\,|n\rangle_b=n\,|n\rangle_b \tag{11.5.8a}$$

$$b\,|n\rangle_b=\sqrt{n}\,|n-1\rangle_b \tag{11.5.8b}$$

$$b^{+}\,|n\rangle=\sqrt{n+1}\,|n+1\rangle_b \tag{11.5.8c}$$

这样我们可以在表象 $\{|n\rangle_b\}$ 中计算式 (11.5.7) 中的配分函数:

$$\begin{aligned}Z&=\mathrm{Trexp}(-\lambda b^{+}b)=\sum_{n=0}^{\infty}{}_b\langle n|\exp(-\lambda b^{+}b)\,|n\rangle_b\\&=\sum_{n=0}^{\infty}\exp(-\lambda n)=\frac{1}{1-\exp(-\beta\hbar\omega)}\end{aligned}$$

它与热场的结果 (见式 (11.4.14)) 相同。

为了确定拉格朗日乘子 λ、w 和 w^*，我们从式 (11.5.5) 写出

$$a^{+}a=b^{+}b+wb^{+}+w^{*}b+|w|^2 \tag{11.5.9}$$

接下来将式 (11.5.7) 代入式 (11.5.1a)，利用式 (11.5.9) 转换到表象 $\{|n\rangle_b\}$，并在该表象中求迹，我们得到

$$\begin{aligned}\langle E\rangle&=\hbar\omega\mathrm{Tr}\rho a^{+}a=\hbar\omega\mathrm{Tr}\left[\frac{1}{Z}\exp(-\lambda b^{+}b)a^{+}a\right]\\&=\hbar\omega\sum_{n=0}^{\infty}{}_b\langle n|\frac{1}{Z}\exp(-\lambda b^{+}b)\left(b^{+}b+wb^{+}+w^{*}b+|w|^2\right)|n\rangle_b\\&=\hbar\omega\sum_{n=0}^{\infty}\frac{1}{Z}\exp(-\lambda n)\left(n+|w|^2\right)\\&=\frac{\hbar\omega}{\exp(\beta\hbar\omega)-1}+\hbar\omega\,|w|^2\end{aligned}$$

由极限条件 $\langle E\rangle_{\hbar\to 0}=k_{\mathrm{B}}T$ 可确定 $\beta=\dfrac{1}{k_{\mathrm{B}}T}$(见式 (11.4.17))，于是

$$\langle E\rangle=\frac{\hbar\omega}{\exp\left(\dfrac{\hbar\omega}{k_{\mathrm{B}}T}\right)-1}+\hbar\omega\left|w\right|^2 \tag{11.5.10}$$

式 (11.5.10) 描述了一个信号加噪声的辐射场，其中的 w 和 w^* 可通过

$$\langle x\rangle=\sqrt{\frac{\hbar}{2\omega}}(w^*+w),\quad \langle p\rangle=\mathrm{i}\sqrt{\frac{2\omega}{\hbar}}(w^*-w) \tag{11.5.11}$$

由电、磁场的测量数据 $\langle x\rangle$ 和 $\langle p\rangle$ 表征。

由辐射场的平均能量式 (11.5.10) 立即得到平均光子数

$$N_b=\frac{\langle E\rangle}{\hbar\omega}=\frac{1}{\exp\left(\dfrac{\hbar\omega}{k_{\mathrm{B}}T}\right)-1}+\left|w\right|^2 \tag{11.5.12a}$$

它是热场平均光子数式 (11.4.23) 与 $|w|^2$ 之和。顺便地，我们计算

$$\begin{aligned}\left\langle b^+b\right\rangle&=\mathrm{Tr}\rho b^+b=\sum_{n=0}^{\infty}{}_b\left\langle n_b\right|\frac{1}{Z}\exp(-\lambda b^+b)b^+b\left|n\right\rangle_b=\frac{1}{Z}\sum_{n=0}^{\infty}n\exp(-\lambda n)\\&=\frac{1}{Z}\sum_{n=0}^{\infty}n\left(\mathrm{e}^{-\lambda}\right)^n=\frac{1}{Z}\frac{\mathrm{e}^{-\lambda}}{\left(1-\mathrm{e}^{-\lambda}\right)^2}=\frac{1}{\exp\left(\dfrac{\hbar\omega}{k_{\mathrm{B}}T}\right)-1}\end{aligned} \tag{11.5.12b}$$

这正是式 (11.4.23) 所示的热场的平均光子数。虽然 b、b^+ 定义式 (11.5.5) 中包含参数 w，但它对热场没有贡献。

11.5.2　两个特殊情况

首先考虑仅有热场的情况 ($|w|^2=0$)，式 (11.5.5) 给出 $b^+b=a^+a$，则密度算符式 (11.5.6) 约化成式 (11.4.22)。整个问题退化成 11.4.2 节和 11.4.3 节所讨论的热场情况。

另一个特殊情况是，当 $T\to 0$ 时，热场能量为零，平均值式 (11.5.10) 变成

$$\langle E\rangle=\hbar\omega\left|w\right|^2 \tag{11.5.13}$$

这使式 (11.5.1a) 变为

$$\hbar\omega\left|w\right|^2=\mathrm{Tr}(\rho\hbar\omega a^+a)=\hbar\omega\sum_{0}^{\infty}\left\langle n\right|\rho a^+a\left|n\right\rangle=\hbar\omega\sum_{0}^{\infty}n\left\langle n\right|\rho\left|n\right\rangle \tag{11.5.14}$$

现在我们可以取一个密度算符 ρ，确保式 (11.5.14) 左右两端相等。显然，它就是相干态 $|w\rangle$ 的密度算符

$$\rho = |w\rangle\langle w| \tag{11.5.15}$$

事实上，将式 (11.5.15) 代入式 (11.5.14) 右边，有

$$\hbar\omega\sum_{0}^{\infty} n\langle n\,|w\rangle\langle w|\,n\rangle = \hbar\omega\sum_{0}^{\infty} n\exp\left(-|w|^2\right)\frac{|w|^{2n}}{n!} = \hbar\omega\,|w|^2 \tag{11.5.16}$$

其中，$\exp\left(-|w|^2\right)\dfrac{|w|^{2n}}{n!}$ 是相干态 $|w\rangle$ 的泊松分布，$\sum\limits_{0}^{\infty} n\exp\left(-|w|^2\right)\dfrac{|w|^{2n}}{n!} = |w|^2$ 正是相干态 $|w\rangle$ 的平均光子数。上述讨论意味着，当 $T\to 0$ 时，辐射场约化成一个无噪声的相干态。而相干态在 $w=0$ 时又约化成零能量的真空态 $\rho = |0\rangle\langle 0|$。可见，一个真空态也可以是相干态的特殊情况。

我们已经看到，这里所讨论的辐射场是一个带有热噪声的相干态。只要 $T>0$，信号和噪声是同时出现的。现在看似有一个问题：是否可以仅使用场约束式 (11.5.1b) 和式 (11.5.1c)，忽略能量约束式 (11.5.1a)，然后直接引入无热噪声的纯相干态？事实上，如果我们忽略能量约束式 (11.5.1a)，密度算符式 (11.5.3) 将变成

$$\rho = \frac{1}{Z}\exp(\gamma_1 a^+ + \gamma_1^* a) \tag{11.5.17a}$$

其中的配分函数为

$$\begin{aligned} Z &= \mathrm{Tr}\exp(\gamma_1 a^+ + \gamma_1^* a) = \frac{1}{\pi}\mathrm{Tr}\int \exp(\gamma_1 a^+ + \gamma_1^* a)\,|\alpha\rangle\langle\alpha|\,\mathrm{d}^2\alpha \\ &= \frac{1}{\pi}\int \langle\alpha|\exp(\gamma_1 a^+ + \gamma_1^* a)\,|\alpha\rangle \mathrm{d}^2\alpha \\ &= \frac{1}{\pi}\exp\left(\frac{|\gamma_1|^2}{2}\right)\int\langle\alpha|\exp(\gamma_1 a^+)\exp(\gamma_1^* a)\,|\alpha\rangle\mathrm{d}^2\alpha \\ &= \frac{1}{\pi}\exp\left(\frac{|\gamma_1|^2}{2}\right)\int \exp(\gamma_1\alpha^* + \gamma_1^*\alpha)\mathrm{d}^2\alpha \end{aligned} \tag{11.5.17b}$$

其中的运算用到了相干态的完备性关系式 (8.5.52)、算符公式 $\mathrm{Tr}\,|\alpha\rangle\langle\beta| = \langle\beta\mid\alpha\rangle$ 以及相干态定义式 (8.5.1)。式 (11.5.17b) 中最后出现的积分是奇异的，也就是说，有物理意义的配分函数 Z 是不存在的。这意味着不存在相应的密度算符。因此我们得出结论，使用能量约束是必须的。这描述了一个真实的辐射场：信号和噪声

必须是并存的 (一个辐射场不可能只有信号而没有噪声)。我们再次看到，熵最大原理自动给出关于体系的最真实、最合理的状态 (不允许人们得出任何偏离真实性的结果)。

11.5.3　辐射场的性质

我们现在计算包含信号和噪声的辐射场的熵。密度算符式 (11.5.7) 具有数态 $|n\rangle_b$ 作为其本征态：

$$\rho\,|n\rangle_b = \frac{1}{Z}\exp(-\lambda b^+ b)\,|n\rangle_b = \frac{1}{Z}\exp(-\lambda n)\,|n\rangle_b \tag{11.5.18}$$

直接用本征值 $\dfrac{1}{Z}\exp(-\lambda n)$ 代替式 (11.2.19) 中的 R_i，得到

$$\begin{aligned}
S &= -k_{\rm B}\sum_{n=0}^{\infty}\frac{1}{Z}\exp(-\lambda n)\ln\left[\frac{1}{Z}\exp(-\lambda n)\right] = k_{\rm B}\sum_{n=0}^{\infty}\frac{1}{Z}\exp(-\lambda n)\,(\ln Z + \lambda n)\\
&= k_{\rm B}\frac{\ln Z}{Z}\sum_{n=0}^{\infty}\exp(-\lambda n) + k_{\rm B}\frac{\lambda}{Z}\sum_{n=0}^{\infty} n\exp(-\lambda n)\\
&= k_{\rm B}\,(\ln Z + \lambda N) = k_{\rm B}\,[(N+1)\ln(N+1) - N\ln N]\\
&= k_{\rm B}\ln\frac{(N+1)^{N+1}}{N^N}
\end{aligned} \tag{11.5.19}$$

其中，N 是热场平均光子数式 (11.4.23)。式 (11.5.19) 精确等于热场的熵 (见式 (11.4.26b))，它依赖于热场平均光子数 N，而不是热场加相干态的平均光子数 N_b(见式 (11.5.12a))。这意味着，附加的电、磁场测量只是产生了附加的能量，而不产生附加的熵。这个结论并不奇怪，实际上我们早就知道，这里的附加场是零熵的相干态。

现在我们讨论光子统计性质，先用普通方法求光子数分布：

$$\begin{aligned}
P_n &= \langle n|\,\rho\,|n\rangle = \langle n|\,\frac{1}{Z}\exp(-\lambda b^+ b)\,|n\rangle\\
&= \langle n|\,\frac{1}{Z}\exp\left[-\lambda\left(a^+a - w^*a - wa^+ + |w|^2\right)\right]|n\rangle\\
&= \frac{1}{n!}\exp\left[-\frac{{\rm e}^{\lambda}-1}{{\rm e}^{\lambda}}\,|w|^2\right]\frac{\exp(-\lambda n)}{Z}\sum_{k=0}^{n}\frac{(n!)^2}{(k!)^2\,(n-k)!}\left[-\frac{({\rm e}^{\lambda}-1)^2}{{\rm e}^{\lambda}}\,|w|^2\right]^k\\
&= \frac{1}{n!}\exp\left[-\frac{{\rm e}^{\lambda}-1}{{\rm e}^{\lambda}}\,|w|^2\right]\frac{\exp(-\lambda n)}{Z}L_n\left[-\frac{({\rm e}^{\lambda}-1)^2}{{\rm e}^{\lambda}}\,|w|^2\right]
\end{aligned}$$

$$=\frac{\exp\left[-|w|^2/(N+1)\right]}{n!}\frac{N^n}{(N+1)^{n+1}}L_n\left[-\frac{|w|^2}{N(N+1)}\right] \tag{11.5.20}$$

其中的拉盖尔多项式 $L_n(x)$ 由式 (11.4.34) 表示。

上述方法计算比较复杂,接下来我们用一般性方法,为此将密度算符式 (11.5.7) 代入正规序特征函数式 (11.4.27b)，得到

$$\begin{aligned}\chi_N(\xi)&=\sum_{n=0}^{\infty}\langle n|\frac{1}{Z}\exp(-\lambda b^+b)\exp(\xi a^+)\exp(-\xi^*a)|n\rangle\\&=\sum_{n=0}^{\infty}\frac{1}{Z}\exp\left[-\lambda\left(a^+a-w^*a-wa^++|w|^2\right)\right]\exp(\xi a^+)\exp(-\xi^*a)|n\rangle\\&=\exp\left(-N|\xi|^2+\xi w^*-\xi^*w\right)\end{aligned} \tag{11.5.21a}$$

将式 (11.5.21a) 代入式 (11.4.30)，完成积分后得到正规序产生函数

$$C_N(\eta)=\frac{1}{1+\eta N}\exp\left(-\frac{|w|^2\eta}{1+\eta N}\right) \tag{11.5.21b}$$

将式 (11.5.21b) 代入式 (11.4.31a)，产生光子数分布

$$P_n=\frac{\exp[-|w|^2/(N+1)]}{n!}\frac{N^n}{(N+1)^{n+1}}L_n\left[-\frac{|w|^2}{N(N+1)}\right] \tag{11.5.22}$$

该结果与式 (11.5.20) 的方法相同。另外将式 (11.5.21b) 代入式 (11.4.31b) 得到阶乘矩 $W^{(k)}$

$$W^{(k)}=N^kL_k\left(-\frac{|w|^2}{N}\right) \tag{11.5.23}$$

归一化的阶乘矩为

$$m^{(k)}=\frac{N^k}{(N+|w|^2)^k}L_k\left(-\frac{|w|^2}{N}\right) \tag{11.5.24}$$

显然，式 (11.5.22) 和式 (11.5.24) 计及信号和噪声二者的作用，它们分别由 $|w|^2$ 和 N 表示。在纯噪声情况下 ($|w|^2=0$)，$L_n(x)$ 求和中只有第一项 $L_n(0)=n!$(对应 $l=0$) 是非零的，于是式 (11.5.22) 约化为热场情况下的式 (11.4.37)，而式 (11.5.24) 约化为热场情况下的式 (11.4.38b)。

另一方面，对于纯信号情况 ($N=0$)，将式 (11.5.22) 中的因子 $N^n/(N+1)^{n+1}$ 移入求和后，得到

$$\begin{aligned} P_n &= \frac{\exp[-|w|^2]}{n!}\sum_{k=0}^{n}\frac{N^n}{(N+1)^{n+1}}\frac{(n!)^2}{(k!)^2(n-k)!}\left(\frac{|w|^2}{N(N+1)}\right)^k \\ &= \frac{\exp[-|w|^2]}{n!}\sum_{k=0}^{n}N^{n-k}\frac{(n!)^2}{(k!)^2(n-k)!}|w|^{2l} \end{aligned} \tag{11.5.25}$$

我们看到该求和只有最后一项 (对应于 $k=n$) 是非零的，它给出泊松分布

$$P_n = \frac{\exp\left(-|w|^2\right)}{n!}|w|^{2n} \tag{11.5.26a}$$

具有平均光子数 $|w|^2$ 。类似地，归一化阶乘矩式 (11.5.24) 约化为

$$m^{(k)} = 1 \quad (\text{对于所有}k) \tag{11.5.26b}$$

式 (11.5.26) 正是熟知的相干态的结果。对于一般的信号加噪声情况，我们做出光子数分布式 (11.5.22) 和归一化阶乘矩式 (11.5.24) 的曲线，如图 11.5.1 和图 11.5.2 所示。

我们现在用无量纲正交算子 X 和 P 来讨论辐射场的量子起伏。我们从式 (11.5.5) 得到

$$\langle X\rangle^2 = (w^* + w)^2 \tag{11.5.27a}$$

$$\langle P\rangle^2 = -(w^* - w)^2 \tag{11.5.27b}$$

另外我们将

$$\langle X^2\rangle = \mathrm{Tr}\rho(a^+ + a)^2 \tag{11.5.28a}$$

$$\langle P^2\rangle = -\mathrm{Tr}\rho(a^+ - a)^2 \tag{11.5.28b}$$

写为 (利用式 (11.5.5))

$$\langle X^2\rangle = 1 + (w^* + w)^2 + 2N \tag{11.5.29a}$$

$$\langle P^2\rangle = 1 - (w^* - w)^2 + 2N \tag{11.5.29b}$$

这样我们有

$$(\Delta X)^2 = (\Delta P)^2 = 1 + 2N \tag{11.5.30}$$

这表明场起伏随噪声光子数 N 线性增加，与信号光子数 $|w|^2$ 无关，与热场的起伏规律式 (11.4.43) 相同。这与熵的行为类似：附加的场测量没有引起附加的场起伏。在纯信号 $(N=0,|w|^2\neq 0)$ 情况下，场约化为相干态，它是一个具有最小乘积 $\Delta X\Delta P=1$ 的最小测不准态，而且两个正交分量具有相等的不确定范围

$$\Delta X=\Delta P=1 \tag{11.5.31}$$

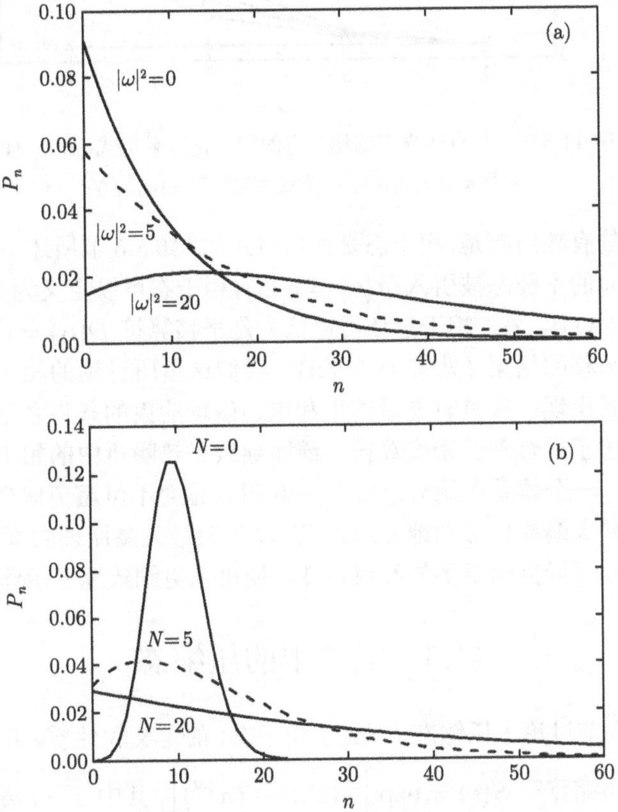

图 11.5.1　具有热噪声的相干态的光子数分布式 (11.5.22)

(a) 热场平均光子数为 $N=10$(不同的相干态平均光子数 $|w|^2$)；(b) 相干态光子数为 $|w|^2=10$(不同的热场光子数 N)

现在我们对 11.5 节的讨论总结如下：① 熵最大原理用于一个具有给定平均能量和给定平均电、磁场的单模辐射场，所确定的密度算符描述了一个附有热噪声的相干态。② 在忽略热噪声的情况下，不可能单独引出纯相干态。③ 场的总能量是信号和噪声的总和。④ 附加场作为纯态不会引起附加的熵和附加的场起伏 (这意味着，熵和场起伏在描述辐射场的量子统计性质中扮演类似的角色)。

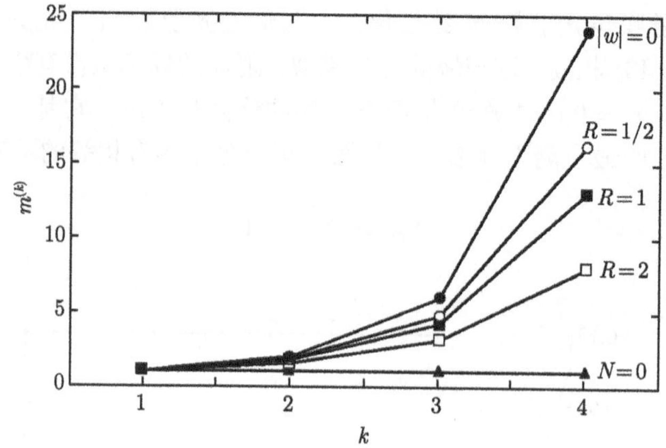

图 11.5.2　具有热噪声的相干态的归一化阶乘矩式 (11.5.24)

阶数 $k=1,2,3,\cdots$，参量为比值 $R\equiv|w|^2/N$

一个附加的有趣问题是,相干态是如何引入的?如 8.5 节所述,相干态 $|\alpha\rangle$ 通常作为湮灭算子 a 的本征态被引入:$a|\alpha\rangle=\alpha|\alpha\rangle$,相干态可以定义为数态 $|n\rangle$ 的相干叠加 (见式 (8.5.11))，另外相干态还可以认为是平移算符 $D(\alpha)=\exp(\alpha a^{+}-\alpha^{*}a)$ 对真空态 $|0\rangle$ 平移的结果 (见式 (8.5.32))。我们这里所讨论的相干态，则以截然不同的行为方式出现：在具有能量约束和电、磁场约束的条件之下，通过最大化辐射场熵，给出了最合理的密度算符，继而导致了热噪声中的相干态。黑体辐射理论告诉我们，一个体系在绝对温度 $T>0$ 时，总会不可避免地产生热辐射。这样一个事实被最大熵原理自动地显示出来，这表明最大熵原理的真实性和普适性。可以想象，如果可以提供更多的约束条件，便可以更细致地显示体系的状态。

11.6　噪声中的压缩态

我们在 8.6 节讨论了压缩态 (双光子相干态) 的定义和性质。压缩态的一般定义是基于幺正压缩算符 $S(\varepsilon)=\exp\left[\frac{1}{2}(\varepsilon^{*}a^{2}-\varepsilon a^{+2})\right]$，其中 $\varepsilon=r\exp(\mathrm{i}2\theta)$ 是一个复参量，r 是实数 (称为压缩参量)。一个压缩态是先对真空态 $|0\rangle$ 压缩，然后再平移而得到的：$|\alpha,\varepsilon\rangle=D(\alpha)S(\varepsilon)|0\rangle$。正交算符的方差在这个量子态中表示为

$$\begin{pmatrix}(\Delta X)^2\\(\Delta P)^2\end{pmatrix}=\mathrm{e}^{-2r}\begin{pmatrix}\cos^2\theta\\\sin^2\theta\end{pmatrix}+\mathrm{e}^{2r}\begin{pmatrix}\sin^2\theta\\\cos^2\theta\end{pmatrix}\tag{11.6.1}$$

上述压缩态定义和表述是压缩态理论的一般性结果，其来源相当复杂。我们将通过最大熵原理来引入压缩态；它是直截了当的，只需要给定更多的测量数据。

11.6.1 Yuen 哈密顿量

首先考虑 Yuen 哈密顿量 [Yuen H P. Two-photon coherent states of the radiation field. Phys. Rev. A, 1976,13: 2226-2243]

$$H = \gamma_0 a^+ a + \gamma_1^* a + \gamma_1 a^+ + \gamma_2^* a^2 + \gamma_2 a^{+2} \tag{11.6.2}$$

其中，γ_0、γ_1、γ_2 均为 c-数。从 H 的厄米性判断，γ_0 必须是实系数。γ_1 项和 γ_2 项分别描述单光子和双光子机制。

为了方便表达出 Yuen 哈密顿量的本征值，一个简单的方法是对式 (11.6.2) 做线性变换 (类似于博戈留波夫 (Bogolyubov) 变换)[Bogolyubov N N，et al. A New method in the theory of superconductivity. Fortsch. Phys., 1958, 6: 605-682]。实际上，在 $\gamma_0^2 > 4|\gamma_2|^2$ 条件下，哈密顿量式 (11.6.2) 可以变换成以下形式

$$H = \gamma c^+ c - C \tag{11.6.3}$$

其中，γ 是实系数，跟 γ_0 同正负，其绝对值为

$$|\gamma| = \sqrt{\gamma_0^2 - 4|\gamma_2|^2} \tag{11.6.4}$$

算符 c、c^+ 分别定义为

$$c = \mu a + \nu a^+ + \frac{\mu\gamma_1 - \nu\gamma_1^*}{\gamma} \tag{11.6.5a}$$

$$c^+ = \mu^* a^+ + \nu^* a + \frac{\mu^*\gamma_1^* - \nu^*\gamma_1}{\gamma} \tag{11.6.5b}$$

式 (11.6.3) 中的 C 是一个 c-数：

$$C = \frac{|\mu\gamma_1 - \nu\gamma_1^*|^2}{\gamma} + \gamma|\nu|^2 \tag{11.6.6}$$

而其中的 μ, ν 是复数，取如下形式

$$\mu = \sqrt{\frac{\gamma_0 + \gamma}{2\gamma}} \mathrm{e}^{\mathrm{i}\phi_\mu}, \quad \nu = \sqrt{\frac{\gamma_0 - \gamma}{2\gamma}} \mathrm{e}^{\mathrm{i}\phi_\nu} \tag{11.6.7}$$

它们满足 $|\mu|^2 - |\nu|^2 = 1$ 且有位相关系

$$2\theta = \phi_\gamma - \phi_\mu + \phi_\nu \tag{11.6.8}$$

这里 2θ 是 γ_2 的位相：$\gamma_2 = |\gamma_2|\exp(\mathrm{i}2\theta)$，实系数 γ 可以写为 $\gamma = |\gamma|\exp(\mathrm{i}\phi_\gamma)$ $(\phi_\gamma = 0, \pi)$。正则变换式 (11.6.5) 是一种非齐次线性变换，其中 c、c^+ 与式 (11.5.5)

中的算符 b、b^+ 类似，容易看出 $[c,\ c^+]=1$，因此我们可以再次建立一个“数态”表象 $\{|n\rangle_c\}$ ，它满足形如式 (11.5.9) 的关系。哈密顿量式 (11.6.3) 显然是正定的，除了不重要的 c-数 C 之外，它类似于单模辐射场 (量子谐振子)，正如 8.3 节所示。

11.6.2 熵的最大化

考虑一个单模辐射场的测量，假设除了能量和电、磁场之外，我们还测量电场平方和磁场平方，总共有以下平均值：

$$\langle E\rangle=\hbar\omega\mathrm{Tr}\rho a^+a \tag{11.6.9a}$$

$$\langle x\rangle=\sqrt{\frac{\hbar}{2\omega}}\mathrm{Tr}\rho(a^++a) \tag{11.6.9b}$$

$$\langle p\rangle=\mathrm{i}\sqrt{\frac{\hbar\omega}{2}}\mathrm{Tr}\rho(a^+-a) \tag{11.6.9c}$$

$$\left\langle x^2\right\rangle=\frac{\hbar}{2\omega}\mathrm{Tr}\rho(a^++a)^2 \tag{11.6.9d}$$

$$\left\langle p^2\right\rangle=-\frac{\hbar\omega}{2}\mathrm{Tr}\rho(a^+-a)^2 \tag{11.6.9e}$$

在这些约束条件和式 (11.4.2) 之下，我们将最大化熵式 (11.4.1)。类似之前得到式 (11.5.2) 的方法，我们现在有

$$\mathrm{Tr}\left(1+\ln\rho+\lambda+\beta H-\lambda_1\omega x-\lambda_2 p+\lambda_3\omega^2x^2+\lambda_4p^2\right)\delta\rho=0 \tag{11.6.10}$$

其中的 β 和各个 λ_i 均为待定的参数。继而有

$$\begin{aligned}\rho&=\frac{\exp(-\beta H+\lambda_1\omega\,x+\lambda_2p-\lambda_3\omega^2x^2-\lambda_4p^2)}{\mathrm{Trexp}(-\beta H+\lambda_1\omega x+\lambda_2p-\lambda_3\omega^2x^2-\lambda_4p^2)}\\&=\frac{\exp(-\mathit{\Gamma}a^+a+\gamma_1a^++\gamma_1^*a+\gamma_2a^{+2}+\gamma_2a^2)}{\mathrm{Trexp}(-\mathit{\Gamma}a^+a+\gamma_1a^++\gamma_1^*a+\gamma_2a^{+2}+\gamma_2a^2)}\end{aligned} \tag{11.6.11}$$

其中

$$\mathit{\Gamma}=\hbar\omega(\beta+\lambda_3+\lambda_4) \tag{11.6.12a}$$

是正数，并有以下关系式

$$\gamma_1=\sqrt{\frac{\hbar\omega}{2}}(\lambda_1+\mathrm{i}\lambda_2),\quad \gamma_1^*=\sqrt{\frac{\hbar\omega}{2}}(\lambda_1-\mathrm{i}\lambda_2) \tag{11.6.12b}$$

$$\gamma_2 = \frac{\hbar\omega}{2}(\lambda_4 - \lambda_3) \tag{11.6.12c}$$

注意，式 (11.6.11) 的得出已经略去了算符中不重要的常数，而其中的拉格朗日参数 γ_2(由式 (11.6.12c) 表示) 必须是实参数，因为测量值 $\langle x^2\rangle$ 和 $\langle p^2\rangle$ 的位相差是 π。而 γ_1 则为复参数，因为测量值 $\langle x\rangle$ 和 $\langle p\rangle$ 的位相差是 π/2(与式 (11.5.4b) 所示情况相同)。显然，如果测量电场和磁场的立方，则相应的拉格朗日参数必须是复数，因为 $\langle x^3\rangle$ 和 $\langle p^3\rangle$ 的位相差是 3π/2。

现在，我们在条件

$$|\gamma/\varGamma| < \frac{1}{2} \tag{11.6.13}$$

之下将线性变换式 (11.6.5) 应用于式 (11.6.11) 中的哈密顿量。不失一般性地取 $\phi_\mu = 0$，$\mu = \cosh r$ 以及 $\nu = |\sinh r|\exp(\mathrm{i}\phi_\nu)$，这时有 $\gamma_0 = -\varGamma < 0$ ($\gamma < 0$, $\phi_\gamma = \pi$)，以致式 (11.6.8) 变成 $2\theta = \pi + \phi_\nu$。现在对于正、负 γ_2 值有两种情况：

(1) $\gamma_2 > 0 \to \theta = 0 \to \phi_\nu = -\pi \to \nu = -|\sinh r| = \sinh r \quad (r < 0)$；

(2) $\gamma_2 < 0 \to 2\theta = \pi \to \phi_\nu = 0 \to \nu = |\sinh r| = \sinh r \quad (r > 0)$。

这样，对于任何 γ_2 取值，线性变换式 (11.6.5) 能写成如下形式

$$c = a\cosh r + a^+ \sinh r - W \tag{11.6.14a}$$

$$c^+ = a^+ \cosh r + a\sinh r - W^* \tag{11.6.14b}$$

其中，c-数 W 和 W^* 由

$$\varLambda W = \gamma_1 \cosh r - \gamma_1^* \sinh r = \sqrt{\frac{\hbar\omega}{2}}\left(\lambda_1 \mathrm{e}^{-r} + \mathrm{i}\lambda_2 \mathrm{e}^{r}\right) \tag{11.6.15a}$$

$$\varLambda W^* = \gamma_1^* \cosh r - \gamma_1 \sinh r = \sqrt{\frac{\hbar\omega}{2}}\left(\lambda_1 \mathrm{e}^{-r} - \mathrm{i}\lambda_2 \mathrm{e}^{r}\right) \tag{11.6.15b}$$

定义，而

$$\varLambda = \sqrt{\varGamma^2 - 4\gamma_2^2} = \hbar\omega\sqrt{(\beta + 2\lambda_3)(\beta + 2\lambda_4)} \tag{11.6.16a}$$

$$r = \frac{1}{4}\ln\frac{\varGamma - 2\gamma_2}{\varGamma + 2\gamma_2} = \frac{1}{4}\ln\frac{\beta + 2\lambda_3}{\beta + 2\lambda_4} \tag{11.6.16b}$$

现在密度算符式 (11.6.11) 成为简单的形式

$$\rho = \frac{\exp(-\varLambda c^+ c)}{\mathrm{Tr}\exp(-\varLambda c^+ c)} = \frac{1}{Z_c}\exp(-\varLambda c^+ c) \tag{11.6.17}$$

其中配分函数在表象 $\{|n\rangle_c\}$ 中计算，给出

$$Z_c = \frac{1}{1-\exp(-\Lambda)} \tag{11.6.18}$$

式 (11.6.17) 显示了基于测量数据式 (11.6.9)，最大化熵所得到的密度算符。当 $r=0$ $(W\to w)$ 时，正则变换式 (11.6.14) 约化为式 (11.5.5)，并且 $\Lambda\to\lambda$，$Z_c\to Z$，从而密度算符式 (11.6.17) 约化为式 (11.5.7)，这正是噪声加相干态的情况。那么现在讨论的辐射场一定属于更高的层次，我们将会看到，它就是噪声中的压缩态。

压缩参量 r 是压缩程度的度量，它被式 (11.6.16b) 显示与系数 γ_2 相关。这意味着，压缩态的产在物理上源于双光子效应。下面我们进一步考察 r 与 γ_2 的关系，为此将式 (11.6.16b) 写成

$$\gamma_2/\Gamma = \frac{1}{2}\frac{1-\exp(4r)}{1+\exp(4r)} \tag{11.6.19}$$

图 11.6.1 显示了 γ_2/Γ 与压缩参量 r 的关系曲线。很明显，在式 (11.6.13) 所示的条件 $-\dfrac{1}{2}<\gamma/\Gamma<\dfrac{1}{2}$ 之下，r 的变化范围是 $\infty>r>-\infty$ 。现在可以看出，式 (11.6.13) 是辐射场存在压缩效应的必要和充分条件。

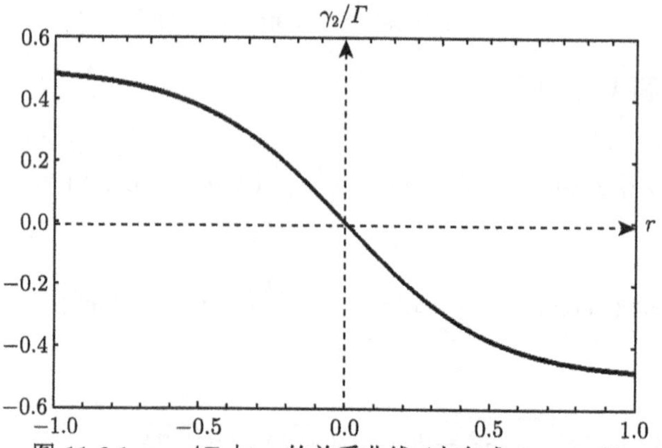

图 11.6.1　γ_2/Γ 与 r 的关系曲线 (来自式 (11.6.19))

r 的变化范围是 $-\infty<r<\infty$，相应于 $\frac{1}{2}>\gamma_2/\Gamma>-\frac{1}{2}$

11.6.3　辐射场的性质

现在我们进一步讨论辐射场的性质，从式 (11.6.14) 解出

$$a = c\cosh r - c^{+}\sinh r + A \tag{11.6.20a}$$

$$a^{+}=c^{+}\cosh r-c\sinh r+A^{*} \tag{11.6.20b}$$

其中

$$A=W\cosh r-W^{*}\sinh r \tag{11.6.21a}$$

$$A^{*}=W^{*}\cosh r-W\sinh r \tag{11.6.21b}$$

利用式 (11.6.20) 和密度算符式 (11.6.17)，在表象 $\{|n\rangle_c\}$ 中计算平均能量 $\langle E\rangle=\hbar\omega\left\langle a^{+}a\right\rangle$，给出

$$\begin{aligned}\langle E\rangle &=\hbar\omega\sum_{n=0}^{\infty}{}_c\langle n|\frac{1}{Z_c}\exp(-\Lambda c^{+}c)\\&\quad\cdot(c^{+}\cosh r-c\sinh r+A^{*})(c\cosh r-c^{+}\sinh r+A)|n\rangle_c\\&=\hbar\omega\sum_{n=0}^{\infty}{}_c\langle n|\frac{1}{Z_c}\exp(-\Lambda c^{+}c)\left(c^{+}c\cosh^2 r+cc^{+}\sinh^2 r+|A|^2\right)|n\rangle_c\\&=\hbar\omega\frac{1}{Z_c}\cosh 2r\sum_{n=0}^{\infty}n\left(\mathrm{e}^{-\Lambda}\right)^n+\hbar\omega\left(\sinh^2 r+|A|^2\right)\\&=\frac{\hbar\omega\cosh 2r}{\mathrm{e}^{\Lambda}-1}+\hbar\omega\left(\sinh^2 r+|A|^2\right)\end{aligned}$$

为了满足极限条件 $\langle E\rangle_{\hbar\to 0}\to k_{\mathrm{B}}T$，我们取 $\Lambda=\dfrac{\hbar\omega\cosh 2r}{k_{\mathrm{B}}T}$，则有

$$\langle E\rangle=\frac{\hbar\omega\cosh 2r}{\exp\left(\dfrac{\hbar\omega\cosh 2r}{k_{\mathrm{B}}T}\right)-1}+\hbar\omega\left(\sinh^2 r+|A|^2\right) \tag{11.6.22}$$

而参数 Γ 被随之确定为

$$\Gamma=\frac{\hbar\omega\cosh 2r}{k_{\mathrm{B}}T\sqrt{1-\left[\dfrac{1-\exp(4r)}{1+\exp(4r)}\right]^2}} \tag{11.6.23}$$

它的得出利用了式 (11.6.16a) 和式 (11.6.19)。

由式 (11.6.22) 得到平均光子数为

$$N_c=\frac{\cosh 2r}{\exp\left(\dfrac{\hbar\omega\cosh 2r}{k_{\mathrm{B}}T}\right)-1}+\sinh^2 r+|A|^2 \tag{11.6.24}$$

式 (11.6.24) 显示了噪声中的压缩态的一般结果。其中第一项代表噪声光子数，它在温度 $T\to 0$ 时变成零，而 $\sinh^2 r+|A|^2$ 正是纯压缩态的光子数。当不存在压

缩机制时 ($r=0$)，$N_c \to N_b$(见式 (11.5.12a))，它正是噪声加相干态的结果。如果 $T \to 0$ 且 $r=0$，则剩余项 $|A|^2$ 正是纯相干态的平均光子数 (见式 (11.5.16))。

现在我们考察辐射场的熵。我们记得，热场的熵式 (11.4.26b) 以及噪声相干态的熵式 (11.5.19) 有相同的形式，而其中的平均光子数分别是 $\langle a^+a\rangle$(见式 (11.4.23b)) 和 $\langle b^+b\rangle$(见式 (11.5.12b))，这意味着，噪声压缩态的熵可以写为

$$S = k_{\mathrm{B}} \ln \frac{(\mathcal{N}+1)^{\mathcal{N}+1}}{\mathcal{N}^{\mathcal{N}}} \tag{11.6.25}$$

其中平均光子数为

$$\begin{aligned}\mathcal{N} = \langle c^+c\rangle &= \sum_{n=0}^{\infty} {}_c\langle n|\frac{1}{Z_c}\exp(-\Lambda c^+c)c^+c\,|n\rangle_c \\ &= \frac{1}{Z_c}\cosh 2r \sum_{n=0}^{\infty} n\left(\mathrm{e}^{-\Lambda}\right)^n = \frac{1}{\exp\left(\dfrac{\hbar\omega\cosh 2r}{k_{\mathrm{B}}T}\right)-1}\end{aligned} \tag{11.6.26}$$

这正是有压缩情况下噪声光子数。我们看到，式 (11.6.25) 所示的熵与压缩参量 r 有关，因为压缩态不是纯态 (对熵有贡献)，但与相干态分量 $|A|^2$ 无关，因为相干态是一个纯态 (对熵没有贡献)。当压缩机制消除时 ($r=0$)，$\mathcal{N} \to N$，熵式 (11.6.25) 约化到热噪声加相干态的熵 (也就是单独热场的熵)，熵值完全由噪声 (见式 (11.4.23)) 决定。熵式 (11.6.25) 对于 $|r|$ 的依赖性如图 11.6.2 所示。可以看出，体系的温度越高、场频率越低，其熵值越大，这与我们的常识相符合。另外当 $|r|$ 较大时，熵趋于零，辐射场趋于一个纯态。这是因为平均光子数为

$$\mathcal{N} \xrightarrow{\text{larger}|r|} \exp\left(-\frac{\hbar\omega\cosh 2r}{k_{\mathrm{B}}T}\right) \to 0 \tag{11.6.27}$$

这样的光子数必然导致零熵 (正如图 11.2.2 中的实线所示)。

接下来我们讨论场的量子起伏。我们有

$$\langle X\rangle = \mathrm{Tr}\rho(a^+ + a), \quad \langle P\rangle = \mathrm{i}\mathrm{Tr}\rho(a^+ - a) \tag{11.6.28}$$

$$\left\langle X^2\right\rangle = \mathrm{Tr}\rho(a^+ + a)^2, \quad \left\langle P^2\right\rangle = -\mathrm{Tr}\rho(a^+ - a)^2 \tag{11.6.29}$$

由式 (11.6.20) 得到

$$\begin{aligned}a^+ + a &= \left(c^+ + c\right)\cosh r - \left(c^+ + c\right)\sinh r + A_0 \\ &= \left(c^+ + c\right)\mathrm{e}^{-r} + A_0\end{aligned} \tag{11.6.30}$$

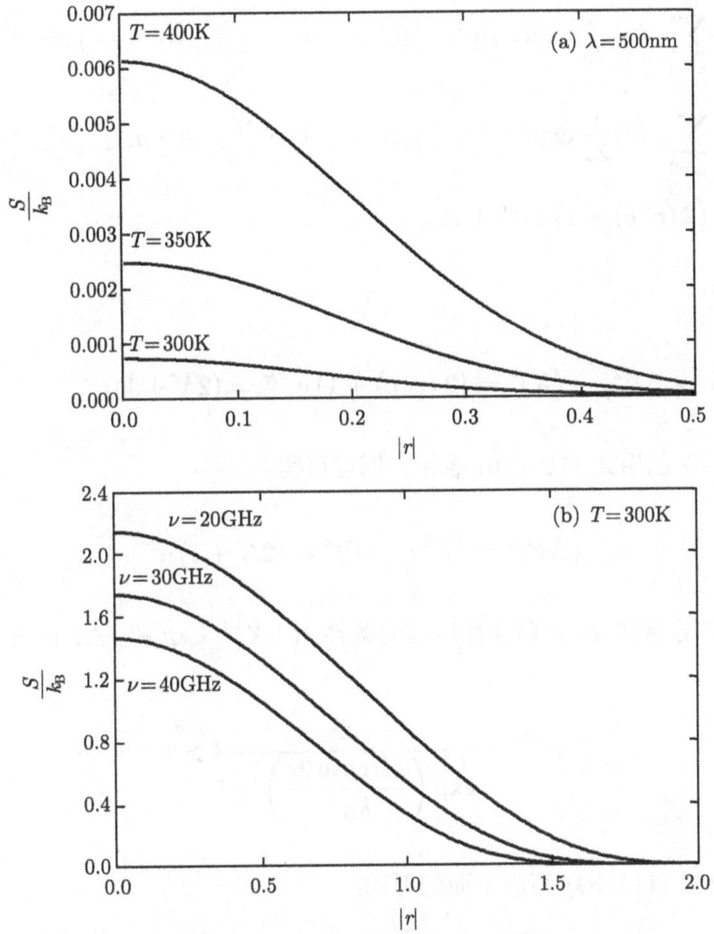

图 11.6.2 热噪声中的压缩态的熵 (作为压缩参量 $|r|$ 的函数)

(a) 对于给定辐射场波长和不同的温度值；(b) 对于给定温度和辐射场的不同频率值。所用表达式为式 (11.6.25) 和式 (11.6.26)

其中，$A+A^* \equiv A_0$(实数)，而

$$\left(a^+ + a\right)^2 = \left[\left(c^+ + c\right)\mathrm{e}^{-r} + A_0\right]\left[\left(c^+ + c\right)\mathrm{e}^{-r} + A_0\right] \tag{11.6.31}$$

故

$$\begin{aligned}\langle X\rangle &= \sum_{n=0}^{\infty} {}_c\langle n|\frac{1}{Z_c}\exp(-\varLambda c^+c)\left[\left(c^+ + c\right)\mathrm{e}^{-r} + A_0\right]|n\rangle_c \\ &= A_0\sum_{n=0}^{\infty} {}_c\langle n|\frac{1}{Z_c}\exp(-\varLambda c^+c)|n\rangle_c = A_0\end{aligned} \tag{11.6.32}$$

$$
\begin{aligned}
\left\langle X^2\right\rangle &= \sum_{n=0}^{\infty} {}_c\langle n| \frac{1}{Z_c}\exp(-\Lambda c^+c)\left[\left(c^+ + c\right)\mathrm{e}^{-r} + A_0\right]\left[\left(c^+ + c\right)\mathrm{e}^{-r} + A_0\right]|n\rangle_c \\
&= \sum_{n=0}^{\infty} {}_c\langle n| \frac{1}{Z_c}\exp(-\Lambda c^+c)\left[\left(2c^+c+1\right)\mathrm{e}^{-2r} + A_0^2\right]|n\rangle_c \\
&= \left(2\left\langle c^+c\right\rangle + 1\right)\mathrm{e}^{-2r} + A_0^2
\end{aligned} \tag{11.6.33}
$$

量子起伏为

$$
(\Delta X)^2 = \left\langle X^2\right\rangle - \langle X\rangle^2 = \left(2\left\langle c^+c\right\rangle + 1\right)\mathrm{e}^{-2r} = (2\mathcal{N}+1)\,\mathrm{e}^{-2r} \tag{11.6.34a}
$$

这里的 $\left\langle c^+c\right\rangle$ 已用式 (11.6.26) 表示。同理可得

$$
(\Delta P)^2 = \left\langle P^2\right\rangle - \langle P\rangle^2 = (2\mathcal{N}+1)\,\mathrm{e}^{2r} \tag{11.6.34b}
$$

很明显，X 分量和 P 分量存在压缩的条件 ($(\Delta X)^2 < 1$ 和 $(\Delta P)^2 < 1$) 可以依次写为

$$
\mathrm{e}^{\pm 2r} - \frac{2}{\exp\left(\dfrac{\hbar\omega\cosh 2r}{k_{\mathrm{B}}T}\right) - 1} > 1 \tag{11.6.35}
$$

我们将结果式 (11.6.34) 写成下面的形式：

$$
\begin{pmatrix} \Delta X \\ \Delta P \end{pmatrix} = \sqrt{2\mathcal{N}+1}\begin{pmatrix} \mathrm{e}^{-r} \\ \mathrm{e}^{r} \end{pmatrix} \tag{11.6.36}
$$

图 11.6.3 显示在不同温度因子 $B \equiv \hbar\omega/(k_{\mathrm{B}}T)$ 下，ΔX、ΔP 对压缩参量 r 的依赖性。从图中可以看出：

(1) ΔX-r 曲线与 ΔP-r 曲线是镜像对称的，当 $r > 0$ 时，X 分量有压缩；当 $r < 0$ 时，P 分量有压缩。

(2) 在 $r = 0$ 处，因子 B 越大，$\Delta X(\Delta P)$ 取值越小。当 $T \to 0(B \to \infty)$ 时，有 $\mathcal{N} \to 0$，故 $\Delta X = 1$，$\Delta P = 1$，这正是无噪声相干态的结果。

(3) 当 $r \to \infty$ 时，$\Delta X \to 0$，而 $\Delta P \to \infty$；当 $r \to -\infty$ 时，$\Delta X \to \infty$，而 $\Delta P \to 0$。

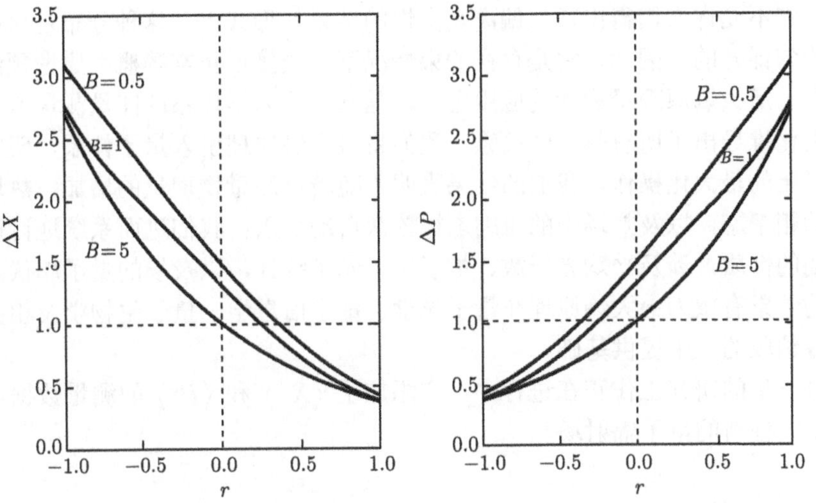

图 11.6.3　热噪声中的压缩态场起伏式 (11.6.36) 对压缩参数 r 的依赖性

不过图 11.6.3 不能描绘的是，当 $T \to 0(\mathcal{N} \to 0)$ 时量子起伏随压缩参量 r 的变化关系，这种情况由式 (11.6.36) 给出为

$$\Delta X = \mathrm{e}^{-r} \quad 和 \quad \Delta P = \mathrm{e}^{r} \tag{11.6.37}$$

它正是式 (11.6.1) 在 $\theta = 0$ 时的结果，式 (11.6.37) 是压缩态理论最重要的结果。它们描述一个最小测不准态：$\Delta X \Delta P = 1$，但通常两个正交分量的不确定范围并不相等。当 $r = 0$ 时，这个状态变成相干态 ($\Delta X = \Delta P = 1$)。式 (11.6.37) 的重要性在于，它表明压缩光在 $r \to \pm\infty$ 时，其 X 或 P 分量在理论上可以实现零噪声，由此可以获得无穷大信噪比 (infinity signal-to-noise ratio)。所以压缩光在超低噪声的光通信 (optical communications) 中有重要的应用价值。另外我们要强调的是，图 11.6.2 所示的场熵和图 11.6.3 所示的场起伏都与 r 有关。这意味着，量子熵可以作为辐射场量子起伏的度量。这对于分析一个实际辐射场的相干特性有重要的实用价值，因为量子熵在一定体系中是可以测量的 (见第 13 章生命体系的非经典光)。

11.7　结　论

最大熵原理是遵循普通常识的一种操作。它是根据给定的随机变量 i 的测量数据，追溯 i 所服从的概率分布。原则上，满足给定测量结果的分布可能不是唯一的 (如图 11.3.2 所示)，但在实践中最合理的分布是唯一的。这样的概率分布是最无知、最保守、最自然、最可靠、最优雅的分布，因此能够最诚实地描述给定的数据。它不允许人们得出任何偏离真实性的结果。形式上，这种分布是尽可能平滑且均匀铺开的，因此，它是存在约束情况下，最接近正常等概率原理预测的概率分布。最大熵原理最成功的应用之一，是基于热力学体系的能量测量值，由熵的最大化推导出了所有热力学关系。我们将最大熵原理引入量子体系，研究辐射场量子熵的最大化操作。我们的结果表明，随着可测量物理量的增加，热场、热场中的相干态，以及热场中的压缩态被依次自动引入；我们进而系统地讨论这些辐射场的性质，涉及平均光子数、量子熵、光子统计，以及场的量子起伏。本文获得的结果有望为最大熵原理在量子光学、量子信息学、量子生物学及相关交叉科学等领域的应用提供基础。

进一步的研究工作正在进行中，它添加了 $\langle X^3\rangle$ 和 $\langle P^3\rangle$ 的测量数据，预计将得出一种新的量子辐射场。